Analytiker-Taschenbuch

Band 1

Herausgegeben von

H. Kienitz · R. Bock · W. Fresenius
W. Huber · G. Tölg

Mit 81 Abbildungen

Springer-Verlag
Berlin · Heidelberg · New York 1980

Prof. Dr. HERMANN KIENITZ †
Am Kirschberg 12, D-6719 Weisenheim am Berg

Prof. Dr. RUDOLF BOCK
Chemin de Beranges 141
CH-1814 La Tour de Peilz

Prof. Dr. WILHELM FRESENIUS
Institut-Fresenius
Im Maisel, D-6204 Taunusstein

Dr. WALTER HUBER
BASF Aktiengesellschaft
WAA/Analytik — M 320
D-6700 Ludwigshafen

Prof. Dr. GÜNTER TÖLG
Institut für Werkstoffwissenschaften
der Universität Stuttgart und
Max-Planck-Institut für Metallforschung
Katharinenstr. 17, D-7070 Schwäbisch Gmünd

CIP- Kurztitelaufnahme der Deutschen Bibliothek

Analytiker-Taschenbuch Band 1
Berlin, Heidelberg, New York: Springer, 1980

ISBN-13:978-3-642-67401-3   e-ISBN-13:978-3-642-67400-6
DOI: 10.1007/978-3-642-67400-6

Vorwort

Die Analytische Chemie ist eine angewandte Wissenschaft, die
weit über die Chemie, die Biochemie und Lebensmittelchemie hinaus für die Biologie, die klinische Medizin, die Geowissenschaften,
die Umweltforschung und auch für die Physik grundlegende Bedeutung erlangt hat. Eine Fülle neuer analytischer Möglichkeiten
erwuchs aus dieser Zusammenarbeit; insbesondere der Physik und
der Physikalischen Chemie verdankt die Analytik manches neue
Verfahren. Die Automatisierung der chemischen Analytik ist in
rascher Entwicklung begriffen. Aus dieser Situation erstand
die Forderung nach einem aktuellen, handlichen Taschenbuch, das
am Arbeitsplatz präzise Informationen über Prinzip und Anwendbarkeit der analytischen Verfahren bietet.

Das periodisch, etwa alle zwei Jahre erscheinende Werk soll der
Entwicklung folgend neue und bewährte Methoden beschreiben.
Zahlreiche Tabellen und Zusammenstellungen von Konstanten,
Maßsystemen usw. machen das Analytiker-Taschenbuch zu einem
wertvollen Nachschlagewerk. Das Taschenbuch hat seine Aufgabe
erfüllt, wenn es dem analytisch Arbeitenden ein Hilfsmittel am
Arbeitsplatz ist, das ihm täglich auftretende Fragen beantwortet
bzw. ihm Hinweise gibt, wo er eine Antwort finden kann.

Ein Sachregister erschließt den Inhalt jedes erscheinenden Bandes, es ist vorgesehen, in späteren Bänden auch den Inhalt der
vorausgegangenen Bände registermäßig zu erfassen.

Die Herausgeber danken Frau A. Heinrich, Springer-Verlag,
für die Koordinierung von Planung und Produktion.

H. Kienitz
R. Bock
W. Fresenius
W. Huber
G. Tölg

Autoren

Bock, Rudolf, Prof. Dr., La Tour de Peilz

Cammann, Karl, Prof. Dr., Analytische Chemie, Universität Ulm

Eichelberger, Wolfgang, Dr., BASF Aktiengesellschaft, WAA/Analytik —
M 325, Ludwigshafen

Fresenius, Remigius E., Dr., Institut-Fresenius, Taunusstein

Frimmel, Fritz Hartmann, Dr., Institut für Wasserchemie und Chemische
Balneologie, Technische Universität München

Gottschalk, Günter Walter, Prof. Dr., IFAS, Starnberg

Günzler, Helmut, Dr., BASF Aktiengesellschaft, WAA/Analytik — M 325,
Ludwigshafen

Hofmann, Siegfried, Dr., Max-Planck-Institut für Metallforschung und
Institut für Werkstoffwissenschaften, Universität Stuttgart

Kaiser, Rudolf E., Dr., Institut für Chromatographie, Bad Dürkheim

Klockenkämper, Reinhold, Dr., Institut für Spektrochemie und
Angewandte Spektroskopie, Dortmund

Knapp, Günter, Dr., Univ.-Doz., Institut für Allgemeine Chemie, Mikro-
und Radiochemie, Technische Universität Graz

Kraft, Günther, Prof. Dr., Kronberg

Kutter, Horst, Dr., Kommission der Europäischen Gemeinschaften,
Gemeinsame Forschungsstelle Forschungsanstalt Karlsruhe,
Europäisches Institut für Transurane, Karlsruhe

Leichnitz, K., Drägerwerk AG, Lübeck

Pauly, Hans Erwin, Dr., Institut für Organ. Chemie, Biochemie und
Isotopenforschung, Universität Stuttgart

Pfleiderer, Gerhard, Prof. Dr., Institut für Organ. Chemie, Biochemie und
Isotopenforschung, Universität Stuttgart

Schweppe, Helmut, Dr., BASF Aktiengesellschaft, Ludwigshafen

Snatzke, Feliksa, Dr., Lehrstuhl für Strukturchemie, Ruhruniversität
Bochum

Snatzke, Günther, Prof. Dr., Lehrstuhl für Strukturchemie, Ruhruniversität
Bochum

Vycudilik, Walter, Dr., Institut für Gerichtliche Medizin, Universität
Wien

Wegscheider, Wolfgang, Dr. Institut für Allgemeine Chemie, Mikro- und
Radiochemie, Technische Universität Graz

Inhaltsverzeichnis

I. Grundlagen

Probenahme an festen Stoffen

Professor Dr. Günther Kraft
Hans-Thoma-Str. 6, 6242 Kronberg

Aufgabe der Probenahme ist es, einem zu bewertenden Material eine Teilmenge zu entnehmen, die der Gesamtheit hinsichtlich der später zu bestimmenden Größe repräsentativ entspricht.

Unter festen Stoffen sollen sowohl die pulvrigen, körnigen und stückigen als auch die kompakten verstanden werden.

1. Nomenklatur zur Probenahme [1,4]

1.1. Grundbegriffe

Analysenprobe: ist das Endprodukt der Probenahme und für die anzustellenden Untersuchungen fertig präpariert.

Einzelprobe: ist die Menge Material, die seiner Gesamtmenge bei einem einzigen Probeentnahme-Vorgang entnommen wird.

Endprobe: ist die aus der Summe aller Einzelproben aufgearbeitete Probenmenge, aus der die Analysenprobe entnommen wird.

Probensatz: enthält die bei einer Probenbearbeitung anfallenden, voneinander getrennt zu haltenden Probenanteile (bei Metallschlacken z. B. Metallisches, Feines usw.).

Rohprobe: ist die Summe aller Einzelproben, die gemeinsam weiter aufgearbeitet wird (kann aber auch die für die Entnahme der Einzelproben abgezweigte Teilmenge einer Gesamtmenge bedeuten. Diese Definition ist leider irreführend und sollte nicht bevorzugt werden.).

Zwischenproben: sind die bei der Aufarbeitung der Rohprobe durch „Verjüngen" anfallenden und weiterzuverarbeitenden Proben.

1.2. Ausführungsformen

Bezeichnungen wie Bohrprobe, Sägeprobe, Schlagprobe, Stecherprobe sprechen für sich selbst.

Probe zur Feuchtigkeitsbestimmung: ist die nach speziellen Richtlinien gezogene Probe zum Zwecke der Feuchtigkeitsbestimmung (bei Erzen oft auch als Nässeprobe bezeichnet).

Schiedsprobe: ist eine von Vertretern des Käufers und Verkäufers gemeinsam gezogene und versiegelte Probe. Bei treuhänderischer Probenahme trägt sie nur das Siegel des beauftragten Probenehmers.

1.3. Probenahmearten

Die Probenahme kann von *Hand* oder *mechanisch* ausgeführt werden, sie kann *kontinuierlich* oder *diskontinuierlich, zeit-* oder *massenproportional* erfolgen.

Zeitproportionale Proben können bei Be- oder Entladevorgängen in bestimmten festgelegten Zeitabständen entnommen werden. Bei einem gleichmäßigen Materialfluß führt diese Art der Probenahme zum gleichen Ergebnis wie die massenproportionale, nicht jedoch bei ungleichmäßigem. Wann nach der einen oder der anderen Art verfahren wird, ist oft mehr eine Frage der gegenseitigen Vereinbarung als der technischen Notwendigkeit.

Eine *Band-Probenahme* ist die Entnahme von Proben von einem laufenden oder stehenden Transportband bzw. an der Abwurfstelle eines Bandes oder an der Übergabestelle von einem Band auf ein anderes.

1.4. Sonstige Begriffe

Charge: ist das mit ein und demselben Arbeitsgang erhaltene Material, sei es eine Mischung von Vorprodukten oder das daraus erhaltene Endprodukt.

Liefermenge: ist die zu einem bestimmten Zeitpunkt oder in einem festgelegten Zeitraum abgelieferte bzw. abzuliefernde Materialmenge.

Los: ist diejenige Materialmenge, von der eine Analysenprobe zur Bestimmung von Gütemerkmalen hergestellt wird. Die Einteilung in Lose richtet sich nach dem Wert des Materials, häufig auch nach probenahmetechnischen Notwendigkeiten.

Teillos: Lose werden zuweilen aus arbeitstechnischen Gründen nochmals in Teillose unterteilt. Die von ihnen entnommenen Teilproben werden normalerweise zu einer Sammelprobe vereinigt, aus der dann die Analysenprobe für das Los gewonnen wird.

Partie: Lieferungen werden häufig nach kaufmännischen Gesichtspunkten nach Partien unterteilt, die dann mehr den Charakter von Abrechnungseinheiten haben.

Die Begriffe Liefermenge, Los, Teillos und Partie werden zur Ein- bzw. Aufteilung und Kennzeichnung bestimmter Materialmengen verwendet. Liefermenge, Los und Partie sind einander nebengeordnete, nicht über- oder untergeordnete Begriffe. Eine Liefermenge kann sowohl mehrere Partien als auch viele Lose umfassen, ebenso aber auch Teil einer Partie oder eines Loses sein. Eine Partie wiederum kann Teil einer Lieferung bzw. eines Loses sein oder aber aus mehreren Lieferungen bzw. Losen bestehen. Ein Los schließlich kann Teil einer Lieferung bzw. Partie sein oder aber auch aus mehreren Lieferungen bzw. Partien gebildet werden.

2. Theoretische Gesichtspunkte[1]

Die Probenahme war früher eine ausschließlich empirische Arbeitsweise, deren Erfolg entscheidend von der Erfahrung und Sorgfalt des Probenehmers abhing. Mit Hilfe statistischer Überlegungen kann hier Abhilfe geschaffen und eine mathematisch fundierte Grundlage gefunden werden.

Die entscheidenden Fragen bei jeder Probenahme sind einmal die nach der insgesamt zu entnehmenden Materialmenge und zum anderen die, in wieviel Teilmengen dies zu erfolgen hat. Je nach Materialart — grob/fein, homogen/heterogen, feucht/trocken — werden hierfür die unterschiedlichsten Antworten zu geben sein.

2.1. Benötigte Zahl an Einzelproben

Allgemein gültig für alle zu probenden Stoffe ist die Formel:

$$N = \left(\frac{t \cdot s}{\pm U}\right)^2$$

N   = zu entnehmende Anzahl Einzelproben.

t   = Student-Faktor, für eine statistische Sicherheit von 95% etwa = 2 (Faktor der statistischen t-Verteilung, Tabellenwerten zu entnehmen).

s   = Standardabweichung zwischen den Einzelproben hinsichtlich der zu bestimmenden Komponente. In einer Voruntersuchung an mindestens 20 getrennt aufzuarbeitenden Einzelproben zu ermitteln, wobei in gleicher Weise, mit gleichen Entnahmegeräten und Entnahmemengen vorzugehen ist wie bei der späteren Haupt-Probenahme.

$\pm$U = Genauigkeit, mit der die gesuchte Komponente, bezogen auf das Gesamtmaterial, bestimmt werden soll (also: Genauigkeit der Probenahme + Genauigkeit der analytischen Bestimmung, die meist jedoch erheblich größer ist als jene).

Hieraus folgt z. B., daß für die genaue (U = ±0,05%) Probenahme eines Stoffes, deren Wertkomponente in den vorab entnommenen und untersuchten 24 Einzelproben nur mit einer Standardabweichung von s = 0,27% bestimmt werden konnte, eine Gesamtzahl von etwa 118 Einzelproben erforderlich ist.

2.2. Gewicht der Einzelproben

Die Größe der erforderlichen Einzelproben und damit das Gesamtgewicht einer Probe ist insbes. für feste Stoffe sehr wesentlich. Sie wird in erster Linie durch die Korngröße des Materials und seine Homogenität bestimmt. Eine allgemein gültige Aussage kann bis heute nicht gemacht werden.

Für Erze weitgehend akzeptiert — und im gewissen Umfang auch als ohne weiteres auf andere Haufwerke wie Steine/Erden, Salze, Getreide u. ä. übertragbar angesehen — ist das Nomogramm von Taggart, das deutlich macht, wie stark die Abhängigkeit der benötigten Gesamtprobemenge von den beiden genannten Parametern ist (Abb. 1). Benötigt werden somit z. B. die in Tabelle 1 angegebenen Werte.

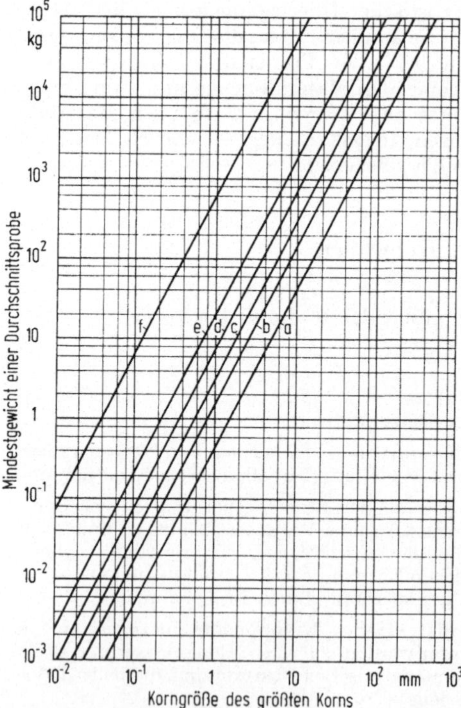

Abb. 1. Abhängigkeit der Probemenge von Korngröße und Erzcharakter. Nach Taggart, Handbook of Mineral Dressing, und Richards, Ore dressing, New York. a Erze mit sehr geringen Gehalten oder mit sehr gleichmäßig verteilten Metallgehalten; b Erze mit geringen Gehalten oder mit gleichmäßig verteilten Metallgehalten; c und d Erze mittlerer Gehalte und normaler Metallverteilung; e reiche Erze oder mit ungleichmäßig verteilten Metallgehalten; f sehr reiche Erze oder mit sehr ungleichmäßig verteilten Metallgehalten

Tabelle 1.

	0,1 mm	1,0 mm	10 mm
	%	%	%[a]
für sehr heterogenes Material	0,007	0,7	70
für sehr homogenes Material	$5 \cdot 10^{-6}$	$5 \cdot 10^{-4}$	0,05

[a] % = % der Gesamtmenge

2.3. Theoretische Ansätze für Fe-Erz-Probenahme

Für den speziellen Fall der **Fe**-Erze ist in der **ISO**-Norm 3081 [3] die folgende Abhängigkeit des Gewichts der Einzelprobe von der Korngröße festgelegt, wobei der Variationskoeffizient des Gewichts der einzelnen Proben $< 20\%$ sein soll (s. Tabelle 2).

Tabelle 2.

Maximale Korngröße mm		Mindestgew. d. Einzelprobe kg
über	bis einschl.	
150	250	40
100	150	20
50	100	12
20	50	4
10	20	0,8
	10	0,3

Die Zahl der Einzelproben wird abhängig gemacht von der Gleichmäßigkeit des Gesamtmaterials hinsichtlich des Fe- und Nässe-Gehaltes bzw. der Korngröße. Das Material wird nach den in Tabelle 3 aufgeführten Gesichtspunkten eingeteilt.

Tabelle 3.

Qualitäts-schwankungen	Standardabweichungen s bei		
	Eisengehalt %	Nässegehalt %	Kornfraktion < 10 mm %
groß	$\geqq 2{,}0$	$\geqq 2{,}0$	$\geqq 20$
mittel	$2{,}0 - 1{,}5$	$2{,}0 - 1{,}5$	$20 - 15$
klein	$< 1{,}5$	$< 1{,}5$	< 15

Daraus und aus der Menge des zu beprobenden Materials (z. B. Liefe-rung) ergibt sich die Mindestanzahl der erforderlichen Einzelproben n, womit dann auch die genannten probenahmebedingten Standard-abweichungen $\beta_s = \dfrac{2s}{\sqrt{n}}$ für die Gehalte an Fe und Nässe sowie die Kornfraktion < 10 mm erreicht werden (s. Tabelle 4).

2.4. Teilungsfehler

Die entnommenen Einzelproben werden zu einer Gesamtprobe ver-einigt, die für eine unmittelbare Untersuchung naturgemäß zu groß ist. Sie muß in der weiteren Probenvorbereitung durch Mahlen, Sieben, evtl. auch Trocknen stufenweise „verjüngt" werden. Auch diese Teilungs-operationen sind zwangsläufig mit Unsicherheiten verbunden, den sog. Teilungsfehlern. Mit Hilfe einer „Varianzanalyse" kann jeder dieser Fehler für die einzelnen Teilungsschritte — in „Blöcke", „Haufen", „Teile" im nachstehenden Schema — und auch der für die Unsicherheit der eigentlichen analytischen Bestimmung der interessierenden Größe ermittelt werden, beispielsweise nach Bild 2.

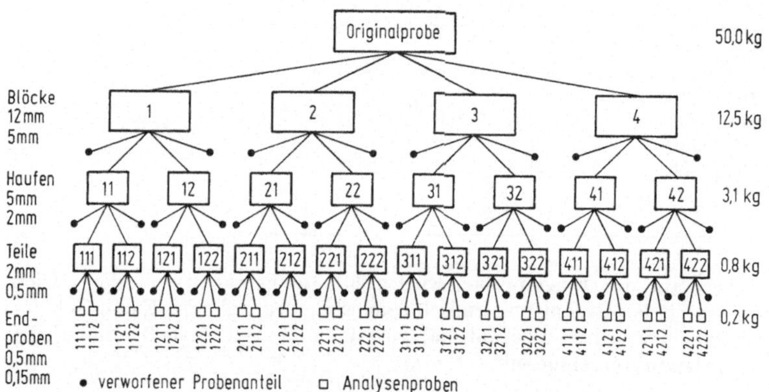

Abb. 2. Rechenschema zur Ermittlung des Teilungsfehlers

Werden alle angekreuzten Analysenproben untersucht und die Resultate einer Varianzanalyse unterworfen, so ergeben sich für die Fehler der Teilungsschritte die folgenden Standardabweichungen:

$$s^2 = s_{Bl}^2 + s_H^2 + s_T^2 + s_{Pr}^2 + s_E^2 + s_A^2,$$

s = Gesamtstandardabweichung
s_{Bl} = Fehler, der durch Aufteilung der Originalprobe in Blöcke entsteht
s_H = Fehler bei der Aufteilung der Blöcke in Haufen

Tabelle 4.

Lieferung in t		Qualitätsschwankung												
		groß					mittel					klein			
			β_s [%]					β_s [%]					β_s [%]		
über	bis einschließlich	n	Eisengehalt	Nässegehalt	Kornfraktion $< 10\,mm$	n	Eisengehalt	Nässegehalt	Kornfraktion $< 10\,mm$	n	Eisengehalt	Nässegehalt	Kornfraktion $< 10\,mm$
100 000	150 000	200	0,35	0,35	3,5	100	0,35	0,35	3,5	50	0,35	0,35	3,5
70 000	100 000	180	0,37	0,37	3,7	90	0,37	0,37	3,7	45	0,37	0,37	3,7
45 000	70 000	160	0,39	0,39	3,9	80	0,39	0,39	3,9	40	0,39	0,39	3,9
30 000	45 000	140	0,42	0,42	4,2	70	0,42	0,42	4,2	35	0,42	0,42	4,2
15 000	30 000	120	0,45	0,45	4,5	60	0,45	0,45	4,5	30	0,45	0,45	4,5
5 000	15 000	100	0,50	0,50	5,0	50	0,50	0,50	5,0	25	0,50	0,50	5,0
2 000	5 000	80	0,56	0,56	5,6	40	0,56	0,56	5,6	20	0,56	0,56	5,6
1 000	2 000	60	0,65	0,65	6,5	30	0,65	0,65	6,5	15	0,65	0,65	6,5
500	1 000	40	0,79	0,79	7,9	20	0,79	0,79	7,9	10	0,79	0,79	7,9
	500	30	0,91	0,91	9,1	15	0,91	0,91	9,1	8	0,88	0,88	8,8

s_T = Fehler bei der Aufteilung der Haufen in Teile
s_{Pr} = Fehler bei der Aufteilung der Teile in Endproben
s_E = Fehler bei der Entnahme der Analysenmenge aus der Endprobe
s_A = reiner Analysenfehler

Ein sehr eindrucksvolles Beispiel ist in [1] durchgerechnet. Ähnliche Berechnungen enthalten die ISO-Normen 3085 und 3086 für Fe-Erze.

Eine Probenahme kann nur dann als alle Anforderungen erfüllend beurteilt werden, wenn ihr Gesamtfehler kleiner als der eigentliche Analysenfehler ist. Da allgemein gültige Prognosen nicht gemacht werden können, müssen letztendlich für jedes Material erst in einer — leider relativ aufwendigen — Voruntersuchung die Verhältnisse geklärt werden. Die Einhaltung statistischer Regeln ist dabei eine unabdingbare — aber auch kostensparende — Voraussetzung [2].

3. Praxis der Probenahme

3.1. Probenahme an pulvrigen, gekörnten und stückigen Materialien (Haufwerken)

3.1.1. Art der Probenentnahme

Die Probenahme an Haufwerken sollte, wenn immer möglich, aus einem fließenden Materialstrom erfolgen und nur in Sonderfällen am ruhenden Material. Sonderfälle sind sehr feinkörnige und homogene Produkte. An ihnen kann die Probe vorzugsweise mit im Material sich öffnenden und wieder verschließbaren Probestechern entnommen werden. Bei offenen Probestechern besteht die Gefahr, daß sie das Material der Einstichstelle bevorzugt erfassen.

Die Probenahme aus dem fließenden Strom kann manuell oder maschinell erfolgen. Sind große Materialmengen zu proben, empfiehlt sich eine automatisierte Ausführungsform. Am einfachsten gestaltet sich die Probeentnahme bei der Übergabe des Materialstromes von einem Transportband auf ein anderes. Sie kann aber auch in der Weise ausgeführt werden, daß ein Entnahmegerät — am besten quer — durch das Gut auf dem Band geführt wird, wobei darauf zu achten ist, daß das Material bis auf den Grund des Bandes erfaßt und das Band selbst in Länge und Breite stets möglichst gleichmäßig beaufschlagt wird. Wie immer verfahren wird, stets ist zu bedenken, daß Haufwerke nur selten ein homogenes Material darstellen und somit nach der Dichte, der Korngröße, manchmal sogar auch nach der Kornform separieren können.

Beispiele für manuelle Entnahmegeräte zeigt Abb. 3, eines für eine automatische Probeentnahme Abb. 4.

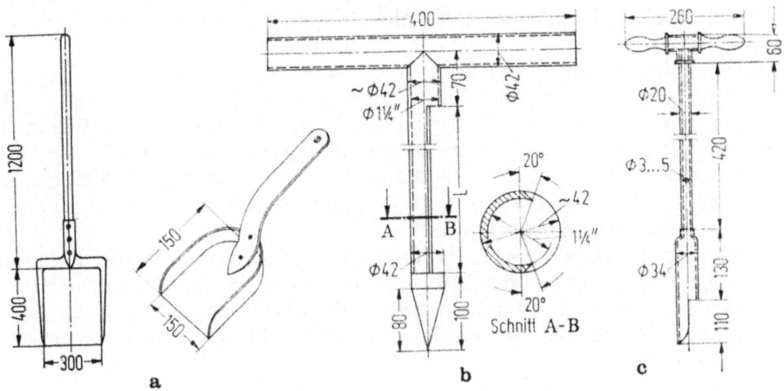

Abb. 3. Geräte für manuelle Probenahme. **a** Schaufeln; **b** Probenstecher; **c** Probenstecher für pulverisiertes Material

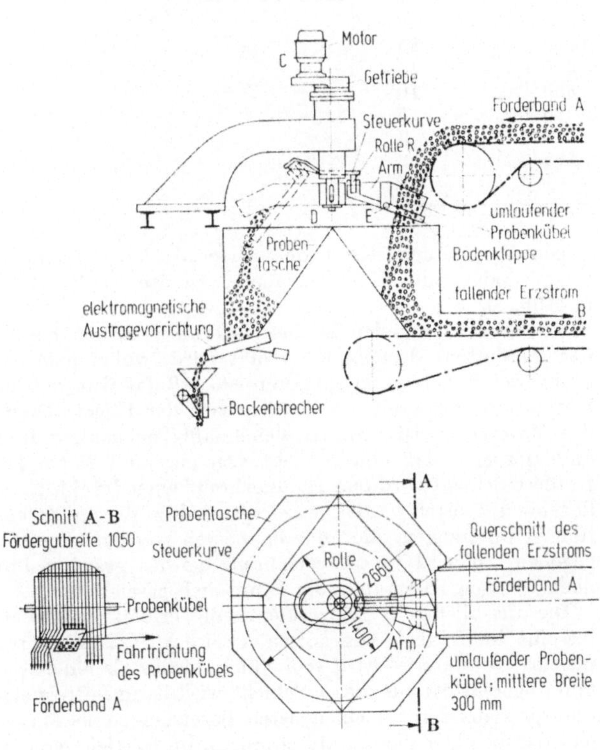

Abb. 4. Automatischer Rotationsprobenehmer

3.1.2. Aufarbeitung der Rohprobe

Die Rohprobe ist aus Mengen- und damit aus Kostengründen nicht so homogen herzurichten, daß aus ihr die Analysenprobe unmittelbar entnommen werden könnte. Sie ist vielmehr mittels geeigneter Maßnahmen so weit zu verringern, daß die erhaltene Analysenprobe in ihrer Zusammensetzung dem Durchschnitt der Rohprobe entspricht. Spröde Materialien können zerkleinert, gemischt und verjüngt werden, feuchte müssen zudem zwischengetrocknet werden.

Vor dem Mischen einer Probe muß ein bestimmter Zerkleinerungsgrad vorliegen, der sich nach der Probenmenge und nach der Homogenität des Materials richtet. Als Richtlinie gelten die folgenden Zahlen, die für jede maximale Korngröße die minimal erforderliche Probenmenge nennen (s. Tabelle 5).

Tabelle 5.

Probemenge kg	maximale Korngröße mm
2 000 — 3 000	40 — 50
1 250	25
600	15
300	10
80	5
20	3
5	2
1	1

Die Verjüngung des Probenmaterials kann manuell durch „kreuzteilen" oder mit Hilfe geeigneter Geräte (z. B. Riffelteiler) erfolgen (s. Abb. 5).

Vor dem Kreuzteilen ist das Material zu einem Kegel aufzuschichten, der mindestens dreimal umgesetzt wird, wobei jede Schaufel über der Spitze des Kegels so zu entleeren ist, daß das Gut gleichmäßig nach allen Seiten herunterrieselt. Schließlich wird der Kegel abgeplattet und dabei das Material kreisförmig so gleichmäßig nach allen Richtungen auseinandergezogen, daß eine Schicht von maximal 25 cm Dicke übrigbleibt. In diese Schicht wird das Teilungskreuz eingedrückt. Zwei der gegenüberliegenden Viertel werden vereinigt und weiterem Zerkleinern und Verjüngen unterzogen, die anderen beiden werden zum Hauptprodukt zugegeben. So wird weiter verfahren, bis das gesamte Probematerial von noch wenigen Kilogramm ein 1-mm-Sieb passiert hat.

Die anschließende Feinzerkleinerung erfolgt in Mörsern oder Mühlen, bis eine Endfeinheit von normalerweise < 0,125 mm erreicht ist. Das so präparierte Material wird schließlich wieder als ein Kegel aufgeschichtet und abgeplattet; aus dieser Schicht wird dann mittels eines Löffels kreuz und quer aus den verschiedensten Bereichen soviel Material entnommen, daß daraus etwa vier Analysenproben im Gewicht von jeweils 50 — 100 g hergerichtet werden können.

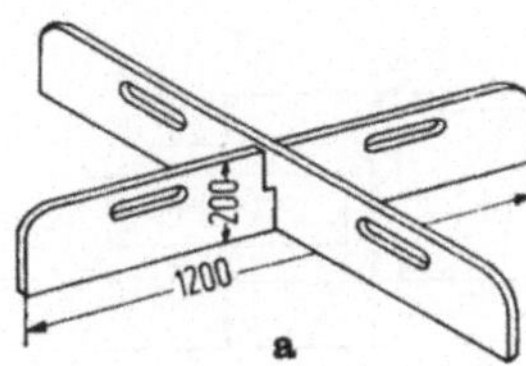

Abb. 5. Geräte für Probenteilung.

a Probenahmekreuz;
b Riffelteiler

Äußerste Sauberkeit ist bei allen Präparationsschritten selbstverständlich; sauberes Verschließen und zweifelsfreie Beschriftung der entnommenen Analysenproben sind ebenso wie eine korrekte Protokollierung des Vorgehens bei der Probenahme in allen ihren Schritten eine Notwendigkeit.

3.1.3. Beispiele für Probemengen

Für einige wichtige NE-Metallerze enthält die Literatur [1] die folgenden Angaben für die Rohprobenmenge und ihre Präparation:

Al-Erze: mindestens 5 kg pro 20 t; brechen < 10 mm; vortrocknen; vermahlen bis $< 0,25$ mm (5 kg); nachtrocknen; Analysenfeinheit $< 0,09$ mm

Pb-Erze: bei Stückerzen je nach Homogenität bis zu 5%; bei Konzentraten etwa 0,5%; normale Weiterverarbeitung

Cr-Erze: bei Stückerzen bis zu 30% der Anlieferung; bei Konzentraten etwa 1%; Weiterverarbeitung normal

Au-Erze: Größe der Rohprobe siehe Tabelle 6.
Die Probenpräparation erfolgt nach Abb. 6.

Tabelle 6.

% der Anlieferung			
Goldgehalt	Mittlere Stückgröße in cm		
g/t	< 10	< 20	< 30
etwa			
5	5	10	20
50	10	20	30
100	20	30	50

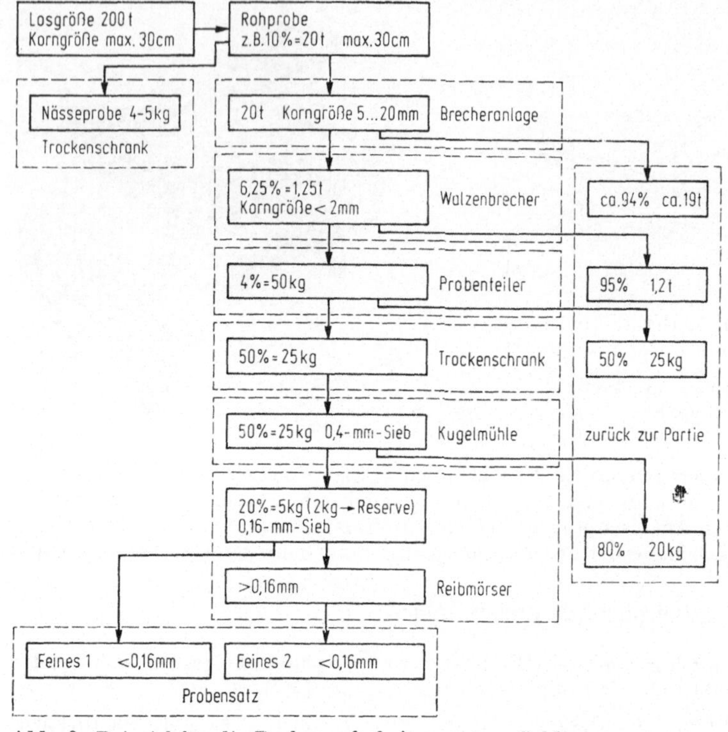

Abb. 6. Beispiel für die Probenaufarbeitung eines Golderzes

Ge-Erze: bei Groberzen: 10% der Lieferung nach Brechen auf < 10 mm; davon nach gutem Mischen 5%. Bei Feinerzen: 20%, Weiterverarbeiten wie bei Groberzen

Cu-Erze: Größe der für die Entnahme der Rohprobe heranzuziehenden Menge der Gesamtlieferung in Prozent gemäß nachstehender Tabelle 7.

Tabelle 7.

Kupfergehalt % Cu	100-t-Lose Korngröße in cm			500-t-Lose Korngröße in cm			1000-t-Lose Korngröße in cm		
	< 5	< 15	< 30	< 5	< 15	< 30	< 5	< 15	< 30
< 10	5	10	20	5	10	10	5	5	10
< 30	10	20	33	5	10	20	5	10	20
> 30	10	33	50	10	20	33	5	10	20

Brechen auf < 50 mm; trocknen bei 105 °C; Konzentrate: zwischen 0,1 und 1%

Li-Erze: 10—25% der Lieferung; normale Weiterverarbeitung

Mg-Erze: ähnlich Al-Erzen

Ni-Erze: ähnlich Cu-Erzen

U-Erze: 1—10% der Anlieferung, yellow cake: ca. 1%

Bi-Erze: mindestens 10% der Anlieferung

Zn-Erze: Stückerze: je nach Körnung 1—10%; auf $<$ 20 mm brechen, auf etwa 10% verjüngen, weiterzerkleinern und verjüngen, bis 2—3 kg nach Trocknen auf 0,1 mm aufgemahlen werden

Konzentrate: zwischen 0,1 und 0,5%

Sn-Erze: reiche Konzentrate etwa 10—20% der Lieferung, arme Konzentrate etwa 3% der Lieferung

3.2. Probenahme an massivem Material

3.2.1. Nichtmetallisches Material

Erster Schritt der Probenahme ist die Entnahme von Teilstücken geeigneter Größe an den richtigen Stellen, was meistens durch Zer- oder Abschlagen erfolgen kann. Handelt es sich um homogenes Material, wie Glas oder Steingut, kann die Rohprobenmenge kleiner sein als im Falle sehr inhomogenen Materials, z. B. einer Betonplatte oder kompakter Krätzebrocken. Für die Festsetzung der richtigen Rohprobenmenge kann auch hier das Taggart-Nomogramm nützliche Hilfe leisten. Die Weiterverarbeitung der Rohprobe erfolgt ganz analog dem Vorgehen bei Haufwerken.

3.2.2. Metalle

Die Probenahme an Metallen bietet bei weitem nicht die prinzipiellen Schwierigkeiten wie die an Haufwerken oder an stark inhomogenem massiven Material. Die Metalle sind üblicherweise viel homogener als ihre Vorstoffe, was u. a. auch bedeutet, daß für sie bereits kleinere Probenmengen repräsentativer sind als für jene. Gewisse, allerdings vorwiegend mechanische Probleme wirft lediglich die Entnahme von Proben aus Großformaten (z. B. im Gewicht von 1 t) oder aus leicht zu Seigerungen neigenden Legierungen auf. In diesen Fällen dürfte die Entnahme einer sog. Schöpfprobe aus dem noch flüssigen Metall der zweckmäßigere Weg sein, der jedoch nur bei Zustimmung beider Vertragsparteien, Käufer und Verkäufer, begangen werden kann.

Art der Probenentnahme

Für die Probenahme an Metallen sind Bohren, Drehen und Fräsen die geeignetsten Verfahrensweisen. Ihnen sollte, wo immer möglich, der Vorzug vor dem Sägen gegeben werden, tunlichst sollten Hartmetall-Werkzeuge verwendet werden, Schmiermittel oder Öle sind nicht zulässig. Es sollte stets ein recht feinteiliges Probematerial angestrebt werden. Insbesondere bei der Probenahme an duktilen Metallen ist so zu verfahren.

Bei spröden Metallen kann die Rohprobe abgeschlagen werden. Von dünnwandigem Material wie Drähte, Folien, Rohre, Bleche oder Bänder ist die Probe am besten durch Schneiden zu entnehmen.

Die zu entnehmende Probenmenge beträgt je nach Material bis zu einigen Prozent.

Besonders schwierig ist die Probenahme an Altmetallen und Schrotten. Hier empfiehlt sich zunächst stets ein Vorsortieren in artgleiche Bestandteile, die dann separat geprobt werden. Wie weitgehend dies geschehen kann, ist u. a. eine Frage der Wirtschaftlichkeit, desgleichen auch die, ob

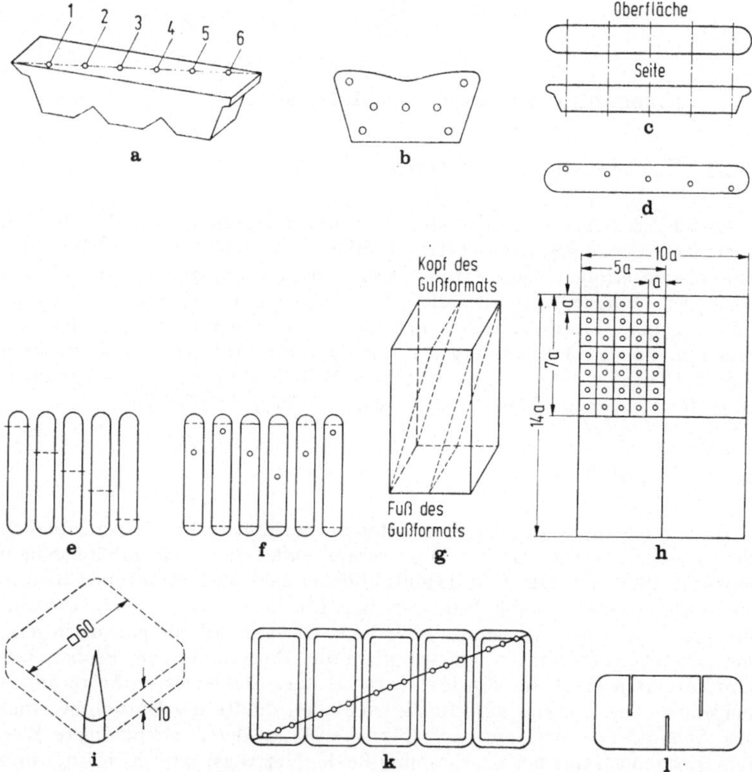

Abb. 7. Probenentnahme-Schemata für Metalle. **a** Anordnung der Bohrlöcher bei Masseln; **b** Anordnung der Bohrlöcher an Masselabschnitten; **c** Sägeschema für Bleiblöcke; **d** Anordnung der Bohrlöcher bei einem Bleiblock; **e** Sägeschema für Bleiblöcke bei größeren Stückzahlen; **f** Bohrlöcheranordnung bei Weichbleiblöcken; **g** Entnahme von Probespänen von zwei Diagonalflächen des Gußformats; **h** Bohrschablone für Kupferplatten; **i** Sektorenprobe aus einem Stahl-Knüppel; **k** Bohrschema für Zinklegierungsbarren; **l** Anordnung der Sägeschnitte bei einem Zinklegierungsbarren

die Probenahme an der Gesamtpartie oder nur an einem Teil davon zu
erfolgen hat. Nur mit einer großen Erfahrung wird auf diesem vom Stoff
her so außerordentlich vielfältigen Gebiet zu einer richtigen Probe zu
kommen sein. Es sei auf die Fachliteratur verwiesen (z. B. [1]).

Probenentnahme-Schemata

Die Probenahme an spanabhebend bearbeitbaren Metallen erfolgt
üblicherweise nach gewissen Schemata (Abb. 7). Dickere Formate werden
dabei von beiden Grundflächen her an verschiedenen Stellen bis zur Mitte
angebohrt oder, sollte dies nicht möglich sein, von ihren Seiten her bis zur
Mitte eingesägt, dünnere entweder völlig durchbohrt oder -gesägt.

Weiterbehandlung der Rohprobe

Die weitere Zerkleinerung der enthaltenen Metallspäne oder -stücke
kann, sofern die Materialeigenschaften dies zulassen, durch Zerstoßen in
Mörsern oder Zerschlagen, z. B. in Kugelmühlen, erfolgen. Da dabei meist
kein bezüglich der Teilchengröße homogenes Gut erhalten wird, ist es
durch Absieben in Fraktionen zu zerlegen. Zweckmäßig dafür sind Korn-
fraktionen von > 1 mm, 0,5—1 mm, 0,1—0,5 mm sowie < 0,1 mm. Die
Gewichte der Fraktionen werden ermittelt, sie selbst separat verpackt.
Bei der Analyse werden sie entsprechend dem so ermittelten Probensatz
berücksichtigt (bzgl. duktiler Metalle s. S. 16).

3.3. Ergänzende Hinweise

Zur Probenahme an festen Stoffen gehört auch die exakte Verwiegung
des Materials und die Ermittlung der Nässe. Während die Gewichtsfest-
stellung i. allg. keine größeren Schwierigkeiten aufwirft, kann dies bei
der Nässebestimmung der Fall sein. Je nach Materialart wird eine separate
„Nässeprobe" im Gewicht von einigen Kilogramm zu entnehmen sein,
die bis zur Gewichtskonstanz bei einer vorgeschriebenen Temperatur
— was äußerst wichtig ist — zu trocknen ist. Das Wiegen der Probe muß
unmittelbar nach ihrer Entnahme erfolgen. Einzelheiten z. B. [1].

Literatur

1. Analyse der Metalle, 3. Band: Probenahme, 2. Auflage, Berlin, Heidelberg, New York: Springer 1975
2. Einführung in die mathematische Statistik für die Betriebspraxis, Berlin,
   Heidelberg, New York: Springer 1969
3. ISO-Normen, Berlin: Beuth Verlag
4. IUPAC-Bulletin 65, July 1977, Recommendations on the Nomenclature
   of Sampling in Applied Chemistry

Lösen und Aufschließen

Professor Dr. Rudolf Bock
Chemin de Béranges 141, CH - 1814 La Tour de Peilz

1. Einleitung

Die heutigen Löse- und Aufschlußverfahren sind mit wenigen Ausnahmen seit der Jahrhundertwende bekannt, doch konnten teils methodische Verbesserungen vorgenommen werden, teils wurde der Anwendungsbereich einzelner Verfahren beträchtlich erweitert. Völlig neue Methoden wurden allerdings nur vereinzelt ausgearbeitet.

Gegenwärtig befinden sich hauptsächlich die zahlreichen Fehlerquellen beim Lösen und Aufschließen im Mittelpunkt des Interesses, die bisher zu wenig beachtet wurden. So sind z. B. die schwer zu vermeidenden Blindwerte und die grundsätzlich immer auftretenden Verluste durch Adsorption bei Spurenanalysen von entscheidender Bedeutung.

Oft ist es wünschenswert, die Analysendauer durch Beschleunigung des Aufschlußverfahrens abzukürzen oder durch Automatisierung auch des Lösens und Aufschließens Arbeitszeit einzusparen. Außer durch apparative Maßnahmen läßt sich dies in vielen Fällen durch geschicktes Kombinieren von Aufschluß- mit Trennungs- oder Bestimmungsmethoden erreichen.

2. Gefäße

2.1. Allgemeines

Die beim Lösen und Aufschließen verwendeten Bechergläser, Schalen und Tiegel sind oft die Ursache erheblicher Fehler. Einerseits entstehen Blindwerte durch mitaufgelöstes und in die Analysenprobe eingeschlepptes Gefäßmaterial, anderseits treten durch Adsorption an oder durch Reaktion mit der Gefäßwand mehr oder weniger große Verluste ein, die bei späterer Verwendung desselben Gefäßes möglicherweise wiederum Blindwerte ergeben.

Blindwerte lassen sich weitgehend verringern oder sogar völlig vermeiden, indem man Gefäße aus Materialien wählt, deren Elemente in der Analysenprobe nicht bestimmt werden sollen. Für Aufschlüsse sollten immer Gefäße gewählt werden, die bei der betr. Methode möglichst wenig angegriffen werden; besonders bei Spurenanalysen empfehlen sich hochgereinigte Materialien, z. B. Quarz für optische Zwecke oder an Verunreinigungen extrem arme Kunststoffe (Polytetrafluoräthylen u. a.).

Aber auch dann ist zu beachten, daß prinzipiell immer etwas Gefäßmaterial in die Analysenprobe gelangt, und daß diese Anteile nicht nur als Ursache von Blindwerten, sondern auch in anderer Weise stören können. So verursachen die nach Aufschlüssen in Platin-Tiegeln in Lösung gehenden Pt-Spuren bei photometrischen Bestimmungen anderer Elemente Fehler; bisher kaum untersucht ist die entsprechende Fehlerquelle bei der Verwendung von organischen Kunststoffen, die niedermolekulare Anteile bzw. Monomeres, Stabilisatoren, Weichmacher oder Katalysator-Reste an Lösungen abgeben. Es ist damit zu rechnen, daß diese Substanzen photometrische oder polarographische Bestimmungen beeinträchtigen.

Verluste durch Adsorption an Gefäßwänden stören ausschließlich bei Spurenanalysen, können aber hier die Ergebnisse stark verfälschen. Sie lassen sich bekanntlich oft durch stärkeres Ansäuern der Lösungen weitgehend beseitigen, wie durch umfangreiche Versuche mit radioaktiven Nukliden (vor allem von Beneš u. Mitarbeitern) bestätigt wurde. Da Adsorptionsvorgänge häufig recht langsam verlaufen, sollen Lösungen mit Spurenkomponenten nicht längere Zeit aufbewahrt und Analysen zügig durchgeführt werden.

In der Regel werden Anionen an den gebräuchlichen Gefäßmaterialien wesentlich schwächer adsorbiert als Kationen. Adsorptionsverluste lassen sich daher oft verhindern, indem man Kationen in anionische Komplexe überführt, z. B. Hg^{2+} in HgJ_4^{2-}, Ag^+ in $Ag(CN)_2^-$ u. a. m.

Verschiedene Gefäßmaterialien können gelöste Substanzen durchaus unterschiedlich stark adsorbieren. Allgemeingültige Gesetze, nach denen man bestimmten Arten von Gefäßen eindeutige Vorteile vor anderen zuschreiben könnte, lassen sich nicht geben, da auch die adsorbierbaren Ionen oder Molekeln sich unterschiedlich verhalten. Weiterhin erleiden die Gefäßoberflächen im Laufe der Benutzung deutliche Veränderungen, die sich auf ihr adsorbierendes Verhalten auswirken. Gelegentlich ist die Adsorption in Kunststoff-Gefäßen geringer als in Glas, Quarz oder Porzellan, doch ist das keineswegs immer der Fall. In Abb. 1 ist der Einfluß von Zeit und Komplexbildnerzugabe auf die Adsorption von Quecksilber an Glas und Polytetrafluoräthylen wiedergegeben.

Verluste durch oberflächliche Reaktion mit dem Material von Gefäßen treten hauptsächlich bei Schmelzaufschlüssen und beim trockenen Veraschen organischer Substanzen auf. Aschebestandteile von biologischem Material, vor allem Phosphat-haltige Rückstände, können schon ab 550—600 °C mit Quarz oder Glasuren von Porzellan reagieren und dann beim Lösen der Asche ganz oder teilweise im Tiegel zurückbleiben. Sowohl beim trockenen Veraschen als auch bei Schmelzaufschlüssen sind in der Regel Platin-Geräte silicatischen Materialien vorzuziehen, obwohl auch jene nicht in jedem Falle brauchbar sind. So reagiert Platin mit Metallen, die als solche in der Analyseprobe enthalten sind oder die sich beim Auf-

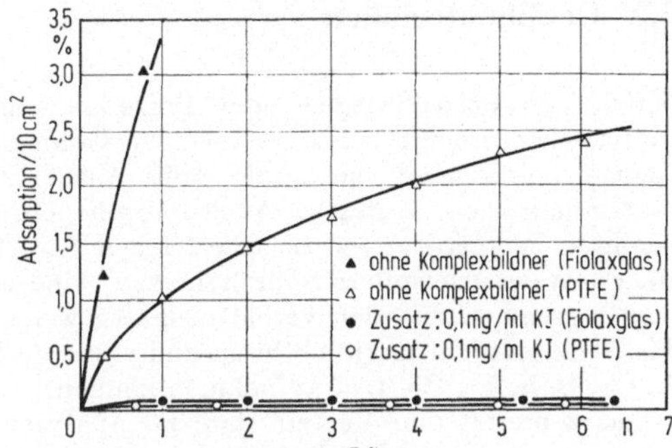

Abb. 1. Adsorption von Hg^{2+} and Glas und Polytetrafluoräthylen aus $0.5 N$ HNO_3-Lösung [Nach G. Tölg, Z. Anal. Chem. 283, 257 (1977)]

schluß durch reduzierende Bestandteile oder durch die Einwirkung von Flammengasen bilden (z. B. Edelmetalle, Kupfer, Eisen u. a.).

Ein öfteres Wechseln von Tiegeln oder Bechergläsern im Laufe einer Analyse sollte möglichst vermieden werden, es wurde sogar empfohlen, sämtliche Operationen in nur einem einzigen Gefäß durchzuführen. In Abb. 2 ist ein einfaches Quarzgerät gezeigt, in welchem man lösen, eindampfen, oxidieren mit Sauerstoff und weitere Schritte ausführen kann

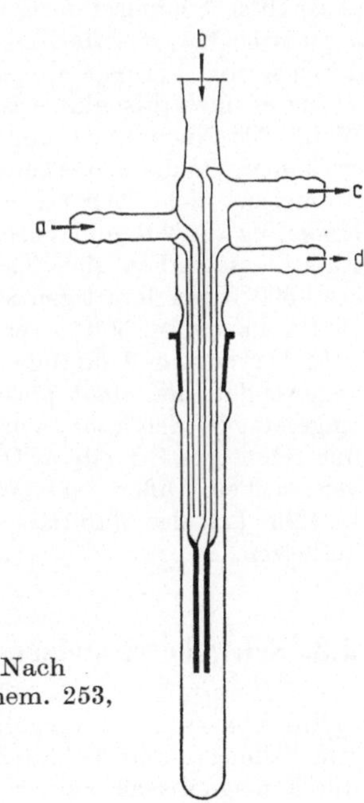

Abb. 2. Gefäß zum Zerstören mit Sauerstoff [Nach G. Kaiser, P. Tschöpel u. G. Tölg, Z. Anal. Chem. 253, 177 (1971)].
a Kühlwasserzufluß; b Sauerstoffzufuhr; c Kühlwasserabfluß; d Gasaustritt

2.2. Gefäßmaterialien

Gefäße aus Borosilicatglas oder Porzellan sind gegenüber den in der
analytischen Chemie üblicherweise vorkommenden Lösungsmitteln im
allgem. ausreichend beständig mit Ausnahme von flußsauren und
stark alkalischen Lösungen. Auch Phosphorsäure greift — vor allem bei
erhöhter Temperatur — die Oberflächen derartiger Geräte beträchtlich
an. Für anspruchsvollere Spurenanalysen sind Glas und Porzellan nicht
immer geeignet, da auch verhältnismäßig wenig aggressive Flüssigkeiten
das Gefäßmaterial merklich lösen und störende Blindwerte an Si, Al, Na,
K, Ca, B, F, Fe, Zn u. a. aufnehmen können.

Quarz besitzt den Vorteil, daß die Analysenprobe nur mit SiO_2 ver-
unreinigt wird (evtl. in Lösung gehende Verunreinigungen des Quarzes
stellen Störungen zweiter Ordnung dar, können außerdem durch Verwenden von Quarz optischer Güte praktisch völlig ausgeschaltet werden).
Quarzgeräte geben jedoch in der Regel etwas größere Mengen SiO_2 an
die Lösungen ab als Glas oder Porzellan.

Merkliche Fortschritte, vor allem für das Arbeiten mit flußsauren und
alkalischen Lösungen, haben Kunststoffe wie Polyäthylen, Polypropylen,
Polycarbonat und Polytetrafluoräthylen gebracht. Ihr Hauptnachteil
liegt in ihrer geringen thermischen Beständigkeit; in Polyäthylen-Gefäßen
kann man bis etwa 80°C arbeiten, in Polypropylen und Polycarbonat bis
etwa 130°C und in Polytetrafluoräthylen bis ca. 200°C. Vor allem das
Polytetrafluoräthylen ist daher für die meisten analytischen Arbeiten
(Ausnahme Schmelzaufschlüsse) geeignet. Zu beachten ist, daß Gase in
organische Kunststoffe hinein- und auch wieder herausdiffundieren, wodurch sowohl Verluste als auch Blindwerte entstehen können.

Für Schmelzaufschlüsse ist nach wie vor Platin das Tiegelmaterial der
Wahl. Als Neuentwicklung ist eine Platin-Legierung mit 5% Gold zu
erwähnen, die die bemerkenswerte Eigenschaft besitzt, von verschiedenen
Schmelzen nicht benetzt zu werden, ein Verhalten, das eine Pd/Au-
Legierung (80/20) und glasartiger Graphit ebenfalls zeigen. Für Na_2O_2-
Aufschlüsse haben sich Tiegel aus Zirkonium-Metall bewährt, das bis
etwa 600°C von derartigen Schmelzen nur wenig angegriffen wird, während
Platin nur bis ca. 500°C verwendet werden kann.

In begrenztem Umfange werden z. Z. Tiegel aus glasartigem Graphit
angewendet, der nicht porös ist und daher auch für Schmelzaufschlüsse
eingesetzt werden kann. Vorteilhaft ist dabei, daß als Oxidationsprodukte
nur flüchtiges CO oder CO_2 entstehen, die keine störenden Blindwerte
verursachen. Außerdem lassen sich derartige Tiegel infolge der elektrischen
Leitfähigkeit des Materials schnell durch hochfrequente Ströme induktiv
aufheizen.

2.3. Schwebeschmelzen

Ein von Sterling eingeführtes Verfahren vermeidet die Berührung
von Schmelze und Behälter dadurch, daß das zu schmelzende Material
durch magnetische Felder in der Schwebe gehalten wird, während es

induktiv durch Hochfrequenzströme aufgeheizt wird. Im einfachsten Falle besteht das Schiffchen für die Probe aus einem dünnwandigen, wassergekühlten Silberröhrchen, in dessen Oberteil eine parallel zur Längsachse laufende Furche eingedrückt ist. Das Schiffchen befindet sich in einem Quarzrohr, um das die Hochfrequenzspule herumgelegt ist. Durch das Hochfrequenzfeld werden im Schiffchen Ströme induziert, die ihrerseits die Probe aufheizen. Da die Ströme im Schiffchen und in der Probe in entgegengesetzter Richtung verlaufen, stoßen sich die zugehörigen Magnetfelder ab: Die Probe erhebt sich über die Unterlage und kann ohne Berührung mit dem Schiffchen geschmolzen werden (Abb. 3).

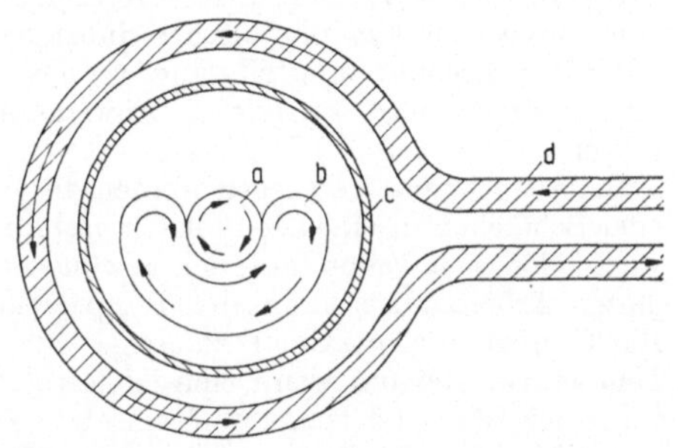

Abb. 3. Schwebeschmelzen (Prinzip) (Nach H. F. Sterling, Le Vide, No. Special A. V. I. SEM, Okt. 1966).
a Probe;
b gekühltes Ag-Schiffchen (Querschnitt);
c Quarzrohr;
d Hochfrequenzspule

An die Stelle des Schiffchens können tiegelartige Vorrichtungen treten; die Form muß jedoch sorgfältig auf die Gegebenheiten des Hochfrequenzfeldes abgestimmt werden, um den Schwebeeffekt zu erhalten. Die Energieübertragung vom Schiffchen auf die Probe erfolgt bei metallischen Substanzen in der Regel ohne weiteres; andere Stoffe (Halbleiter, Carbide, Ferrite) müssen erst auf erhöhte Temperatur gebracht werden, damit eine gewisse elektrische Leitfähigkeit einsetzt; erst dann springt die Hochfrequenzheizung an.

Die Methode wurde bei der Bearbeitung metallurgischer Probleme benutzt, u. a. bei der Bestimmung von Gas-Spuren in Metallen. Da man möglicherweise in derart geschmolzenen Proben auch chemische Reaktionen durchführen kann, sind weitere analytische Anwendungen zu erwarten.

3. Aufschlüsse mit gasförmigen Reagentien

3.1. Allgemeines

Umsetzungen mit gasförmigen Reagentien bringen den Vorteil, daß sich Blindwertprobleme verhältnismäßig gut beherrschen lassen, da Gase in besonders reiner Form zur Verfügung stehen oder sich ohne

Schwierigkeiten reinigen lassen. Außerdem kann überschüssiges Reagens nach der Umsetzung durch einfaches Abpumpen entfernt werden. In der analytischen Praxis werden Umsetzungen mit Gasen in offenen oder geschlossenen Gefäßen (auch unter Druck), im Gas-Strom oder in Flammen durchgeführt.

3.2. Umsetzungen mit Sauerstoff

Die einfachste und älteste Anwendung von Sauerstoff in der analytischen Chemie dürfte die „trockene Veraschung" durch Erhitzen der Probe an der Luft sein. Das Verfahren wird noch in großem Umfange zum Beseitigen von organischer Substanz zwecks Untersuchung nichtflüchtiger Aschebestandteile angewendet. Die Methode kann jedoch bei unsorgfältiger und kritikloser Anwendung zu beträchtlichen Fehlern führen.

Beim trockenen Veraschen werden die Proben meist in offenen Tiegeln oder Schälchen in einen Muffelofen gestellt, der mit der Probe aufgeheizt wird oder sich schon auf der gewünschten Temperatur befindet. Bei dieser Arbeitsweise kann die Temperatur im Probengut um mehrere $100\,°C$ über die maximal zulässige und im Ofeninneren herrschende Temperatur steigen, wenn eine lebhafte Reaktion der organischen Substanz mit dem Luftsauerstoff einsetzt. Damit besteht die Gefahr unkontrollierbarer Verluste an Elementen, die an sich bei der eingestellten Ofentemperatur noch nicht merklich flüchtig sind. Diese Störung läßt sich durch vorheriges vorsichtiges Verkohlen der Probe bei etwa $300\,°C$ außerhalb des Muffelofens, durch langsames Anheizen des Ofens und durch Drosseln der Sauerstoffzufuhr zu Beginn der Veraschung (Schließen der Ofentür) beseitigen.

Eine weitere wichtige Fehlerquelle ist das Einbrennen von Aschebestandteilen in die Tiegelwand. Um dies zu vermeiden, erniedrigt man die Veraschungstemperatur soweit wie möglich (allerdings lassen sich die meisten Proben erst bei $\geq 450\,°C$ vollständig veraschen), wechselt das Tiegelmaterial oder setzt Veraschungshilfen zu, die die Aschemenge vergrößern, jedoch auch Blindwerte an zu bestimmenden Komponenten verursachen können. Außerdem ergeben sich Blindwerte durch die Ofenatmosphäre, die nicht nur Staubkörnchen zu enthalten pflegt, sondern auch durch Reaktion von Wasserdampf mit der Schamotte des Ofens geringe aber nachweisbare Mengen an HF und Borsäure aufnimmt. Verluste entstehen nach dem Veraschen bei unvollständigem Lösen Silicat-haltiger Rückstände, die Spurenmetalle so fest adsorbieren, daß sie durch Säurebehandlung nicht vollständig in Lösung gehen. Derartige Aschen müssen auf jeden Fall gesondert aufgeschlossen werden.

Beim Veraschen von biologischem Material ist in der Regel nicht bekannt, in welcher Verbindungsform der zu bestimmende anorganische Bestandteil vorliegt; mehrfach wurde festgestellt, daß Elemente schon bei niedrigen Temperaturen teilweise verloren gehen, bei denen man normalerweise keinerlei Flüchtigkeit erwartet. So wurden in Mollusken *in vivo* radioaktive Nuklide des Co, Mn, Zn u. a. inkorporiert und z. T. schon beim Trocknen der Proben, weiterhin nach dem Erwärmen auf $350\,°C$

erhebliche Verluste der betr. Elemente beobachtet. Während die Bildung leichtflüchtiger Methyl-Verbindungen des As, Hg und Se im lebenden Organismus nachgewiesen wurde, ist die Ursache der Flüchtigkeit bei den genannten Elementen unbekannt. Da zudem die Art des biologischen Materials von Einfluß auf das Verhalten der Metalle ist, muß die Veraschungsmethode von Fall zu Fall mit Hilfe unabhängiger Analysenverfahren kontrolliert werden.

Die Oxidation mit Luft oder Sauerstoff in geschlossenen Gefäßen bringt den Vorteil, daß keine Verluste durch Verflüchtigung eintreten können. Das alte Verfahren nach Hempel fand erst ab 1955 weite Verbreitung, nachdem Schöniger es in den Mikromaßstab übertragen und wesentlich vereinfacht hatte. Die Methode ist besonders geeignet zur Bestimmung von Halogen (einschl. Fluor), S, P u. a., und vor allem auch von ^{3}H, ^{14}C und ^{35}S in markierten organischen Verbindungen. Die Verbrennung mit Sauerstoff unter Druck in der kalorimetrischen Bombe, die experimentell umständlicher ist und größere Fehlerquellen in sich birgt, hat keine größere Bedeutung erlangt.

Die Verbrennung in Knallgas-Flammen (1867 von Mitscherlich vorgeschlagen) hat vor allem Wickbold wesentlich verbessert. Man kann in speziellen Quarzgeräten gasförmige, flüssige und feste Proben gefahrlos mit großer Schnelligkeit oxidieren, wobei die hohe Flammentemperatur eine völlige Umsetzung der Proben gewährleistet. Die Methode wird in großem Umfange zur Bestimmung von Schwefel, Halogenen u. a. Elementen in Serien von organischen Proben angewendet; auch größere Substanzmengen lassen sich so verbrennen.

Eine Neuentwicklung ist die Oxidation mit atomarem („angeregtem") Sauerstoff nach Gleit u. Holland (1962). Man läßt Sauerstoff bei ca. 2—5 Torr durch ein Quarzrohr strömen, das von der Spule eines Hochfrequenzgenerators umgeben ist. Unter diesen Bedingungen wird ein erheblicher Teil des Sauerstoffes zu O-Atomen dissoziiert, die eine mittlere Lebensdauer von einigen Sekunden besitzen. Von diesen wird organisches Material oxidiert, ohne daß die Temperatur höher als etwa 100—150°C steigt. Zahlreiche Elemente, die bei anderen Oxidationsverfahren mit Sauerstoff flüchtig gehen, bleiben bei dieser Methode quantitativ im Rückstand (As, Cd, Sb, Se u. a.). Das Verfahren ist experimentell etwas umständlicher als andere Verbrennungsmethoden, und die meisten organischen Substanzen werden nur recht langsam angegriffen, so daß es zum Zerstören größerer Proben weniger geeignet ist. Gelegentlich beobachtete Verluste an Aschebestandteilen dürften auf das Verstäuben extrem feinverteilter Rückstände zurückzuführen sein.

3.3. Fluorierung und Chlorierung

Zur Sauerstoff-Bestimmung in Oxiden, Silicaten, Phosphaten u. a. Proben und zur Ermittlung des ^{16}O/^{18}O-Verhältnisses wird die Umsetzung mit F_2, ClF_3, BrF_3 und weiteren fluorierenden Reagentien zu elementarem Sauerstoff angewendet. Das Verfahren hat über Spezialaufgaben hinaus keine Verbreitung gefunden.

Einfacher und breiter anwendbar sind die bereits von Berzelius empfohlenen Chlorierungsverfahren. Man setzt Metalle, Sulfide, Arsenide, Phosphor, Arsen u. a. bei erhöhter Temperatur mit Cl_2 um und trennt eine Anzahl leichtflüchtiger Chloride (des As, Bi, Ga, Ge, Hg, Mo, S, Sb, Se, Si, Sn, Te, Ti und Zr) gleich beim Aufschluß vom schweren flüchtigen Rückstand ab. Oxide werden chloriert, indem man einen Strom von gasförmigem $CHCl_3$, CCl_4 oder C_3Cl_8 bei Rotglut über die Probe führt.

Eine besondere Anwendung der Chlorierung ist die Untersuchung kleiner Mengen von Carbiden, Oxiden und Nitriden, die gemeinsam aus Stahl und Eisen (gelegentlich auch anderen Metallen) isoliert wurden. Man chloriert die Gemische schonend bei bestimmter Temperatur und eingestelltem Cl_2-Druck und kann u. U. sogar verschiedene Umsetzungen stufenweise nacheinander durchführen. Die Reaktion erfolgt in einem einseitig geschlossenen Rohr, dessen Ende mit der Probe in sich einem elektrischen Ofen befindet. Ein senkrechter, außerhalb des Ofens angesetzter Zapfen steht in einem Kältebad und dient als Vorratsbehälter für Chlor. Durch Temperaturänderung des Kältebades läßt sich der Cl_2-Druck im System variieren; da außerdem die Ofentemperatur beliebig eingestellt werden kann, sind die Chlorierungsbedingungen in einem weiten Bereich wählbar.

3.4. Pyrohydrolyse

Leitet man überhitzten Wasserdampf bei etwa 900—1200 °C über salzartige Substanzen, so werden Anionen flüchtiger Säuren teilweise oder völlig freigesetzt und mit dem Dampfstrom abgeführt. Sie können in einem Kühler niedergeschlagen und in einer Vorlage aufgefangen werden. Zersetzt werden Halogenide, Borate, Nitrate und teilweise auch Sulfate. Aus schwer oder nur unvollständig reagierenden Verbindungen können die Anionen nach Zusatz eines schwerflüchtigen Oxids, wie U_3O_8, WO_3, V_2O_5 u. a. quantitativ ausgetrieben werden. Die Methode wird vor allem zur Abtrennung des Fluorid-Ions aus Silicaten (Gläsern, Schlacken, keramischen Massen) verwendet, gelegentlich auch zur Bestimmung von Borsäure und von Chlorid.

3.5. Umsetzungen mit gasförmigem HF oder HCl

Mit Polytetrafluoräthylen als Behältermaterial konnte der schon 1864 von Kuhlmann vorgeschlagene Aufschluß von Silicaten mit gasförmigem Fluorwasserstoff neuerdings mit größerem Erfolg wieder aufgegriffen werden. Nach Zil'bershtein wird HF-Gas über die auf einem Kunststoff-Netz liegende Probe geleitet und das SiF_4 abdestilliert (Abb. 4). Woolley benutzt ein geschlossenes Gefäß. Die Probe befindet sich in der Mitte, sie ist ringförmig von einem HF/HNO_3-Gemisch (4:6; 50%ige Flußsäure) umgeben; die Anordnung erinnert an die Conway-Apparatur

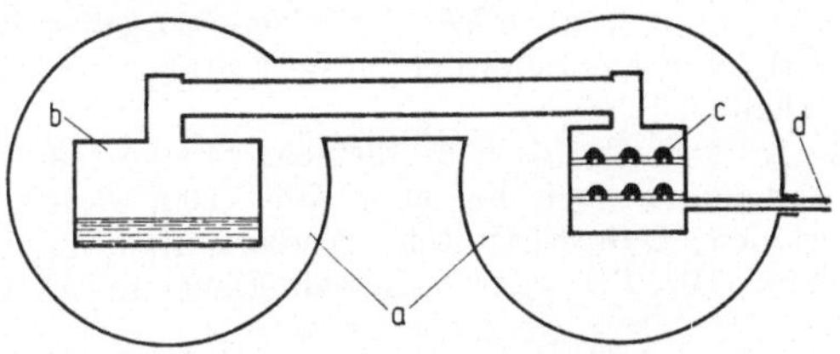

Abb. 4. Aufschluß mit gasförmigem HF [Nach Kh. I. Zil'bershtein, M. M.
Piryutko, O. N. Nikitina, Yu. F. Federov u. A. N. Nenarokov, Zavod.
Lab. 29, 1266 (1963)]. *a* Öfen; *b* Gefäß mit Flußsäure; *c* Probe; *d* Gasauslaß

zur Mikrodiffusion (Abb. 5). Das gebildete SiF_4 diffundiert in die äußere
Flüssigkeit, und nach dem Aufschluß liegt der Rückstand in Form leicht-
löslicher Nitrate vor. Man vermeidet so weitgehend Blindwerte, die bei
Aufschlüssen mit Flußsäure-Lösungen auftreten, muß aber längere
Aufschlußzeiten in Kauf nehmen.

Gasförmiger Chlorwasserstoff wird zum Umsetzen von Al-, Be-, Sb-,
Si- und Ta-Metall zu den Chloriden dem zu heftig reagierenden Cl_2 vor-
gezogen. Man kann durch Abdestillieren bzw. Absublimieren der Chloride
auch gleich Trennungen erzielen; z. B. werden aus Gemischen von
SiO_2 + Si-Metall + SiC nur Si und SiC verflüchtigt, während SiO_2 im
Rückstand bleibt.

3.6. Umsetzungen mit H_2 oder NH_3

Oxid-Spuren in Metallen werden durch Umsetzen mit H_2 zu Wasser
bestimmt. Das Verfahren ist zur Untersuchung von As, Bi, Cu, Mo, Pb,
Re, Sb und W brauchbar und kann auch zum Ermitteln des Sauerstoff-
Gehaltes von Se und Te angewendet werden, nicht jedoch zur Sauerstoff-
bestimmung in Eisen und Stahl, da hier nur ein Teil der Oxide erfaßt
wird. Weiter kann man im H_2-Strom SnO_2 zu leicht lösbarem Sn-Metall
reduzieren und flüchtige Metalle wie Cd, Ga, In, Pb, Tl und Zn bei
800—1000°C aus Mineralien verflüchtigen. Erwähnt seien die Um-

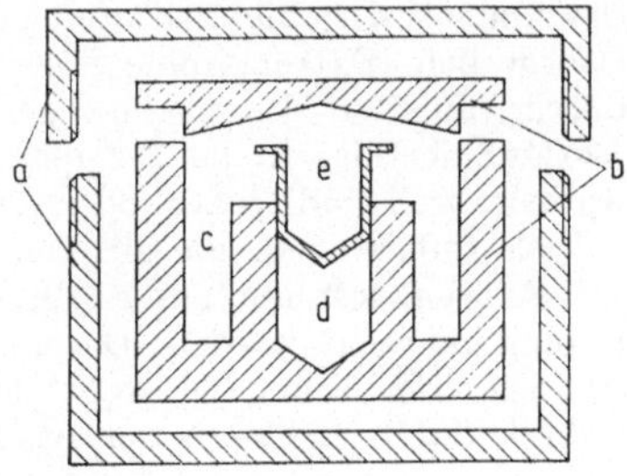

Abb. 5. Aufschluß mit gasförmigem
HF [Nach J. F. Woolley, Analyst 100,
896 (1975)]. *a* Stahlbehälter mit
Schraubverschluß; *b* Polytetrafluor-
äthylengefäß mit Deckel; *c* äußere
Kammer für das Säuregemisch; *d* innere Kammer; *e* Probenbehälter

setzung zu gasförmigen Hydriden: So geben Eisen- und Mangan-Nitride NH_3, und aus Schwefel-haltigen Proben wird H_2S, aus Phosphaten PH_3 erhalten.

In der organischen Elementaranalyse können Heteroelemente enthaltende Proben bei etwa $700-1000\,°C$ mit H_2 oder NH_3 behandelt werden; man erhält teils Wasserstoffverbindungen wie H_2O, H_2S, HF, HCl, HBr, PH_3 oder NH_3, teils Elemente (As, Cd, Hg, Sn, Zn).

3.7. Abrauchen mit Ammoniumsalzen

Durch Abrauchen mit Ammoniumsalzen lassen sich Elemente aus Mineralien und Erzen als flüchtige Halogenide abtrennen. Mit NH_4F bzw. NH_4HF_2 kann man Si und B (wahrscheinlich noch weitere Elemente) als Fluoride aus Silicaten entfernen, doch bringt dieses Verfahren gegenüber dem Abrauchen mit Flußsäure (s. u.) keine wesentlichen Vorteile. Größere Verbreitung hat das Abrauchen mit NH_4Cl, NH_4Br oder NH_4J gefunden. Von ihnen wird das reaktionsfähigste (NH_4J) vor allem zum Zersetzen von SnO_2 und von oxidischen Antimonverbindungen verwendet. Die gebildeten leichtflüchtigen Jodide werden mit überschüssigem Reagens absublimiert und können in geeigneten Apparaturen quantitativ aufgefangen werden.

4. Aufschlüsse mit Flüssigkeiten und Lösungen

4.1. Allgemeines

Beim Lösen von Analysenproben in Säuren oder in alkalischen Flüssigkeiten strebt man z. Z. folgende Verbesserungen an: Erweiterung des Anwendungsbereiches durch verschärfte Aufschlußbedingungen; Beschleunigung der Aufschlüsse und Beseitigung von Blindwerten aus den Reagentien. Die Reinheit der käuflichen p.a. Säuren und Alkalien ist zwar für die Bestimmung von Haupt- und Nebenbestandteilen in wohl allen Analysenproben völlig ausreichend, genügt aber nicht für anspruchsvolle Spurenanalysen; hier ist oft eine zusätzliche Reinigung der Reagentien erforderlich. Extrem reine Säure- oder Ammoniak-Lösungen stellt man durch Einleiten der gasförmigen Verbindungen in Wasser oder durch Isothermdestillation bei Temperaturen unter dem Siedepunkt her. Zum Aufbewahren sind Quarz- oder Kunststoff-Gefäße zu empfehlen.

Viele Substanzen, die sich normalerweise in Säuren nicht oder nicht völlig lösen, können bei erhöhter Temperatur unter Druck schnell in Lösung gebracht werden. Die klassische Methode von Carius (Aufschluß im abgeschmolzenen Glasrohr) ist langwierig, doch wurde die Arbeitstechnik durch Erhitzen der Ansätze in kleinen verschraubbaren Stahl-

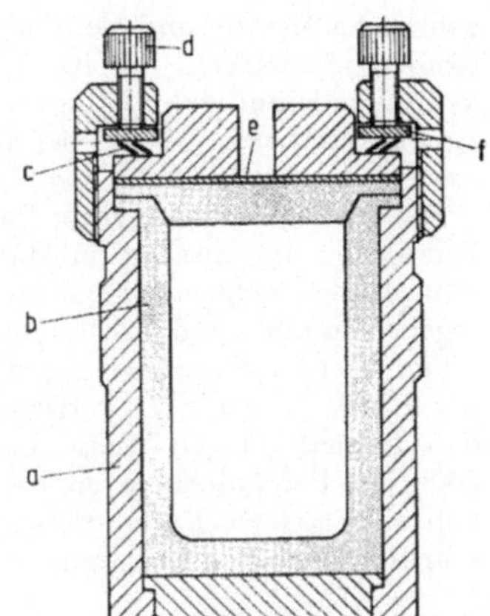

Abb. 6. Bombe für Druckaufschlüsse mit Säuren (Nach Bulletin 4745 der Fa. PARR Instr. Co.). *a* Stahlbombe; *b* Einsatz aus Polytetrafluoräthylen mit Deckel; *c* Feder; *d* Schrauben zum Andrücken; *e* Berstscheibe; *f* Ring zum Andrücken

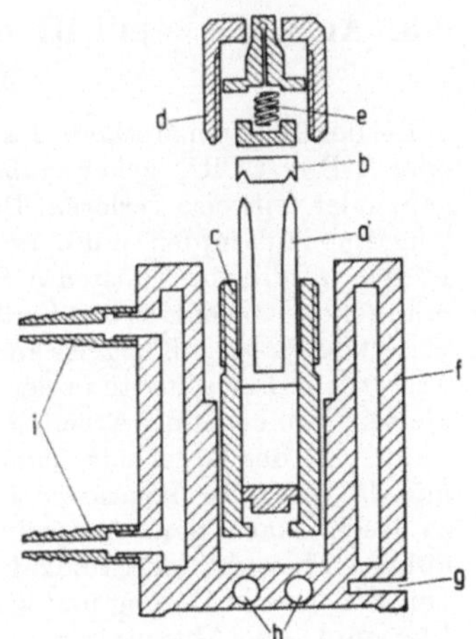

Abb. 7. Bombe für Druckaufschlüsse mit Säuren [Nach G. Tölg, Talanta 21, 327 (1974)]. *a* Probenbehälter aus Polytetrafluoräthylen; *b* Deckel; *c* Stahlzylinder; *d* Verschluß; *e* Druckfeder; *f* Heizblock; *g* Thermometer; *h* Heizelement; *i* Kühlwasser-Zu- und -abfluß

bomben mit Platin- oder Polytetrafluoräthylen-Einsatz wesentlich vereinfacht. So werden auch Verluste durch Verflüchtigung oder durch Verspritzen verhindert. Zwei Konstruktionen sind in Abb. 6 und Abb. 7 wiedergegeben.

4.2. Aufschlüsse mit HClO$_4$

Dank umfangreicher Untersuchungen von Kahane und von G. F. Smith wird Perchlorsäure trotz latenter Neigung zu heftigen Explosionen mehr und mehr verwendet. Die konzentrierte (72%ige) Säure oxidiert und löst zahlreiche Metalle und Verbindungen, während verdünnte Lösungen nicht oxidierend wirken. $HClO_4$ (konz.) bringt in der Stahlanalyse den Vorteil vollständiger Oxidation des Chroms zu Chromat und des Phosphors zu Phosphat, so daß die bei anderen Löseverfahren erforderliche Nachoxidation entfällt.

Die Hauptanwendung der Perchlorsäure besteht aber in der oxidativen Zerstörung organischer Substanzen; die Reaktion verläuft in der Regel sehr schnell, gelegentlich sogar zu schnell, und man muß Vorsichtsmaßregeln einhalten, damit Detonationen vermieden werden. Vor allem sollen leicht oxidierbare Anteile vor der $HClO_4$-Zugabe durch Erhitzen mit HNO_3 oder $HNO_3 + H_2SO_4$ zerstört werden. Weiter ist zu beachten, daß niemals durch Einwirkung wasserentziehender Mittel die reine 100%ige Perchlorsäure entsteht, die äußerst gefährlich ist und schon von sich aus zu Detonationen neigt. Es ist zu empfehlen, Arbeitsvorschriften genau einzuhalten.

4.3. Aufschlüsse mit HF oder HBF_4

Bei der üblichen Methode des Abrauchens von Silicaten mit $HF + H_2SO_4$ oder $HF + HClO_4$ gehen außer SiF_4 und BF_3 einige andere Fluoride ganz oder teilweise verloren. Das Verfahren ist zeitraubend, da man sehr langsam eindampfen muß, um Spritzverluste zu vermeiden, außerdem werden zahlreiche resistente Silicate nicht aufgeschlossen. Aufschlüsse mit höher konzentrierter Flußsäure (55—60% anstelle der gewöhnlich verwendeten 40—48%igen Säure) verlaufen etwas schneller, doch konnten wesentliche Fortschritte in der Silicatanalyse erst durch Verwendung von kleinen Bomben und Arbeiten unter Druck bei etwa 110—200°C erzielt werden. In der Regel setzt man dabei eine kleine Menge eines Oxidationsmittels (HNO_3, Königswasser, H_2O_2) zu, um auch sulfidische Beimengungen zu lösen. Nach dem Aufschluß bringt man etwa vorhandene schwerlösliche Fluoride der Erdalkalien und der Seltenen Erden durch Zusatz von Borsäure in Lösung und kann nun in der klaren Flüssigkeit zahlreiche Elemente ohne Abtrennung des Fluorid-Ions bestimmen. Bei dem Druckaufschluß werden viele Silicate völlig zersetzt, die bei der gewöhnlichen Arbeitsweise kaum angegriffen werden; Verluste können nicht eintreten, so daß auch Silicium in der Lösung bestimmt werden kann. Schließlich verlaufen diese Aufschlüsse sehr schnell, da das zeitraubende Abrauchen der Flußsäure entfällt. Die Methode wird nicht nur für Silicate, sondern auch für Erze, Phosphate, Nitride und Metalle angewendet.

Zur Bestimmung von zweiwertigem Eisen in Silicaten schließt man ebenfalls mit HF-Lösungen in kleinen Bomben auf, wodurch der Zutritt von Luft automatisch ausgeschlossen wird. Zur Probe wird eine bekannte Menge eines Oxidationsmittels gegeben, dessen Überschuß man nach dem Aufschluß zurücktitriert.

HBF_4 löst verschiedene Silicate, während Quarz bei vorsichtigem Arbeiten nicht wesentlich angegriffen wird. Dies Verhalten wird zur Ermittlung der Quarzanteile in silicatischen Gemischen herangezogen.

4.4. Aufschlüsse mit HNO₃

Salpetersäure verschiedener Konzentration ist das Standardreagens zum Lösen von Metallen und Legierungen und zum Oxidieren zahlreicher anderer anorganischer Substanzen. Die Säure vermag aber organische Proben nur in Ausnahmefällen völlig und mit befriedigender Geschwindigkeit zu zerstören. Auch hier bringt die Arbeitsweise unter Druck in Bomben mit Polytetrafluoräthylen-Auskleidung Fortschritte; so konnten Kohle, biologisches Material, Klärschlamm u. a. Proben mit 70%iger Salpetersäure bei 150—170°C in etwa 1—3 h quantitativ oxidiert werden.

4.5. Aufschlüsse mit HNO₃ + HF

Von den HNO_3-haltigen Säuregemischen (HNO_3 + HF, HNO_3 + HCl, HNO_3 + H_2SO_4, HNO_3 + $HClO_4$) verdient besonders die Kombination von HNO_3 und HF Erwähnung. Durch die gleichzeitig oxidierende und komplexierende Wirkung werden zahlreiche Metalle und deren Legierungen sehr schnell gelöst, die von anderen Lösungsmitteln nur schwierig angegriffen werden, z. B. Nb, Ta, Re, Si, Ti, W und Zr; auch eine Anzahl von Carbiden, Siliciden und Nitriden und verschiedene Erze werden aufgeschlossen. Die Reaktionen verlaufen i. allg. so schnell, daß man nicht das fertige Säuregemisch zur Probe zusetzen, sondern erst die Substanz mit Flußsäure versetzen und dann Salpetersäure vorsichtig zutropfen soll. Kohlenstoff wird bei dieser Arbeitsweise nicht beseitigt, kann aber bei etwa 150°C unter Druck ebenfalls oxidiert werden.

4.6. Aufschlüsse mit HClO₃

Mit salzsauren Lösungen von $KClO_3$ wurden bereits 1838 biologische Substanzen zerstört, doch werden dabei Fett und Cellulose kaum angegriffen, so daß sich das Verfahren nicht durchsetzen konnte. Günstiger haben sich $KClO_3$-HNO_3-Gemische erwiesen, die ein höheres Oxidationspotential besitzen als die Salzsäure-haltigen Lösungen, in denen nur das Potential des Cl_2/Cl^--Systems erreicht werden kann. Mit $KClO_3$ + HNO_3 werden sulfidische und Chrom-haltige Erze aufgeschlossen, und auch organisches Material wird wirksam oxidiert; allerdings muß man bei Fetten kräftig rühren, um eine brauchbare Reaktionsgeschwindigkeit zu erhalten. Es treten bemerkenswerterweise keine Verluste an As, Cd, Hg und J auf.

4.7. Aufschlüsse mit HJ

Jodwasserstoffsäure wird vorwiegend zum Spalten von Äthern nach Zeisel und zum Reduzieren von Sulfaten zu Sulfid (meist in Kombination mit Unterphosphoriger Säure) verwendet. Infolge der hohen Reaktionsgeschwindigkeit bei ziemlich starkem Reduktionsvermögen ist die Säure auch zum Lösen bzw. Aufschließen von $BaSO_4$ geeignet; dabei dürfte es zu empfehlen sein, die Reaktion bei erhöhter Temperatur unter Druck durchzuführen.

4.8. Aufschlüsse mit H_2O_2

Reines Wasserstoffperoxid vermag einige Metalle (Mo, Re, W) zu lösen, wird aber überwiegend zusammen mit Säuren wie HF, HCl, H_2SO_4, CH_3COOH u. a. oder mit NaOH zum Lösen von Metallen, Legierungen und Schwefel und zur Oxidation von organischen Substanzen verwendet. Letztere (außer Fett) lassen sich mit H_2O_2 in Gegenwart von Fe^{II} als Katalysator auch in größeren Mengen schnell zerstören. Statt der üblichen 30%igen Lösung wird neuerdings auch ein 50%iges Präparat eingesetzt, doch muß es wegen der Neigung zur Zersetzung und wegen heftiger Einwirkung auf die Haut mit Vorsicht gehandhabt werden.

4.9. Aufschluß mit $K_2Cr_2O_7 + KJO_3 + H_2SO_4 + H_3PO_4$

Eine besonders wirksame Methode zum Zerstören von organischem Material wurde von van Slyke angegeben: Die Probe wird mit einem 2:1-Gemisch von festem $KJO_3 + K_2Cr_2O_7$ versetzt und nach Zugabe von Oleum (20% SO_3) + H_3PO_4 (d 1.72) + KJO_3 (67 + 33 ml + 1 g) erhitzt. Auch schwer oxidierbare Substanzen wie Cholesterin oder Fett werden völlig zerstört, und der Kohlenstoff geht dabei quantitativ in CO_2 über. Das Verfahren ist daher vor allem zur Bestimmung von ^{14}C in C-markierten Verbindungen geeignet.

4.10. Solubilisation

Als ,,Solubilisation" bezeichnet man die Herstellung klarer Lösungen von tierischem oder menschlichem Gewebe ohne Oxidation. Die Proben werden mit 2 N NaOH, mit NaOH + Detergentien oder mit Lösungen von quaternären Ammoniumhydroxiden, z. B. Tetramethylammonium-hydroxid, erhitzt. Die erhaltenen Lösungen dürften kolloidale Anteile enthalten.

4.11. Enzymatische Aufschlüsse

Zur Strukturaufklärung polymerer biologischer Substanzen, bes. von Polypeptiden, Proteinen, Polysacchariden u. a. m., dienen häufig schonende enzymatische Aufschlüsse. So kann die Identifizierung von Oligosacchariden durch Spaltung mit Invertase, Diastase oder Melibiase wesentlich vereinfacht werden, Stärke wird nach teilweiser Hydrolyse mit NaOH oder Wasser von Amylase quantitativ zu Glucose umgesetzt, und der Gehalt an „Rohfaser" in Nahrungsmitteln (unverdauliche Anteile an Cellulose, Hemicellulosen und Lignin) wird nach enzymatischem Aufschluß aller anderen Komponenten als unlöslicher Rückstand genauer bestimmt als mit der klassischen Methode der Zersetzung mit NaOH-Lösung, um nur einige Beispiele zu nennen.

Enzymatische Spaltungsverfahren besitzen weiterhin Bedeutung beim Nachweis von Arzneimittel- und Pestizidmetaboliten im Warmblüter und bei toxikologischen Untersuchungen; die betr. Verbindungen werden häufig mit dem Urin als Glucuronide ausgeschieden und vor der Bestimmung mit β-Glucuronic

5. Schmelz

5.1. Allgeme

Bei Schmelzaufschlüssen ist die Gefahr des Auftretens von Blindwerten noch größer als beim Lösen mit Säuren oder Alkalien. Einmal sind die Reagentien schwieriger zu reinigen, und zum anderen werden die Tiegel durch die aggressiven Schmelzen stärker angegriffen als die Gefäße beim Lösen. Weiterhin ist zu beachten, daß infolge der hohen Schmelztemperaturen mit größeren Verlusten durch Verflüchtigung zu rechnen ist.

Da in den viskosen Schmelzen Diffusionsvorgänge nur langsam verlaufen, benötigen die Aufschlüsse oft eine recht lange Zeit. Man kann die Dauer durch Erhöhen der Temperatur und durch öfteres Umschwenken der Tiegel etwas abkürzen.

5.2. Aufschlüsse mit Alkalimetallcarbonaten

Aufschlüsse mit Soda oder Kaliumcarbonat werden einerseits für Silicate, anderseits für schwerlösliche Sulfate, Phosphate, Wolframate und Fluoride angewendet.

Silicate werden in der Regel mit einem mäßigen Überschuß an Alkalimetallcarbonat (etwa $4-6:1$) geglüht; der Schmelzkuchen wird mit Säure behandelt, um SiO_2 abzuscheiden. Da das in die Lösung eingebrachte Alkali im Laufe der weiteren Analyse stören kann, hat man versucht, dessen Menge beim Aufschluß zu verringern; wie sich zeigte, lassen sich viele Silicate auch schon mit der $1,2-1,5$fachen Menge an Na_2CO_3 aufschließen. Der Angriff der Schmelzen auf die Platin-Tiegel kann durch Arbeiten unter Luftabschluß oder durch Senken der Aufschlußtemperatur verringert werden. Vielfach braucht man nicht einmal bis zum Schmelzen der Soda zu erhitzen, sondern kann schon durch Sintern der

Ansätze bei 700—750°C zum Ziele gelangen; derartige Aufschlüsse können auch in Nickel-Tiegeln durchgeführt werden.

Schwerlösliche Sulfate, Phosphate usw. werden mit einem größeren Überschuß an Alkalimetallcarbonat aufgeschlossen (ca. 8—10:1), man behandelt die erkaltete Schmelze mit Wasser und filtriert schwerlösliche Carbonate ab. Dabei ist zu beachten, daß diese oft äußerst fein verteilt anfallen und zum Durchlaufen durch das Filter neigen. Beim Aufschluß von Flußspat mit Soda setzt man SiO_2 zu, um das Calcium in Calcium-silicat zu überführen; andernfalls reagiert das gebildete Calciumcarbonat beim Lösen des Schmelzkuchens wieder mit dem Natriumfluorid.

Eine wichtige Fehlerquelle bei Aufschlüssen mit Alkalimetallcarbonaten ist das Eindringen von Eisen in die Platin-Tiegel. Die Bildung des Metalls kann durch Reduktion infolge der Einwirkung von Flammengasen, evtl. auch durch Disproportionierung von Fe^{II} erfolgen. Bei späteren Analysen wird das Eisen wieder aus dem Tiegel herausgelöst, so daß erhebliche Fe-Blindwerte auftreten können.

5.3. Aufschlüsse mit Boraten

Bereits 1805 schloß Davy Silicate durch Schmelzen mit B_2O_3 auf. Das nicht sehr wirksame Verfahren wurde 1845 von Herrmann durch Verwenden von Natriumtetraborat anstelle des Oxids verbessert. Als wesentlich günstiger erwiesen sich aber später Gemische von Borax mit Soda oder Kaliumcarbonat, die in unterschiedlichen Mengenverhältnissen zum Aufschließen von resistenten Silicaten, von Korund, Zirkon, TiO_2, feuerfesten Substanzen u. a. m. dienen.

Neuerdings werden Lithiumtetraborat- und Lithiummetaborat-$(LiBO_2$-$)$ Schmelzen empfohlen, die sich bei schwer aufschließbaren Materialien bewährt haben.

5.4. Aufschlüsse mit Na_2O_2

Natriumperoxid ist ein äußerst wirksames Mittel zum Aufschließen von säurebeständigen Stählen, Chromerzen, feuerfesten Substanzen, und vielen anderen Verbindungen. Versuche zum Zerstören von organischem Material mit Na_2O_2 verliefen anfänglich unbefriedigend: Die Reaktionen setzten heftig, oft explosionsartig ein, und Verluste an Analysensubstanz durch Verstäuben und Verspritzen konnten nicht mit Sicherheit ausgeschlossen werden. Diese Schwierigkeit wurde durch Verwendung von kleinen verschraubbaren Stahlbomben beseitigt. Besonders einfach ist der Aufschluß, wenn man das Gemisch von Probe und Na_2O_2 in der Bombe mit einigen Tropfen Äthylenglycol anfeuchtet; dadurch wird die Entzündungstemperatur des Gemisches auf ca. 60°C erniedrigt, und die Reaktion kann durch leichtes Erwärmen der verschlossenen Bombe von außen eingeleitet werden. Sie setzt sich dann in Bruchteilen einer Sekunde durch den Ansatz fort, und der gesamte Aufschluß einschließlich des Lösens der Masse dauert gewöhnlich nur wenige Minuten. Das Verfahren ist vor allem zur Bestimmung von Heteroelementen wie Halogen oder Schwefel u. a. in organischen Verbindungen geeignet.

5.5. Aufschlüsse mit Fluorid-Schmelzen

KF, KHF_2, $NaBF_4$ oder Na_2SiF_6 werden in begrenztem Umfange zum Aufschließen von resistenten Silicaten, die beiden letzteren Verbindungen vor allem für Beryll, verwendet. Auch oxidische Proben, z. B. Nb/Ta-Erze, SnO_2 u. a. können mit derartigen Schmelzen in lösliche Verbindungen überführt werden. Außer Silicium wird dabei auch Bor verflüchtigt; gelegentlich setzt man dem Aufschlußgemisch H_2SO_4, $Na_2S_2O_7$ oder $K_2S_2O_7$ zu, so daß auch das gesamte Fluorid-Ion bereits beim Erhitzen der Ansätze ausgetrieben wird. Als besonders wirksame Aufschlußreagentien für resistente Silicate, Turmalin, Korund, Zirkon und TiO_2 werden Gemische aus NaF oder LiF und H_3BO_3 („Natrium-" bzw. „Lithiummetafluoborat") beschrieben.

5.6. Spezielle Schmelzaufschlüsse

Hier seien die Aufschlüsse mit Alkalimetalldisulfaten, mit Natrium- oder Kaliumpolysulfid und der Aufschluß nach Lawrence Smith erwähnt. Kaliumdisulfat wird vor allem zum Aufschließen von hochgeglühten schwerlösbaren Oxiden (z. B. Fe_2O_3, BeO, TiO_2, Nb_2O_5, Ta_2O_5, ZrO_2, Cr_2O_3) verwendet. Man muß darauf achten, daß die Schmelzen nicht zu lange und nicht auf zu hohe Temperatur erhitzt werden, da aus dem Disulfat SO_3 abgespalten und schließlich auch die schon in Sulfat überführte Analysensubstanz wieder in das Oxid zurückverwandelt wird. Für Proben wie Cr_2O_3, Al_2O_3, ZrO_2 oder Oxide der Seltenen Erden ist $Na_2S_2O_7$ dem Kaliumsalz vorzuziehen, da mit dem letzteren schwerlösliche Kaliumdoppelsulfate gebildet werden. Fluor-haltige organische Polymere (z. B. Polytetrafluoräthylen) zersetzt man zur Bestimmung von anorganischen Verunreinigungen mit $K_2S_2O_7$.

Der „Freiberger Aufschluß" mit Natrium- oder Kaliumpolysilfid wird bei der Analyse von Arsen-, Antimon- und Zinnerzen, -mineralien und -legierungen angewendet. Diese und einige seltenere Elemente bilden wasserlösliche Thiosalze. Man erhitzt die Probe mit einem 1:1-Gemisch von Soda und Schwefel und löst die Thiosalze nach dem Abkühlen mit wenig Wasser aus dem Schmelzkuchen heraus, während Bi, Cd, Fe, Pb und Zn quantitativ im Rückstand verbleiben. Nachteilig ist, daß keine gute Abtrennung des Kupfers, das sich auf Lösung und Rückstand verteilt, zu erreichen ist.

Zum Bestimmen von Alkalien in Silicaten, die mit Flußsäure nicht zersetzt werden, ist der Aufschluß mit Soda oder Kaliumcarbonat ungeeignet. Man mischt die Proben nach Lawrence Smith mit NH_4Cl und

$CaCO_3$, erhitzt zunächst vorsichtig und glüht dann bei voller Brenner-
hitze. Nach dem Abkühlen werden die Alkalimetalle als Chloride mit
Wasser aus der Schmelzmasse extrahiert; die Kieselsäure bleibt als
Calciumsilicat im Rückstand. Das Verfahren ist recht umständlich und
hat nach dem Aufkommen der Druckaufschlüsse mit Flußsäure an
Bedeutung verloren.

6. Sonderverfahren

6.1. Pyrolyse

Vor über 100 Jahren erschloß Williams die Konstitution des Kaut-
schuks aus dem bei pyrolytischer Zersetzung auftretenden Isopren.
Die Pyrolyse wurde später zu einem allgemein anwendbaren Verfahren
für die Untersuchung von organischen Hochpolymeren ausgearbeitet.
Man erhitzt die Proben auf 300—700 °C und führt die Bruchstücke in
einem Inertgasstrom ab. Je höher die Pyrolysetemperatur ist, umso
stärker werden die Substanzen zersetzt und umso weniger charakteristisch
sind die Bruchstücke.

Nach dem Verhalten bei der Pyrolyse lassen sich drei Typen von
Polymeren unterscheiden:

Polymere, die überwiegend zum Monomeren aufgespalten werden (z. B.
Polystyrol, Polytetrafluoräthylen);

Polymere, die einige wenige niedermolekulare Bruchstücke bilden (z. B
Polyvinylacetat → Essigsäure, Polyvinylchlorid → HCl), und

Polymere, aus denen komplizierte Gemische zahlreicher Zersetzungs-
produkte entstehen (Cellulose, Polyäthylen u. a.).

Durch Nachweis bestimmter Bruchstücke ist in vielen Fällen eine
schnelle qualitative Analyse des vorliegenden Materials möglich, auch
können Mischungen von Polymeren und Copolymerisate untersucht
werden. Die Methode ergibt ferner Einblicke in feinere Einzelheiten des
Aufbaues der Substanzproben; z. B. lassen sich Vernetzungen und Ver-
zweigungen erkennen.

Schwieriger als die qualitative Untersuchung hat sich die quantitative
Auswertung der Pyrolyseergebnisse erwiesen. Die Ausbeuten an einzelnen
Bruchstücken sind in der Regel wegen schneller und schwer kontrollier-
barer Rekombinationsreaktionen von instabilen Verbindungen schlecht
reproduzierbar; brauchbare Ergebnisse werden nur bei extrem schnellem
Aufheizen kleiner Probemengen erhalten. Empfohlen wird die induktive
Heizung von ferromagnetischen Stäbchen, die mit einer dünnen Schicht
der Probe überzogen sind. Beim Erreichen der Curie-Temperatur des
Stäbchenmaterials sinkt die Energieaufnahme abrupt, so daß in sehr
kurzer Zeit eine definierte Pyrolysetemperatur erreicht wird. Da Ferro-
magnetika mit unterschiedlichen Curie-Temperaturen zur Verfügung
stehen, sind zahlreiche Pyrolysetemperaturen wählbar.

6.2. Elektrolytisches Lösen

Die Methode des elektrolytischen Lösens von Metallen und Legierungen wurde in den letzten Jahrzehnten in mehrfacher Hinsicht weiterentwickelt. Während zahlreiche Metalle in wäßrigen Säure- oder Alkalilösungen ohne Schwierigkeiten anodisch gelöst werden, haben sich für Nb, Ta, Ti, Zr und W nichtwäßrige Elektrolyte aus NH_4Cl + Methanol oder Äthylenglycol als günstig erwiesen.

Eine Variante des Verfahrens ist die „Elektrographie": Man legt einen Papierstreifen, der mit dem Elektrolyten und einem Farbreagens getränkt ist, auf die als Anode geschaltete Probe und drückt ein Platinblech oder eine Graphitplatte als Kathode darauf. Durch den elektrischen Strom wird Metall an der Oberfläche der Anode oxidiert, und das betr. Ion gibt mit dem Reagens im Papier eine Farbreaktion. Das Verfahren dient zum schnellen Erkennen von Metallen und zum Nachweis der Hauptbestandteile von Legierungen; es wurde auch zur qualitativen Analyse von elektrisch leitenden Mineralien (Sulfiden, Arseniden, Antimoniden) empfohlen.

Eine dritte Anwendung besteht in der Isolierung von Einschlüssen und Ausscheidungen (von Sulfiden, Carbiden, Oxiden und Nitriden) aus Metallen. Dabei wird die metallische Matrix vorsichtig unter Luftabschluß gelöst, so daß die zu isolierenden empfindlichen Verbindungen nicht oder doch nur wenig angegriffen werden und nach Versuchsende abfiltriert werden können. Man benötigt dazu neutrale oder schwach alkalische Elektrolyte, die Komplexbildner enthalten müssen, damit nicht das anodisch oxidierte Metall als Hydroxid ausgefällt wird (z. B. Citrat für Eisen). Die Elektrolyse muß unter Kontrolle des Anodenpotentials durchgeführt werden, und die Kathode ist so anzuordnen, daß an der Anode eine gleichmäßige Stromdichte herrscht. Die Methode hat wesentliche Fortschritte bei der Untersuchung nichtmetallischer Bestandteile von Eisen und Stahl, aber auch von anderen Metallen, wie Aluminium oder Zink-Legierungen, gebracht.

6.3. Vakuumschmelzverfahren (Heißextraktion)

Die Bestimmung von Sauerstoffspuren in Metallen durch Umsetzung mit Kohlenstoff bei hohen Temperaturen kann als reduzierendes Aufschlußverfahren angesprochen werden. Man erhitzt die Proben in einem Graphittiegel induktiv mit Hochfrequenzströmen auf $1600-2000\,°C$; der Kohlenstoff des Tiegels setzt dabei oxidische Bestandteile zu CO um, das entweder im Hochvakuum abgepumpt oder mit einem Inertgasstrom abgeführt wird. Stickstoff und Wasserstoff werden gleichzeitig freigesetzt. Die Methode ist in geringem Umfange auch zur Bestimmung des $^{16}O/^{18}O$-Verhältnisses in Silicaten und Phosphaten eingesetzt worden.

7. Beschleunigung und Automatisierung von Aufschlüssen

7.1. Beschleunigung des Lösens und Aufschließens

Eine wesentliche Beschleunigung von Löse- und Aufschlußvorgängen ergibt sich bei erhöhter Temperatur unter Druck, wobei sich Rührvorrichtungen zusätzlich günstig auswirken. Weiterhin ist empfohlen worden, ein schnelles Auflösen fester Proben in Flüssigkeiten durch die Bestrahlung mit Ultraschall zu bewirken.

Bei oxidierenden Verfahren haben sich Zusätze von Katalysatoren bewährt. So verlaufen Verbrennungen im Luft- oder Sauerstoffstrom schneller, wenn das gasförmige Reagens mit Wasserdampf angefeuchtet wird. Weitere Verbrennungskatalysatoren sind Platin, CuO, Co_3O_4 u. a. Die Zerstörung von organischem Material mit $HNO_3 + H_2SO_4$ oder $HNO_3 + HClO_4$ wird durch katalytisch wirkende kleine Mengen Vanadat oder Molybdat erheblich verkürzt, und bei Kjeldahl-Aufschlüssen setzt man routinemäßig Quecksilber-, Kupfer- oder Selen-Verbindungen als Katalysatoren zu. Die katalytische Wirkung von Fe^{II} bei der Oxidation von biologischem Material mit H_2O_2 wurde oben schon erwähnt. Beim Lösen von unedlen Metallen in Säuren verhindern geringe Zusätze von Platin- oder Quecksilbersalzen eine Passivierung und erleichtern die Abscheidung von Wasserstoff.

Das Lösen von erkalteten Schmelzen, die oft hartnäckig am Tiegel hängen bleiben, wird durch mehrere Maßnahmen erleichtert: Man kann den Tiegel mit der Schmelze abschrecken, so daß der Schmelzkuchen zerspringt und sich mechanisch aus dem Tiegel entfernen läßt. Weiter kann man die Schmelze auf eine kalte Porzellanplatte ausgießen, von der sie leicht abzuschaben ist. Ein drittes, sehr wirksames Verfahren hat Govindaraju angegeben: Die flüssige Schmelze wird in den engen Zwischenraum zwischen zwei drehbaren Stahlwalzen gegossen und hier zu dünnen Blättchen von ca. 100 μm Dicke ausgewalzt, die infolge ihrer großen Oberfläche schnell gelöst werden können (Abb. 8). Bei allen diesen Verfahren ist die Verwendung von Tiegeln zweckmäßig, deren Oberfläche

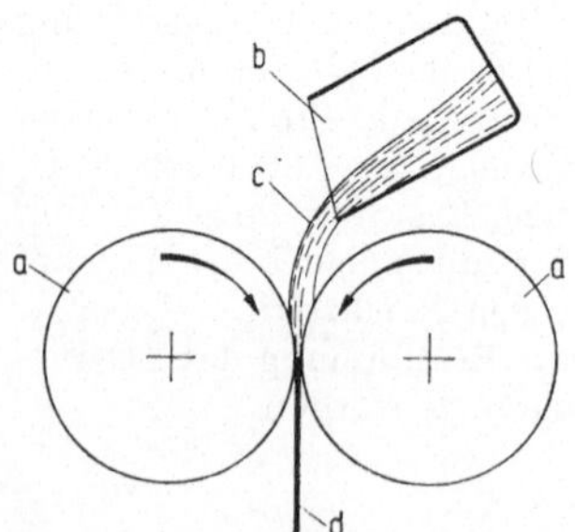

Abb. 8. Auswalzen von Schmelzen zu dünnen Flocken [Nach K. Govindaraju, G. Mervelle u. Ch. Chouard, Méth. Phys. Anal. (GAMS) 7, 174 (1971)]. *a* Walzenpaar; *b* Gefäß mit Schmelze; *c* Schmelze; *d* ausgewalzte und erstarrte Schmelze

nicht von der Schmelze benetzt wird und die daher ein quantitatives Ausgießen des Schmelzgutes ermöglichen.

Eine Verringerung der Arbeitszeit (allerdings keine Beschleunigung von Aufschlüssen) läßt sich bei Serienanalysen durch gleichzeitige Bearbeitung mehrerer Proben erreichen. So wird die Zerstörung von organischem Material mit H_2SO_4 oder mit $H_2SO_4 + HNO_3$ parallel in einer Reihe von 6—8 Kjeldahl-Kolben von einer Person durchgeführt, und in großen Muffelöfen verascht man bis zu 30 oder 40 Proben nebeneinander.

7.2. Automation

Sieht man von halbautomatischen Verbrennungsapparaturen ab, wie sie in der organischen Elementaranalyse verwendet werden, so dürfte das erste wirklich automatisierte Aufschlußverfahren der Kjeldahl-Aufschluß nach Ferrari sein. Probe, Schwefelsäure und Katalysator werden in den Anfangsteil eines langsam rotierenden Spiralrohres aus Glas gegeben und so durch eine heiße Zone geführt (Abb. 9). Am Ende des Rohres kühlt sich die Säure ab, es wird Wasser zugegeben und ein Teil der Flüssigkeit zur photometrischen NH_3-Bestimmung abgenommen. Für den Kjeldahl-Aufschluß ist auch eine diskontinuierlich arbeitende Apparatur beschrieben worden, bei der ein Kjeldahlkolben nach dem Einfüllen der Probe und der Reagentien zwei Heizpositionen und eine Kühlposition durchläuft; in einer vierten Position erfolgen dann die Zugabe von Natronlauge und die Destillation des Ammoniaks.

Ein allgemeines anwendbares automatisiertes Aufschlußverfahren hat Knapp angegeben. Die Probe wird in einem Becher mit Säure versetzt und das Ganze stufenweise über einen Heizblock befördert (Abb. 10).

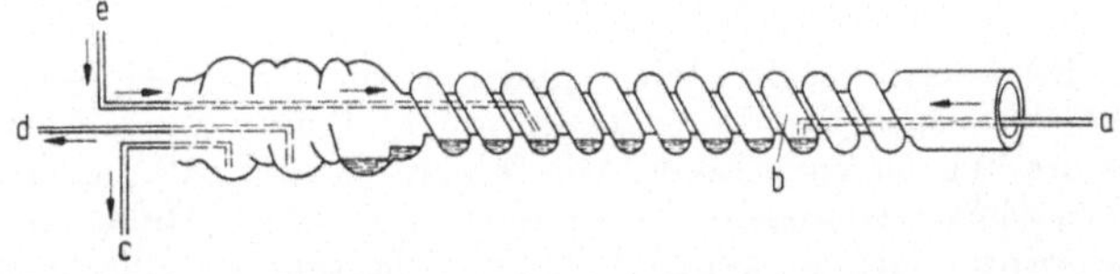

Abb. 9. Automatischer Kjeldahl-Aufschluß nach Ferrari [Abb. nach J. F. Marten u. G. Catanzaro, Analyst 91, 42 (1966)]. *a* Zufuhr des Aufschlußgemisches; *b* Spiralrohr; *c* Abfluß überschüssiger Lösung; *d* Entnahme von Lösung zur NH_3-Bestimmung; *e* Wasserzufuhr zum Verdünnen

Abb. 10. Automatische Naß-aufschluß-Apparatur [Nach G. Knapp, Z. Anal. Chem. 274, 271 (1975)]. *a* Heizblock; *b* Heizblockaufsatz; *c* verstellbarer Anschlag; *d* Gestell für Aufschlußgefäße; *e* Aufschlußgefäß

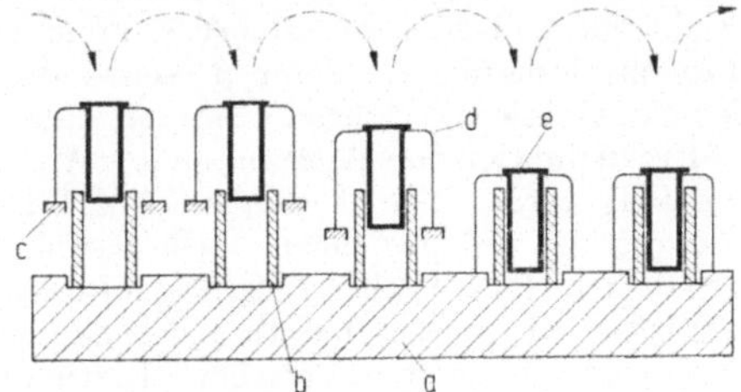

Die Aufschlußbedingungen lassen sich durch Temperatureinstellung des Heizblockes, durch Ändern der Verweilzeit des Bechers in den einzelnen Stellungen und durch verschiedene Einstellung der Eintauchtiefe in jeder Position regeln. Die Apparatur ist vor allem zum Aufschließen von anorganischen und organischen Proben mit Säuren oder Säuregemischen geeignet.

Schließlich sind auch Schmelzaufschlüsse von Silicaten automatisiert worden. Nach Govindaraju werden die Proben mit Lithiumborat gemischt und in einem Graphittiegel durch einen Röhrenofen gezogen, wobei der Tiegel nach jeweils 1,5 min 10 cm vorwärts bewegt wird, 20 sec in der neuen Stellung verbleibt und dann 8 cm zurückgezogen wird. Nach 50 min ist das Ende des Ofens erreicht, der Tiegel bewegt sich aber wieder 8 cm zurück, um erst beim nächsten Schritt vorwärts den Ofen zu verlassen. Auf diese Weise bleibt der Tiegelinhalt ohne zu erstarren bis zuletzt in der heißen Zone des Ofens und kann ausgegossen und in der oben beschriebenen Apparatur zerkleinert werden.

8. Kombination von Aufschlußmethoden mit Trennungen oder Bestimmungen

Die Wahl der Aufschlußmethode ist gewöhnlich durch die Art der zu untersuchenden Substanz bedingt, doch wird man bei vielen Proben zwischen mehreren Löse- oder Aufschlußverfahren wählen können. In derartigen Fällen sind Überlegungen angebracht, ob und wie die Analysendauer durch Abstimmen auf die folgenden Operationen verkürzt werden kann. Einige Beispiele mögen Hinweise in dieser Richtung geben.

Eine beträchtliche Beschleunigung von Silicatanalysen wird durch die beschriebenen Druckaufschlüsse mit Flußsäure und anschließender Borsäure-Zugabe zum Lösen von Fluorid-Niederschlägen erreicht. In den Lösungen lassen sich 10—15 Elemente (einschl. Silicium) durch Atomabsorption und Flammenphotometrie bestimmen. Allerdings wird bei der Bestimmung der Hauptbestandteile die Genauigkeit der klassischen gravimetrischen und titrimetrischen Verfahren von diesen instrumentellen Methoden nicht erreicht.

Kombiniert man die Zersetzung von Fluoriden durch Pyrohydrolyse mit der F'-Bestimmung im Kondensat durch eine Fluorid-empfindliche Elektrode, so lassen sich Fluorbestimmungen in silicatischen und anderen Proben durchführen, deren Geschwindigkeit und Zuverlässigkeit von keinem anderen Verfahren auch nur annähernd erreicht wird.

Die Reduktion von Phosphaten mit Wasserstoff bei hohen Temperaturen zu PH_3 eignet sich besonders für Pflanzenanalysen; der Phosphorwasserstoff wird gas-chromatisch bestimmt und der geringe Phosphorgehalt derartiger Proben schnell ermittelt.

Weiter sei die Kombination von Schmelzaufschlüssen von Mineralien mit röntgenspektrographischen Bestimmungsmethoden erwähnt. Die

Proben werden mit $Li_2B_1O_7$ oder $LiBO_2$ geschmolzen; die Schmelze wird auf eine ebene Unterlage ausgegossen und nach dem Erstarren in den Strahlengang des Röntgenspektrometers gebracht. Da Lithiumborate nur Elemente mit niedrigem Atomgewicht enthalten, können zahlreiche Elemente bis herab zu Spurenkonzentrationen bestimmt werden. Das Verfahren besitzt gegenüber der Verwendung von gepreßten Tabletten die Vorteile, daß kein Korngrößeneffekt auftritt und daß zugesetzte innere Standards völlig gleichmäßig über die Masse verteilt werden.

Die Pyrolyse von organischen Polymeren muß — wie beschrieben — möglichst schnell und in einem Inertgasstrom durchgeführt werden. Diese Bedingungen machen das Verfahren ideal geeignet zur anschließenden gas-chromatographischen oder massenspektrometrischen Bestimmung der Spaltprodukte. Eine weitere leistungsfähige Kombination der Pyrolyse mit einem anderen Verfahren, der Dünnschicht-Chromatographie, ist in Abb. 11 gezeigt. Die Probe wird langsam im N_2-Strom erhitzt und der

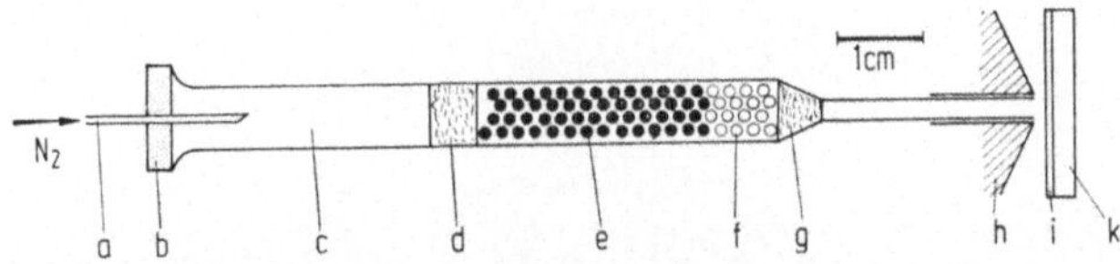

Abb. 11. Thermische Zersetzung mit Zinkstaub-Zusatz und anschließender Dünnschicht-Chromatographie [Nach E. Stahl u. Th. K. B. Müller, Z. Anal. Chem. 268, 102 (1974)]. *a* Kanüle; *b* Membran; *c* Pyrolysezelle; *d* Quarzwolle; *e* Probe mit Zinkstaub; *f* Zinkstaub; *g* Quarzwolle; *h* Ende des Ofens; *i* Dünnschicht; *k* Trägerplatte

Gasstrom gegen eine Dünnschichtplatte geleitet, die man während der Zersetzung der Substanz verschiebt; die bei unterschiedlichen Temperaturen entstehenden Bruchstücke werden daher in verschiedenen Stellen der Platte kondensiert. Anschließend entwickelt man die Platte und erzielt dadurch weitere Trennungen.

Die Bestimmung von ^3H, ^{14}C oder ^{35}S in markierten organischen Verbindungen wird zweckmäßig nach Verbrennung mit Sauerstoff im Schöniger-Kolben durchgeführt. Man verwendet spezielle Kolben mit einem unteren zapfenförmigen Ansatz, in den man vor der Verbrennung einen Szintillator gelöst in einem organischen Lösungsmittel einfüllt. Vor dem Zünden der Probe wird der Zapfen gekühlt, damit nicht die Szintillatorlösung ebenfalls zu brennen beginnt. Nach der Oxidation der Probe werden die Verbrennungsprodukte (H_2O, CO_2, SO_2) in der Lösung absorbiert, und die Aktivität kann dann sofort gemessen werden.

Als letztes sei auf die Weiterverarbeitung von durch Solubilisation gewonnenen Lösungen biologischen Materials hingewiesen. In den erhaltenen Lösungen können metallische Spurenelemente ohne zusätzliche Trennungen durch Atomabsorption oder Flammenphotometrie bestimmt werden.

Literatur

1. Doležal, J.; Povondra, P.; Šulcek, Z.: Decomposition Techniques in Inorganic Analysis; 1. Aufl., London: Iliffe Books Ltd. 1968
2. Gorsuch, T. T.: The Destruction of Organic Matter; 1. Aufl., Oxford: Pergamon Press 1970
3. Bock, R.: Aufschlußmethoden der anorganischen und organischen Chemie; 1. Aufl., Weinheim: Verlag Chemie 1972
4. Šulcek, Z.; Povondra, P.; Doležal, J.: Decomposition Procedures in Inorganic Analysis; CRC Critical Reviews in Analytical Chemistry, June 1977
5. Bock, R.: A Handbook of Decomposition Methods in Analytical Chemistry; 1st Ed., International Textbook Company Ltd., London 1979

On-line Datenverarbeitung

Dr. Wolfgang Eichelberger, Dr. Helmut Günzler
BASF Aktiengesellschaft, WAA/Analytik — M 325
6700 Ludwigshafen

1. Einleitung

Seit das Schlagwort des „distributed-processing" modern wurde, im Deutschen gerne mit „verteilter Intelligenz" oder auch als „Computer am Arbeitsplatz" übersetzt, hat die Entwicklung neuer Techniken in Hardware und Software nicht nur zu einer Neuorientierung vieler Fachleute, sondern auch zu einer beträchtlichen Verunsicherung der Benutzer von Datenverarbeitungsanlagen geführt. Auf der einen Seite gibt es den „Spezial-Computer" in Form des Taschenrechners mit einer Reihe von speziellen, fest verdrahteten Funktionen und am anderen Ende der Palette die immer leistungsfähigeren Großanlagen mit so komplexen Möglichkeiten, daß selbst die Fachleute in den EDV-Abteilungen nur noch Teilbereiche der Systeme übersehen und beherrschen.

2. Allgemeines

Die Entwicklung auf dem technischen Sektor hat sich vorwiegend der Spezialaufgaben angenommen, so daß wir am Beginn einer „Mini-System-Invasion" stehen. Während der *programmierbare Micro-Prozessor* als Bauteil Eingang gefunden hat in die Automatiken der Haushaltsgeräte, geht der Trend bei wissenschaftlichen Geräten dahin, daß ganze Rechner zur vielfältigen Steuerung von Gerätefunktionen, Versuchsabläufen, Datenvorauswertung und Datenausgabe in die Laborgeräte integriert werden.

Heute muß etwa ein Drittel bis zur Hälfte des Kaufpreises eines automatisierten Labormeßgerätes für den „eingebauten Computeranteil" bezahlt werden. Vergleicht man das mit den Kosten, die noch vor zehn Jahren investiert werden mußten, um ein Meßgerät mit einem Prozeßrechner zusammen zu betreiben, so scheint die Entwicklung eindeutig in Richtung „integrierter Computer" zu gehen.

Da nicht nur die Mikrocomputer neu auf den Markt kamen, sondern auch neue Technologien für die „Großen" entwickelt wurden, ist deren

spezifische Rechenleistung (Rechnerleistung pro Preiseinheit) um ein
Vielfaches gewachsen. Deshalb ist die Behauptung, erst der Mikrocomputer
mache die EDV billig, zumindest zweifelhaft. Wie so oft, ergibt auch hier
die Entscheidung für einen Mittelweg zwischen den Extremen Spezial-
computer für jede Einzelfunktion einerseits und Universeller Prozeßrechner für vielerlei verschiedene Funktionen andererseits die optimale
Lösung.

Hier soll versucht werden, dem Benutzer der elektronischen Datenverarbeitung Entscheidungskriterien an die Hand zu geben, um in
Gesprächen mit Herstellern gute Konfigurationen von falsch dimen-
sionierten zu unterscheiden und optimale Lösungen finden zu können.

3. Begriffe, Definitionen

Die Prozeßdatenverarbeitung ist so vielfältig, daß die Beschränkung
auf ein Teilgebiet angebracht erscheint. Wir beziehen uns daher auf den
Bereich der Instrumentellen Analytik. Sie umfaßt vorwiegend Geräte zur

    Gas-Chromatographie
    Massen-Spektrometrie
    Kernresonanz-Spektroskopie
    Ultrarot-/Ultraviolett-Spektroskopie
    Raman-Spektroskopie

Da Geräte wie Analysenwaagen und CHN-Automaten ebenso an den
Computer angeschlossen werden können, gelten für diese Gerätegruppe die
gleichen Prinzipien:

Für den Systemanalytiker ist ein Meßgerät ein schwarzer Kasten,
beschreibbar durch einen Funktionsablauf und einen Handlungsablauf.
Der Anschluß des Gerätes an eine Datenverarbeitungsanlage bedingt sog.
Schnittstellen. Dazu weist das Gerät Datenaus- und -eingänge auf, über
die elektrische Signale abgegeben bzw. aufgenommen werden. Das nennt
man Geräteschnittstelle (oder auch Computerschnittstelle). Im Sinne dieser
Definition kann man das Steuerpult des Geräts mit seinen Einstellknöpfen
als ,,Bedienerschnittstelle'' bezeichnen.

Aufgrund des Funktionsablaufs ist die Geräteschnittstelle den speziellen
Eigenschaften des Geräts angepaßt, so daß die Schnittstellen verschiedener
Gerätetypen zwar ähnlich, aber nicht identisch sind. Die Verbindung mit
einem Computer erfordert also ein Anpassungsteil, das die einheitlichen
Schnittstellen des Computers mit den gerätespezifischen Schnittstellen
von Meßgeräten verbindet. Solche Anpassungsteile nennt man ,,Inter-
faces''. Aufgrund des Handlungsablaufs, d. h. der Bedienungsweise des
Gerätes durch den Laboranten ist eine weitere, i. allg. sehr viel
komplexere Schnittstelle definiert, die zu einer Steuerungsmöglichkeit
des Rechners durch den Laboranten führt. Im komfortablen Fall kann
diese Funktion als Mensch-Maschine-Dialog ausgeprägt sein, in einfacheren
Fällen wird man sich beschränken auf den Aufbau eines kleinen Steuer-
pultes mit Tasten für die Eingabe bestimmter Funktionen (z. B. Start

einer Messung u. dgl.) sowie mit Anzeigen für die Ausgabe von Status-signalen (z. B. Probennummer, Betriebsanzeige usw.). Diese Anpassungen zwischen einem nicht EDV-gerechten Signalgeber (z. B. den Fingern des Laboranten) und der EDV-Anlage nennt man ebenfalls Interface, wobei dieses Wort also nur eine allgemeine Bedeutung hat. Im allgemeinen Falle werden zum Anschluß eines Meßgerätes zwei „Interfaces" benötigt, eines für die elektronische Anpassung des Meßgerätes selbst und ein zweites für die „Anpassung des Bedieners". Dem letzteren wird ein eigenes Kapitel dieses Berichts gewidmet sein.

Um den Umfang eines Geräte-Interface schätzen zu können, erinnere man sich an die „Systemanalytiker-Definition" des Meßgeräts als schwarzem Kasten, der durch einen Funktionsablauf charakterisiert, also durch Ausgangssignale und Folgen solcher Signale definiert ist. Diese Ausgangssignale sind i. allg. elektrische Spannungen oder Ströme, die proportional sind einer physikalischen Größe, beispielsweise einer Inten-sität. Solche einer stetig veränderlichen Größe proportionale Signale sind selbst stetig veränderlich, also analoge Signale. Diese eigentliche Meß-größe — die für die Auswertung eines Versuchs relevant ist — ist die Funktion einer weiteren physikalischen Größe (der Zeit, der Wellenzahl, der Stärke des Magnetfelds u. dgl.); durch diese Abhängigkeit (Intensität als Funktion der Zeit) wird der bereits erwähnte Funktionsablauf des Gerätes beschrieben. Dabei nennt man die zuletzt erwähnte physikalische Größe (Zeit, Wellenzahl, Magnetfeld) die unabhängige Variable und die funktional davon abhängende Meßgröße die abhängige Variable des Versuchs.

Falls die unabhängige Variable entweder durch den Meßvorgang selbst oder durch den Experimentator verändert werden kann, liegt i. allg. ein zweites Ausgangssignal am Meßgerät vor, das entweder die Variable-Zeit-Beziehung definiert oder durch die Registrierung der unabhängigen Variablen erzeugt wird.

In der Praxis liegt die unabhängige Variable entweder als Zeitpro-portionalität bzw. als digitaler Wert oder als Folge von Impulsen vor. In beiden Fällen ist die Eichung relativ, d. h. der Nullpunkt der unab-hängigen Variablen ist nicht absolut definiert. Deshalb wird durch den Experimentator ein näherungsweiser Nullpunkt dadurch festgelegt, daß er an seinem Steuerpult ein Startsignal auslöst und so dem Rechner mit-teilt, daß etwa zu diesem Zeitpunkt die Messung beginnt. Der genaue Nullpunkt wird bei der späteren Auswertung der Messung definiert durch einen Ausschlag der abhängigen Variablen, der als geeigneter Referenz-peak vorliegt.

Die Aufgabe eines Startsignals durch den Experimentator hat noch eine zweite Funktion: Sie aktiviert den Rechner für eine Messung an diesem Gerät, d. h. umgekehrt, daß der Rechner nur während der Messung die Geräteschnittstelle beobachten muß, außerhalb der eigentlichen Meßzeit jedoch von der Überwachung der nicht aktiven Geräte befreit ist (wodurch Rechnerleistung freigesetzt wird). In gleicher Weise wird die Aufgabe eines Stopsignals den Rechnereingang für die Übernahme von Meßdaten sperren, so daß mittels Start- und Stop-Kommandos auch Ausschnitte von Messungen ausgewertet werden können, ohne den Computer mit über-flüssigen Rohdaten zu belasten.

Einige Bemerkungen zu dem Begriff *Prozeßrechner* seien nachgetragen:

On-line-Datenverarbeitung verlangt nach einer schritthaltenden Daten-
bzw. Meßwertübertragung in einen Computer. Eine schritthaltende Daten-
aufnahme verlangt vom Computer die Fähigkeit, einen Meßwert „sofort",
d. h. mit vernachlässigbarer Zeitverzögerung aufzunehmen. Vernachlässigbare Verzögerung wird dabei so verstanden, daß die Reaktionszeit
bzw. Reaktionsverzögerung durch den Computer klein ist im Verhältnis
zum Zeitabstand zwischen zwei Meßwerten. Die verlangte Reaktionszeit
hängt also vom Gerätetyp ab und kann Millisekunden, aber auch einige
Mikrosekunden betragen. Somit sind für verschieden schnelle Geräte verschieden schnelle On-line-Systeme aufzubauen, da ein Computer mit sehr
schnellen Reaktionszeiten, an den auch langsame Geräte angeschlossen
werden, unnütz investiertes Geld verschlingt.

Werden die in das On-line-System eingebrachten Meßwerte über die
Erfassung hinaus auch noch schritthaltend verarbeitet und daraus Steuersignale für das Meßgerät gewonnen, spricht man von einem Prozeßrechner
im eigentlichen Sinne. Meist geht mit der Datenerfassung eine geringe Verarbeitung der Daten einher, und sei es nur eine Datenverdichtung bzw.
Plausibilitätsprüfung und Abspeicherung. Deshalb wird auch diese Art
von On-line-Systemen oft etwas hochtrabend als „Prozeßrechner" bezeichnet.

Computer sind von ihrer Leistung her durch die interne Rechen-
geschwindigkeit, d. h. durch ihre *Zykluszeit* definiert. Unter Zykluszeit
versteht man die Zeit, die der Rechner für die Ausführung der einfachsten
Befehle benötigt (Laden aus dem Kernspeicher (load), Abspeichern in den
Kernspeicher (store), Sprungbefehle (Jump)). Geht man davon aus, daß
On-line-Systeme etwa 10 Zyklen als Reaktionszeit auf das Auftreten eines
äußeren Ereignisses benötigen, so gelangt man unschwer auf dieselbe
Dreierteilung bei On-line-Systemen, wie sie sich in den letzten Jahren von
der Technologie her generell eingebürgert hat:

Große Prozeßrechner mit hoher Rechenleistung und Reaktionszeiten
von wenigen Mikrosekunden

Sog. Minirechner mit Prozeßrechner-Eigenschaften mit Reaktionszeiten von 10 Mikrosekunden und mehr

Mikro-Computer mit Reaktionszeiten von 50 bis 500 Mikrosekunden.

Hier sei auf die gelegentliche Sprachverwirrung hingewiesen, die aus der
Verwechslung von Mikroprozessor und Mikro-Computer resultiert. Der
Mikroprozessor (μP) ist ein Bauteil, das ein Rechenwerk und einen Programmspeicher, gelegentlich auch noch einen Datenspeicher, enthält. Als
Bauteil (sog. μP-Platine) ist der μP allein nicht funktionsfähig, er benötigt
zumindest ein Gehäuse mit Netzteil (d. h. Stromversorgung) sowie eine
Interface-Platine, die eine äußere Schnittstelle definiert. Die μP-Platine
selbst enthält nur Anschlüsse, die für die interne Datendarstellungsform
geeignet sind, nicht jedoch für die Darstellungsform, wie sie die verschiedenen internationalen Normen vorschreiben. Der *Mikrocomputer* ist ein
betriebsfähiges Gerät, das einen μP als wesentliches Bauteil enthält und
darüber hinaus weitere Platinen, die die Anpassung zum Benutzer, die

Stromversorgung sowie eine Vorrichtung enthält, die es erlaubt, das Programm, d. h. die Software des Computers zu laden.

Die Minirechner entwickelten sich aus den ehemaligen Tischrechnern, denen mit fortschreitender Technologie immer mehr Leistung und immer bessere Schnittstellen „eingebaut" wurden. Diese Weiterentwicklung der Minis führte zu Eigenschaften, die weit in das Prozeßrechnergebiet hineinreichen. Neueste Entwicklungen führten zu einem System, das alle auf dem Markt befindlichen Prozeßrechner bezüglich interner Geschwindigkeit schlägt. Für die Installation von On-line-Datenverarbeitungssystemen wird sich daher in Zukunft der „Mini" als Prozeßrechner immer mehr durchsetzen, insbes., wenn hierfür auch genügend gute Software käuflich zu erwerben ist.

4. Dynamik und Meßgenauigkeit

Jedes Meßgerät ist bezüglich der Meßgröße definiert durch den Bereich, in welchem sich der Meßwert bewegen, und durch die Genauigkeit, mit der er erfaßt werden kann. Beide Beschreibungsgrößen sind voneinander zwar nicht völlig unabhängig, jedoch ist die Abhängigkeit so lose, daß sie als faktisch voneinander unabhängig betrachtet werden können. Die folgenden Beispiele mögen das erläutern:

Das Ultrarotspektrometer liefert z. B. die Transmission (abhängige Variable) als Funktion der Wellenzahl (unabhängige Variable). Die Dynamik, d. h. der Meßbereich der Transmission bewegt sich zwischen Null und Eins. Die Meßgenauigkeit liegt theoretisch bei 1:10000, begrenzt durch das Rauschen der optischen Detektoren und Verstärker, die praktische Genauigkeit ist jedoch nur wenig besser als 1%, höchstens 1‰. Da elektronische Schaltungen leicht in einem Bereich von 1:1000 linear gemacht werden können, sind Dynamik und Meßgenauigkeit streng gekoppelt und man kann von einem Einbereichsgerät sprechen.

Der Bereich der unabhängigen Variablen, der Wellenzahl, reicht i. allg. von 4000/cm bis etwa 100/cm. Eine Genauigkeit von $^1/_{10}$ Wellenzahl ist unschwer realisierbar, so daß also ca. 40000 Einstellungen der unabhängigen Variablen möglich sind. Elektronische Schaltungen sind über einen Bereich von 40000 Einstellungen kaum realisierbar, so daß hier eine Bereichsumschaltung notwendig wird. Es bietet sich an, diese Bereichsumschaltung zu koppeln mit den aus optischen Gründen notwendigen Bereichsumschaltungen (Gitterwechsel); hier handelt es sich also um eine nur lose definierte Abhängigkeit zwischen Genauigkeit und Dynamik.

Der Gas-Chromatograph ist ein typisches Beispiel für eine extrem lose Abhängigkeit der beiden Größen. Der Meßbereich für die abhängige Variable (Intensität) bewegt sich bei gängigen Geräten zwischen einigen Mikrovolt und einigen Volt, so daß eine Dynamik von $1:10^6$ bis $1:10^7$ gefordert wird. Die Meßgenauigkeit bewegt sich im empfindlichsten Bereich theoretisch bei 1:10000, aufgrund des Eigenrauschens der Detektoren und Verstärker bei bestenfalls 1:1000. Im unempfindlichsten Bereich ist 1:10000 oder besser erreichbar.

Die Forderung nach maximaler Meßgenauigkeit und vorgegebener Dynamik erfordert also Meßbereichsumschalter. Die Gesamtgenauigkeit der Anordnung ist jedoch nicht besser als die Genauigkeit am Umschaltpunkt, d. h. der Eichaufwand an den Umschaltpunkten ist hoch. Es hatte sich eingebürgert, die im unempfindlichen Bereich erreichbare Genauigkeit von besser als $1:10^4$ für den gesamten Dynamikbereich zu fordern und im empfindlichen Bereich die nicht ausnutzbare Genauigkeit „in Kauf" zu nehmen.

Da in Grenzbereichen eine Erhöhung der Genauigkeit um einen Faktor 2 verbunden ist mit der Erhöhung des technischen Aufwands (also des Preises) um einen Faktor 10, steht die Frage an, ob ein gewisser Verzicht auf Genauigkeit nicht optimal wäre; die Entscheidung hierüber liegt jedoch ausschließlich beim Benutzer. Darüberhinaus muß berücksichtigt werden, daß ein Computer digitale Signale benötigt, die Analoginformation des Meßsignals also (gegebenenfalls nach vorheriger Verstärkung) in einem Analog-Digital-Umsetzer (ADU) digitalisiert werden muß, um die binäre Darstellungsform zu erhalten, die der internen Darstellungsform einer Zahl im Computer entspricht. Dabei ist die erreichbare Genauigkeit von der Zahl der binären Schritte abhängig. Tabelle 1 zeigt die Korrelation zwischen erreichbarer Genauigkeit und Zahl der benötigten Bits zum Erreichen dieser Genauigkeit. Man ersieht daraus, daß bei 7 bit die Genauigkeit von 1%, bei 10 bit diejenige von 1‰ und bei 14 bit eine Genauigkeit von 0,1‰ überschritten wird. Handelsübliche, vergleichsweise preiswerte ADU's haben Auflösungen von 8, 10 oder 12 bit, teuere Spezialausführungen eine solche von 14 bit.

Tabelle 1. Abhängigkeit der maximal erreichbaren Genauigkeit von der Bitzahl

Zahl der bits	maximale Genauigkeit $\triangle$ 1 bit	Bemerkungen
1	0,5	
2	0,25	
3	0,125	
4	$0,063 = 6,3\%$	
5	$31,25 \cdot 10^{-3}$	etwa 3%
6	$15,725 \cdot 10^{-3}$	
7	$7,813 \cdot 10^{-3}$	besser als 1%
8	$3,906 \cdot 10^{-3}$	
9	$1,953 \cdot 10^{-3}$	
10	$0,977 \cdot 10^{-3}$	besser als 1‰
11	$0,488 \cdot 10^{-3}$	
12	$0,244 \cdot 10^{-3}$	
13	$0,122 \cdot 10^{-3}$	
14	$0,061 \cdot 10^{-3}$	besser als $1 \cdot 10^{-4}$
15	$0,031 \cdot 10^{-3}$	
16	$0,015 \cdot 10^{-3}$	

Kehren wir zurück zu unserem Beispiel:

Ein 14-bit-ADU erlaubt eine Genauigkeit von 1:16384; dieses Verhältnis gibt zugleich seine Dynamik an. Für eine Dynamik von $1:10^7$ wird jedoch das 611fache, d. h. 9—10 bit mehr (insgesamt also 23—24 bit) gefordert. Um diesen Bereich zu überstreichen, wird mehrfache Umschaltung eines Vorverstärkers angewendet. Durch einen Verstärker mit schaltbarem Verstärkungsfaktor (um einen Faktor 8 — entsprechend 3 bit) wird der 14-bit-ADU also in Stufen über den Dynamikbereich „hinweggeschoben". Tabelle 2 zeigt die charakteristischen Kennzahlen für dieses Verfahren, wobei angenommen wird, daß die Auflösung, bezogen auf den Momentanwert des Meßsignals an keiner Stelle schlechter wird als 0,5‰. Dies heißt aber, daß gemäß Tabelle 1 in dem Augenblick umgeschaltet werden muß, wo das Signal die Grenze von 12 bit nach 11 bit unterschreitet. (Dort ist die Auflösung $0,488 \cdot 10^{-3}$.) Über den gesamten Dynamikbereich schwankt die relative Genauigkeit zwischen 0,5‰ und 0,06‰ in den in Tabelle 2 angegebenen Stufen. Bei einer Gesamtdynamik von 1,22 µV—10 V sind Dynamik und Auflösung nicht miteinander korreliert.

Tabelle 2. Kennzahlen eines 14-bit-ADU mit umschaltbarem Vorverstärker

Verstärkereinstellung	Dynamik	Auflösung	relative Genauigkeit
$\times$ 1	10 V — 0,61 mV	0,61 mV	$0,061 \cdot 10^{-3}$ $\triangle$ 1 bit in 14 bit
$\times$ 1 Umschaltpunkt	1,25 V	0,61 mV	$0,488 \cdot 10^{-3}$ $\triangle$ 1 bit in 11 bit
$\times$ 8	1,25 V — 78 µV	78 µV	$0,061 \cdot 10^{-3}$ $\triangle$ 1 bit in 14 bit
$\times$ 8 Umschaltpunkt	156 mV	78 µV	$0,488 \cdot 10^{-3}$ $\triangle$ 1 bit in 11 bit
$\times$ 64	156 mV — 9,8 µV	9,8 µV	$0,061 \cdot 10^{-3}$
$\times$ 64 Umschaltpunkt	19,5 mV	9,8 µV	$0,488 \cdot 10^{-3}$
$\times$ 512	19,5 mV — 1,22 µV	1,22 µV	$0,061 \cdot 10^{-3}$
$\times$ 512 „Umschaltpunkt"	2,44 mV	1,22 µV	$0,488 \cdot 10^{-3}$
$\times$ 512 Auflösungsgrenze	2,44 µV	1,22 µV	50%

5. Digitalisierung des Meßsignals: Meßwertgeber und Leitungsführung

Modernere Meßgeräte haben häufig einen Analog-Digital-Umsetzer integriert und liefern die Ausgangssignale digital in standardisierter Form. Die beiden üblichen Codes für Ausgangssignale sind der ASCII-Code, wie er auf Datenleitungen üblich ist oder der BCD-Code, wie ihn Paralleldrucker häufig verwenden. Seltener wird der Binärcode benutzt, wie er in der Form binär-parallel direkt vom Computer als innere Darstellungsform benutzt werden kann. Die Zahl der Dezimalen pro Meßwert bewegt sich zwischen drei und sechs, so daß also eine Folge drei- bis sechsstelliger Zahlen die Folge der Meßwerte darstellt. Je nach Ausführung dieser Meßgeräte sind folgende Zuordnungen von abhängiger Variable (Intensität) und unabhängiger Variable (Zeit, Wellenzahl, Magnetfeld usw.) üblich:

unabhängige und abhängige Variable werden wechselweise übertragen, zu jedem Wert der unabhängigen Variable gehört der nachfolgende Wert der Meßgröße;

von Zeit zu Zeit (beispielsweise als erster Wert einer Achtergruppe) wird der Wert der unabhängigen Variable übertragen, dann folgen acht Meßwerte der abhängigen Variable im festen Takt oder in festem zeitlichen Abstand, dann folgt wieder ein Wert der unabhängigen Variable usf.;

am Anfang wird der Startwert der unabhängigen Variable ausgegeben, dann folgt die Gesamtmenge der Meßwerte entweder in einem festen Raster, z. B. Zeitintervalle bei GC oder gemeinsam mit einem sog. Synchronisiertakt, d. h. die unabgängige Variable, z. B. Wellenzahl, schreitet in festen Inkrementen fort, wobei jeweils bei Überschreiten einer Intervallgrenze ein Synchronisierimpuls auf einer eigenen Leitung und der zugehörige Meßwert auf den Datenleitungen übertragen wird.

Bei älteren Geräten sowie bei sog. Universalgeräten, die für vielseitige Einsatzmöglichkeiten konzipiert sind, liegt das Ausgangssignal der Meßgröße analog vor, während die Größe der unabhängigen Variable zwar gelegentlich digitalisiert angeboten wird, oft jedoch überhaupt nicht nach außen geführt ist. Dann ist eine Geräteanpassung notwendig, beispielsweise durch Einbau eines Schrittschaltmotors anstatt des normalen Antriebsmotors oder durch Einbau eines optischen oder mechanischen Kontaktgebers auf der Motorachse. Bei einem Gas-Chromatographen wird üblicherweise die Zeit als unabhängige Variable benutzt, z. B. indem ein quarzgesteuerter Zeitgeber (sog. Uhrimpuls-Geber) Verwendung findet. Die wirkliche unabhängige Variable, die eigentlich durch den Volumenstrom des Trägergases dargestellt wird, erfordert einen kontaktgebenden Durchflußzähler, der dann die richtige Synchronisation liefern würde.

Für Geräte mit analoger Meßwertausgabe wird ein abgeschirmtes Verbindungskabel zum ADU benötigt, der meist integrierter Bestandteil des Computers ist und an den die Meßgeräte über einen Analog-Multiplexor angeschlossen sind; so kann ein einzelner ADU für viele Meßgeräte benutzt werden. Die Verbindungskabel nehmen, auch wenn sie abgeschirmt sind, Störsignale aus der Umgebung auf und zwar um so mehr, je länger das Kabel und je hochohmiger die elektronische Anpassung ist. Bei Gas-Chromatographen, die im μV-Bereich betrieben werden, schlägt dieser Störanteil als überlagertes Rauschen wesentlich zu Buche. Es ist daher u. U. notwendig, am Ausgang des Meßgerätes einen sog. Impedanzwandler vorzusehen, der das Kabel niederohmig antreibt. (Man erinnere sich an die Niederführung des Signals einer Fernsehantenne zum Empfänger, wo Kabel mit 60-Ω-Impedanz verwendet werden, um die Störsignale und das Rauschen klein zu halten. Dagegen liegt die Ausgangsimpedanz bei GC-Geräten üblicherweise bei einigen tausend Ohm.) Generell gilt, daß das Verbindungskabel so kurz wie möglich verlegt und möglichst nicht an Geräten vorbeigeführt wird, die Schaltimpulse erzeugen (Kühlschränke, Thermostaten, thyristor-gesteuerte Beleuchtungseinrichtungen u. dgl.).

6. Anschluß an den Prozeßrechner

On-line-Anschluß an einen Computer impliziert prinzipiell die schritt-haltende Meßwertübernahme in den Rechner im Augenblick des Ent-stehens. Dazu muß dem Computer mitgeteilt werden, in welchem Moment er die Übernahme des (digitalisierten) Meßwerts zu realisieren hat. Dabei wird vorausgesetzt, daß die — im Verhältnis zur internen Rechengeschwin-digkeit — langsam veränderliche Meßgröße kontinuierlich ansteht und nur zu bestimmten Zeiten abgetastet wird. Daraus resultieren, wie man sofort einsieht, zwei Randbedingungen für optimale Auflösung:

1. Der Abstand zwischen zwei Meßwertübernahmen muß klein sein gegen-über der zeitlichen Änderung des Meßsignals, d. h. auf dem kürzesten Meßwertpeak müssen genügend viele Erfassungspunkte liegen (5 Punkte sind das Minimum, 10—15 Punkte pro Peak sind i. a. optimal).

2. Die elektronische Bandbreite des Übertragungssystems muß dem zeit-lichen Abstand zwischen zwei Meßpunkten angepaßt sein. Dazu sind zwei sich widersprechende Forderungen zu erfüllen. Zunächst geht man davon aus, daß aus technischen Gründen das sog. Abtastintervall, die Zeitspanne, während der der zu übernehmende Meßwert erkannt und dem ADU zugeführt wird, klein ist im Verhältnis zum Abstand zwischen zwei Meßpunkten (sog. Integrationsintervall). Die Zeitachse wird also zerhackt in Integrations-Intervalle gemäß der Aufeinanderfolge der Meßpunkte; in jedem dieser Integrations-Intervalle liegt genau ein Abtastintervall (Abb. 1).

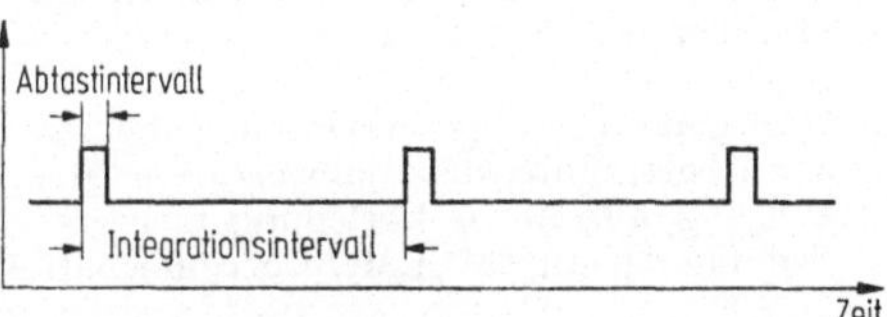

Abb. 1. Definition von In-tegrationsintervall und Abtastintervall

Dem Elektroniker ist es möglich, die Bandbreite des Übertragungs-systems so zu realisieren, daß sie einerseits klein ist gegenüber der dem Abtastintervall zuordenbaren Bandbreite, andererseits aber groß gegen-über der dem Integrationsintervall äquivalenten Bandbreite*. Die erste Forderung entspricht dem Wunsch nach geringem Rauschen (das der Wurzel aus der Bandbreite proportional ist), die letzte Forderung ent-spricht der Forderung nach guter Auflösung. Das Optimieren beider Bedingungen ist ein dankbares Aufgabengebiet für den Elektroniker, wobei zu beachten ist, daß Fehler in der Auslegung des Übertragungs-

---

* Die Größe der „Bandbreite" enthält als wesentlichen Teil den Reziprok-wert der Intervallbreite.

systems nicht durch Manipulationen im Computer zu retten sind. Durch nachträgliche Glättungen und Korrelationsrechnungen während der Auswertung werden zwar scheinbare Verbesserungen erzielt, aber mit dem nachträglichen Verwischen des hohen Rauschens geht zwangsweise eine Verschlechterung der Auflösung einher.

Während das Abtastintervall selbst eine Eigenschaft des ADU + Multiplexors ist (i. allg. einige μsec), kann der Abstand zwischen zwei Meßpunkten, d. h. die Erfassungsfrequenz in weiten Grenzen vom Benutzer frei gewählt werden. Ist die unabhängige Variable durch die Zeit definiert, d. h. in festen Zeitabständen soll eine Meßwerterfassung erfolgen, bietet sich die im Prozeßrechner eingebaute Echtzeituhr (Real-Time-Clock) als Taktgeber an, so daß das Problem der Taktung allein mit Softwaremitteln zu lösen ist.

Bei einer unregelmäßigen Taktung der unabhängigen Variable (geregelter Antriebsmotor, beispielsweise in UR-Geräten, wo über einen Extinktionspeak mit langsamerem Vorschub gearbeitet wird als im Bereich fehlender Banden), muß neben der Übertragung des tatsächlichen Werts der unabhängigen Variable (die für den Computer einen zweiten Meßwert darstellt) ein aus dieser unabhängigen Variable generiertes Taktsignal gewonnen und dem Computer zugeführt werden. Dieses Taktsignal wird so an den Rechner angeschlossen, daß es dort einen Interrupt, eine Unterbrechung der gerade laufenden Arbeit auslöst, damit der anstehende Meßwert sofort übernommen werden kann. Darüberhinaus sind Signalleitungen vom Meßgerät (bzw. von einem Steuergerät in der Nähe des Meßgeräts) zum Computer zu verlegen, die es dem Benutzer erlauben, Anfang und Ende einer Messung sowie gegebenenfalls weitere Steuersignale zu übertragen.

Insgesamt erfordert also der On-line-Anschluß eines Meßgeräts folgende Verdrahtung:

1. Verlegen eines abgeschirmten Kabels zwischen Meßgerät und Computer zur Übertragung des Meßwerts; bei Meßgeräten mit digitalem Meßwertausgang alternativ Verlegung mehrerer Leitungen zur parallelen Übertragung der digitalen Meßwertinformation.

2. Verlegen einer Taktleitung zur Erzeugung eines Interrupt im Rechner (nur bei externer Taktung).

3. Verlegen eines abgeschirmten Kabels für die unabhängige Variable, wenn diese Meßgröße analog vorliegt; alternativ Verlegen mehrerer Leitungen, wenn sie digital vorliegt (nur bei externer Taktung).

4. Verlegen einer oder zweier Leitungen zwischen Benutzer-Steuergerät und Rechner für die Übertragung der Signale Messung—Start und Messung—Stop.

5. Verlegen von Leitungen zur Anzeige des Betriebszustands des Rechners am Steuergerät des Benutzers.

6. Verlegen von Leitungen zwischen Steuergerät und Rechner zur Übertragung zusätzlicher Benutzerinformation, z. B. Probennummer oder dgl. Dieser Teil der Installation dient jedoch mehr dem Komfort des Betriebsablaufs und ist nicht zwingend notwendig.

7. Auswahl des Prozeßrechners

Hier können nur allgemeine Kriterien zur Computer-Auswahl angegeben werden. Da sich eine Dreier-Klassifizierung der auf dem Markt befindlichen Computer für Prozeßanwendungen durchgesetzt hat, soll diese — etwas willkürliche — Unterteilung in Prozeßrechner, Minirechner und Mikrorechner übernommen werden:

Prozeßrechner. Relativ große Anlagen mit hoher Durchsatzleistung, komplett angebotenen Betriebssystemen, hoher Ausbaubarkeit bezüglich Kernspeicher, mittlerer bis größerer Wortlänge, hohe Ausbaubarkeit bezüglich Peripherie, Möglichkeit zum Anschluß von Massenspeichern mit kurzer Zugriffszeit und großer Speicherkapazität (bis 200 Mio Zeichen), Möglichkeit der Programmierung in höheren Programmiersprachen, Fähigkeit zur simultanen Verarbeitung mehrerer Programme, Hardware-Vorrichtungen zum schnellen Multiplizieren und Dividieren (Hardware-Arithmetik) sowie Hardware-Vorrichtungen für prozeßspezifische Funktionen wie Interrupt-Verarbeitung auf mehreren Prioritätsebenen, Digitale Eingangsgruppen/Digitale Ausgangsgruppen, analoge Eingangsgruppen, analoge Ausgangsgruppen; darüberhinaus werden Möglichkeiten in Hard- und Software angeboten, die den Mensch-Maschine-Dialog über ein Datenterminal ermöglichen.

Prozeßrechnerlösungen sind in der Vergangenheit häufig realisiert oder beschrieben worden [1, 2, 3, 4].

Minirechner. Leistungsfähige Anlagen in moderner Technik mit hoher Leistung im zentralen Rechenwerk (CPU), hoher Ausbaubarkeit bezüglich Kernspeicher mit mittlerer Wortlänge (16 bit). Anschlußmöglichkeiten bezüglich Massenspeicherperipherie weniger ausgereift. Floppy-Disc-Peripherie ist üblich.

Betriebssysteme werden nur als Moduln angeboten, höhere Programmiersprachen sind selten, der Befehlssatz ist jedoch umfangreich. Hardwarevorrichtungen für Prozeßanwendungen wie bei Prozeßrechnern, Möglichkeiten des Dialogs über Datenterminal sind allgemein vorhanden, jedoch oft nicht sehr elegant realisierbar.

Möglichkeit zur simultanen Verarbeitung mehrerer Programme weniger ausgeprägt.

Mikrorechner. Relativ langsame, d. h. leistungsarme Prozessoren ohne Möglichkeit zum Anschluß von Peripheriegeräten, kein Betriebssystem, keine höhere Programmiersprache, oft nur in Maschinenbefehlen programmierbar, geringe Ausbaumöglichkeiten bezüglich Kernspeicher, kleine Wortlänge (8 bit), keine Hardware-Vorrichtungen bezüglich Arithmetik und Interruptbedienung. Billige, typische Einfunktionsgeräte.

Aufgrund dieser Übersicht läßt sich sagen, daß nahezu alle Funktionen großer Prozeßrechner auch mit Minirechnern realisierbar sind, wenn die hauseigenen Programmierer zur Spitzenklasse zählen oder wenn eine fertige Anlage mit Leistungsgarantie angeboten wird. Von der Anwenderseite her muß festgestellt werden, daß der Zwang zum Prozeßrechner dann gegeben ist, wenn die erfaßten Meßwerte schritthaltend ausgewertet und daraus Steuersignale für das Meßgerät generiert werden sollen.

Wenn lediglich Erfassung (evtl. mit schritthaltender Datenreduktion und Plausibilitätsprüfung), Speicherung der Meßwerte und nachfolgende Auswertung verlangt wird, ist ein Minirechner in den meisten Fällen ausreichend (entsprechende Programmierer vorausgesetzt).

Stehen mehrere Rechner zum Anschluß verschiedenartiger Aufgaben zur Entscheidung an, können Anlagen verschiedener Hersteller bedenkenlos gemischt, d. h. für jede Aufgabenstellung die optimale Anlage ausgewählt werden. Die „Alles aus einer Hand"-Behauptung der Computerhersteller hat geschäftspolitische Hintergründe und ist i. allg. teurer als mixed Hardware. Es sollte lediglich darauf geachtet werden, daß die Koppelung von Hardware verschiedener Hersteller über standardisierte Schnittstellen erfolgt.

Wesentlich für die Auswahl des Rechnertyps ist, daß die erfaßten Meßwerte (bzw. die reduzierten Meßwerte) irgendwo abgelegt, d. h. auf Platte oder floppy-disc gespeichert werden müssen. Während Platten (mit Übertragungsraten von einigen hundert bis tausend Kilo-Worten/sec) im allgemeinen einige tausend bis zehntausend Meßwerte/sec effektiv zu übertragen gestatten, sind die entspr. Zahlen bei floppy-disc-Peripherie einige hundert bis wenige tausend Meßwerte pro Sekunde. Der geringere effektive Meßwert-Durchsatz wird daher in entsprechenden Fällen die Verwendung von Minirechnern ausschließen.

Die Erfassungsrate über einen ADU liegt theoretisch bei 20000 bis 50000 Worten/s. Wegen der Notwendigkeit, den Multiplexor zu adressieren, Interrupts zu behandeln, die Pufferverwaltung zu realisieren und Meßwerte auf Platte abzuspeichern, wird die effektive Erfassungsrate über ADU auf einige tausend/sec reduziert. Bei zusätzlichem Vorliegen von Auswerteanforderungen (ob schritthaltend oder nicht, ist unerheblich) wird diese Rate sehr bald unter 1000/s fallen. Wenn nun beispielsweise 8—16 Meßgeräte am Multiplexor angeschlossen sind, ist die Abtastrate pro Gerät sehr bald auf 10—100 Meßwerte/s beschränkt.

Unter Berücksichtigung der Leistung eines Minirechners mit floppy-disc-Peripherie, Analog-Meßwerterfassung und geringerer Anforderung an den Komfort von Auswerteprogrammen sind Erfassungsleistungen von einigen hundert Meßwerten/sec als Dauerbelastung und wenige tausend Meßwerte/sec als Stoßbelastung zulässig. Daraus und aus der Erfassungsfrequenz für das einzelne Meßgerät ergibt sich die Zahl der sinnvoll anschließbaren Meßgeräte.

Die Kostensituation stellt sich so dar, daß etwa je $1/3$ der gesamten Projektkosten auf den Rechner selbst, die Programmierung und die Realisierung der Interface-Steuergeräte bzw. Verdrahtung entfällt. Mit dem Preisniveau von 1978 sind die Gesamtkosten des Projekts mit etwa DM 100000.— bis 200000.— anzunehmen. Diese Größenordnung ist ziemlich unabhängig von der speziellen Art der Meßgeräte [5].

Bei höheren Forderungen an die Erfassungsleistung müssen spezielle Lösungen gesucht werden, z. B. der Aufbau einer Rechnerhierarchie mit verteilten Aufgaben oder die Implementierung besonderer Softwareverfahren [6].

Die Abschätzung der Menge der auf Platte zu speichernden Daten hängt von der mittleren Datenmenge pro Gerät und von der Archivierungszeit der einzelnen Messungen ab. Insbesondere die wiederholte Auswertung von Messungen nach unterschiedlichen Verfahren verlängert die Archivierungszeit, wenn die Methode der Auswertung erst bestimmt werden kann, wenn auch Messungen derselben Probe an anderen Meßgeräten bzw. mit anderen Analysenverfahren vorliegen. Über diesen aus Erfassungsrate · Archivierungszeit errechenbaren Umfang an Massenspeicherplatz hinaus muß berücksichtigt werden, daß für Betriebssystem und Sprachcompiler, Systemroutinen und Utilities ein nicht unbeträchtlicher Bereich reserviert werden muß, ebenso wie für Protokollausgabe, Abwicklung der Dialogfunktionen über die Datenterminals sowie für temporäre Zwischendateien, die während der Verarbeitung der Meßwerte benötigt werden.

Die Situation ist völlig anders bei kommerziellen On-line-Auswertegeräten (z. B. für die Gas-Chromatographie). Dort wird unter Verzicht auf Massenspeicher während der laufenden Messung schritthaltend ausgewertet. Die sofortige Auswertung ist notwendig, da nur eine beschränkte Menge von Meßwerten im Kernspeicher des Rechners gehalten werden kann. Eine Auswertung derselben Probe nach anderen Kriterien erfordert eine Wiederholung der Messung. Nachdem inzwischen Kernspeicher billig geworden ist (4 K Worte kosten ca. DM 1000.—), wird ein Überdenken der bisherigen Strategien durch die Hersteller nützlich sein.

8. Design der Hardware des Prozeßrechners

Bezüglich des Kernspeicherausbaus eines Prozeßrechners sei erwähnt, daß bei schritthaltender Erfassung bzw. Verarbeitung alle notwendigen Programme kernspeicherresident gehalten werden müssen und deshalb der Kernspeicherausbau eines On-line-Systems größer sein muß als derjenige eines Nicht-On-line-Systems für vergleichbare Aufgaben. Die Fähigkeit eines Computers, wechselweise, aber quasi-simultan an mehreren Programmen zu arbeiten, nennt man Multiprogramming. Die Zahl der gleichzeitig aktiven Programme wird durch die Multiprogramm-Tiefe beschrieben. Bei konventionellen Maschinen werden dafür oft zwei Maßzahlen angegeben:

die effektive Multiprogrammtiefe als Zahl der im Mittel auf dem System gleichzeitig aktiven Programme

die tatsächliche Multiprogrammtiefe als Zahl der im Mittel auf dem System kernspeicherresidenten Programme.

Die beiden Multiprogrammtiefen verhalten sich auf gut ausgelegten Anlagen wie 1,5:1 bis 2:1, die Absolutzahl sollte bei 3—5 liegen. Bei Prozeßrechnern mit ausschließlich kernspeicherresidenten Programm-Moduln kann wegen der ausgefeilteren Interruptstruktur die Multiprogrammtiefe bis 20 betragen, ohne daß das System allzugroßen internen Verwaltungsaufwand (Overhead) zeigt. Neben diesen Prozeßmoduln ist kernspeicherresident der Pufferpool vorzusehen, wobei für jedes Meßgerät im allgemeinen zwei Puffer einzuplanen sind. (Während der eine Puffer mit Meßdaten gefüllt wird, wird der jeweils andere Meßwertpuffer abgearbeitet.)

Weiterhin ist im Kernspeicher der Bereich für Betriebssystem vorzusehen sowie ein Bereich für die Meßgeräte-Tabellen, in denen Kennzahlen eingetragen werden für den Zustand jedes Meßgeräteanschlusses (laufende Seriennummer, Probennummer, Gerät aktiv/inaktiv, Zahl der bisher aufgelaufenen Meßwerte bzw. Zahl der seit Meßzeitbeginn bereits abgearbeiteten Meßwertpuffer, Maximalzahl der für dieses Meßgerät pro Messung zulässigen Meßwerte, Platten-Adresse der abgespeicherten Meßwertpuffer, Kennzahlen über die Verarbeitungsart dieser Meßreihe usw.).

Darüberhinaus ist im Kernspeicher ein Bereich vorzusehen, in welchem das Organisationsprogramm für den Terminaldialog residiert; dazu gehören auch eine gewisse Anzahl kleiner Puffer zum Austausch der Nachrichten vom und zum Terminal. Bezüglich des Ausbaus des Prozeßrechners mit Massenspeicher ist bereits das notwendige im vorigen Abschnitt diskutiert, so daß keine weiteren Überlegungen angestellt werden müssen. Es sollte jedoch beachtet werden, daß nicht zuviele Platteneinheiten am gleichen Rechnerkanal konfiguriert werden, weil sich sonst die Übertragungen von Daten zu den verschiedenen Platten behindern. Die Berechnung der optimalen Verteilung von Platteneinheiten auf verschiedene Kanäle ist sehr komplex und hängt vom genauen Anforderungsprofil an den Rechner ab.

Bezüglich der Bestückung des On-line-Systems mit Datenterminals muß vor einem allzu großzügigen Ausbau gewarnt werden. Da die Darstellungsform von Zeichen auf einem Datenterminal von der rechnerinternen Darstellungsform desselben Zeichens abweicht, bedeutet die Übertragung jedes Zeichens vom Rechner zum Terminal und umgekehrt eine Codewandlung. Dieser Umwandlungsaufwand belastet die CPU stark und reduziert die Durchsatzleistung des Gesamtsystems wesentlich. Bei intensivem Dialog liegen selbst in speziell für Time-Sharing ausgelegten Großrechnern die Reaktionszeiten schon in der Nähe einer Sekunde, wenn 20 bis 30 Teilnehmer gleichzeitig aktiv sind. In Prozeßanwendungen üblichen Umfangs sollte die Zahl der Datenterminals pro Einzelsystem daher bei nicht mehr als 3—5 liegen. Bei höheren Anforderungen an die Zahl der Terminals muß die Prozessorleistung entsprechend höher geplant werden. Darüberhinaus wird am Prozeßrechner-System ein Drucker benötigt, auf dem die Ausgabe der Verarbeitungsprotokolle, d. h. der Ergebnisse der Messung realisiert werden kann.

Bezüglich der Prozeßperipherie sind dem theoretischen Ausbau nahezu keine Grenzen gesetzt. Eine oder mehrere Gruppen von Interrupteingängen sind zwingend zu installieren, um die Taktsignale der Meßgeräte sowie die Start/Stop-Signale aus den Interfaces/Steuergeräten aufzunehmen. Weiterhin umfaßt die Prozeßperipherie die Multiplexoranschlüsse des ADU, deren Schnittstelle zum Benutzer hin generell so ausgelegt ist, daß der Elektroniker eine eigene Anpassung des Analogeingangs selbst vornehmen, d. h. Dynamik, Impedanzanpassung und Bandbreite optimal für jedes Meßgerät realisieren kann. Liegen Meßwerte in digitaler Form vor oder sind Hilfsgrößen vom Meßgerät bzw. vom Interface her zu übertragen (z. B. Verstärkungseinstellungen, Zeitnullpunktsignale u. dgl.), ist als weitere Peripherie eine oder mehrere sog. „Digital-Input"-Gruppen vorzusehen; diese Gruppen werden mit 8 oder 16 Eingängen geliefert, so daß entweder ein byte (8 bit) oder ein ganzes Datenwort auf einen Schlag eingelesen werden kann. Umgekehrt werden dem Benutzer Betriebs- und Statusanzeigen der laufenden Messung zu übermitteln sein, so daß auch sog. „Digital-Output"-Gruppen zu installieren sind. Auch diese Gruppen werden mit 8 bzw. 16 Ausgängen pro Gruppe geliefert. Zur Klasse der Prozeßperipherie zählt auch der Digital-Analog-Wandler, der es erlaubt, dem Prozeßrechnersystem analoge Spannungen zu entziehen, beispielsweise die Auswerteergebnisse eines Meßgeräts, aufbereitet zur Darstellung auf einem Schreiber oder einem ähnlichen graphischen System. Abb. 2 zeigt den Ausbau eines Systems.

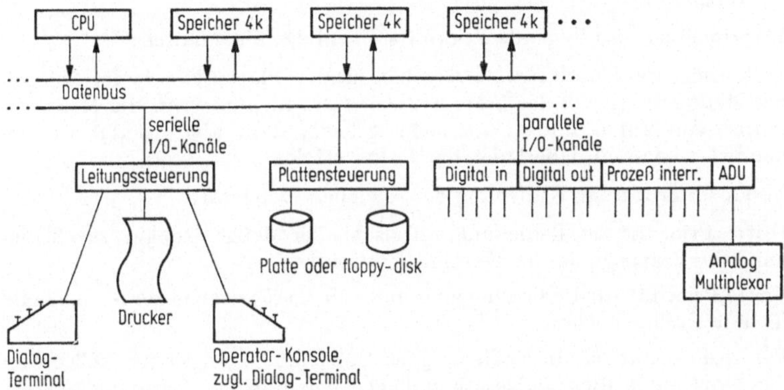

Abb. 2. Hardware-Konfiguration eines Prozeßrechnersystems für On-line Datenerfassung und Datenauswertung

9. Design der Software eines Prozeßrechners

Bei konventionellen Datenverarbeitungssystemen (Stapelverarbeitungs-Systeme) gilt die Regel, daß langsame Geräte und Vorgänge bevorzugt behandelt werden müssen. Der Grund liegt darin, daß langsame Geräte (Drucker, Bandeinheiten) ohnedies nur selten den Rechner für sich beanspruchen und deshalb ohne automatische Bevorzugung noch langsamer gemacht würden.

Von Ausnahmen abgesehen, ergibt diese Regel in Prozeßrechnersystemen katastrophale Wirkungen:

Schnelle Geräte haben nicht nur kleine Erkennungsintervalle, sondern auch hohe Erfassungsraten.

— Die Bevorzugung der langsamen Geräte kann die Anforderung durch ein schnelles Gerät so sehr verzögern, daß dieses bereits eine weitere Anforderung angemeldet hat, bevor die vorherige abgearbeitet ist. Das führt nicht nur zur Verfälschung der Meßwerte, weil die vorhergehende Anforderung erst zu einem späteren Zeitpunkt bedient wird, sondern zum Verlust der späteren Anforderung, d. h. zu fehlenden Meßwerten.

— Diese Strategie bewirkt also, daß das Spektrum schneller Meßgeräte an gewissen Stellen gestaucht wird — also nicht linear ist — und dies um so mehr, je mehr langsame Geräte zu bedienen sind. Umgekehrt führt natürlich die bevorzugte Bedienung der schnellen Meßgeräte zu Verzögerungen in der Bedienung der langsamen Geräte, was jedoch unkritisch ist, da bauartspezifisch dieser Meßwert sich nur langsam ändert, so daß geringe Verzögerungen vernachlässigbare Auswirkungen haben.

Prinzipiell ist also folgende Prioritätsreihenfolge einzuhalten:

Erste (höchste) Priorität wird vergeben für den Plattenkanal zum Ablegen der Meßwerte. (Auch das beste System nützt nichts, wenn die Meßwertpuffer voll-laufen und nicht mehr geleert, d. h. abgearbeitet werden können, so daß ein Überladen der Puffer erfolgt.

Zweite Priorität zur Bedienung der schnellen Meßgeräte.

Dritte Priorität zur Bedienung mittelschneller Meßgeräte, ggf. zur Bedienung der Startsignale für die schnellen Geräte.

Vierte Priorität zur Bedienung langsamer Meßgeräte sowie der Startsignale für mittelschnelle Geräte.

Fünfte Priorität für die Bedienung der Startsignale langsamer Meßgeräte, der Stopsignale aller Meßgeräte und gegebenenfalls des Terminaldialogs.

Sechste Priorität für die Bedienung des Digital out, d. h. der Ausgabe der Statusinformation für den Benutzer.

Die relativ niedrige Priorität für den Terminaldialog führt zwar zu verlängerten Wartezeiten, geht jedoch von der Voraussetzung aus, daß ein Gerät nicht schneller bedient werden muß, als es selbst anfordern kann. Die Denk- und Eingabezeit eines Menschen ist aber langsam im Vergleich zur Reaktions- bzw. Anforderungszeit eines Meßgeräts.

Es ist selbstverständlich, daß eine feinere Prioritätenstaffelung für die einzelnen Anforderungsarten gewählt werden sollte, wenn der Rechner mehr Prioritätsebenen bereitstellt.

Im Kapitel „Hardware-Design" wurde bereits der Begriff der Multiprogramm-Tiefe eingeführt. Dort wird eine hohe Multiprogrammtiefe für Prozeßanwendungen diskutiert, welche entsprechende Auswirkungen auf die Speicherausstattung des Rechners hat, weil viele Software-Moduln speicherresident gehalten werden müssen. Hier seien einige ergänzende Bemerkungen angebracht:

Zu einer Zeit kann die CPU nur an einem einzigen Software-Modul arbeiten. Bei vielen verschiedenartigen Anwendungen werden aber in rascher Folge die verschiedensten Moduln angesprochen (z. B. Konvertbefehl für ADU, Übernahme Meßwert, Bereitstellung eines Meßwertpuffers, Update einer Tabelle, Aktivieren einer Geräteleitung, Abspeichern auf Platte, Holen von Platte, Sortieren von Meßwerten, Suchen des Maximums einer Meßwertfolge, Suchen und Markieren des Nullpunkts,

Berechnen des mittleren Rauschens und dessen Halbwertsbreite, Aufbereiten des Ergebnisses, Bedienen eines Terminals, Aufbereiten einer Terminaleingabe in maschineninterne — d. h. parameterorientierte — Form).

Fast alle diese Moduln müssen schnell, d. h. mit geringster Verzögerung angesprochen werden; u. U. wird ein gerade aktives Modul unterbrochen, die halbfertige Arbeit suspendiert und die CPU-Kontrolle einem anderen Modul zugeteilt. Die Fähigkeit, ein Modul in die Lage zu versetzen, ein anderes zu unterbrechen, selbst aber von einem dritten unterbrochen zu werden, nennt man ,,relative Prioritätsanordnung". Das System der relativen Prioritäten sowie das Führen von Aktivitätstabellen, die sicherstellen, daß ein unterbrochenes Modul nach Beendigung der ,,höherwertigen" Arbeiten an der richtigen Stelle fortschreitet, ist ein wesentliches Problem des Software-Designs. Es ist selbstverständlich, daß das Gesamtdesign um so komplexer wird, je mehr Moduln vorhanden sind, je höher also die Multiprogramm-Tiefe ist. Andererseits sollte das einzelne Modul möglichst klein sein, damit seine Laufzeit auf dem Rechner möglichst kurz wird. Damit ist sichergestellt, daß die Zeit der Suspendierung eines ,,niederwertigen" Moduls im Unterbrechungsfalle klein bleibt: Je höher die Priorität eines Moduls ist, desto kürzer muß seine Laufzeit sein, weil es mehr tieferliegende Moduln unterbrechen kann.

10. Benutzer-Steuergerät (Benutzer-Interface)

Im strengen Sinne versteht man unter ,,Interface" eine Anordnung, die die Anpassung zweier unterschiedlicher Schnittstellen bewerkstelligt. Da jedoch der Benutzer selbst eine nicht computer-compatible Schnittstelle darstellt, wird oft die Einheit zur Steuerung des Meßvorgangs, das Benutzer-Steuergerät in das Interface zwischen Meßgerät und Computer mit einbezogen. In diesem doppelten Sinne ist der Begriff des Interfaces auch in dieser Darstellung bisher benutzt worden. Während in den vergangenen Jahren das Interface lediglich die reine elektronische Anpassung der Meßsignale zwischen Meßgerät und Computer und zusätzlich die elektronische Anpassung der vom Benutzer zu bedienenden Knöpfe bzw. Drucktasten enthielt, hat sich in letzter Zeit der Einbau von Mikroprozessoren in das Interface durchgesetzt, wodurch dieses Gerät mit einer gewissen eigenständigen Intelligenz versehen wurde. Das führte dazu, daß gewisse Funktionen, die früher im Computer selbst abzuwickeln waren, jetzt zum Benutzer verlagert werden. Für das Auslagerungsverhältnis zwischen ,,inneren" und ,,äußeren" intelligenten Funktionen hat sich noch kein Standard herausgebildet. Möglichkeiten und Grenzen der Anwendung von Mikro-Prozessoren sind beschrieben worden [7]. Im oberen Grenzfall geht die Auslagerung soweit, daß das Interface (oder gar das Meßgerät selbst) bereits den ADU enthält, so daß dem Datenverarbeitungssystem nur noch digitale Signale angeboten werden. Dadurch, daß in diesem Falle der ADU nur noch ein Gerät bedient, der Multiplexor wegfällt, dafür aber pro Gerät ein ADU benötigt wird, hat sich die Kostenverteilung in Hard- und Software verändert. Es wird der Kostenentwicklung vorbehalten bleiben, ob sich der derzeitige Trend, möglichst viele Funktionen aus dem Computer in die intelligente Peripherie zu verlagern, weiterentwickeln, stabilisieren oder gar zurückentwickeln wird.

Eines kann jedoch schon jetzt gesagt werden: Für einen Bereich einfacher Funktionen wie Codewandlung, Darstellung von Statusinformationen mittel LED (Leucht-Dioden-Anzeige) wird der Mikroprozessor auch künftig den Prozeßrechner entlasten und damit bei gleichem Preis höheren Durchsatz erlauben oder aber zu geringeren Kosten durch Verkleinerung des Prozeßrechners führen. Für einfache Funktionen ist der Mikroprozessor billiger als der Kostenanteil im Prozeßrechner für die gleiche Funktion.

Soweit der heutige Trend abzusehen ist, könnte das Interface für ein Meßgerät diese Funktionen enthalten (Abb. 3):

Tastensatz oder Drehschalter zur Auswahl der Meßwerterfassungsrate, eingestellt vom Benutzer. Der Mikroprozessor berechnet aus dieser Erfassungsrate das Abtastintervall und steuert die Folge der Interrupts zum Computer; gleichzeitig wird die Bandbreite der Analoganpassung des Meßwert-Signals verändert.

Einstellräder oder Tastatur zur Eingabe der Probenidentifikation durch den Benutzer. Der Mikroprozessor errechnet sich daraus einebinäre Proben- bzw. Seriennummer und gibt sie in computer-interner Darstellung an den Prozeßrechner weiter (Codewandlung im Rechner entfällt). Darstellung der berechneten Nummer auf einer LED-Leiste.

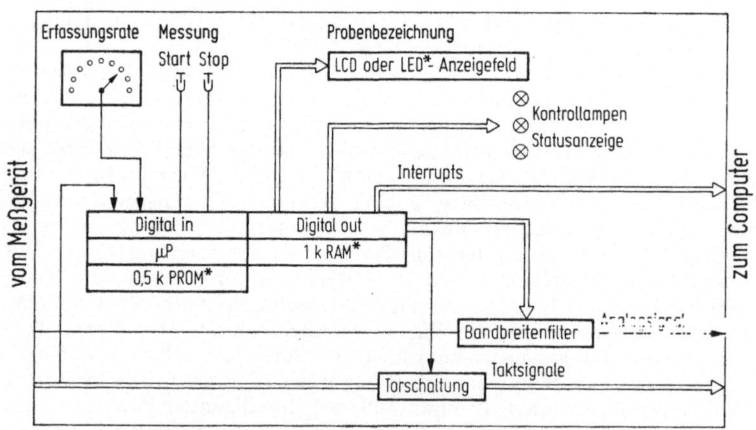

Abb. 3. Prinzipschaltplan eines Geräte- und Benutzer-Interface.

RAM   = random access memory, Datenspeicher
PROM = programmable read only memory, Programmspeicher
LED   = light emitting diode, Leuchtanzeige-Element
LCD   = liquid crystal diode, Flüssigkristallanzeige-Element

Start-Taste für Beginn einer Messung, bedient durch Benutzer:

Der Mikroprozessor gibt das Startsignal an den Prozeßrechner weiter und läßt sich die Bereitstellung des ersten Puffers von dort quittieren. Daraufhin wird das Meßgerät auf Betrieb geschaltet und beim Erreichen eines vorgegebenen Nullpunkts mit der Absendung der Folge der Interrupts begonnen bzw. diejenigen Leitungen vom Meßgerät zum Computer durchgeschaltet, die die unabhängige Variable und/oder die Meßwerte übertragen.

Empfang eines Statussignals über das ordnungsmäßige Funktionieren des Erfassungssystems und Darstellung durch eine Lampe. Bei Ausfall der Erfassungsseite Anhalten des Meßgeräts bzw. Abschalten der Erfassung und Auslösen eines akustischen oder optischen Signals.

Verriegelung der Signalwege bei Handbetrieb des Meßgeräts, z. B. während der Vorbereitungszeit u. dgl.

11. Schlußbemerkungen

Ein wesentliches Problem bei der Planung einer On-line-Datenverarbeitung stellt der Dialog zwischen den Mitarbeitern der Abteilung Datenverarbeitung und den Mitarbeitern am Einsatzort dar. Beide sprechen verschiedene Sprachen, und beide sehen das gleiche Problem verschieden. Meist genügt es nicht, eine „Übersetzungstabelle" zu erarbeiten, die die Sprachregelungen beinhaltet, weil dadurch noch keine Motivation resultiert, die beim Übergang auf ein neues Arbeitsverfahren unerläßlich ist. Trotzdem ist die gelegentliche Verwendung eines einschlägigen Lexikons außerordentlich hilfreich bei der Begriffsklärung [8, 9]. Es ist darüberhinaus unvermeidbar, daß sich jeder der beiden Verhandlungspartner in die Denkweise und Problematik der anderen Seite ein wenig einarbeitet. Eine kleine Pilotinstallation mit wenigen Mitarbeitern ergibt oft wertvolle Hinweise für Änderungen, Vereinfachungen, Verbesserung der Anwendbarkeit eines neuen Systems und bewirkt eine zusätzliche Motivation, weil die mit der Pilotinstallation befaßten Mitarbeiter in die Rolle der gleichwertigen Gesprächspartner gegenüber der EDV-Crew hineinwachsen, indem sie fundierte Änderungsvorschläge unterbreiten können. Der finanzielle Verlust durch ein Fehldesign einer Pilotanlage wird leicht dadurch ausgeglichen, daß die danach konfigurierte Hauptanlage nicht mehr geändert werden muß.

Das Berechnen der tatsächlich auftretenden Rechnerlast ist oft nicht möglich. Das Ausmessen der Last an einer Pilotinstallation erlaubt, später knapper konfigurieren zu können, ohne einen allzu großen (und teuren) Sicherheitszuschlag installieren zu müssen.

Auf der Haben-Seite eines Übergangs auf On-line-Datenverarbeitung ist zu verbuchen, daß der Durchsatz pro Mitarbeiter in einem analytischen Laboratorium wesentlich höher ist als ohne Datenverarbeitung. Im Analytischen Laboratorium der BASF war der Durchsatzgewinn 100%. Die Kehrseite des höheren Personaldurchsatzes ist jedoch, daß bei Ausfall der Anlage nahezu der gesamte Betrieb ruht, weil sich jeder auf die Datenverarbeitung verläßt und damit in ungeahntem Maße von ihr abhängig wird. Ein Ausfall des On-line-Systems erzeugt bei den betroffenen Mitarbeitern verständliche Nervosität. Andererseits sollte die an die Computeranlage zu stellende Sicherheitsanforderung nicht übertrieben werden.

Literatur

1. Günzler, H.: Chem.-Ing.-Techn. 42 (1970), 877
2. Mann, D. und Röpke, H.: IBM-Nachr. 24 (1974), 308
3. Ziegler, E.: Computer in der instrumentellen Analytik, Frankfurt, Akad. Verlagsgesellschaft 1973
4. Graef, M.; Greiller, R.; Hecht, G.: Datenverarbeitung im Realzeitbetrieb, 2. Aufl. München, Wien: Oldenbourg 1972
5. Eichelberger, W.: Chem-Ing.-Techn. 49 (1977), 942
6. Eichelberger, W.; Baumann, G. u. Günzler, H.: Anal. Chem. Acta (Comp. Techn. and Opt.) 95 (1977), 161
7. Mikroprocessor-Handbuch. Freising: Texas-Instr. 1977
8. Fachausdrücke der Datenverarbeitung. Deutsch-englisch: IBM-FORM A12-1064-0. Englisch-deutsch: IBM-FORM A12-1088-0
9. Löbel, G.; Schmid, H.; Müller, P.: Lexikon der Datenverarbeitung, 2. Aufl. München: Verlag Moderne Industrie 1969

Auswertung quantitativer Analysenergebnisse

Professor Dr. Günter Walter Gottschalk
TU München und IFAS, Hanfelder Str. 57, 8130 Starnberg

1. Einführung

Analysenergebnisse werden nach einem bestimmten Analysenverfahren mit detailliert festgelegter Arbeitsvorschrift erhalten. Sie werden vorzugsweise mit den Grundgrößen der Stoffmenge n, der Masse m und des Volumens V beschrieben. Neben diesen reinen Grundgrößen werden dabei Verhältnisse von Bestimmungsportionen zu Analysenportionen angegeben, wobei *Anteile*, *Konzentrationen* und *sonstige Gehaltsgrößen* zu unterscheiden sind. Tabelle 1 gibt eine Zusammenstellung der in der chemischen Analytik verwendeten Größen und Einheiten.

Analysenverfahren beinhalten die Arbeitsstufen der Probenahme, Probevorbehandlung, Bestimmung und Datenauswertung. Auch bei sorgfältiger Arbeitsweise sind Streuungen der in der Arbeitsvorschrift festgelegten Arbeitsparameter und Arbeitsoperationen unvermeidlich. Die Vielzahl der zumeist kleinen Streuungsanteile in den einzelnen Stufen sind Ursache von zufälligen Abweichungen zwischen analytisch bestimmten Einzeldaten, die man speziell als *zufällige Fehler des Analysenverfahrens* (kurz auch Analysenfehler) bezeichnet. Man spricht auch von der *Präzision* (precision) der Analysendaten.

Eine Vielzahl gleichartiger Daten können nur dann beurteilt und verglichen werden, wenn sie mit Hilfe festgelegter, stets gleicher Rechenoperationen auf wenige Kenndaten konzentriert werden. Daten werden allgemein mit dem Formelzeichen x gekennzeichnet und zur Unterscheidung mit x_i, x_{ij}, ... indiziert. Im aktuellen Anwendungsfall ist für das Platzhaltezeichen x das Größenzeichen nach Tabelle 1 zu setzen.

Eine quantitative Information besteht aus mindestens 3 *Standardkenndaten*:

1. Anzahl n der Einzeldaten x_i (ersatzweise auch N)
2. Arithmetischer Mittelwert $\bar{x}$ (Lageparameter)
3. Standardabweichung s (Streuungsparameter)

In der Regel wird nur ein Teil des jeweiligen Untersuchungsobjektes, eine *Stichprobe*, kurz auch *Probe*, analytisch untersucht. Die Standardkenndaten n, $\bar{x}$, s der Probe sind Schätzwerte der „wahren" Werte $n \to \infty$,

Tabelle 1. Größen und Einheiten in der chemischen Analytik

Grundgrößen

| 1. | Bestimmungsportion B | determination quantity |

Die Bestimmungsportion B ist die im Rahmen eines Bestimmungsverfahrens für die Einzelbestimmung eingesetzte Portion eines analytisch zu erfassenden Stoffes. Quantitätsangaben durch die physikalischen Größen:

| 1.1. Stoffmenge n_B in mol | 1.2. Masse m_B in kg bzw. g | 1.3. Volumen V_B in m³ bzw. l |

| 2. | Analysenportion A | sample quantity |

Die Analysenportion A ist die Portion eines Untersuchungsobjektes, die im Rahmen eines Analysenverfahrens für die Einzelbestimmung festgelegt wird. Quantitäsangaben durch die physikalischen Größen:

| 2.1. Stoffmenge n_A in mol | 2.2. Masse m_A in kg bzw. g | 2.3. Volumen V_A in m³ bzw. l |

Beachte: Bei Vorliegen einer Analysenportion A ist die Bestimmungsportion ein Teil der Analysenportion.

Gehaltsgrößen

| 1. | Anteil (früher auch Bruch oder Gehalt im engeren Sinne) | fraction |

1.1. Stoffmengen-Anteil $x_B = n_B/n_A$ mol/mol
1.2. Massen-Anteil $w_B = m_B/m_A$ kg/kg bzw. g/g
1.3. Volumen-Anteil[a] $\varphi_B = V_B/V_A$ m³/m³ bzw. l/l

[a] Es gilt $n_A = \sum n_i$ und $m_A = \sum m_i$. Dagegen gilt $V_A = \sum V_i$ nur dann, wenn in der Mischphase keine volumenändernden Wechselwirkungen wie z. B. bei idealen Gasen stattfinden.

| 2. | Konzentration | concentration |

2.1. Stoffmengen-Konzentration $c_B = n_B/V_A$ mol/m³ bzw. mol/l
2.2. Massen-Konzentration $\rho_B = m_B/V_A$ kg/m³ bzw. g/l
2.3. Volumen-Konzentration[b] $\sigma_B = V_B/V_A$ m³/m³ bzw. l/l

[b] σ_B ist mit φ_B identisch, wenn keine volumenändernden Wechselwirkungen stattfinden.

| 3. | Sonstige Gehaltsgrößen |

Können bei Bedarf als Quotienten aus Größen der Bestimmungsportion B zur Analysenportion A gebildet werden.

Beispiel: massebezogene Stoffmenge $a = n_B/m_A$ mol/kg bzw. mol/g

---

nach DIN 32630 und DIN 32631 sowie ISO/R 78 und ISO/31/VII

μ, σ für das gesamte Untersuchungsobjekt, genannt *Grundgesamtheit*. $\bar{x}$ und s werden auch *Maßzahlen der Stichprobe* genannt.

Die Standardabweichung s bzw. σ gibt eine Maßzahl der zufälligen Abweichungen (Reproduzierbarkeit) und ist eine zweiseitige Abweichung zu einem Bezugswert wie z. B. $\bar{x}$ bzw. μ. Treten bei Durchführung von Analysen *einseitige* Abweichungen auf, die erheblich größer als die zufälligen Abweichungen sind, so werden diese als *systematische Fehler der Analyse* bezeichnet. In solchen Fällen sind die Standardkenndaten n, $\bar{x}$, s nur dann zuverlässige Schätzwerte für μ und σ, wenn die systematischen Fehler eliminiert werden. Anderenfalls ist das Analysenergebnis *unrichtig* oder *falsch*. Man spricht in diesem Zusammenhang von der *Richtigkeit* (accuracy) des Analysenergebnisses.

Durch Ausreißer oder Trend bedingte systematische Abweichungen sind durch einfache Tests erkennbar, wie im folgenden gezeigt wird. Andere Arten systematischer Abweichungen können nur erkannt werden, wenn das jeweilige Analysenverfahren auf Referenzobjekte mit bekannten Daten angewandt wird und vorgegebene mit wiedergefundenen Daten verglichen werden.

Die im Rahmen eines Analysenverfahrens auftretenden Abweichungen werden wie bei jedem Meßverfahren *Fehler* genannt. Mehrere Stichproben aus ein und derselben Grundgesamtheit werden mehr oder minder unterschiedliche Kenndaten n_j, $\bar{x}_j$, s_j liefern. Diese „übergeordneten" Abweichungen sollten als *natürliche Schwankungen* (zufällig) und *Unterschiede* (systematisch) bezeichnet und so eindeutig von den Fehlern abgegrenzt werden.

Die durch die Auswertung erhaltenen Ergebnisse und Aussagen sind in keinem Fall „vollständig sicher". Eine Beurteilung kann stets nur mit einer wählbaren *statistischen Sicherheit* P (Angabe in %), oft auch „Vertrauensniveau" genannt, erfolgen. Neben P wird auch $\alpha = 1 - P$ verwendet und von „Überschreitungswahrscheinlichkeit" oder „Signifikanzniveau" gesprochen. Vorzugsweise werden P = 90/95/99/99,9% bzw. $\alpha = 0{,}10/0{,}05/0{,}01/0{,}001$ gewählt.

2. Mittelwert und Standardabweichung

2.1. Berechnung und Bedeutung

Für n ausreißer- und trendfreie Einzeldaten x_i sind der arithmetische Mittelwert $\bar{x}$ und die Standardabweichung s nach:

$$\bar{x} = \frac{1}{n} \sum_{i=1}^{n} x_i \quad \text{sowie} \quad s = \sqrt{\frac{1}{n-1} \sum_{i=1}^{n} (x_i - \bar{x})^2} = \sqrt{\frac{1}{f} \sum_{i=1}^{n} d_i^2} \tag{1}$$

die besten Schätzwerte für die gesuchten „wahren" Werte μ bzw. σ im untersuchten Objekt, sofern keine systematischen Abweichungen aufgetreten sind.

Für die Berechnung und weitere Auswertung wesentlicher Größen sind die Abweichungen $d_i = x_i - \bar{x}$ der Einzelwerte x_i von ihrem Mittelwert $\bar{x}$ und die Anzahl der Freiheitsgrade $f = n - 1$, kurz auch nur Freiheitsgrad genannt. s^2 wird speziell mit *Varianz* bezeichnet. Die Berechnung von $\bar{x}$ und s aus n Einzeldaten ist heute problemlos möglich. Eine wachsende Anzahl elektronischer Taschenrechner enthält die erforderlichen Rechenalgorithmen als Baustein. Resultate können nach Eingeben der Einzelwerte durch Tasten mit Symbolen $\bar{x}$ sowie s bzw. σ abgerufen werden.

Sofern die Einzeldaten x_i zumindest annähernd normalverteilt sind, ist $\bar{x}$ ein Schätzwert des Lageparameters μ und s^2 ein solcher des Streuungsparameters σ^2 der Normalverteilung. Das Vorliegen einer Normalverteilung ist Voraussetzung für einwandfreie Datenvergleiche mit den im folgenden gebrachten mathematisch-statistischen Tests.

Bei n Parallelbestimmungen an *einer* Stichprobe nach einem standardisierten Analysenverfahren kann eine Normalverteilung stets dann vorausgesetzt werden, wenn eventuelle Ausreißer eliminiert wurden und auch ein Trend nicht feststellbar ist. Bei Daten aus *mehreren* Stichproben einer Grundgesamtheit sind nichtnormale Verteilungen keinesfalls ungewöhnlich. Daher sollten solche Daten auf Normalität geprüft und gegebenenfalls durch geeignete Transformation normalisiert werden. Eine in der chemischen Analytik zumeist wirksame Transformation ist die Bildung von $x_i = \lg y_i$ aus den Urdaten y_i bei schiefen Verteilungen.

Aus Standardkenndaten n, $\bar{x}$, s lassen sich die als *Variationskoeffizient* v und als *mittlere Abweichung des Mittelwertes* $s_{\bar{x}}$ bezeichneten Folgegrößen nach

$$v = \frac{s}{\bar{x}} \text{ (vielfach in \%) und } s_{\bar{x}} = \frac{s}{\sqrt{n}} \tag{2}$$

unmittelbar ableiten. Ihre Berechnung ist nur in Sonderfällen sinnvoll und zweckmäßig.

Die zunächst ohne Voraussetzungen berechneten Standardkenndaten n, $\bar{x}$, s sollten in einem weiteren Auswertungsschritt auf die Erfüllung der Voraussetzungen durch Verläßlichkeitstests geprüft werden.

Beispiel.

Bei einer Spurenanalyse wurden bei n = 7 Bestimmungen die Massenanteile $w_i = 20/25/55/16/32/28/18$ µg/g gefunden. Daraus errechnen sich die Standardkenndaten

$$n = 7$$
$$\bar{w} = 27,7 \text{ µg/g}$$
$$s_w = 13,3 \text{ µg/g}$$

wobei $d_i = -7,7/-2,7/+27,3/-11,7/+4,3/+0,3/-9,7$ und $f = 6$. Folgegrößen sind $v = 48,0\%$ und $s_{\bar{w}} = 5,0$ µg/g.

2.2. Verläßlichkeitstests

Durch die Verläßlichkeitstests wird auf Ausreißer, Trend und andere Abweichungen von der Normalität geprüft. Tabelle 2 gibt einen Überblick der anzuwendenden einfachen Tests.

Tabelle 2. Verläßlichkeitstests

Ziel	Test-bezeichnung	Prüfgröße PG	Vergleichsgröße VG
Aufdeckung von Ausreißern	r_m-Test (Grubbs 1950)	$\left\|\dfrac{d_{max}}{s}\right\|$ $n \geq 3$	$r_m(P)$-Werte nach Tafel I des Anhanges für $P = 90/95/99\%$
Aufdeckung eines Trends	Sukzessiver Differenzentest (Neumann 1941, Moore 1955)	$\dfrac{\sum (x_i - x_{i+1})^2}{(n-1) \cdot s^2}$ $n \geq 4$	Werte $W(P)$ nach Tafel II des Anhanges für $P = 95/99/99,9\%$
Aufeckung von Überhöhung und Überbreite	Ergänzungstest auf Normalität (David, Hartley, Pearson 1954)	$\dfrac{x_{max} - x_{min}}{s} = \dfrac{R}{s}$ $n \geq 3$	Schrankenwerte β_u und β_o nach Tafel III des Anhanges für $P = 90\%$

2.2.1. Test auf Ausreißer

Bei der Anwendung des *Ausreißertests* hat sich folgende Urteilsbildung und Vorgehensweise praktisch bewährt.

— Bei $PG < r_m(90)$ ist ein Ausreißer nicht feststellbar und die ermittelten Kenndaten n, $\bar{x}$, s sind hinsichtlich Ausreißer einwandfrei.

— Bei $r_m(90) \leq PG < r_m(95)$ ist ein Ausreißer wahrscheinlich. Werden für diese Vermutung eindeutige untersuchungstechnische oder andere Gründe gefunden, so ist der betreffende Wert zu eliminieren. Anderenfalls sind die ermittelten Kenndaten n, $\bar{x}$, s anzugeben. Der wahrscheinliche Ausreißerwert sollte jedoch zusätzlich angeführt werden.

— Bei $r_m(95) \leq PG < r_m(99)$ ist ein Ausreißer signifikant und bei $PG \geq r_m(99)$ sogar hochsignifikant. Der betreffende Wert ist in jedem Fall aus der Datenreihe zu eliminieren.

Werden Daten aufgrund des Tests eliminiert, so sind die Kenndaten n, $\bar{x}$, s erneut *ohne* den Ausreißer zu berechnen. Im Analysenergebnis sind neben den Kenndaten gesondert die Ausreißerwerte nach Möglichkeit mit Ursache anzuführen.

Beispiel

Die maximale Absolutabweichung im Beispiel zu 2.1. ist $|d_3| = |d_{max}| = 27,3$. Mit $s_w = 13,3$ folgt als Prüfgröße

$$PG = \frac{27,3}{13,3} = 2,053$$

Wegen $PG > r_m(95) = 1,938$ (n = 7) ist $x_3 = 55\ \mu g/g$ signifikant ein Ausreißer und ist zu eliminieren.

Für die 6 Restdaten ergeben sich die Kenndaten:

$$n = 6$$
$$\overline{w} = 23,2 \ \mu g/g$$
$$s_w = 6,2 \ \mu g/g$$

sowie die Folgegrößen $v = 26,7\%$ und $s_{\overline{w}} = 2,5 \ \mu g/g$.
Die größte Absolutabweichung ist nunmehr $d_{max} = 32 - 23,2 = 8,8$.
Wegen $PG = \dfrac{8,8}{6,2} = 1,419 < r_m(90) = 1,729$ für $n = 6$ ist ein Ausreißer
nicht feststellbar. Als Analysenergebnis ist anzugeben:

$$n = 6 \qquad\qquad \text{und 1 signifikanter}$$
$$\overline{w} = 23,2 \ \mu g/g \qquad\qquad \text{Ausreißer } w_3 = 55 \ \mu g/g,$$
$$s_w = 6,2 \ \mu g/g \qquad\qquad \text{Ursache unbekannt.}$$

Man beachte, daß der r_m-Test und auch andere Ausreißertests keine
sinnvollen Aussagen ergeben, wenn bei n Daten $n - 1$ gleiche Werte
und nur ein abweichender Wert vorliegen. In solchen Fällen muß zusätzlich der Rundungsfehler berücksichtigt oder in die PG-Formel eine
bekannte Standardabweichung s eingesetzt werden.

Beispiel

Für die $n = 6$ Daten $x_i = 20/20/21/20/20/20$ findet man über $\overline{x} = 20,17$ und
$s = 0,41$ sowie

$$PG = \frac{0,83}{0,41} = 2,024 > r_m(99) = 1,944$$

daß $x_3 = 21$ als hochsignifikanter Ausreißer einzustufen ist. Dieses Urteil
kann nicht aufrechterhalten werden, wenn man bedenkt, daß bei der
vorliegenden Datenangabe ein Rundungsfehler von 0,5 angenommen
werden muß. Bei Berücksichtigung kann richtiger $x_i = 19,5/20,5/21/20/$
$19,5/20,5$ geschrieben werden. Mit $\overline{x} = 20,17$ (unverändert) und $s = 0,61$
ergibt sich nunmehr mit

$$PG = \frac{0,83}{0,61} = 1,361 < r_m(90) = 1,729$$

daß ein Ausreißer nicht feststellbar ist.

Bei mehr als 50 Daten sollte der r-Test auf Homogenität des Datenmaterials angewendet werden. Hierbei wird die

$$\text{Prüfgröße } PG_i = \frac{|d_i|}{s} \cdot \sqrt{\frac{n}{n-1}} \tag{3}$$

für jeweils mehrere relativ große Abweichungen $d_i = x_i - \overline{x}$ berechnet
und mit den r-Werten der r-Verteilung nach Tafel I-A des Anhanges
für $P = 99,9\%$ und $f = n - 2$ verglichen. Alle $PG_i \geq r(99,9)$ sind als
Ausreißer einzustufen und zu eliminieren.

2.2.2. Test auf Trend

Werden im zeitlichen Verlauf einer Untersuchung bei $n = 4$ aufeinanderfolgenden Einzeldaten x_i, x_{i+1} wachsende oder fallende Werte gefunden, so kann ein Trend vorliegen. Bei Anwendung des *Trendtests* hat sich folgende Urteilsbildung und Vorgehensweise praktisch bewährt.

— Bei $PG > W(95)$ ist ein Trend nicht feststellbar und die Kenndaten n, $\bar{x}$, s sind hinsichtlich Trend einwandfrei.

— Bei $W(95) \geqq PG > W(99)$ ist ein Trend wahrscheinlich und die Kenndaten n, $\bar{x}$, s sind mit entsprechendem Vorbehalt anzugeben. Besser ist die Durchführung weiterer Untersuchungen, bis eine eindeutige Aussage erhalten wird.

— Bei $PG \leqq W(99)$ oder sogar $PG \leqq W(99,9)$ liegt signifikant oder sogar hochsignifikant ein Trend vor. Anstatt der Kenndaten n, $\bar{x}$, s sind als Ergebnis der Untersuchung nur die Einzeldaten x_i in chronologischer Reihenfolge anzugeben. Nach Möglichkeit sollte die Ursache eines Trends wie etwa apparativ bedingtes Driften oder fortlaufende Zersetzung des Meßobjektes aufgedeckt und vor erneuter Durchführung der Untersuchung beseitigt werden.

Beispiel

Für die $n = 6$ ausreißerfreien Daten $w_i = 20/25/16/32/28/18$ µg/g nach Beispiel zu 2.1. bzw. 2.2.1. findet man die sukzessiven (fortlaufenden) Differenzen $x_i - x_{i+1} = -5/+9/-16/+4/-10$. Aus deren Quadratsumme und $s_w = 6,2$ folgt:

$$PG = \frac{478}{5 \cdot 6,2^2} = 2,487$$

Wegen $PG > W(95) = 0,8902$ für $n = 6$ ist ein Trend nicht feststellbar. Wären obige Daten jedoch in der Reihenfolge $w_i = 16/18/20/25/28/32$ µg/g angefallen, so findet man bei unveränderten Kenndaten jedoch die Differenzen $x_i - x_{i+1} = -2/-2/-5/-3/-4$ und somit wegen

$$PG = \frac{58}{5 \cdot 6,2^2} = 0,3018 < W(99,9) = 0,3634$$

einen hochsignifikanten Trend.

2.2.3. Zusatztest auf Normalität

Spannweite $R = x_{max} - x_{min}$ und Standardabweichung s sind bei einer Normalverteilung miteinander gekoppelt. Das Verhältnis R/s sollte bei ausreißer- und trendfreien Daten zwischen einer unteren Schranke

$\beta_u(90)$ und einer oberen Schranke $\beta_o(90)$ liegen. Der entsprechende Test spricht auf anormale Überhöhungen und Überbreiten einer Verteilung an und stellt eine Ergänzung des Ausreißer- und Trendtests dar.

Beispiel

Die $n = 6$ ausreißer- und trendfreien Daten des Beispieles zu 2.2.2. besitzen eine Spannweite von $R = 32 - 16 = 16$ sowie eine Standardabweichung von $s_m = 6,2$. Das Verhältnis $R/s = 2,58$ liegt innerhalb der Normalitätsschranken $\beta_u = 2,37$ und $\beta_o = 2,95$.

Bei der fortlaufenden Prüfung einer Fertigung wurden die $n = 5$ Daten $x_i = 17/3/14/12/24$ gefunden, aus denen sich die ausreißer- und trendfreien Kenndaten

$$n = 5; \quad \bar{x} = 14,0; \quad s = 7,65$$

errechnen. Mit $R = 24 - 3 = 21$ folgt $R/s = 2,745 > \beta_o = 2,71$ und somit eine Überbreite gegenüber einer Normalverteilung. Die Verwendung der Kenndaten für weitergehende Tests ist problematisch.

2.3. Vertrauensbereich für den Mittelwert

Sofern keine systematischen Abweichungen vorliegen und nach den Verläßlichkeitstests eine Normalverteilung vorausgesetzt werden kann, lassen sich zufällige Abweichungen

$$T_{\bar{x}} = t \cdot \frac{s}{\sqrt{n}} = t \cdot s_{\bar{x}} \tag{4}$$

und daraus als *Vertrauensbereiche des Mittelwertes* bezeichnete zweiseitige oder einseitige Bereiche

$$\mu_u = \bar{x} - T_{\bar{x}} \quad \text{und} \quad \mu_o = \bar{x} + T_{\bar{x}} \tag{5}$$

um den Mittelwert $\bar{x}$ angeben, in denen der „wahre" Wert μ mit einer gewählten Statistischen Sicherheit P zu erwarten ist. μ_u und μ_o werden als untere bzw. obere Vertrauensgrenze bezeichnet. Der Faktor t steht für die Zufallsvariable der t-Verteilung von Student (Gosset), die abhängig von der gewählten Statistischen Sicherheit P und von dem zur Standardabweichung s gehörenden Freiheitsgrad f ist. Tafel IV des Anhanges bringt eine Zusammenstellung der t-Werte für $P = 95/99/99,9\%$. Abbildung 1 verdeutlicht die Zusammenhänge.

Beispiel

Aus den nach Verläßlichkeitstests einwandfreien Kenndaten des Beispieles zu 2.2.1.

$$n = 6; \quad \bar{w} = 23,2 \ \mu g/g; \quad s_w = 6,2 \ \mu g/g$$

erhält man bei zweiseitiger Fragestellung mit $t = 4,032$ bei $P = 99\%$ und $f = n - 1 = 5$ die zufällige Abweichung $T_{\bar{w}} = 4,032 \cdot 6,2/\sqrt{6} = 10,2$ und somit den Vertrauensbereich

$$\mu = 23,2 \pm 10,2 \ \mu g/g \quad (99\%, \ 6)$$

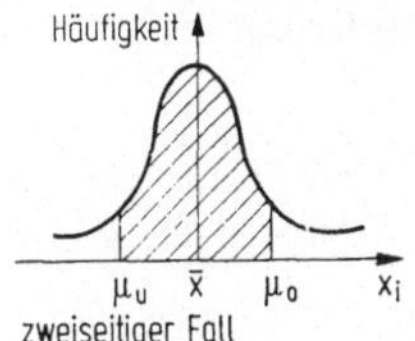

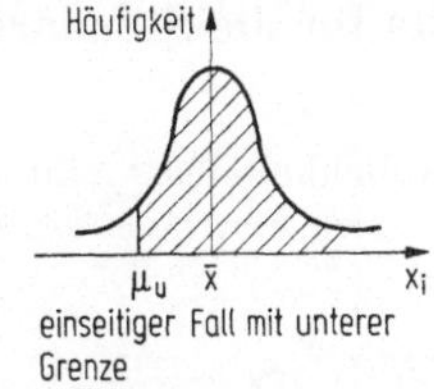

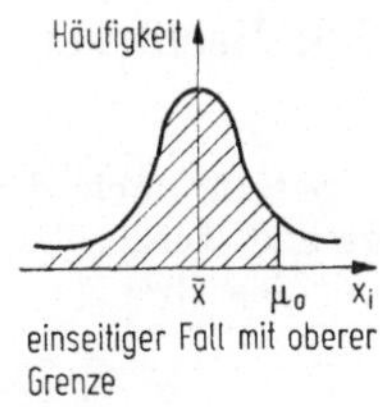

100%statistische Sicherheit entspricht der Fläche unter der Verteilungskurve von $t = -\infty$ bis $t = +\infty$.
wobei $t = (x-\mu) \cdot \sqrt{n}/s$

P%statistische Sicherheit entspricht den schraffierten Teilflächen unter der Verteilungskurve

Abb. 1. Vertrauensbereiche für den Mittelwert

Aussage: Der „wahre" Wert μ ist mit 99% Sicherheit im Bereich von
$\mu_u = 13{,}0\ \mu\mathrm{g/g}$ und $\mu_o = 33{,}4\ \mu\mathrm{g/g}$ zu erwarten.

Wird nur nach dem unteren *oder* oberen Bereich gefragt, in dem μ zu erwarten ist, so ergeben sich mit $t = 3{,}365$ für diese einseitige Fragestellung $T_{\bar{w}} = 3{,}365 \cdot 6{,}2/\sqrt{6} = 8{,}5$ und

$$\mu_u = 23{,}2 - 8{,}5 = 14{,}7\ \mu\mathrm{g/g} \quad \text{bzw.} \quad \mu_o = 23{,}2 + 8{,}5 = 31{,}7\ \mu\mathrm{g/g}$$

Aussage: Der „wahre" Wert μ ist mit 99% Sicherheit im Bereich von
$\mu_u = 14{,}7\ \mu\mathrm{g/g}$ bis $\bar{w} = 23{,}2\ \mu\mathrm{g/g}$ bzw. $\bar{w} = 23{,}2\ \mu\mathrm{g/g}$ bis
$\mu_o = 31{,}7\ \mu\mathrm{g/g}$ zu erwarten.

Die Vertrauensbereiche werden kleiner und damit die Aussagen schärfer, wenn die analytischen Untersuchungen mit Standardverfahren durchgeführt werden, bei denen die Standardabweichung s_v des Verfahrens mit einem relativ großen Freiheitsgrad f_v bekannt ist und eingehalten wird.

Beispiel

Bei einer Wasseruntersuchung nach einem laborintern standardisierten Verfahren mit $s_v = 2{,}1\ \mathrm{mmol/m^3}$ und $f_v = 23$ wurde in $n = 2$ Parallelbestimmungen $c_i = 11{,}2/13{,}6\ \mathrm{mmol/m^3}$ gefunden. Man erhält die Kenndaten:

$$n = 2; \quad \bar{c} = 12{,}4\ \mathrm{mmol/m^3}; \quad s_c = 1{,}7\ \mathrm{mmol/m^3}$$

Wegen $s_c < s_v$ gilt s_v anstatt s_c und man findet mit $t = 2{,}807$ für $P = 99\%$ und $f = f_v = 23$ über $T_{\bar{x}} = 2{,}807 \cdot 2{,}1/\sqrt{2} = 4{,}2$ den zweiseitigen Vertrauensbereich:

$$\mu = 12{,}4 \pm 4{,}2\ \mathrm{mmol/m^3} \quad (99\%,\ 2)$$

Ohne Standardverfahren könnte mit dem gefundenen s_c und $t = 63{,}657$ für $P = 99\%$ und $f = n - 1 = 1$ und somit $T_{\bar{x}} = 63{,}657 \cdot 1{,}7/\sqrt{2} = 76{,}5$ und

$$\mu = 12{,}4 \pm 76{,}5\ \mathrm{mmol/m^3} \quad (99\%,\ 2)$$

keine sinnvolle Aussage gemacht werden. (Siehe hierzu auch Abschnitt 5.)

2.4. Vertrauensbereiche für die Standardabweichung

Sofern nach den Verläßlichkeitstests eine Normalverteilung vorausgesetzt werden kann, lassen sich *Vertrauensbereiche der Standardabweichung* mit den Grenzen

$$\sigma_u = \frac{s}{\sqrt{F_u}} \quad \text{und} \quad \sigma_0 = \sqrt{F_0} \cdot s \tag{6}$$

angeben, in denen der „wahre" Wert σ mit einer gewählten Statistischen Sicherheit P zu erwarten ist. Die Größen F stehen für die Zufallsvariablen der F-Verteilung nach Fisher, die abhängig von der gewählten Statistischen Sicherheit P und den Freiheitsgraden f_1 und f_2 der Standardabweichungen sind. Im vorliegenden Fall sind bei F_u die Freiheitsgrade $f_1 = f$ von s und $f_2 = \infty$ bzw. bei F_0 die Freiheitsgrade $f_1 = \infty$ und $f_2 = f$ von s maßgebend. Die Tafeln V, A, B, C, D des Anhanges bringen eine Zusammenstellung der F-Werte für P = 95/99/99,9%.

Beispiel

Für $s_w = 6,2 \,\mu g/g$ und f = 5 nach dem Beispiel zu 2.2.1. findet man mit $F_u = 3,02$ und $F_0 = 9,02$ für P = 99% die Grenzen

$$\sigma_u = \frac{6,02}{\sqrt{3,02}} = 3,6 \,\mu g/g \quad \text{und} \quad \sigma_0 = 6,2 \cdot \sqrt{9,02} = 18,6 \,\mu g/g$$

Aussage: der „wahre" Wert σ ist mit 99% Sicherheit im Bereich von $\sigma_u = 3,6 \,\mu g/g$ bis $\sigma_0 = 18,6 \,\mu g/g$ zu erwarten.

3. Elementare Tests auf Unterschiede

Sofern nach den Verläßlichkeitstests einwandfreie Kenndaten n, $\bar{x}$, s vorliegen, können die Ergebnisse mit elementaren Tests auf Unterschiede geprüft werden. Hierzu gibt Tabelle 3 einen Überblick.

3.1. Sollwert-t-Test

Dieser Test ist für die Beantwortung der Frage von Bedeutung, ob ein Untersuchungsergebnis in Form der Kenndaten n, $\bar{x}$, s einen vorgegebenen Sollwert wie etwa Grenzwerte für eine Fertigung oder Umweltschutz unter- oder überschreitet. Hierbei können zweiseitige oder häufiger einseitige Fragestellungen auftreten. Die PG-Formel entspricht der Formel für den Vertrauensbereich nach 2.3., wenn PG durch einen bestimmten t-Wert ersetzt wird.

Tabelle 3. Elementare Tests auf Unterschiede

Ziel	Testbezeichnung	Prüfgröße PG	Vergleichsgröße VG
Beurteilung des Unterschiedes eines Mittelwertes $\bar{x}$ zu einem Sollwert μ_s	Sollwert-t-Test	$\dfrac{\lvert x - \mu_s \rvert}{s} \sqrt{n}$	Werte t(P) der t-Verteilung nach Tafel IV des Anhanges für P = 95/99/99,9% und f für s
Beurteilung des Unterschiedes von 2 parallelen Datenreihen $x_i(1)$ und $x_i(2)$ (insgesamt $2 \cdot n$ Daten)	Differenzen-t-Test	$\dfrac{\lvert \overline{\Delta x} \rvert}{s_\Delta} \cdot \sqrt{n}$ mit $\Delta x_i = x_i(1) - x_i(2)$ $\overline{\Delta x} = \dfrac{1}{n} \sum \Delta x_i$ $s_\Delta = \sqrt{\dfrac{1}{n-1} \sum (\Delta x_i - \overline{\Delta x})^2}$	Werte t(P) der t-Verteilung nach Tafel IV des Anhanges für die zweiseitige Sicherheit P = 95/99/99,9% und F = n − 1
Beurteilung des Unterschiedes von 2 Standardabweichungen S_1 und S_2	F-Test	$\dfrac{s_1^2}{s_2^2}$ wobei $s_1 > s_2$	Werte F(P) der F-Verteilung nach Tafeln V, A, B, C, D des Anhanges für P = 95/99/99,9% und f_1 für s_1 und f_2 für s_2

Tabelle 3 (Fortsetzung)

Ziel	Testbezeichnung	Prüfgröße PG	Vergleichsgröße VG
Beurteilung des Unterschiedes zwischen 2 Mittelwerten $\bar{x}_1$ und $\bar{x}_2$	Mittelwert-t-Test ohne Unterschied von s_1 und s_2 nach F-Test	$\dfrac{\lvert \bar{x}_1 - \bar{x}_2 \rvert}{s_d} \cdot \sqrt{\dfrac{n_1 \cdot n_2}{n_1 + n_2}}$ wobei $s_d^2 = \dfrac{(n_1 - 1) \cdot s_1^2 + (n_2 - 1) \cdot s_2^2}{n_1 + n_2 - 2}$ oder $s_d = s_v$ mit f_v bei Standardverfahren	Werte t(P) der t-Verteilung nach Tafel IV des Anhanges für die zweiseitige Sicherheit $P = 95/99/99{,}9\%$ und $f = n_1 + n_2 - 2$ bzw. $f = f_v$
	Mittelwert-t-Test mit Unterschied von s_1 und s_2 nach F-Test	$\dfrac{\lvert \bar{x}_1 - \bar{x}_2 \rvert}{s_d}$ wobei $s_d^2 = \dfrac{s_1^2}{n_1} + \dfrac{s_2^2}{n_2}$ $= s_{\bar{x}_1}^2 + s_{\bar{x}_2}^2$	Werte t(P) der t-Verteilung nach Tafel IV des Anhanges für die zweiseitige Sicherheit $P = 95/99/99{,}9\%$ und $f \cong \dfrac{s_d^4}{\dfrac{s_{\bar{x}_1}^4}{n_1 + 1} + \dfrac{s_{\bar{x}_2}^4}{n_2 + 1}} - 2$

Urteilsbildung

$PG < VG(95)$: Unterschied nicht feststellbar
$VG(95) \leqq PG < VG(99)$: Unterschied wahrscheinlich
$VG(99) \leqq PG < VG(99{,}9)$: Unterschied signifikant
$PG \geqq VG(99{,}9)$: Unterschied hochsignifikant

Beispiel

Für ein Eingangsprodukt einer Fertigung wurde ein maximaler Massen-
anteil an Eisenverunreinigungen von $\mu_s = 10$ µg/g festgelegt.
In einer Lieferung wurde gefunden:

$$n = 4; \qquad \overline{w} = 11{,}5 \text{ µg/g}; \qquad s_w = 1{,}3 \text{ µg/g}$$

Es wird einseitig gefragt, ob eine Überschreitung angenommen werden darf.
Wegen $PG = \dfrac{|11{,}5 - 10|}{1{,}3} \cdot \sqrt{4} = 2{,}308 < t(95) = 2{,}353$ für $f = 3$ ist ein
Unterschied nicht feststellbar und somit eine Reklamation nicht gerecht-
fertigt.

Erfolgt die Untersuchung mit einem laborintern standardisierten Verfahren, für welches eine Verfahrens-Standardabweichung $s_v = 1{,}1$ µg/g mit
$f = 23$ ermittelt wurde, so ist wegen $s_w \simeq s_v$ (siehe Beispiel zu 3.3.)
s_v anstatt s_w sowie $f = 23$ anstatt $f = 3$ zu verwenden. Wegen
$$PG = \frac{|11{,}5 - 10|}{1{,}1} \cdot \sqrt{4} = 2{,}727 > t(99) = 2{,}500 \quad \text{für} \quad f = 23 \quad \text{aber} \quad PG$$
$< t(99{,}9) = 3{,}485$ ist eine Überschreitung signifikant und somit eine
Reklamation gerechtfertigt.

Wird vom Abnehmer ausdrücklich festgelegt, daß der Sollwert $\mu_s = 10$ µg/g
nur in 5% aller Lieferfälle überschritten werden darf, so ist die untere
Grenze μ_u des Vertrauensbereiches für $P = 95\%$ maßgebend. Mit s_v
$= 1{,}1$ µg/g für $f = 23$ und Einzelprüfungen ($n = 1$) jeder Lieferung ergibt
sich mit $t(95) = 1{,}714$

$$\mu_u = 10 - 1{,}714 \cdot 1{,}1 / \sqrt{1} = 8{,}1 \text{ µg/g}$$

Für alle Einzelwerte $w \leq 8{,}1$ kann obige Forderung für die jeweilige Lieferung
als erfüllt angesehen werden. Bei Werten im Bereich von 8,1 bis 10 µg/g
sollten $n = 3$ weitere Untersuchungen zur Klärung vorgeschrieben werden.
Für $n = 4$ ergibt sich:

$$\mu_u = 10 - 1{,}714 \cdot 1{,}1 / \sqrt{4} = 9{,}1 \text{ µg/g}$$

Für alle Werte $\overline{x} > 9{,}1$ µg/g bzw. von vornherein für Einzelwerte w
$> 10{,}0$ µg/g ist die Annahme einer Überschreitung gerechtfertigt, wobei
dies in 5% aller Fälle irrtümlich angenommen wird. Zur Vermeidung
kostspieliger Reklamationen sollte der Lieferer diesem Abnehmer nur
Produkte ausliefern, bei denen er mit gleichem Analysenverfahren w
$\leq 8{,}1$ µg/g bzw. $\overline{w} \leq 9{,}1$ µg/g ($n = 4$) gefunden hat.

3.2. Differenzen-t-Test

Dieser Test beantwortet die Frage, ob 2 durch die Mittelwerte $\overline{x}(1)$
und $\overline{x}(2)$ gekennzeichnete parallele Datenreihen $x_i(1)$ und $x_i(2)$ aus
Untersuchungen des gleichen Merkmals an verschiedenen gleichartigen
Objekten einen Unterschied $\overline{\Delta x} = \overline{x}(1) - \overline{x}(2)$ aufweisen. Durch Differenz-
bildung $\Delta x_i = x_i(1) - x_i(2)$ werden hierbei objektbedingte Streuungen
eliminiert und somit die Unterschiede etwa von Behandlungsarten oder
Zeiteinflüssen ungestört erhalten.

Beispiel

Aus Naturprodukten wird ein bestimmter Inhaltsstoff durch ein Extraktionsverfahren herausgelöst. Hierzu wurde bisher ein Extraktionsmittel (1) verwendet. Von einem anderen, preislich sogar günstigeren Extraktionsmittel (2) wird eine bessere Wirksamkeit unter gleichen Arbeitsbedingungen vermutet. Wegen des erfahrungsgemäß stark schwankenden Gehaltes des Inhaltsstoffes in den jeweils angelieferten Naturprodukten ist bei dieser zweiseitigen Fragestellung nach dem Unterschied die Anwendung des Differenzen-t-Tests zweckmäßig.

$n = 7$ Proben aus 7 verschiedenen Lieferungen ergaben nach Homogenisierung jeder Probe für je 2 mit (1) bzw. (2) gleich behandelte Probenpaare vom gleichen Umfang die folgenden Versuchsergebnisse in Form von extrahierten Massen m in mg.

Tabelle 4.

Probe i	1	2	3	4	5	6	7
$m_i(1)$	215	151	143	237	112	71	193
$m_i(2)$	345	198	221	378	217	83	279
Δm_i	−130	−47	−78	−141	−105	−12	−86

Als Kenndaten der Einzelreihen erhält man:

$$n(1) = 7; \quad \overline{m}(1) = 163,3 \text{ mg}; \quad s(1) = 58,6 \text{ mg}$$
$$n(2) = 7; \quad \overline{m}(2) = 245,9 \text{ mg}; \quad s(2) = 98,9 \text{ mg}$$

Für die Differenzen Δm_i folgt analog:

$$n = 7; \quad \overline{\Delta m} = -85,6 \text{ mg}; \quad s_\Delta = 45,4 \text{ mg}$$

Wegen $PG = \dfrac{85,6}{45,4} \cdot \sqrt{7} = 4,988 > t(99) = 3,707$

aber $PG < t(99,9) = 5,959$ für $f = 6$ ist der Unterschied nach Tabelle 3 signifikant.

Aussage: Extraktionsmittel (2) extrahiert unter gleichen Bedingungen im Mittel 85,6 mg (52,4%) signifikant mehr als Extraktionsmittel (1).

Nach den Verläßlichkeitstests sind obige 3 Kenndaten einwandfrei.

3.3. F-Test

Dieser Test beantwortet die Frage, ob sich 2 Standardabweichungen s_1 und s_2 unterscheiden. Da nur $PG \geq 1$ wegen $F \geq 1$ sinnvoll ist, muß die größere Abweichung stets als Zähler gesetzt werden. Ist der Nenner als solcher vorgegeben, so ist bei $PG < 1$ von vornherein ein Unterschied nicht feststellbar und der F-Test entfällt.

Beispiel

Im Beispiel zu 3.2. wurde für die Einzelreihen
$n(1) = 7$ und $s(1) = 58,6$ mg sowie $n(2) = 7$ und $s(2) = 98,9$ mg gefunden.
Wegen $PG = \left(\dfrac{98,9}{58,6}\right)^2 = 2,848 < F(95) = 4,28$ für $f_1 = f_2 = 6$
ist ein Unterschied nicht feststellbar. Man sagt auch: die Hypothese, daß
$s(1)$ und $s(2)$ zur gleichen Grundgesamtheit gehören, wird nicht widerlegt.
Für ein Standardverfahren wurde laborintern die Verfahrens-Standardabweichung $s_v = 3,7$ für $f_v = 23$ ermittelt. Bei 2 Untersuchungen nach
diesem Verfahren wurden

$$s = 2,9 \quad \text{für} \quad f = 3 \ (n = 4) \quad \text{und} \quad s = 6,8 \quad \text{für} \quad f = 1 \ (n = 2)$$

gefunden.
Wegen $s < s_v$ entfällt im ersten Fall der F-Test und man kann annehmen,
daß für weitere Auswertungen s_v und f_v maßgebend ist. Wie wertvoll eine
solche Annahme ist, zeigt das Beispiel zu 2.3.

Im zweiten Fall ist wegen $PG = \left(\dfrac{6,8}{3,7}\right)^2 = 3,378 < F(95) = 4,28$

für $f_1 = 1$ und $f_2 = 23$ ebenfalls ein Unterschied nicht feststellbar und es
sollte auch hier s_v und f_v maßgebend sein. Wegen des kleinen Freiheits-
grades von s mit $f = 1$ ist die erhaltene Aussage jedoch sehr „unscharf"
und damit für die Praxis problematisch. Man sollte in solchen Fällen
weitere Untersuchungen durchführen. So würde man zum Beispiel für
$s = 6,8$ aber $f = 3$ $(n = 4)$ mit $PG = 3,378 > F(95) = 3,03$ aber PG
$< F(99) = 4,76$ einen Unterschied als wahrscheinlich ausweisen, wodurch
die Vorgehensweise bei weiteren Auswertungen entscheidend beeinflußt
wird.
Für eine Fertigung ist die Standardabweichung eines Merkmals zu $\sigma_F = 15$
$(f \to \infty)$ als oberer Sollwert festgelegt worden. Im Rahmen der Qualitäts-
kontrolle wurde in einem Posten bei einer Stichprobe vom festgelegten
Umfang $n = 4$ die Standardabweichung $s = 32$ gefunden.

Wegen $PG = \left(\dfrac{32}{15}\right)^2 = 4,551 > F(99) = 3,78$ aber $PG < F(99,9) = 5,42$

für $f_1 = 3$, $f_2 = \infty$ kommt man zum Urteil einer signifikanten Überschreitung, wodurch verbessernde Eingriffe durchaus gerechtfertigt sind. Nach
2.4. ergibt sich als obere Grenze $s_0 = \sigma_0$ einer noch mit $P = 95\%$ tolerierbaren Fertigung bei $s = \sigma_F$:

$$s_0 = 15 \cdot \sqrt{2,60} = 24$$

3.4. Mittelwert-t-Test

Dieser Test beantwortet die Frage, ob sich 2 Mittelwerte $\bar{x}_1$ und $\bar{x}_2$
aus Datenreihen vom Umfang n_1 bzw. n_2 unterscheiden. Die Wirksamkeit
des Tests hängt vom Ausfall des F-Tests für die zugehörigen Standardabweichungen s_1 und s_2 ab.
Ist zwischen s_1 und s_2 ein Unterschied nicht feststellbar, so ist ein
Freiheitsgrad $f = n_1 + n_2 - 2$ maßgebend. Bei zumindest wahrschein-
lichem Unterschied wird der Test durch einen wesentlich kleineren
Freiheitsgrad unschärfer.

Im Sonderfall des gleichen Umfanges $n_1 = n_2 = n$ der zu vergleichenden Datengruppen vereinfachen sich beide PG-Formeln zu:

$$PG = \frac{|x_1 - x_2|}{\sqrt{s_1^2 + s_2^2}} \cdot \sqrt{n} \tag{7}$$

sowie $f = 2 \cdot (n - 1)$ bzw. $f \simeq (n + 1) \dfrac{(s_1^2 + s_2^2)^2}{s_1^4 + s_2^4} - 2$.

Ein weiterer Sonderfall ist der Vergleich bei Vorliegen einer Verfahrens-Standardabweichung s_v mit f_v. Sofern sowohl s_1 als auch s_2 nicht feststellbare Unterschiede zu s_v zeigen, wird $s_d = s_v$ gesetzt und mit t-Werten für $f = f_v$ verglichen. Speziell bei Vergleich von Einzelwerten x_1 und x_2 gilt wegen $n_1 = n_2 = 1$

$$PG = \frac{|x_1 - x_2|}{s_v} \cdot \sqrt{\frac{1}{2}} \tag{8}$$

Setzt man hier für PG ein bestimmtes $t(95)$ ein, so erhält man nach Umformung Abweichungen

$$\Delta x_{12} = |x_1 - x_2| = t(95) \cdot \sqrt{2} \cdot s_v \tag{9}$$

die man bei laborinternen Untersuchungen speziell mit *Wiederholbarkeit* (repeatability) r und bei 2 Daten aus verschiedenen Laboratorien als *Vergleichbarkeit* (reproducibility) R bezeichnet. Stammen die maßgebenden Wiederhol-Standardabweichungen s_r bzw. Vergleich-Standardabweichungen s_R aus einer Vielzahl von Daten ($n > 100$) vorzugsweise aus Ringversuchen, so setzt man die Symbole σ_r und σ_R und erhält r bzw. R für $f \to \infty$ zu:

$$r = 1{,}960 \cdot \sqrt{2} \cdot \sigma_r = 2{,}77 \cdot \sigma_r \qquad \text{bzw.} \qquad R = 2{,}77 \cdot \sigma_R$$

wobei wegen $\sigma_r \leqq \sigma_R$ auch stets $r \leqq R$ gilt.

Bei $\Delta x_{12} < r$ bzw. $\Delta x_{12} < R$ werden Prüfergebnisse nach festgelegten Prüfvorschriften als „gleich" betrachtet und nicht beanstandet.

Beispiel

(1.) Im Beispiel zu 3.2. wurde in 2 Untersuchungsreihen

$$n(1) = 7; \qquad \overline{m}(1) = 163{,}3\ \text{mg}; \qquad s(1) = 58{,}6\ \text{mg}$$
$$n(2) = 7; \qquad \overline{m}(2) = 245{,}9\ \text{mg}; \qquad s(2) = 98{,}9\ \text{mg} \quad \text{gefunden.}$$

Im Beispiel zu 3.3. wurde gezeigt, daß zwischen $s(1)$ und $s(2)$ Unterschiede nicht feststellbar sind.

Es liegt der Sonderfall $n_1 = n_2 = n = 7$ vor und man erhält mit der vereinfachten Formel:

$$PG = \frac{|163{,}3 - 245{,}9|}{\sqrt{58{,}6^2 + 98{,}2^2}} \cdot \sqrt{7} = 1{,}901$$

Wegen $PG < t(95) = 2{,}179$ für $f = 2 \cdot (7 - 1) = 12$ ist ein Unterschied nicht feststellbar. Man beachte, daß der Differenzen-t-Test nach 3.2. einen signifikanten Unterschied ergab und somit für die gegebene Problemstellung zweckmäßiger ist. Die bessere Wirksamkeit des Extraktionsmittels (2) wird bei dem t-Test für Mittelwerte nicht erkannt, da die natürlichen Streuungen der Untersuchungsobjekte dies verdecken.

(2.) Bei der Untersuchung von 2 Proben einer Fertigung wurden die Kenndaten

$$n_1 = 3; \qquad \bar{x}_1 = 131; \qquad s_1 = 22$$
$$n_2 = 5; \qquad \bar{x}_2 = 245; \qquad s_2 = 98$$

gefunden. Nach dem F-Test besteht zwischen s_1 und s_2 ein signifikanter Unterschied. Somit gilt:

$$s_{\bar{d}}^2 = \frac{22^2}{3} + \frac{98^2}{5} = 161,33 + 1\,920,80 = 2\,082,13 \quad \text{bzw.} \quad s_{\bar{d}} = 45,63$$

sowie $f \simeq \dfrac{2\,082,13^2}{\dfrac{161,33^2}{4} + \dfrac{1\,920,80^2}{6}} - 2 = 4,98 \simeq 5$

Wegen $\text{PG} = \dfrac{|131 - 245|}{45,63} = 2,498 < t(95) = 2,571$ für $f = 5$ ist ein Unterschied nicht feststellbar.

Man beachte, daß ein Urteil „nicht feststellbar" keinesfalls bedeutet, daß ein solcher in der Realität nicht „besteht". Ein durchaus vorhandener Unterschied kann wegen des zu kleinen Umfanges des Datenmaterials lediglich nicht „erkannt" werden. Dies wird verdeutlicht, wenn man die obigen Daten etwa für $n_1 = 6$ und $n_2 = 10$ auswertet. Es wird dann ein hochsignifikanter Unterschied zwischen s_1 und s_2 und ein signifikanter Unterschied zwischen $\bar{x}_1$ und $\bar{x}_2$ gefunden.

(3.) Ein laborintern standardisiertes Prüfverfahren besitzt eine Verfahrens-Standardabweichung $s_v = 8,1$ mit $f_v = 23$. s_v entspricht in diesem Fall der Wiederhol-Standardabweichung s_r mit $f_r = f_v = 23$.
Bei Doppelbestimmungen an einer Probe wurden

$$x_1 = 124,1 \qquad \text{und} \qquad x_2 = 101,7$$

gefunden.
Wegen $\Delta x_{12} = 22,4 < r = 2,069 \cdot \sqrt{2} \cdot 8,7 = 25,5$ ist das Ergebnis nicht zu beanstanden.

4. Auswertung mehrerer Ergebnisse

Durch eine erlaubte Zusammenfassung der Ergebnisse von Untersuchungen an gleichartigen Objekten kann der Freiheitsgrad wesentlich vergrößert werden, wodurch die Beurteilungen mit Hilfe der in Abschnitt 3 beschriebenen Tests sehr viel „schärfer" werden.

4.1. Zusammenfassung von 2 Kenndaten

Zwei aufgrund der Verläßlichkeitstests einwandfreie Kenndaten n_1, $\bar{x}_1$, s_1 und n_2, $\bar{x}_2$, s_2 dürfen nur dann zu Gesamtdaten n, $\bar{x}$, s zusammengefaßt werden, wenn sowohl zwischen s_1 und s_2 nach dem F-Test als auch zwischen $\bar{x}_1$ und $\bar{x}_2$ nach dem Mittelwert-t-Test Unterschiede nicht feststellbar sind. Nur in einem solchen Fall darf angenommen werden, daß die Kenndaten aus Stichproben einer gemeinsamen Grundgesamtheit stammen. Die Gesamtdaten errechnen sich nach:

$$n = n_1 + n_2$$

$$\overline{\overline{x}} = \frac{1}{n} (n_1 \cdot \overline{x}_1 + n_2 \cdot \overline{x}_2) \tag{10}$$

$$s = \sqrt{\frac{1}{n-1} \left\{ (n_1 - 1) \cdot s_1^2 + (n_2 - 1) \cdot s_2^2 + \frac{n_1 \cdot n_2}{n} \cdot (\overline{x}_1 - \overline{x}_2)^2 \right\}}$$

mit $\quad f = n - 1$

Beispiel

Bei Einfahren einer Fertigung wurden für ein Merkmal in den beiden ersten Untersuchungen

$$n_1 = 3; \quad \overline{x}_1 = 62,7; \quad s_1 = 2,6$$
$$n_2 = 4; \quad \overline{x}_2 = 57,3; \quad s_2 = 3,1$$

gefunden. Sowohl zwischen s_1 und s_2 als auch zwischen $\overline{x}_1$ und $\overline{x}_2$ sind aufgrund der Tests Unterschiede nicht feststellbar, so daß die Gesamtkenndaten:

$$n = 3 + 4 = 7$$

$$\overline{\overline{x}} = \frac{1}{7} (3 \cdot 62,7 + 4 \cdot 57,3) = 59,61$$

$$s = \sqrt{\frac{1}{6} \left\{ 2 \cdot 2,6^2 + 3 \cdot 3,1^2 + \frac{12}{7} \cdot 5,4^2 \right\}} = 3,92 \quad \text{mit} \quad f = 6$$

als maßgebend für weitere Auswertungen verwendet werden dürfen.

4.2. Zusammenfassung mehrerer Standardabweichungen

Liegen von K Untersuchungsgruppen an gleichartigen Objekten Standardabweichungen s_j aus jeweils n_j Einzelwerten vor, so kann eine gemeinsame Standardabweichung *innerhalb* der Gruppen s_I nach:

$$s_I = \sqrt{\frac{1}{f_I} (f_1 \cdot s_1^2 + \cdots + f_K \cdot s_K^2)} = \sqrt{\frac{1}{f_I} \cdot \sum_{J=1}^{K} f_J \cdot s_J^2} \tag{11}$$

mit $\quad n = \sum\limits_{J=1}^{K} n_J$ (Gesamtzahl); $f_j = n_j - 1$; $f_I = n - K$ gebildet werden.

Voraussetzung für die weitere Verwendung von s_I und f_I sind aufgrund der Verläßlichkeitstests einwandfreie Kenndaten n_j, $\overline{x}_j$, s_j sowie zusätzlich eine Zugehörigkeit aller Standardabweichungen s_j zur gleichen Grundgesamtheit.

Die erforderliche „Homogenität" der s_j-Werte kann mit dem Bartlett-Test geprüft werden. Hierzu bildet man die Prüfgröße

$$PG = \frac{2,3026}{\alpha_f} \cdot \left(f_I \cdot \lg s_I^2 - \sum_{J=1}^{K} f_J \cdot \lg s_J^2 \right) \tag{12}$$

mit Korrektur

$$\alpha_f = 1 + \frac{1}{3 \cdot (K-1)} \cdot \left(\sum_{J=1}^{K} \frac{1}{f_J} - \frac{1}{f_I} \right)$$

und vergleicht sie mit der Zufallsvariablen χ^2 der χ^2-Verteilung für die Statistische Sicherheit $P = 95\%$ und den Freiheitsgrad $f = K - 1$ nach Tafel VI des Anhanges.

Sofern $PG < \chi^2(95)$ gefunden wird, kann Homogenität angenommen werden und s_I sowie f_I ist eine zusammengefaßte Maßgröße für alle s_j bzw. f_j.

Bei $PG \geq \chi^2(95)$ ist die Voraussetzung einer erlaubten Zusammenfassung zunächst nicht erfüllt. Durch Eliminierung der größten und/oder kleinsten s_j-Werte als „Streuungsausreißer" und erneute Berechnung und Prüfung von s_I für die Restdaten kann zumeist ein homogenes Datenmaterial „herausgefiltert" werden.

Im übrigen sollten nur s_j-Werte zusammengefaßt werden, für die die $\bar{x}_j$-Werte im Rahmen eines Zehnerpotenzbereiches liegen. Der Gruppenumfang sollte $n_j = 5$ betragen, da bei $n_j < 5$ die Aussagekraft des Bartlett-Tests oft erheblich vermindert ist.

Beispiel

Bei $K = 7$ Gruppen von Untersuchungen an gleichartigen Objekten wurden einwandfreie Kenndaten gefunden (s. Tabelle 5)

Tabelle 5.

j	1	2	3	4	5	6	7
n_j	5	6	5	7	6	5	6
$\bar{x}_j$	143,7	139,4	151,8	144,6	141,4	145,3	141,6
s_j	2,8	9,9	3,1	2,4	3,2	2,7	2,5

Man findet: $n = 5 + 6 + \cdots + 5 + 6 = 40$ und $f_I = 40 - 7 = 33$

sowie $s_I = \sqrt{\dfrac{1}{33}\,(4 \cdot 2,8^2 + \cdots + 5 \cdot 2,5^2)} = 4,625$

und $\alpha_f = 1 + \dfrac{1}{3 \cdot 6}\left(\dfrac{1}{4} + \dfrac{1}{5} + \cdots - \dfrac{1}{33}\right) = 1,0826$.

Mit $f_I \cdot \lg s_I^2 = 43,8974$ und $\sum f_j \cdot \lg s_j^2 = 34,5089$

folgt: $PG = \dfrac{2,3026}{1,0826}\,(43,8974 - 34,5089) = 19,969$.

Wegen $PG > \chi^2(95) = 12,59$ ist die Voraussetzung der Homogenität aller s_j-Wert nicht erfüllt.

Der relativ große Wert $s_2 = 9,9$ wird herausgenommen. Für die $K = 6$ Restgruppen findet man:

$$n = 34; \qquad f_I = 28; \qquad s_I = 2,777 \qquad \text{und} \qquad \alpha_f = 1,0854$$

Mit $f_I \cdot \lg s_I^2 = 24,84022$ und $\sum f_j \cdot \lg s_j^2 = 24,55225$ folgt

$$PG = 0,610 < \chi^2(95) = 11,07$$

Das Restmaterial ist hinsichtlich der Abweichungen s_j homogen.
Ergebnis: Standardabweichung *innerhalb* der Gruppen

$$s_I = 2,78 \qquad \text{mit} \qquad f_I = 28$$

Es wurde ein „Streuungsausreißer" $s_2 = 9,9$
mit $f_2 = 5$ festgestellt.

Anmerkung: Wurden alle Daten nach dem gleichen Analysenverfahren ermittelt, so ist s_I ein guter Schätzwert für die Verfahrens-Standardabweichung s_v. Es gilt: $s_I \simeq s_v \simeq s_r$.

4.3. Zusammenfassung mehrerer Mittelwerte

Liegen von K Untersuchungsgruppen an gleichartigen Objekten Mittelwerte $\bar{x}_j$ aus jeweils n_j Einzelwerten vor, so kann ein Gesamtmittelwert $\bar{\bar{x}}$ nach:

$$\bar{\bar{x}} = \frac{1}{n}\,(n_1 \cdot \bar{x}_1 + \cdots + n_K \cdot \bar{x}_K) = \frac{1}{n} \sum_{J=1}^{K} n_J \cdot \bar{x}_J \tag{13}$$

$$\text{mit} \quad n = \sum_{J=1}^{K} n_J \;(\text{Gesamtanzahl})$$

gebildet werden.

Voraussetzung für eine solche Zusammenfassung sind aufgrund der Verläßlichkeitstests einwandfreie Kenndaten n_j, $\bar{x}_j$, s_j sowie zusätzlich eine Zugehörigkeit aller Standardabweichungen s_j zur gleichen Grundgesamtheit aufgrund des Bartlett-Tests nach Abschnitt 4.2.

Darüber hinaus muß geprüft werden, ob die K Abweichungen $d_j = \bar{x}_j - \bar{\bar{x}}$ der Gruppen-Mittelwerte $\bar{x}_j$ vom Gesamtmittelwert $\bar{\bar{x}}$ als zufällig interpretiert werden können. Hierzu bildet man eine Standardabweichung *zwischen* den Gruppen nach:

$$s_z = \sqrt{\frac{1}{f_z}\,\{n_1 \cdot (\bar{x}_1 - \bar{\bar{x}})^2 + \cdots + n_K \cdot (\bar{x}_K - \bar{\bar{x}})^2\}}$$

$$= \sqrt{\frac{1}{f_z} \sum_{J=1}^{K} n_J \cdot (\bar{x}_J - \bar{\bar{x}})^2} \tag{14}$$

mit dem Freiheitsgrad $f_z = K - 1$.

Sofern von vornherein $s_z \leqq s_I$ gefunden wird, kann das Datenmaterial auch hinsichtlich der Mittelwerte als „homogen" angesehen werden. Die zusammengefaßten Kenndaten

$$n; \quad \overline{\overline{x}}; \quad s = \sqrt{\frac{1}{f} \{(n - K) \cdot s_I^2 + (K - 1) \cdot s_Z^2\}} \quad \text{mit} \quad f = n - 1$$

sind einwandfrei.

Bei $s_z > s_I$ muß mit dem F-Test nach 3.3. geprüft werden. Hierzu wird die Prüfgröße

$$PG = \left(\frac{s_z}{s_I}\right)^2 \tag{15}$$

gebildet und mit den F-Werten der F-Verteilung nach den Tafeln V für die Freiheitsgrade $f_1 = f_z = K - 1$ und $f_2 = f_I = n - K$ verglichen.

— Bei $PG < F(95)$ ist ein Unterschied zwischen s_z und s_I nicht feststellbar und eine Zusammenfassung ist zulässig und einwandfrei.

— Bei $PG \geq F(95)$ sind einzelne Abweichungen $d_j = \overline{x}_j - \overline{\overline{x}}$ „überzufällig" groß und besitzen systematischen Charakter. Durch Eliminierung der größten und/oder kleinsten $\overline{x}_j$-Werte und erneute Berechnung sowohl von s_I als auch s_z für die Restdaten kann eventuell ein homogenes Datenmaterial „herausgefiltert" werden, sofern dies von der Problemstellung her überhaupt sinnvoll ist.

Speziell bei Ringversuchen von K Labors, wo Gruppendaten für *ein* Prüfobjekt und für *ein* festgelegtes Prüfverfahren vorliegen, werden gewisse Inhomogenitäten ausdrücklich toleriert. Die nach dem Bartlett-Test homogene Abweichung s_I ist dabei ein Schätzwert der Wiederhol-Standardabweichung s_r, während die Gesamt-Standardabweichung s bei (nicht zu stark) inhomogenem Material als Schätzwert der Vergleich-Standardabweichung s_R angesehen wird (siehe auch 3.2.).

Die in 4.2. und 4.3. aufgezeigten Rechenmethoden gehören zum Spezialgebiet der *Varianzanalysen*. Literatur [8] bringt hierzu eine Einführung.

Beispiel

Im Beispiel zu 4.2. wurde für $K = 6$ Restgruppen $s_I = 2,78$ mit $f_I = 28$ gefunden. Ohne die eliminierte Ausreißergruppe Nr. 2 ergibt sich:

$$\overline{\overline{x}} = \frac{1}{34} (5 \cdot 143,7 + \cdots + 6 \cdot 141,6) = 144,5$$

und

$$s_z = \sqrt{\frac{1}{5} \{5 \cdot (143,7 - 144,5)^2 + \cdots\}} = 8,73$$

folgt mit

$$PG = \left(\frac{8,73}{2,78}\right)^2 = 9,861 > F(99,9) = 5,66 \quad (f_1 = 5; \ f_2 = 28)$$

daß s_z hochsignifikant größer als s_I ist und somit eine starke Inhomogenität besteht.

Im vorliegenden Fall wird $\overline{x}_3 = 151,8$ als „Lageausreißer" vermutet. Nach Eliminierung der Gruppe Nr. 3 ergibt die Rechnung für die $K = 5$ Restgruppen:

$$n = 29; \qquad f_I = 24 \qquad \text{und} \qquad s_I = 2,72$$

sowie $\quad \overline{\overline{x}} = 143,3; \quad f_z = 4 \qquad \text{und} \qquad s_z = 4,23$

Wegen $PG = 2{,}418 < F(95) = 2{,}78$ $(f_1 = 4, f_2 = 24)$ kann das Restmaterial nunmehr als homogen angesehen werden. Zusammengefaßte Kenndaten sind:

$$n = 29; \quad \bar{\bar{x}} = 143{,}3; \quad s = \sqrt{\frac{1}{28}\{24 \cdot 2{,}72^2 + 4 \cdot 4{,}23^2\}} = 2{,}98$$

Stammen die ursprünglichen $K = 7$ Gruppen aus einem Ringversuch mehrerer Labors, so wäre Labor 2 (Gruppe 2) ebenfalls herauszunehmen, um eine Verfälschung der Wiederhol-Standardabweichung $s_r = s_I$ zu vermeiden. Andererseits sind bei einer vorher getroffenen Vereinbarung, noch Verhältnisse von $s_z/s_I < 5$ zu tolerieren, die Daten:
Wiederhol-Standardabweichung $s_r = s_I = 2{,}78$ mit $f_r = 28$ sowie die nach

$$s_R = s = \sqrt{\frac{1}{33}\{28 \cdot 2{,}78^2 + 5 \cdot 8{,}73^2\}} = 4{,}25 \quad \text{mit} \quad f_R = 28$$

berechnete Gesamtabweichung als Vergleich-Standardabweichung s_R die maßgebenden Ergebnisse des Ringversuchs.

5. Bestimmungsgrenze

Ermittelte Kenndaten $n, \bar{x}, s$ stellen nur dann eine brauchbare quantitative Information dar, wenn sich der Mittelwert $\bar{x}$ signifikant von Null unterscheidet. Unter der plausiblen Annahme, daß die Standardabweichung s sowohl für eine zunächt unbekannte Mittelwert-Bestimmungsgrenze $\bar{x}_G$ als auch für einen kleinsten denkbaren Mittelwert $\bar{x}_o = 0$ maßgebend ist, findet man über die Prüfformel für Unterschiede zweier Mittelwerte nach Tabelle 3 mit $PG = t(99, f)$, $n = n_G = n_o$ und $s_d = s$

$$t(99, f) = \frac{|\bar{x}_G - \bar{x}_o|}{s} \cdot \sqrt{\frac{n \cdot n}{n + n}} = \frac{\bar{x}_G}{s} \cdot \sqrt{\frac{n}{2}}$$

die *Mittelwert-Bestimmungsgrenze* zu

$$\bar{x}_G = \sqrt{2} \cdot t(99, f) \cdot \frac{2}{\sqrt{n}} = \sqrt{2} \cdot t(99, f) \cdot s_{\bar{x}} \tag{16}$$

Sofern die Verfahrens-Standardabweichung s_v eines bestimmten Analysenverfahrens bekannt ist und in der praktischen Anwendung des Verfahrens nicht feststellbar überschritten wird, kann auch für einen Einzelwert eine allgemein als *Bestimmungsgrenze* des Analysenverfahrens bezeichnete Grenze mit $s = s_v$ und $f = f_v$ nach:

$$x_G = \sqrt{2} \cdot t(99, f_v) \cdot s_v \tag{17}$$

angegeben werden. x_G ist eine Leistungs-Kenngröße des betreffenden Verfahrens. Der Variationskoeffizient an der Bestimmungsgrenze ist bei

$f_v = 23$ mit

$$v = \frac{s_v}{x_G} = \frac{1}{\sqrt{2} \cdot t(99, f_v)} \simeq 0,25 \; (25\%) \tag{18}$$

weitgehend konstant.

Bei der Beurteilung von Analysenergebnissen geht man, wie folgt, vor:

Daten $\bar{x} \geqq \bar{x}_G$ bzw. $x \geqq x_G$ gelten als *quantitativ* erfaßt. Ergebnis sind die Kenndaten $n, \bar{x}, s$ (bzw. s_v).

Daten $\bar{x} < \bar{x}_G$ bzw. $x < x_G$ gelten als *nicht quantitativ* erfaßt. Als Teilergebnis kann nur $n, \bar{x} < \bar{x}_G$ bzw. $x < x_G$ angeführt werden.

Bei dieser Vorgehensweise besteht $\alpha = 0,5\%$ Wahrscheinlichkeit, daß ein zufällig gefundener Wert $\bar{x} = \bar{x}_G$ bzw. $x = x_G$ als real interpretiert wird, obwohl der wahre Wert $\mu = 0$ beträgt. Andererseits besteht $\beta = 0,5\%$ Wahrscheinlichkeit, daß ein gefundener Wert $\bar{x} = 0$ bzw. $x = 0$ als unterhalb der Bestimmungsgrenze interpretiert wird, obwohl der wahre Wert $\mu = \bar{x}_G$ beträgt.

Die nach (16) und (17) definierte Bestimmungsgrenze, die alle Streuungen im Rahmen einer Untersuchung nach einem Analysenverfahren berücksichtigt, dessen Arbeitsparameter detailliert festgelegt sind und eingehalten werden, ist gegenüber anderen Grenzen realistischer und umfassender. So werden etwa in der Nachweisgrenze nur Teilinformationen über den Leerwert der Meßgröße (Blindwert, Untergrund) und dessen Streuung verwertet.

Beispiel

Im 2. Beispiel zu 2.3. wird ein laborintern standardisiertes Verfahren mit $s_v = 2,1$ mmol/m³ und $f_v = 23$ verwendet. Mit $t(99) = 2,807$ folgt als Bestimmungsgrenze des Verfahrens nach (17):

$$c_G = \sqrt{2} \cdot 2,807 \cdot 2,1 = 8,3 \text{ mmol/m}^3$$

wobei $\quad v = 1/(\sqrt{2} \cdot 2,807) = 0,252 \; (25,2\%)$

Bei den vorgenommenen $n = 2$ Untersuchungen an einer Wasserprobe gilt:

$$\bar{c}_G = 8,3/\sqrt{2} = 5,9 \text{ mmol/m}^3$$

Der gefundene Mittelwert $\bar{c} = 12,5$ mmol/m³ liegt oberhalb der Bestimmungsgrenze. Einwandfreie Kenndaten sind:

$$n = 2; \quad \bar{c} = 12,4 \text{ mmol/m}^3; \quad s_c = s_v = 2,1 \text{ mmol/m}^3$$

Ohne Standardverfahren würde man im vorliegenden Fall mit $t(99) = 63,657$ für $f = 1$ sowie dem gefundenen Wert $s_c = 1,7$ mmol/m³ eine Mittelwert-Bestimmungsgrenze von

$$\bar{c}_G = \sqrt{2} \cdot 63,657 \cdot 1,7/\sqrt{2} = 108,2 \text{ mmol/m}^3$$

erhalten. $\bar{c} = 12{,}4\ \mathrm{mmol/m^3}$ ist als nicht quantitativ erfaßt anzusehen. Das Ergebnis muß lauten:

$$n = 2; \qquad \bar{c} < 108{,}2\ \mathrm{mmol/m^3}$$

Anmerkung

Eine erprobte und bewährte Vorgehensweise zur Standardisierung quantitativer Analysenverfahren beschreibt G. Gottschalk in einer Artikelserie:

Z. Anal. Chem. I: 275 (1975) 1; II: 276 (1975) 81; III: 276 (1975) 257; IV: 278 (1976) 1; V: 280 (1976) 205; VI: 282 (1976) 1; VII: 285 (1977) 199.

Anhang

Tafel I. $r_m\text{-}(P)$Werte zum Ausreißertest nach Grubbs[a]

n	P = 90%	P = 95%	P = 99%	n	P = 90%	P = 95%	P = 99%
3	1,148	1,153	1,155	30	2,563	2,745	3,103
4	1,425	1,463	1,492	31	2,577	2,759	3,119
5	1,602	1,672	1,749	32	2,591	2,773	3,135
6	1,729	1,822	1,944	33	2,604	2,786	3,150
7	1,828	1,938	2,097	34	2,616	2,799	3,164
8	1,909	2,032	2,221	35	2,628	2,811	3,178
9	1,977	2,110	2,323	36	2,639	2,823	3,191
				37	2,650	2,835	3,204
10	2,036	2,176	2,410	38	2,661	2,846	3,216
11	2,088	2,234	2,485	39	2,671	2,857	3,228
12	2,134	2,285	2,550				
13	2,175	2,331	2,607	40	2,682	2,866	3,240
14	2,213	2,371	2,659	41	2,692	2,877	3,251
15	2,247	2,409	2,705	42	2,700	2,887	3,261
16	2,279	2,443	2,747	43	2,710	2,896	3,271
17	2,309	2,475	2,785	44	2,719	2,905	3,282
18	2,335	2,504	2,821	45	2,727	2,914	3,292
19	2,361	2,532	2,854	46	2,736	2,923	3,302
20	2,385	2,557	2,884	47	2,744	2,931	3,310
				48	2,753	2,940	3,319
21	2,408	2,580	2,912	49	2,760	2,948	3,329
22	2,429	2,603	2,939				
23	2,448	2,624	2,963	50	2,768	2,956	3,336
24	2,467	2,644	2,987	60	2,837	3,025	3,411
25	2,486	2,663	3,009	70	2,893	3,082	3,471
26	2,502	2,681	3,029	80	2,940	3,130	3,521
27	2,519	2,698	3,049	90	2,981	3,171	3,563
28	2,534	2,714	3,068	100	3,017	3,207	3,600
29	2,549	2,730	3,085	140	3,129	3,318	3,712

[a] Tabelle nach F. E. Grubbs und G. Beck, Technometrics, Vol. 14, No. 4, 1972, pp. 847—854. Zwischenwerte ab n = 50 linear interpolieren.

Tafel I-A. r(99,9)-Werte für f = n − 2 (Thompson, Nalimov)

f	r(99,9)	f	r(99,9)	f	r(99,9)	f	r(99,9)
50	3,166	75	3,206	100	3,227	200	3,265
55	3,176	80	3,211	120	3,237	250	3,268
60	3,186	85	3,216	140	3,246	500	3,279
65	3,194	90	3,220	160	3,254	1000	3,289
70	3,201	95	3,224	180	3,259	∞	3,291

Grundlagen: W. R. Thompson, Ann. Math. Stat., Vol. *6*, 214 (1935). Tabelle [1]; Zwischenwerte linear interpolieren.

Ein anderer häufig verwendeter Test auf Ausreißer stammt von W. J. Dixon, Biometrics *9*, 74 (1953), App. p. 89. Dieser Test hat den Nachteil, daß er nur einen Teil des Datenmaterials in Form von Spannweiten zwischen Grenzdaten berücksichtigt. Eintelheiten siehe Literatur [2].

Tafel II. Vergleichswerte W(P) zum Test auf Trend

n	P = 95%	P = 99%	P = 99,9%	n	P = 95%	P = 99%	P = 99,9%
4	0,7805	0,6256	0,5898	33	1,4434	1,2283	1,0055
5	0,8204	0,5379	0,4161	34	1,4511	1,2386	1,0180
6	0,8902	0,5615	0,3634	35	1,4585	1,2485	1,0300
7	0,9359	0,6140	0,3695	36	1,4656	1,2581	1,0416
8	0,9825	0,6628	0,4036	37	1,4726	1,2673	1,0529
9	1,0244	0,7088	0,4420	38	1,4793	1,2763	1,0639
10	1,0623	0,7518	0,4816	39	1,4858	1,2850	1,0746
11	1,0965	0,7915	0,5197	40	1,4921	1,2934	1,0850
12	1,1276	0,8280	0,5557	41	1,4982	1,3017	1,0950
13	1,1558	0,8618	0,5898	42	1,5041	1,3096	1,1048
14	1,1816	0,8931	0,6223	43	1,5098	1,3172	1,1142
15	1,2053	0,9221	0,6532	44	1,5154	1,3246	1,1233
16	1,2272	0,9491	0,6826	45	1,5206	1,3317	1,1320
17	1,2473	0,9743	0,7104	46	1,5257	1,3387	1,1404
18	1,2660	0,9979	0,7368	47	1,5305	1,3453	1,1484
19	1,2834	1,0199	0,7617	48	1,5351	1,3515	1,1561
20	1,2996	1,0406	0,7852	49	1,5395	1,3573	1,1635
21	1,3148	1,0601	0,8073	50	1,5437	1,3629	1,1705
22	1,3290	1,0785	0,8283	51	1,5477	1,3683	1,1774
23	1,3425	1,0958	0,8481	52	1,5518	1,3738	1,1843
24	1,3552	1,1122	0,8668	53	1,5557	1,3792	1,1910
25	0,3671	1,1278	0,8846	54	1,5596	1,3846	1,1976
26	1,3785	1,1426	0,9017	55	1,5634	1,3899	1,2041
27	1,3892	1,1567	0,9182	56	1,5670	1,3949	1,2104
28	1,3994	1,1702	0,9341	57	1,5707	1,3999	1,2166
29	1,4091	1,1830	0,9496	58	1,5743	1,4048	1,2227
30	1,4183	1,1951	0,9645	59	1,5779	1,4096	1,2288
31	1,4270	1,2067	0,9789	60	1,5814	1,4144	1,2349
32	1,4354	1,2177	0,9925	∞	2,0000	2,0000	2,0000

Die Grundlagen des Trendtests stammen von Neumann, Kent, Bellinson und Hart, Ann. Math. Stat. *12*, 153 (1941) sowie von Moore, J. Amer. Statist. Assoc. *50*, 434 (1955). Die Tabelle ist [2] entnommen.

Tafel III. Schranken β_u und β_o zum Normalitätstest für P = 90%

n	β_6	β_o	n	β_6	β_o	n	β_6	β_o
3	1,78	2,00	16	3,12	4,09	65	4,14	5,35
4	2,04	2,41	17	3,17	4,15	70	4,19	5,41
5	2,22	2,71	18	3,21	4,21	75	4,24	5,46
6	2,37	2,95	19	3,25	4,27	80	4,28	5,51
7	2,49	3,14	20	3,29	4,32	85	4,33	5,56
8	2,54	3,31				90	4,36	5,60
9	2,68	3,45	25	3,45	4,53	95	4,40	5,64
10	2,76	3,57	30	3,59	4,70	100	4,44	5,68
			35	3,70	4,84			
11	2,84	3,68	40	3,79	4,96	150	4,72	5,96
12	2,90	3,78	45	3,88	5,06	200	4,90	6,15
13	2,96	3,87	50	3,95	5,14			
14	3,02	3,95	55	4,02	5,22	500	5,49	6,72
15	3,07	4,02	60	4,08	5,29	1 000	5,92	7,11

Zwischenwerte können durch lineare Interpolation erhalten werden.

Die Grundlagen dieses Normalitätstests stammen von David, Hartley und Pearson, Biometrika *41*, 482 (1954). Die obige Tabelle ist nach Pearson und Stephens, Biometrika *51*, 484 (1964) zusammengestellt. Einzelheiten s. a. [2].

Tafel IV. t-Werte der t-Verteilung

f ↓ P→	Zweiseitige Fragestellung					
	90%	95%	98%	99%	99,8%	99,9%
1	6,314	12,706	31,821	63,657	318,309	636,619
2	2,920	4,303	6,965	9,925	22,327	31,598
3	2,353	3,128	4,541	5,841	10,214	12,924
4	2,132	2,776	3,747	4,604	7,173	8,610
5	2,015	2,571	3,365	4,032	5,893	6,869
6	1,943	2,447	3,143	3,707	5,208	5,959
7	1,895	2,365	2,998	3,499	4,785	5,408
8	1,860	2,306	2,896	3,355	4,501	5,041
9	1,833	2,262	2,821	3,250	4,297	4,781
10	1,812	2,282	2,764	3,169	4,144	4,587
11	1,796	2,201	2,718	3,106	4,025	4,437
12	1,782	2,179	2,681	3,055	3,930	4,318
13	1,771	2,160	2,650	3,016	3,852	4,221
14	1,761	2,145	2,624	2,977	3,787	4,140
15	1,753	2,131	2,602	2,947	3,733	4,073
16	1,746	2,120	2,583	2,921	3,686	4,015
17	1,740	2,110	2,567	2,898	3,646	3,965
18	1,734	2,101	2,552	2,878	3,610	3,922
19	1,729	2,093	2,539	2,861	3,579	3,883
20	1,725	2,086	2,528	2,845	3,552	3,850
21	1,721	2,080	2,518	2,831	3,527	3,819
22	1,717	2,074	2,508	2,819	3,505	3,792
23	1,714	2,069	2,500	2,807	3,485	3,767
24	1,711	2,064	2,492	2,797	3,467	3,745
25	1,708	2,060	2,485	2,787	3,450	3,725
26	1,706	2,056	2,479	2,779	3,435	3,707
27	1,703	2,052	2,473	2,771	3,421	3,690
28	1,701	2,048	2,467	2,763	3,408	3,674
29	1,699	2,045	2,462	2,756	3,396	3,659
30	1,697	2,042	2,457	2,750	3,385	3,646
35	1,690	2,030	2,438	2,724	3,340	3,590
40	1,684	2,021	2,423	2,704	3,307	3,551
45	1,679	2,014	2,412	2,690	3,281	3,520
50	1,676	2,009	2,403	2,678	3,261	3,496
60	1,671	2,000	2,390	2,660	3,232	3,460
70	1,667	1,994	2,381	2,648	3,211	3,435
80	1,664	1,990	2,374	2,639	3,195	3,416
90	1,662	1,987	2,368	2,632	3,183	3,402
100	1,660	1,984	2,364	2,626	3,174	3,390
120	1,658	1,980	2,358	2,617	3,160	3,373
200	1,653	1,972	2,345	2,601	3,131	3,340
500	1,648	1,965	2,334	2,586	3,107	3,310
1000	1,646	1,962	2,330	2,581	3,098	3,300
∞	1,645	1,960	2,326	2,576	3,090	3,290
↑ f P→	95%	97,5%	99%	99,5%	99,9%	99,95%
	Einseitige Fragestellung					

Zwischenwerte sind linear zu interpolieren.

Tafel V-A. F-Werte der F-Verteilung für P = 95%

f_2 \ $f_1 \rightarrow$	1	2	3	4	5	6	7	8	9
1	161,4	199,5	215,7	224,6	230,2	234,0	236,8	238,9	240,9
2	18,51	19,00	19,16	19,25	19,30	19,33	19,35	19,37	19,38
3	10,13	9,55	9,28	9,12	9,01	8,94	8,88	8,84	8,81
4	7,71	6,94	6,59	6,39	6,26	6,16	6,09	6,04	6,00
5	6,61	5,79	5,41	5,19	5,05	4,95	4,88	4,82	4,77
6	5,99	5,14	4,76	4,53	4,39	4,28	4,21	4,15	4,10
7	5,59	4,74	4,35	4,12	3,97	3,87	3,79	3,73	3,68
8	5,32	4,46	4,07	3,84	3,69	3,58	3,50	3,44	3,39
9	5,12	4,26	3,86	3,63	3,48	3,37	3,29	3,23	3,18
10	4,96	4,10	3,71	3,48	3,33	3,22	3,13	3,07	3,02
11	4,84	3,98	3,59	3,36	3,20	3,09	3,01	2,95	2,90
12	4,75	3,88	3,49	3,26	3,11	3,00	2,91	2,85	2,80
13	4,67	3,80	3,41	3,18	3,02	2,92	2,83	2,77	2,71
14	4,60	2,74	3,34	3,11	2,96	2,85	2,76	2,70	2,64
15	4,54	3,68	3,29	3,06	2,90	2,79	2,70	2,64	2,59
16	4,49	3,63	3,24	3,01	2,85	2,74	2,65	2,59	2,53
17	4,45	3,59	3,20	2,96	2,81	2,70	2,61	2,55	2,49
18	4,41	3,55	3,16	2,93	2,77	2,66	2,57	2,51	2,45
19	4,38	3,52	3,13	2,90	2,74	2,63	2,54	2,48	2,42
20	4,35	3,49	3,10	2,87	2,71	2,60	2,51	2,45	2,39
21	4,32	3,47	3,07	2,84	2,68	2,57	2,48	2,42	2,36
22	4,30	3,44	3,05	2,82	2,66	2,55	2,46	2,40	2,34
23	4,28	3,42	3,03	2,80	2,64	2,53	2,44	2,38	2,32
24	4,26	3,40	3,01	2,78	2,62	2,51	2,42	2,36	2,30
25	4,24	3,38	2,99	2,76	2,60	2,49	2,40	2,34	2,28
26	4,22	3,37	2,98	2,74	2,59	2,47	2,38	2,32	2,26
27	4,21	3,35	2,96	2,73	2,57	2,46	2,37	2,30	2,24
28	4,20	3,34	2,95	2,71	2,56	2,44	2,35	2,29	2,23
29	4,18	3,33	2,93	2,70	2,54	2,43	2,34	2,28	2,22
30	4,17	3,32	2,92	2,69	2,53	2,42	2,33	2,27	2,21
40	4,08	3,23	2,84	2,61	2,45	2,34	2,25	2,18	2,12
60	4,00	3,15	2,76	2,52	2,37	2,25	2,16	2,10	2,04
120	3,92	3,07	2,68	2,45	2,29	2,17	2,08	2,02	1,96
∞	3,84	2,99	2,60	2,37	2,21	2,09	2,00	1,94	1,88

Tafel V-A. (Fortsetzung)

f_2 $f_1 \rightarrow$	10	12	14	16	18	20	22	24	∞
1	241,9	243,9	245,4	246,5	247,3	248,0	248,5	249,0	254,3
2	19,39	19,41	19,42	19,43	19,44	19,44	19,45	19,45	19,50
3	8,78	8,74	8,71	8,69	8,67	8,66	8,65	8,64	8,53
4	5,96	5,91	5,87	5,84	5,82	5,80	5,78	5,77	5,63
5	4,74	4,68	4,64	4,60	4,58	4,56	4,54	4,53	4,36
6	4,06	4,00	3,96	3,92	3,90	3,87	3,85	3,84	3,67
7	3,63	3,57	3,53	3,49	3,47	3,44	3,42	3,41	3,23
8	3,34	3,28	3,24	3,20	3,17	3,15	3,13	3,12	2,93
9	3,13	3,07	3,03	2,99	2,96	2,94	2,92	2,90	2,71
10	2,97	2,91	2,86	2,83	2,80	2,77	2,75	2,74	2,54
11	2,85	2,79	2,74	2,70	2,67	2,65	2,63	2,61	2,40
12	2,75	2,69	2,64	2,60	2,57	2,54	2,52	2,50	2,30
13	2,67	2,60	2,55	2,51	2,48	2,46	2,44	2,42	2,21
14	2,60	2,53	2,48	2,44	2,41	2,39	2,37	2,35	2,13
15	2,54	2,48	2,42	2,38	2,35	2,33	2,31	2,29	2,07
16	2,49	2,42	2,37	2,33	2,30	2,28	2,26	2,24	2,01
17	2,45	2,38	2,33	2,29	2,26	2,23	2,21	2,19	1,96
18	2,41	2,34	2,29	2,25	2,22	2,19	2,17	2,15	1,92
19	2,38	2,31	2,26	2,21	2,18	2,16	2,13	2,11	1,88
20	2,35	2,28	2,22	2,18	2,15	2,12	2,10	2,08	1,84
21	2,32	2,25	2,19	2,15	2,12	2,09	2,07	2,05	1,81
22	2,30	2,23	2,17	2,13	2,10	2,07	2,05	2,03	1,78
23	2,27	2,20	2,15	2,11	2,07	2,05	2,02	2,00	1,76
24	2,25	2,18	2,13	2,09	2,05	2,03	2,00	1,98	1,73
25	2,23	2,16	2,11	2,07	2,03	2,01	1,98	1,96	1,71
26	2,22	2,15	2,09	2,05	2,02	1,99	1,97	1,95	1,69
27	2,20	2,13	2,07	2,03	2,00	1,97	1,95	1,93	1,67
28	2,19	2,12	2,06	2,02	1,99	1,96	1,93	1,91	1,65
29	2,17	2,10	2,05	2,02	1,97	1,94	1,92	1,90	1,64
30	2,16	2,09	2,04	1,99	1,96	1,93	1,91	1,89	1,62
40	2,07	2,00	1,95	1,90	1,87	1,84	1,81	1,79	1,51
60	1,99	1,92	1,86	1,82	1,78	1,75	1,72	1,70	1,39
120	1,91	1,83	1,77	1,72	1,68	1,65	1,63	1,61	1,25
∞	1,83	1,75	1,69	1,64	1,60	1,57	1,54	1,52	1,00

Tafel V-B. F-Werte der F-Verteilung für P = 99%

f_2 ↓ $f_1 \rightarrow$	1	2	3	4	5	6	7	8	9
1	4052	4999	5403	5625	5764	5859	5929	5981	6023
2	98,49	99,00	99,17	99,25	99,30	99,33	99,35	99,36	99,38
3	34,12	30,81	29,46	28,71	28,24	27,91	27,67	27,49	27,34
4	21,20	18,00	16,69	15,98	15,52	15,21	14,98	14,80	14,66
5	16,26	13,27	12,06	11,39	10,97	10,67	10,44	10,27	10,14
6	13,74	10,92	9,78	9,15	8,75	8,47	8,26	8,10	7,98
7	12,25	9,55	8,45	7,85	7,46	7,19	6,99	6,84	6,72
8	11,26	8,65	7,59	7,01	6,63	6,37	6,18	6,03	5,91
9	10,56	8,02	6,99	6,42	6,06	5,80	5,61	5,47	5,35
10	10,04	7,56	6,55	5,99	5,64	5,39	5,20	5,06	4,94
11	9,65	7,21	6,22	5,67	5,32	5,07	4,89	4,74	4,63
12	9,33	6,93	5,95	5,41	5,06	4,82	4,64	4,50	4,39
13	9,07	6,70	5,74	5,21	4,86	4,62	4,44	4,30	4,19
14	8,86	6,51	5,56	5,04	4,70	4,46	4,28	4,14	4,03
15	8,68	6,36	5,42	4,89	4,56	4,32	4,14	4,00	3,89
16	8,53	6,23	5,29	4,77	4,44	4,20	4,03	3,89	3,78
17	8,40	6,11	5,18	4,67	4,34	4,10	3,93	3,79	3,68
18	8,29	6,01	5,09	4,58	4,25	4,01	3,84	3,71	3,60
19	8,18	5,93	5,01	4,50	4,17	3,94	3,77	3,63	3,52
20	8,10	5,85	4,94	4,43	4,10	3,87	3,70	3,56	3,46
21	8,02	5,78	4,87	4,37	4,04	3,81	3,64	3,51	3,40
22	7,94	5,72	4,82	4,31	3,99	3,76	3,58	3,45	3,34
23	7,88	5,66	4,76	4,26	3,94	3,71	3,54	3,41	3,30
24	7,82	5,61	4,72	4,22	3,90	3,67	3,49	3,36	3,25
25	7,77	5,57	4,68	4,18	3,86	3,63	3,45	3,32	3,21
26	7,72	5,53	4,64	4,14	3,82	3,59	3,42	3,29	3,18
27	7,68	5,49	4,60	4,11	3,78	3,56	3,39	3,26	3,15
28	7,64	5,45	4,57	4,07	3,75	3,53	3,36	3,23	3,12
29	7,60	5,42	4,54	4,04	3,73	3,50	3,33	3,20	3,09
30	7,56	5,39	4,51	4,02	3,70	3,47	3,30	3,17	3,06
40	7,31	5,18	4,31	3,83	3,51	3,29	3,12	2,99	2,89
60	7,08	4,98	4,13	3,65	3,34	3,12	2,95	2,82	2,72
120	6,85	4,79	3,95	3,48	3,17	2,96	2,79	2,66	2,55
∞	6,64	4,60	3,78	3,32	3,02	2,80	2,63	2,51	2,40

Tafel V-B. (Fortsetzung)

f_2 $f_1\rightarrow$	10	12	14	16	18	20	22	24	∞
1	6056	6106	6143	6165	6191	6208	6222	6234	6366
2	99,40	99,42	99,43	99,44	99,45	99,45	99,46	99,46	99,50
3	27,23	27,05	26,92	26,82	26,75	26,69	26,64	26,60	26,12
4	14,54	14,37	14,24	14,15	14,08	14,02	13,97	13,93	13,46
5	10,04	9,89	9,77	9,68	9,61	9,55	9,51	9,47	9,02
6	7,87	7,72	7,60	7,52	7,45	7,40	7,35	7,31	6,88
7	6,62	6,47	6,36	6,27	6,21	6,16	6,11	6,07	5,65
8	5,81	5,67	5,56	5,48	5,41	5,36	5,32	5,28	4,88
9	5,26	5,11	5,00	4,92	4,86	4,81	4,77	4,73	4,31
10	4,85	4,71	4,60	4,52	4,46	4,41	4,37	4,33	3,91
11	4,54	4,40	4,29	4,21	4,15	4,10	4,06	4,02	3,60
12	4,30	4,16	4,05	3,97	3,91	3,86	3,82	3,78	3,36
13	4,10	3,96	3,86	3,78	3,72	3,66	3,62	3,59	3,17
14	3,94	3,80	3,70	3,62	3,56	3,51	3,47	3,43	3,00
15	3,80	3,67	3,56	3,49	3,42	3,37	3,33	3,29	2,87
16	3,69	3,55	3,45	3,37	3,31	3,26	3,22	3,18	2,75
17	3,59	3,46	3,35	3,27	3,21	3,16	3,12	3,08	2,65
18	3,51	3,37	3,27	3,19	3,13	3,08	3,04	3,00	2,57
19	3,43	3,30	3,19	3,12	3,05	3,00	2,96	2,92	2,49
20	3,37	3,23	3,13	3,05	2,99	2,94	2,90	2,86	2,42
21	3,31	3,17	3,07	2,98	2,93	2,88	2,84	2,80	2,36
22	3,25	3,12	3,02	2,94	2,88	2,83	2,79	2,75	2,31
23	3,21	3,07	2,97	2,89	2,83	2,78	2,74	2,70	2,26
24	3,16	3,03	2,93	2,85	2,79	2,74	2,70	2,66	2,21
25	3,12	2,99	2,89	2,81	2,75	2,70	2,66	2,62	2,17
26	3,09	2,96	2,86	2,78	2,72	2,66	2,62	2,58	2,13
27	3,06	2,93	2,82	2,75	2,68	2,63	2,59	2,55	2,10
28	3,03	2,90	2,79	2,72	2,65	2,60	2,56	2,52	2,06
29	3,00	2,87	2,76	2,69	2,62	2,57	2,53	2,49	2,03
30	2,97	2,84	2,74	2,66	2,60	2,55	2,51	2,47	2,01
40	2,80	2,66	2,56	2,48	2,42	2,37	2,33	2,29	1,80
60	2,63	2,50	2,39	2,31	2,25	2,20	2,16	2,12	1,60
120	2,47	2,34	2,23	2,14	2,08	2,03	1,99	1,95	1,38
∞	2,31	2,18	2,07	1,99	1,92	1,87	1,83	1,79	1,00

Tafel V-C. F-Werte der F-Verteilung für P $= 99,9\%$

f_2 $\downarrow$ \ $f_1 \rightarrow$	1	2	3	4	5	6	7	8	9
1	$4,05$ $\cdot 10^5$	$5,00$ $\cdot 10^5$	$5,40$ $\cdot 10^5$	$5,63$ $\cdot 10^5$	$5,76$ $\cdot 10^5$	$5,86$ $\cdot 10^5$	$5,93$ $\cdot 10^5$	$5,98$ $\cdot 10^5$	$6,02$ $\cdot 10^5$
2	998,5	999,0	999,2	999,2	999,3	999,3	999,3	999,4	999,4
3	167,5	148,5	141,1	137,1	134,6	132,8	131,5	130,6	129,8
4	74,14	61,25	56,18	53,44	51,71	50,53	49,66	49,00	48,47
5	47,04	36,61	33,20	31,09	29,75	28,84	28,15	27,64	27,23
6	35,51	27,00	23,70	21,90	20,81	20,03	19,46	19,03	18,68
7	29,22	21,69	18,77	17,19	16,21	15,52	15,01	14,63	14,32
8	25,42	18,49	15,83	14,39	13,49	12,86	12,39	12,04	11,76
9	22,86	16,39	13,90	12,56	11,71	11,13	10,70	10,37	10,10
10	21,04	14,41	12,55	11,28	10,48	9,92	9,51	9,20	8,95
11	19,69	13,81	11,56	10,35	9,58	9,05	8,65	8,35	8,11
12	18,64	12,97	10,80	9,63	8,89	8,38	8,00	7,71	7,47
13	17,81	12,31	10,21	9,07	8,35	7,86	7,49	7,21	6,98
14	17,14	11,78	9,73	8,62	7,92	7,43	7,07	6,80	6,58
15	16,59	11,34	9,34	8,25	7,57	7,09	6,74	6,37	6,25
16	16,12	10,97	9,00	7,94	7,27	6,81	6,46	6,19	5,98
17	15,72	10,66	8,73	7,68	7,02	6,56	6,22	5,96	5,75
18	15,38	10,39	8,49	7,46	6,81	6,35	6,01	5,76	5,55
19	15,08	10,16	8,28	7,26	6,61	6,18	5,84	5,59	5,38
20	14,82	9,95	8,10	7,10	6,46	6,02	5,69	5,44	5,23
21	14,59	9,77	7,94	6,95	6,32	5,88	5,55	5,31	5,11
22	14,38	9,61	7,80	6,81	6,19	5,76	5,43	5,19	4,99
23	14,19	9,47	7,67	6,69	6,08	5,65	5,33	5,09	4,89
24	14,03	9,34	7,55	6,59	5,98	5,55	5,23	4,99	4,79
25	13,88	9,22	7,45	6,49	5,88	5,46	5,15	4,91	4,71
26	13,74	9,12	7,36	6,41	5,80	5,38	5,07	4,83	4,63
27	13,61	9,02	7,27	6,33	5,73	5,31	5,00	4,76	4,56
28	13,50	8,93	7,19	6,25	5,66	5,24	4,93	4,69	4,50
29	13,39	8,85	7,12	6,19	5,59	5,18	4,86	4,64	4,44
30	13,29	8,77	7,05	6,12	5,53	5,12	4,81	4,58	4,39
40	12,61	8,25	6,60	5,70	5,13	4,73	4,43	4,21	4,02
60	11,97	7,76	6,17	5,31	4,76	4,37	4,08	3,87	3,68
120	11,38	7,31	5,79	4,95	4,42	4,04	3,76	3,55	3,37
∞	10,83	6,91	5,42	4,62	4,10	3,74	3,47	3,27	3,11

Tafel V-C. (Fortsetzung)

f_2	$f_1 \rightarrow$	10	12	14	16	18	20	22	24	∞
1		$6,06$ $\cdot 10^5$	$6,11$ $\cdot 10^5$	$6,14$ $\cdot 10^5$	$6,17$ $\cdot 10^5$	$6,19$ $\cdot 10^5$	$6,21$ $\cdot 10^5$	$6,22$ $\cdot 10^5$	$6,23$ $\cdot 10^5$	$6,37$ $\cdot 10^5$
2		999,4	999,4	999,4	999,5	999,5	999,5	999,5	999,5	999,5
3		129,2	128,3	127,6	127,1	126,7	126,5	126,2	125,9	123,5
4		48,05	47,71	47,16	46,74	46,42	46,16	45,95	45,77	44,05
5		26,91	26,42	26,05	25,83	25,57	25,40	25,26	25,14	23,78
6		18,41	17,99	17,68	17,44	17,26	17,11	16,99	16,89	15,75
7		14,08	13,71	13,43	13,22	13,06	12,93	12,82	12,73	11,69
8		11,53	11,19	10,94	10,74	10,60	10,48	10,38	10,30	9,34
9		9,89	9,57	9,33	9,14	9,00	8,89	8,80	8,72	7,81
10		8,75	8,45	8,22	8,03	7,91	7,80	7,71	7,64	6,76
11		7,92	7,63	7,41	7,24	7,11	7,01	6,92	6,85	6,00
12		7,28	7,00	6,79	6,62	6,50	6,40	6,32	6,25	5,42
13		6,80	6,52	6,31	6,15	6,03	5,93	5,85	5,78	4,97
14		6,40	6,13	5,92	5,77	5,65	5,55	5,48	5,41	4,60
15		6,07	5,81	5,61	5,45	5,34	5,24	5,16	5,10	4,31
16		5,81	5,55	5,35	5,20	5,08	4,99	4,91	4,85	4,06
17		5,58	5,32	5,12	4,97	4,86	4,77	4,69	4,63	3,85
18		5,38	5,13	4,94	4,79	4,68	4,59	4,51	4,45	3,67
19		5,22	4,97	4,78	4,63	4,52	4,43	4,35	4,29	3,52
20		5,07	4,82	4,63	4,48	4,37	4,28	4,21	4,15	3,38
21		4,94	4,70	4,51	4,36	4,25	4,16	4,09	4,03	3,26
22		4,82	4,58	4,39	4,25	4,14	4,05	3,98	3,92	3,15
23		4,72	4,48	4,29	4,15	4,04	3,95	3,88	3,82	3,05
24		4,63	4,39	4,20	4,06	3,96	3,87	3,80	3,74	2,97
25		4,55	4,31	4,12	3,98	3,88	3,79	3,72	3,66	2,89
26		4,48	4,24	4,05	3,91	3,81	3,72	3,65	3,59	2,82
27		4,41	4,17	3,98	3,84	3,74	3,65	3,58	3,52	2,75
28		4,34	4,11	3,92	3,78	3,68	3,59	3,52	3,46	2,70
29		4,29	4,05	3,87	3,73	3,62	3,54	3,47	3,41	2,64
30		4,23	4,00	3,82	3,68	3,57	3,49	3,42	3,36	2,59
40		3,87	3,64	3,46	3,32	3,22	3,14	3,07	3,01	2,23
60		3,53	3,31	3,13	3,00	2,90	2,81	2,75	2,69	1,90
120		3,23	3,02	2,84	2,71	2,61	2,52	2,46	2,40	1,56
∞		2,95	2,74	2,57	2,43	2,33	2,25	2,19	2,13	1,00

Tafel V-D. F-Werte der F-Verteilung   (Rechenformeln für nicht tabellierte Werte)

1. Direkte Näherungsformeln für $f_1 > 24$ und $f_2 > 120$

P = 95%	P = 99%	P = 99,9%
$\log F = 0{,}8686 \cdot \left\{\dfrac{1{,}645}{\sqrt{A - 1{,}0}} - 0{,}7843 \cdot B\right\}$	$\log F = 0{,}8686 \cdot \left\{\dfrac{2{,}362}{\sqrt{A - 1{,}4}} - 1{,}335 \cdot B\right\}$	$\log F = 0{,}8686 \cdot \left\{\dfrac{3{,}090}{\sqrt{A - 2{,}1}} - 1{,}925 \cdot B\right\}$

Rechengrößen: $A = 2 \cdot f_1 \cdot f_2/(f_1 + f_2)$ und $B = (f_1 - f_2)/(f_1 - f_2)$

Beispiel: Gegeben $f_1 = 40$ und $f_2 = 200$ {Daten aus umfangreichen Tabellenwerken: $F(95) = 1{,}46$; $F(99) = 1{,}69$}
Resultate mit $A = 2 \cdot 40 \cdot 200/240 = 200/3$ und $B = 160/(40 \cdot 200) = 1/50$

$\log F = 0{,}1626$; $F(95) = 1{,}45_4$	$\log F = 0{,}2269$; $F(99) = 1{,}68_6$	$\log F = 0{,}3004$; $F(99{,}9) = 1{,}99_7$

2. Lineare Interpolation über $1/f$ als Abzisse für $f_1 \leq 24$ und/oder $f_2 \leq 120$

2.1. Nicht tabelliert: f_1 wobei	2.2. Nicht tabelliert: f_2 wobei	2.3. Nicht tabelliert: f_1 und f_2
$f_1' < f_1 < f_1''$ $F\{f_1, f_2\} = F\{f_1', f_2\} - A \cdot \Delta F$ mit $A = \dfrac{f_1'' \cdot (f_1 - f_1')}{f_1 \cdot (f_1'' - f_1')}$	$f_2' < f_2 < f_2''$ $F\{f_1, f_2\} = F\{f_1, f_2'\} - A \cdot \Delta F$ mit $A = \dfrac{f_2'' \cdot (f_2 - f_2')}{f_2 \cdot (f_2'' - f_2')}$	Interpolation in 3 Schritten ① $F\{f_1, f_2'\} = F\{f_1' f_2'\} - A \cdot \Delta F$ für $f_1' < f_1 < f_1''$ mit A nach 2.1. ② $F\{f_1, f_2''\} = F\{f_1', f_2''\} - A \cdot \Delta F$ für $f_1' < f_1 < f_1''$ mit A nach 2.1. ③ $F\{f_1, f_2\} = F\{f_1, f_2'\} - A \cdot \Delta F$ für $f_2' < f_2 < f_2''$ mit A nach 2.2.
Beispiel: $F(95)$ für $f_1 = 20$; $f_2 = 30$ Gegeben: $f_1' = 16$; $f_2 = 30$: $F = 1{,}99$ $\qquad\quad f_1'' = 24$; $f_2 = 30$; $F = 1{,}89$ mit $A = 24 \cdot 4/(20 \cdot 8) = 0{,}6$ und $\Delta F = 1{,}99 - 1{,}89 = 0{,}10$ folgt: $F(20, 30) = 1{,}93$	Beispiel: $F(99{,}9)$ für $f_1 = 10$; $f_2 = 50$ Gegeben: $f_1 = 10$; $f_2' = 40$: $F = 3{,}87$ $\qquad\quad f_1 = 10$; $f_2'' = 60$: $F = 3{,}53$ mit $A = 60 \cdot 10/(50 \cdot 20) = 3/5$ und $\Delta F = 3{,}87 - 3{,}53 = 0{,}34$ folgt: $F(10, 50) = 3{,}67$	Wird ein f-Wert ∞, so ist in der A-Formel vorher Zähler und Nenner durch diesen f-Wert zu dividieren.

Tafel VI. χ^2-Werte der X^2-Verteilung für $P = 95\%$

f	1	2	3	4	5	6	7	8	9	10
χ^2	3,841	5,991	7,815	9,488	11,07	12,59	14,07	15,51	16,92	18,31

f	11	12	13	14	15	16	17	18	19	20
χ^2	19,68	21,03	22,36	23,69	25,00	26,30	27,59	28,87	30,14	31,41

f	21	22	23	24	25	26	27	28	29	30
χ^2	32,67	33,92	35,17	36,42	37,65	38,89	40,11	41,34	42,56	43,77

Bei $f > 30$ berechnet man $\chi^2(95)$ mit der guten Näherung:

$$\chi^2(95) = \frac{1}{2}\,(1,645 + \sqrt{2f - 1})^2$$

Tafel VII. Wichtigste englische Fachausdrücke

Absolute Häufigkeit	absolute frequency
Abweichung	deviation
Analysenportion	sample quantity
Analysenverfahren	analytical procedure
Annäherung	approximation
Anteil (Gehalt)	fraction
Arithmetischer Mittelwert	arithmetic mean (kurz auch mean)
Ausreißer	outleyer (maverick)
Beobachtung	observation
Bestimmungsportion	determination quantity
Bestimmungsverfahren	determination procedure
χ^2-Verteilung	χ^2-distribution
Daten	data
Durchschnitt	average (mean)
Freiheitsgrad	degree of freedom
F-Verteilung	F-distribution oder variance-ratio distribution
Gehalt	content
Grundgesamtheit	population, universe
Häufigkeit	frequency
Häufigkeitsfunktion	frequency function
Häufigkeitsverteilung	frequency distribution
Kenndaten (einer Stichprobe)	sample statistics (auch characteristics)
Konzentration	concentration
Lageparameter	location parameter
Mittlere Abweichung des Mittelwertes	standard deviation of the mean
Normalverteilung	normal distribution, Gauß distribution

Tafel VII (Fortsetzung)

Planung	design
Präzision	precision
Prüfverfahren	test (of significance)
Relative Häufigkeit	relative frequency, frequence ratio
Reproduzierbarkeit	reproducibility
Richtigkeit	accuracy
Schätzwert	estimate
Schlußfolgerung	inference
Schwankung	variation
Signifikanzniveau	level of significance, significance level
Spannweite	range
Standardabweichung	standard deviation
Stichprobe	sample
Stichprobenumfang	sample size
Stichprobenverteilung	sample distribution
Stichprobenwert	sample value
Streuung	variancy, dispersion
Streuungsparameter	dispersion parameter
Summenhäufigkeit	cumulated frequency
Systematischer Fehler	systematic error, procedural bias
Test	test
Trend	trend
t-Verteilung	t-distribution
Varianz	variance
Varianzanalyse	analysis of variance (ANOVA)
Variationskoeffizient	coefficient of variation
Vergleichbarkeit	reproducibility
Versuchsplanung	experimental design
Verteilungsfunktion (Summenfunktion bei Grundgesamtheit)	(cumulative) distribution function
Wahrscheinlichkeit	probability
Wahrscheinlichkeitsfunktion	probability function
Wahrscheinlichkeitsverteilung (der Grundgesamtheit)	probability distribution
Wiederholbarkeit	repeatibility
Zufälligkeit	randomness
Zufälliger Fehler	random error

Literatur

1. Nalimov, V. V.: The Application of Mathematical Statistics to Chemical Analysis. London: Pergamon Press 1963
2. Sachs, L.: Statistische Auswertungsmethoden, 3. Aufl., Berlin, Heidelberg, New York: Springer 1971
3. Kreyszig, E.: Statistische Methoden und ihre Anwendungen, 4. Aufl. Göttingen: Vandenhoeck und Ruprecht 1974

4. Gottschalk, G.: Einführung in die Grundlagen der chemischen Material-
   prüfung. Stuttgart: Hirzel 1966
5. Linder, A.: Statistische Methoden, 3. Aufl. Stuttgart: Birkhäuser 1960
6. Linder, A.: Planen und Auswerten von Versuchen, 3. Aufl. Stuttgart:
   Birkhäuser 1969
7. Kaiser, R.; Gottschalk, G.: Elementare Tests zur Beurteilung von Meßdaten. BI-Hochschultaschenbücher Bd. 774. Mannheim: Bibliographisches Institut 1972
8. Gottschalk, G.; Kaiser, R.: Einführung in die Varianzanalyse und Ring-
   versuche. BI-Hochschultaschenbücher Bd. 775. Mannheim: Bibliographisches Institut 1972

II. Methoden

Elektrochemische Analysenverfahren

Professor Dr. Günther Kraft
Hans-Thoma-Str. 6, 6242 Kronberg

1. Klassifikation und Nomenklatur

Für die elektrochemischen Analysenverfahren hat die IUPAC — International Union of Pure and Applied Chemistry — 1975 die folgende Klassifikation und Nomenklatur vorgeschlagen (Pure Appl. Chem. *45*, 81 (1976)).

A) Verfahren, bei denen weder die elektrische Doppelschicht noch eine Elektrodenreaktion betrachtet zu werden brauchen (Tabelle 1)

B) Verfahren, für die ein Doppelschicht-Phänomen von Bedeutung ist, aber keine Elektrodenreaktion zu berücksichtigen ist (Tabelle 2)

C) Verfahren mit Elektrodenreaktionen

    a)   Verfahren mit Elektrodenreaktionen und konstanten Anregungssignalen (Tabelle 3)

    b)   Verfahren mit Elektrodenreaktionen und variablen Anregungssignalen

    aa) Variable Anregungssignale mit großer Amplitude
        ($\gg 2 \cdot 2,3\ RT/F$, etwa 0,12 V bei 25 °C) (Tabelle 4)

    bb) Variable Anregungssignale mit kleiner Amplitude
        ($\ll 2,3\ RT/F$, etwa 0,06 V bei 25 °C) (Tabelle 5)

Bis auf die gelegentlichen Hinweise: ,,im deutschen Sprachgebiet ... gebräuchlicher" o. ä. unter Bemerkungen sind die folgenden Tabellen die freie Übersetzung der englischen Originale.

Tabelle 1. Verfahren, bei denen weder die elektrische Doppelschicht noch eine Elektrodenreaktion betrachtet zu werden brauchen

Anregungssignal	Unabhängige Variable	Gemessene Größe	Empfohlene Bezeichnung für das Verfahren	Typische Meßkurve	Bemerkungen
1.1. Wechselspannung Frequenz $f < $ ca. 0,1 MHz	Konzentration c	Leitfähigkeit (conductance) G	Konduktometrie (conductometry)		Gleichstromkonduktometrie ist wenig gebräuchlich und sollte als solche bezeichnet werden. Der Name „Konduktimetrie" wird nicht empfohlen
1.2. Wechselspannung Frequenz $f < $ ca. 0,1 MHz	Volumen V eines Reagenzes	Leitfähigkeit G	Konduktometrische Titration (Conductometric titration)		Im deutschen Sprachgebiet ist die Bezeichnung „Konduktometrische Indikation" gebräuchlicher.
1.3. Wechselspannung Frequenz f ca. 0,1 MHz	Konzentration c	Leitfähigkeit G Blindleitwert B (susceptance) Leitwert Y (admittance)	Hochfrequenzkonduktometrie (high-frequency conductometry)		Der empfohlene Name ist inkorrekt, wenn B oder Y gemessen werden, es soll aber dennoch kein anderer vorgeschlagen werden
1.4. Wechselspannung Frequenz f ca. 0,1 MHz	Volumen V eines Reagenzes	Leitfähigkeit G Blindleitwert B (susceptance) Leitwert Y (admittance)	Hochfrequenzkonduktometrische Titration (high-frequency conductometric titration)		Im deutschen Sprachgebiet bevorzugt als „oszillometrische Indikation" bezeichnet

Tabelle 1 (Fortsetzung)

				Typische Meßkurve	
1.5. Wechselspannung Frequenz f ca. 0,1 MHz	Konzentration c	relative Dielektri-zitätskonstante (relative permit-tivity)	Dielektrometrie (dielectrometry)		„Dielcometrie" wird nicht empfohlen
1.6. Wechselspannung Frequenz f ca. 0,1 MHz	Volumen V eines Reagenzes	relative Dielektri-zitätskonstante (relative permit-tivity)	Dielektrometrische Titration (Dielectrometric titration)		

Tabelle 2. Verfahren, für die ein Doppelschicht-Phänomen von Bedeutung ist, aber keine Elektrodenreaktion zu berücksichtigen ist

Anregungssignal	Unabhängige Variable	Gemessene Größe	Empfohlene Bezeichnung für das Verfahren	Typische Meßkurve	Bemerkungen
2.1. Potentialdifferenz E	Konzentration c	Grenzflächenspannung σ zwischen Elektrode und Lösung (oder eine abgeleitete Größe wie Tropfzeit einer Tropfelektrode oder die rela-tive Höhe eines polarographischen Maximums)	keine Empfehlung		
2.2. Wechselspannung oder -potential $E_\sim$, typisch 1−5 mV	Potential E	Wechselstrom $i_\sim$	Messung des nichtfara-dayischen Leitwerts		oft als „Tensamme-trie" bezeichnet, was jedoch nicht empfoh-len wird

Tabelle 3. Verfahren mit Elektrodenreaktionen und konstanten Anregungssignalen

An-regungs-signal	Unabhängige Variable	Meßanordnung	Gemessene Größe	Empfohlene Bezeichnung für das Verfahren	Typische Meßkurve	Bemerkungen
3.1. Strom i $= 0$	Konzentration c	Eine Indikatorelektrode und eine Referenzelektrode (oder zwei Indikatorelektroden) in derselben Lösung	Potential $E = f(c)$	Potentiometrie (potentiometry)		keine spezielle Nomenklaturempfehlung für Messung von pH oder ähnlicher Größen
3.2. Strom i $= 0$	Konzentration c	Zwei Indikatorelektroden in getrennten Lösungen, die mittels eines Ionenleiters verbunden sind	Potential $E = f(c, c')$	Differential-potentiometrie (differential potentiometry)		
3.3. Strom i $= 0$	Volumen V eines Reagenzes	wie bei 3.1.	Potential $E = f(V)$	Potentiometrische Titration (potentiometric titration)		im deutschen Sprachgebiet bevorzugt: potentiometrische Indikation
3.4. Strom i $= 0$	Volumen V eines Reagenzes	wie bei 3.2., dabei oft eine Indikatorelektrode in der Reagenzlösung	Potential $E = f(V)$	Differentialpotentiometrische Titration (differential potentiometric titration)		analog 3.3

3.5.	Strom i = 0	Volumen V eines Reagenzes	wie bei 3.1.	$\dfrac{dE}{dV} = f(V)$	Derivative potentiometrische Titration (derivative potentiometric titration)	analog 3.3
3.6.	Strom i = 0	Volumen V eines Reagenzes	wie bei 3.1.	$\dfrac{dV}{dE} = f(E)$	Inverse derivative potentiometrische Titration (inverse derivative potentiometric titration)	analog 3.3.
3.7.	Strom i = 0	Volumen V eines Reagenzes	wie bei 3.1.	$\dfrac{d^2E}{dV^2} = f(V)$	Potentiometrische Titration in zweiter Ableitung (second-derivative potentiometric titration)	analog 3.3.
3.8.	Strom i $\neq 0$	Konzentration c	eine Indikatorelektrode und eine Referenzelektrode in derselben Lösung	Potential E = f(c oder log c)	Potentiometrie mit gesteuertem Strom (controlled-current potentiometry)	analog 3.3.
3.9.	Strom i $\neq 0$	Konzentration c	zwei Indikatorelektroden in derselben Lösung	Potential E = f(c oder log c)	Potentiometrie mit gesteuertem Strom und zwei Indikatorelektroden (controlled-current potentiometry with two indicator electrodes)	„Bipotentiometrie" wird nicht mehr empfohlen

Tabelle 3 (Fortsetzung)

Anregungssignal	Unabhängige Variable	Meßanordnung	Gemessene Größe	Empfohlene Bezeichnung für das Verfahren	Typische Meßkurve	Bemerkungen
3.10. Strom i $\neq 0$	Volumen V eines Reagenzes	wie bei 3.8.	Potential $E = f(V)$	Potentiometrische Titration mit gesteuertem Strom (controlled-current potentiometric titration)		Im deutschen Sprachgebiet meist als „Voltametrische Indikation" bezeichnet
3.11. Strom i $\neq 0$	Volumen V eines Reagenzes	wie bei 3.9.	Potential $E = f(V)$	Potentiometrische Titration mit gesteuertem Strom und zwei Indikatorelektroden (controlled-current potentiometric titration with two indicator electrodes)		Im deutschen Sprachgebiet meist als „Voltametrische Indikation mit zwei Indikatorelektroden" bezeichnet
3.12. Strom i $\neq 0$	Zeit t	Stationäre Indikatorelektrode in nichtgerührter Lösung	Potential $E = f(t)$	Chronopotentiometrie (chronopotentiometry)		
3.13. Strom i $\neq 0$	Zeit t	Stationäre Indikatorelektrode in nichtgerührter Lösung	Potentialänderung $\dfrac{dE}{dt} = f(t)$	Derivative Chronopotentiometrie (derivative chronopotentiometry)		

3.14.	Strom i $\neq 0$	Zeit t	Massentransport zur Arbeitselektrode	Potential $E = f(t)$	Coulometrische Titration (coulometric titration)		Wenn Art der Endpunkt-ermittlung bezeichnet werden soll, Zusätze wie z. B. „… mit potentiometrischer Indikation" zulässig
3.15.	Angelegte EMK oder Potential E	Konzentration c, Zeit t oder eine andere unabhängige Größe	eine Indikator- und eine Referenzelektrode	Strom $i = f(c)$	Amperometrie (amperometry)		Zusätze, die auf Art der Indikatorelektrode hinweisen, zulässig
3.16.	Angelegte EMK oder Potential E	Konzentration c, Zeit t oder eine andere unabhängige Größe	zwei Indikatorelektroden in derselben Lösung	Strom $i = f(c)$	Amperometrie mit zwei Indikatorelektroden (amperometry with two indicator electrodes)		„Biamperometrie" wird nicht mehr empfohlen
3.17.	Angelegte EMK oder Potential E	Konzentration c, Zeit t oder eine andere unabhängige Größe	zwei Indikatorelektroden in getrennten Lösungen, verbunden durch einen Ionenleiter	Stromdifferenz $\Delta i = f(c, c')$	Differentialamperometrie (differential amperometry)		
3.18.	Angelegte EMK oder Potential E	Volumen V eines Reagenzes	wie bei 3.15.	Strom $i = f(V)$	Amperometrische Titration (amperometric titration)		Im deutschen Sprachgebiet bevorzugt als „Amperometrische Indikation" bezeichnet

Tabelle 3 (Fortsetzung)

An-regungs-signal	Unabhängige Variable	Meßanordnung	Gemessene Größe	Empfohlene Bezeichnung für das Verfahren	Typische Meßkurve	Bemerkungen
3.19. Angelegte EMK oder Potential E	Volumen V eines Reagenzes	wie bei 3.16.	Strom $i = f(V)$	Amperometrische Titration mit zwei Indikatorelektroden (amperometric titration with two indicator electrodes)	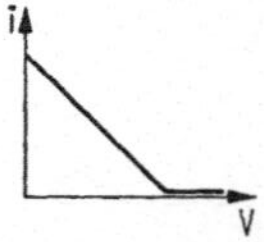	Im deutschen Sprachgebiet bevorzugt als „Amperometrische Indikation" bezeichnet (sinngemäß). Der Ausdruck „Bi-amperometrische Titration bzw. Indikation" wird nicht mehr empfohlen
3.20. Angelegte EMK oder Potential E	Zeit t	stationäre Indikatorelektrode in nicht-gerührter Lösung	Strom $i = f(t)$	Chronoamperometrie (chronoamperometry)	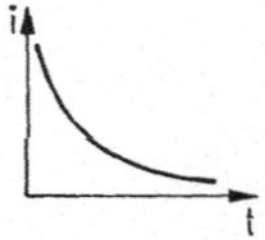	Wird Messung während Lebensdauer eines einzigen Tropfens einer Tropfelektrode ausgeführt, wird Zusatz „polarographische …" empfohlen
3.21. Angelegte EMK oder Potential E	Zeit t	stationäre Indikatorelektrode in nicht-gerührter Lösung	Elektrizitätsmenge $Q = f(t)$	Chronocoulometrie (chronocoulometry)	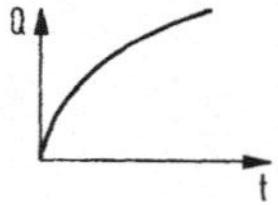	
3.22. Angelegte EMK oder Potential E	Zeit t	Massentransport zur Arbeitselektrode	Strom $i = f(t)$	Konvektive Chronoamperometrie (convective chronoamperometry)	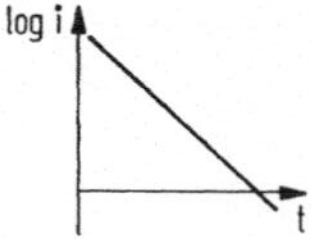	

3.23.	Angelegte EMK oder Potential E	Zeit t	tropfende Hg- (oder andere Metall-) Elektrode als Arbeitselektrode	Diffusionsstrom i_d $i_d = f(Q)$ oder $i_d = f(t)$	Polarographische Coulometrie (polarographic coulometry)	Es kann auch der Ausdruck „Coulometrie mit Tropfelektrode" (dropping electrode coulometry) verwendet werden
3.24.	Angelegte EMK oder Potential E	Zeit t	Massentransport zur Arbeitselektrode	an der Arbeitselektrode abgeschiedene Masse m	Elektrogravimetrie (electrogravimetry)	
3.25.	Angelegte EMK oder Potential E	Zeit t	Massentransport zur Arbeitselektrode	Trennung	Elektrolytische Trennung (electroseparation)	
3.26.	Angelegte EMK, Potential E oder Strom i	Zeit t	Kathodisches oder anodisches Ablösen von einer festen Elektrode in einen Elektrolyten auf einem porösen Medium	Identifizierung oder Bestimmung des abgelösten Materials	Elektrographie (electrography)	
3.27.	Potential E	Zeit t	Massentransport zur Arbeitselektrode	Elektrizitätsmenge $$Q = \int_0^\infty i\,dt$$	Coulometrie mit gesteuertem Potential (controlled potential coulometry)	Es kann auch der Ausdruck „Coulometrie mit Tropfelektrode" (dropping electrode coulometry) verwendet werden

Tabelle 3 (Fortsetzung)

An-regungs-signal	Unabhängige Variable	Meßanordnung	Gemessene Größe	Empfohlene Bezeichnung für das Verfahren	Typische Meßkurve	Bemerkungen
3.28. Potential E	Zeit t	Massentransport zur Arbeitselektrode	Elektrizitätsmenge $Q = f(t)$ oder $$Q_R = \int_0^\infty i\,dt - \int_0^t i\,dt$$	Konvektive Chronocoulometrie (convective chronocoulometry)		
3.29. Potential E	Zeit t	Massentransport zur Arbeitselektrode	an der Arbeitselektrode abgeschiedene Masse m	Elektrogravimetrie mit gesteuertem Potential (controlled-potential electrogravimetry)		
3.30. Potential E	Zeit t	Massentransport zur Arbeitselektrode	Trennung	Elektrolytische Trennung mit gesteuertem Potential (controlled-potential electro-separation)		

Tabelle 4. Verfahren mit Elektrodenreaktionen und variablen Anregungssignalen großer Amplitude

An-regungs-signal	Art der Anregung	Meßanordnung	Gemessene Größe	Empfohlene Bezeichnung für das Verfahren	Typische Meßkurve	Bemerkungen
4.1. Strom i	$i = i_0 + a \cdot t$	stationäre Indikatorelektrode in nichtgerührter Lösung	Potential $E = f(t)$	Chronopotentiometrie mit linearem Strom-Zeit-Verlauf (chronopotentiometry with linear current sweep)		
4.2. Strom i		tropfende Hg- (oder andere Metall-) Elektrode oder andere Indikatorelektrode, deren Oberfläche erneuert wird	Potential $E = f(i$ oder $t)$	Polarographie mit linearem Strom-Zeit-Verlauf (polarography with linear current sweep oder current-scanning polarography)		
4.3. Strom i	$i = f(t)$ nicht linear, aber monoton	wie bei 4.1.	Potential $E = f(t)$	Chronopotentiometrie mit programmiertem Strom (programmed-current chronopotentiometry)		
4.4. Strom i	$i_2 = i_1$ für $t < t_1$ für $t > t_1$	wie bei 4.1.	Potential $E = f(t)$	Chronopotentiometrie mit Stromstufen (current-step chronopotentiometry)		Sonderfall $i_2 = -i_2$: Stromumkehr-Chronopotentiometrie (current-reversal chronopotentiometry) Sonderfall $i_2 = 0$: Stromunterbrechungs-chronopotentiometrie (current-cessation chronopotentiometry)

Tabelle 4 (Fortsetzung)

	An-regungs-signal	Art der Anregung	Meßanordnung	Gemessene Größe	Empfohlene Bezeichnung für das Verfahren	Typische Meßkurve	Bemerkungen
4.5.	Strom i	i periodisch um-gepolt	wie bei 4.1.	Potential $E = f(t)$	Cyclische Chronopoten-tiometrie (cyclic chrono-potentiometry)		Zusätze „cyclische" zu Begriffen in „Bemerkungen zu 4.4." zulässig
4.6.	Strom i	$i = i_\sim \sin \omega \cdot t$	wie bei 4.1.	Potential $E = f(t)$	Wechselstrom-Chrono-potentiometrie (alternating-current chronopotentiometry)		
4.7.	Strom i		wie bei 4.2.	Potential-änderung $\dfrac{dE}{dt} = f(E)$	Oszillopolarographie (oscillopolarography)		
4.8.	angelegte EMK oder Poten-tial E	$E = E_0 \pm a \cdot t$	Diffusionsmassentrans-port zu einer Indikator-elektrode, deren Ober-fläche sich erneuert	Strom $i = f(t)$ oder $i = f(E)$	Chronoamperometrie mit linearem Potential-Zeit-Verlauf (chronoampero-metry with linear potential sweep)		englische Synonyma: stationary-electrode voltammetry oder linear-sweep voltam-metry

4.9.	angelegte EMK oder Potential E		Strömungsmassentransport zu einer Elektrode wie bei 4.8.	Strom $i = f(E)$	Hydrodynamische Voltammetrie (hydrodynamic voltammetry)
4.10.	angelegte EMK oder Potential E		Strömungsmassentransport zu einer Elektrode wie bei 4.8.	Stromänderung $\dfrac{di}{dt} = f(E)$ oder $\dfrac{di}{dE} = f(E)$	Derivative Voltammetrie (derivative voltammetry)
4.11.	angelegte EMK oder Potential E		zwei Indikatorelektroden in getrennten Lösungen, jeweils mit einer Referenzelektrode	Stromdifferenz $\Delta i = f(E)$	Differential-voltammetrie (differential voltammetry)
4.12.	angelegte EMK oder Potential E		Indikatorelektrode wie bei 4.2. in Verbindung mit einer Referenzelektrode	Strom $i = f(E)$	Polarographie (polarography)
4.13.	angelegte EMK oder Potential E		Indikatorelektrode wie bei 4.2. in Verbindung mit einer Referenzelektrode	Stromänderung $\dfrac{di}{dt} = f(E)$	Derivative Polarographie (derivative polarography)

Tabelle 4. (Fortsetzung)

An-regungs-signal	Art der Anregung	Meßanordnung	Gemessene Größe	Empfohlene Bezeichnung für das Verfahren	Typische Meßkurve	Bemerkungen
4.14. angelegte EMK oder Potential E		zwei Indikatorelektroden wie bei 4.2., aber in separaten Lösungen und jeweils in Verbindung mit einer Referenzelektrode	Stromdifferenz $\Delta i = f(E)$	Differentialpolarographie (differential polarography)		
4.15. angelegte EMK oder Potential E		wie bei 4.12., aber nur mit Strommessung in einem bestimmten Bereich der Lebensdauer der verschiedenen Tropfen	Strom $i = f(E)$	Tastpolarographie (tast polarography)		
4.16. angelegte EMK oder Potential E		Elektrode wie bei 4.2., aber gesamter Potentialdurchlauf an einem einzigen Tropfen	Strom $i = f(E)$	Single-sweep-Polarographie (single-sweep polarography)		ältere Bezeichnung: Kathodenstrahl-polarographie
4.17. angelegte EMK oder Potential E		Elektrode wie bei 4.2., aber gesamter Potentialdurchlauf an einem einzigen Tropfen	Strom $i = f(E,$ Tropfenalter)	Multisweep-Polarographie (multisweep-polarography)		

	angelegte EMK oder Potential E				
4.18.	angelegte EMK oder Potential E	(ein Zyklus pro Tropfen)	Elektrode wie bei 4.2., aber gesamter Potentialdurchlauf an einem einzigen Tropfen	Strom $i = f(E)$	Dreiecksspannungs-polarographie (triangular-wave polarography)
4.19.	angelegte EMK oder Potential E		wie bei 4.8.	Strom $i = f(E)$	Dreiecksspannungs-voltammetrie (triangular-wave voltammetry)
4.20.	angelegte EMK oder Potential E		wie bei 4.16.	Strom $i = f(E)$	Cyclische Dreiecks-spannungspolarographie (cyclic triangular-wave polarography)
4.21.	angelegte EMK oder Potential E		wie bei 4.8.	Strom $i = f(E)$	Cyclische Dreiecks-spannungsvoltammetrie (cyclic triangular-wave voltammetry)
4.22.	angelegte EMK oder Potential E		wie bei 4.16.	Strom $i = f(E_1)$	Pulspolarographie (pulse polarography)

Der Unterschied zur Kalousek-Polarographie (4.24.) liegt in der Pulszahl pro Tropfenleben

Tabelle 4 (Fortsetzung)

An-regungs-signal	Art der Anregung	Meßanordnung	Gemessene Größe	Empfohlene Bezeichnung für das Verfahren	Typische Meßkurve	Bemerkungen
4.23. angelegte EMK oder Poten-tial E (1 Puls/ Tropfen)	$E_1=E_0+\Delta E$	wie bei 4.16.	Stromdifferenz $\Delta i = f(E_1)$	Derivative Pulspolaro-graphie (derivative pulse polarography)		gemessen wird die Strom-differenz zwischen dem jeweiligen Tropfen und dem vorangegangenen jeweils zur gleichen Zeit des Tropfenlebens
4.24. angelegte EMK oder Poten-tial E (5—50 Pulse/ Tropfen)	$E_1=E_{1,0}\pm a\cdot t$	wie bei 4.16.	Strom $i = f(E_1)$	Kalousek-Polarographie		In der Abbildung nur E_1-Werte positiver als E_0 eingetragen. E_1 negativer als E_0 gleich-falls möglich
4.25. angelegte EMK oder Poten-tial E		wie bei 4.1.	Strom $i = f[(t - t_1)$ und $(t - t_2)]$	Doppelpotentialstufen-chronoamperometrie (double-potential-step chronoamperometry)		E_1 muß sich von dem Potential des offenen Stromkreises unterschei-den, wenn nicht, liegen die Verhältnisse für Chronoamperometrie und Chronocoulometrie vor

4.26. angelegte EMK oder Potential E		wie bei 4.1.	Elektrizitäts-menge $Q = f[(t - t_1)$ und $(t - t_2)]$	Doppelpotentialstufen-chronocoulometrie (double-potential-step chronocoulometry)	
4.27. Elektri-zitäts-menge Q	Eine Ladungsmenge Q', die gleichmäßig von Tropfen zu Tropfen zunimmt, wird beim Tropfen-alter t' momentan aufgegeben	tropfende Indikator-elektrode mit Referenzelektrode	Potential $E = f(t - t')^{1/2}$ und $$\frac{dE}{d(t - t')^{1/2}}$$	Ladungsinkrement-polarographie (incremental charge polarography)	

Tabelle 5. Verfahren mit Elektrodenreaktionen und variablen Anregungssignalen kleiner Amplitude

Anregungs-signal	Art der Anregung	Meßanordnung	Gemessene Größe	Empfohlene Bezeichnung für das Verfahren	Typische Meßkurve	Bemerkungen
		A: Techniken erster Ordnung				
5.1. Strom i	$i = i_= + i_\sim \cdot \sin \omega \cdot t$	irgendeine Indikatorelektrode	Potential $E = f(t)$	Chronopotentiometrie mit überlagertem Wechselstrom (chronopotentiometry with superimposed alternating current)		
5.2. angelegte EMK oder Potential	$E = E_0 + \sum_{n=0} (\Delta E)$	Tropfende Hg- (oder andere Metall-) Elektrode oder andere Indikatorelektrode, deren Oberfläche erneuert wird	Strom $i = f(E)$	Treppenstufen-polarographie (staircase polarography)		n = Anzahl der Stufen
5.3. angelegte EMK oder Potential		Tropfende Hg- (oder andere Metall-) Elektrode oder andere Indikatorelektrode, deren Oberfläche erneuert wird	Gleichstrom-differenz $i = f(E_0 \text{ oder } E_1)$	Differentialpulspolaro-graphie (differential pulse polarography)		gemessen wird die Stromdifferenz zum Zeitpunkt kurz nach und kurz vor der Puls-Aufgabe
5.4. angelegte EMK oder Potential	$E_= = E_0 \pm a \cdot t$	Tropfende Hg- (oder andere Metall-) Elektrode oder andere Indikatorelektrode, deren Oberfläche erneuert wird	Wechselstrom-differenz $i = f(E_=)$	Wechselstrom-polarographie (ac polarography)		Die Frequenz der Wechselstrom-komponente der angelegten EMK liegt meist bei 50—60 HZ und kann verschiedene Form haben

5.5.	angelegte EMK oder Potential	$E_= = E_0 \pm a \cdot t$ (Meßintervalle)	Tropfende Hg- (oder andere Metall-) Elektrode oder andere Indikator-elektrode, deren Oberfläche erneuert wird	square-wave Strom $i = f(E_=)$	square-wave Polarographie (square-wave polarography)		kann als Analogon mit kleiner Amplitude zur Kalousek-Polarographie (4.24) angesehen werden. Unterscheidet sich von der Differential-pulspolarographie durch Messung des periodischen Stroms
5.6.	Strom i und angelegte EMK oder Potential E	$i = I_\sim \sin \omega t$ $E_= = E_0 \pm a \cdot t$	Tropfende Hg- (oder andere Metall-) Elektrode oder andere Indikator-elektrode, deren Oberfläche erneuert wird	Wechsel-spannung $E_\sim = f(E_=)$	Wechselspannungs-polarographie (av polarography)		
5.7.	Strom i und angelegte EMK oder Potential E	$i_= = \text{const}$ $E_\sim = \overline{E}_\sim \sin \omega t$	Tropfende Hg- (oder andere Metall-) Elektrode oder andere Indikator-elektrode, deren Oberfläche erneuert wird	Wechselstrom $i_\sim = f(t)$	Wechselstromchrono-potentiometrie (alternating voltage chronopotentiometry)		
			B: Techniken zweiter Ordnung				
5.8.	angelegte Gleichspan-nung $E_=$ mit überlagerter Wechsel-spannung $E_\sim$	$E_= = E_0 \pm a \cdot t$ $E_\sim = \overline{E}_\sim \cdot \sin \omega \cdot t$	Tropfende Hg- (oder andere Metall-) Elektrode oder andere Indikator-elektrode, deren Oberfläche erneuert wird	Wechselstrom $i_\sim = f(E_=)$	Obertonpolarographie (higher-harmonic ac polarography)		bevorzugt angewendet wird die 2. Harmonische

Tabelle 5 (Fortsetzung)

Anregungs-signal	Art der Anregung	Meßanordnung	Gemessene Größe	Empfohlene Bezeichnung für das Verfahren	Typische Meßkurve	Bemerkungen
5.9. angelegte Gleichspannung $E_=$ mit überlagerter Wechselspannung $E_\sim$	$E_= = E_0 \pm a \cdot t$ $E_\sim = E_\sim \sin \omega t$ wie 5.8.	Tropfende Hg- (oder andere Metall-) Elektrode oder andere Indikatorelektrode, deren Oberfläche erneuert wird	Wechselstrom $i_\sim = f(E_=)$	Obertonpolarographie mit Phasengleichrichtung (higher-harmonic ac polarography with phase-sensitive rectification)		
5.10. angelegte Gleichspannung $E_=$ mit überlagerter Wechselspannung $E_\sim$	$E_= = E_0 \pm a \cdot t$ $E_\sim = E_\sim \cdot \sin \omega_0 \cdot t$ $(1 + m \sin \omega_m \cdot t)$	Tropfende Hg- (oder andere Metall-) Elektrode oder andere Indikatorelektrode, deren Oberfläche erneuert wird	Faradayscher Demodulationsstrom $i_{FD} = f(E_=)$	Demodulationspolarographie (demodulation polarography)		i_{FD} hat die Frequenz ω_m und geht auf die Nichtlinearität des Faradayschen Leitwertes der Indikatorelektrode zurück
5.11. Gleichspannung $E_=$ mit überlagerter hochfrequenter $(f_\sim)$ Wechselspannung $E_\sim$, moduliert mit einer square-wave Frequenz (f_s)	$E_= = E_0 + a \cdot t$ $E_\sim = E_\sim \cdot \sin \omega \cdot t$	Tropfende Hg- (oder andere Metall-) Elektrode oder andere Indikatorelektrode, deren Oberfläche erneuert wird	Faradayscher Gleichrichtungsstrom $i_{FR} = f(E_=)$	Radiofrequenzpolarographie (radio-frequency -oder rf-polarography)		$f_\sim$ ist typisch mit $0,1-6,4$ MHz, f_s mit 225 Hz. i_{FR} wird ausgefiltert und am Ende des Tropfenlebens gemessen

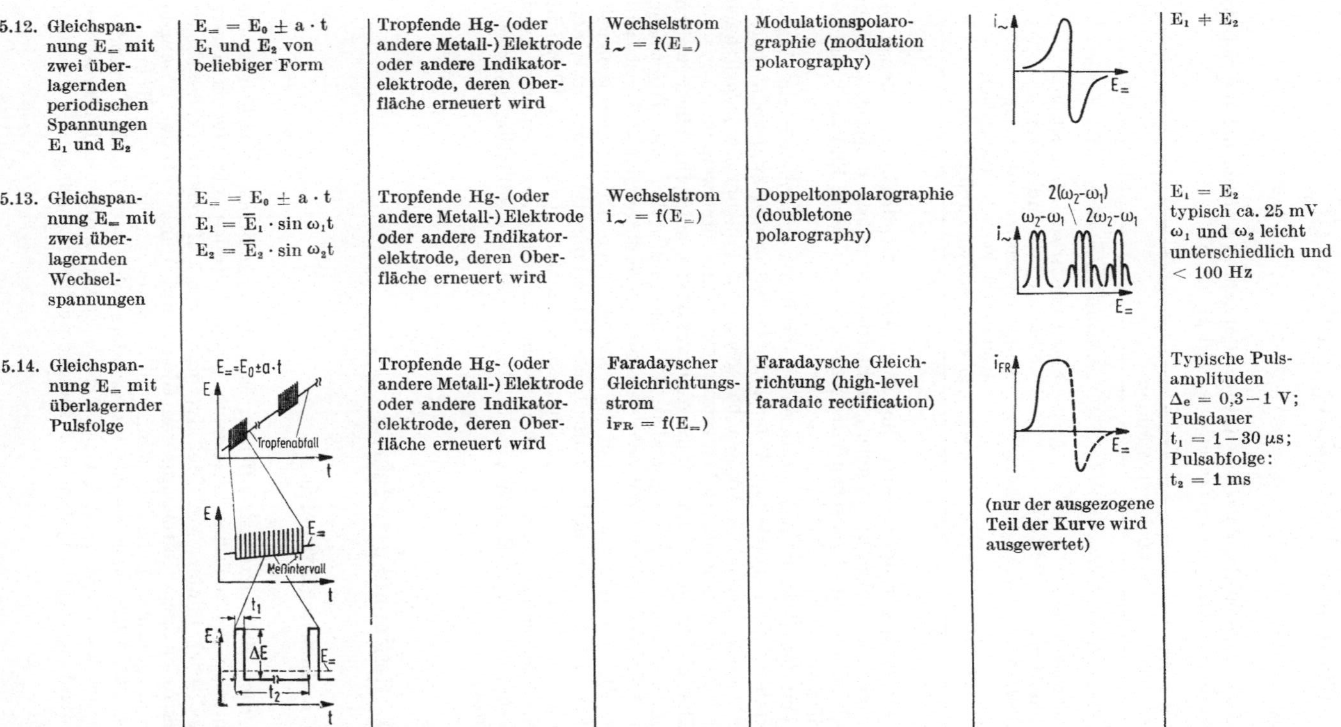

5.12.	Gleichspannung $E_=$ mit zwei überlagernden periodischen Spannungen E_1 und E_2	$E_= = E_0 \pm a \cdot t$ E_1 und E_2 von beliebiger Form	Tropfende Hg- (oder andere Metall-) Elektrode oder andere Indikatorelektrode, deren Oberfläche erneuert wird	Wechselstrom $i_\sim = f(E_=)$	Modulationspolarographie (modulation polarography)		$E_1 \neq E_2$
5.13.	Gleichspannung $E_=$ mit zwei überlagernden Wechselspannungen	$E_= = E_0 \pm a \cdot t$ $E_1 = \overline{E}_1 \cdot \sin \omega_1 t$ $E_2 = \overline{E}_2 \cdot \sin \omega_2 t$	Tropfende Hg- (oder andere Metall-) Elektrode oder andere Indikatorelektrode, deren Oberfläche erneuert wird	Wechselstrom $i_\sim = f(E_=)$	Doppeltonpolarographie (doubletone polarography)		$E_1 = E_2$ typisch ca. 25 mV ω_1 und ω_2 leicht unterschiedlich und < 100 Hz
5.14.	Gleichspannung $E_=$ mit überlagernder Pulsfolge		Tropfende Hg- (oder andere Metall-) Elektrode oder andere Indikatorelektrode, deren Oberfläche erneuert wird	Faradayscher Gleichrichtungsstrom $i_{FR} = f(E_=)$	Faradaysche Gleichrichtung (high-level faradaic rectification)	(nur der ausgezogene Teil der Kurve wird ausgewertet)	Typische Pulsamplituden $\Delta_e = 0{,}3 - 1$ V; Pulsdauer $t_1 = 1 - 30\ \mu s$; Pulsabfolge: $t_2 = 1$ ms

2. Praktische Anwendung, Zahlenwerte

Aus der Sicht der derzeitigen Anwendungspraxis lassen sich die elektrochemischen Analysenverfahren wie folgt gliedern:

Elektrochemische Analysenverfahren

Bestimmungsverfahren	*Indikationsverfahren*
Elektrogravimetrie	Potentiometrische Indikation
Coulometrie	Voltametrische Indikation
Voltammetrie/Polarographie	Amperometrische Indikation
	Konduktometrische Indikation
	Oszillometrische Indikation

Bestimmungsverfahren sind die Techniken, die direkt die Menge an vorliegender Substanz angeben, Indikationsverfahren diejenigen, die in Verbindung mit chemischen Titrationsmethoden deren Endpunkt präzise indizieren.

Von den Bestimmungsverfahren ist die Elektrogravimetrie ein Makroverfahren, Coulometrie und Polarographie sind primär zwar mehr spurenanalytische Methoden, können bei geeigneter Ausführung jedoch auch zur Bestimmung größerer Konzentrationen eingesetzt werden.

Die elektrochemischen Indikationsverfahren sind für einen weiten Konzentrationsbereich einsetzbar. Für die Indikation von Titrationen von Mikromengen und mit sehr verdünnten Maßlösungen sind insbesondere die amperometrische und die voltametrische Arbeitsweise geeignet.

Die hier gewählte mehr pragmatische Einteilung steht nicht im Widerspruch zu den IUPAC-Empfehlungen, erleichtert jedoch die Übersicht nicht unerheblich. Bei der Behandlung der einzelnen Verfahren wird jeweils auf deren Einordnung in die IUPAC-Klassifikation verwiesen werden.

2.1. Bestimmungsverfahren

2.1.1. Elektrogravimetrie

Unter *Elektrogravimetrie* (früher Elektrolyse genannt) versteht man die reduktive (kathodische) Abscheidung von Metallen oder die oxydative (anodische) Bildung von Metallverbindungen auf relativ großflächigen Elektroden beim Durchgang von Gleichstrom durch wäßrige Lösungen und die gravimetrische Ermittlung der Reaktionsprodukte (vgl. Tabelle 3, 3.24). Als Elektroden werden insbesondere solche aus Platin verwendet, daneben hat jedoch auch Quecksilber als Elektrodenmaterial interessante Anwendungsmöglichkeiten — insbesondere für Trennungen — eröffnet.

Der Stromfluß ist so hoch, daß die Elektroden trotz ihrer Größe zunächst polarisiert sind.

Zwei Ausführungsformen sind für die Elektrogravimetrie von Interesse: die mit (quasi) konstantem Strom und die mit konstantem Potential an der Arbeitselektrode. (Die Methode mit konstanter Spannung zwischen den Elektroden bietet keine weiteren Vorteile.)

Die *Arbeitsweise mit konstantem Strom* ist weitgehend unspezifisch und kann nur dann empfohlen werden, wenn lediglich ein elektrochemisch aktiver Bestandteil vorliegt, der eine fest an der Elektrode haftende Abscheidung liefert.

Weitgehend spezifische Verhältnisse werden erzielt, wenn mit *gesteuertem Potential der Arbeitselektrode* (vgl. Tab. 3, 3.29) elektrolysiert wird. Das Potential soll etwa 0,1—0,2 V negativer (bei kathodischen Vorgängen) bzw. positiver (bei anodischen Prozessen) sein als das Abscheidungspotential der elektrochemisch aktiven Komponente. Es lassen sich viele Metalltrennungen sauber durchführen. Der Strom nimmt in dem Maße ab, in dem der Umsatz an der Elektrode erfolgt; die Umsetzung ist vollständig, wenn er einen konstant bleibenden niedrigen Wert (etwa 10 mA) angenommen hat.

Schaltskizze: siehe Abb. 1

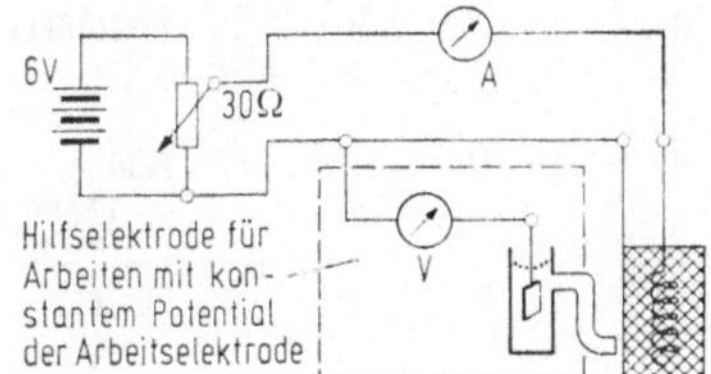

Abb. 1. Elektrogravimetrie (Schaltskizze)

Anwendung

Gebräuchliche Verfahren sind (nach: Meites, Handbook of Analytical Chemistry, McGraw-Hill, New York, 1963) in Tab. 6 aufgeführt.

Tabelle 6. Elektrogravimetrische Bestimmungen

Be-stim-mung von	Kathode	Anode	Elektrolyt	Strom-dichte A/dm²	Temp. °C	Mitfällung von (Störung durch)
Ag	Pt	Pt	HNO_3	2	95	Cu, Hg (As, Au, Bi, Cd, Pb, Pt, Sb, Se, Sn, Te)
			KCN	2	20	(Au, Bi, Cd, Co, Cu, Hg, Ni, Zn)
Au	Pt	Pt	HCl + $NH_2OH \cdot HCl$	2—3	20	(Bi, Cd, Cu, Hg, Pb, Pt Sb, Sn)
Co	Pt	Pt	$NH_3 + NH_4Cl$ + $NH_2OH \cdot HCl$	2—5	20	Cu, Ni, Zn (Pd, Tl)

Tabelle 6 (Fortsetzung)

Be-stim-mung von	Kathode	Anode	Elektrolyt	Strom-dichte A/dm²	Temp. °C	Mitfällung von (Störung durch)
Cu	Pt	Pt	H_2SO_4 + HNO_3	0,5—2	20	Ag, As, Au, Bi, Hg, Pt, Sb, Se, Sn, Te (N-Oxide)
			NH_3 + $N_2H_4 \cdot H_2O$	0,5—2	20	Ag, Cd, Ni, Co, Zn (Hg)
Ga	Pt	Pt	NaOH + $(NH_4)_2SO_4$ in Gegenwart von Cu	4—5	60—70	Cu (Co, Fe, In, Ni, Pd, Tl, Zn)
Hg	Au	Pt	HNO_3 oder H_2SO_4	1	20	(Ag, Au, Bi, Cd, Cu, Pb, Pt, Sb, Sn)
In	Pt	Pt	neutral	4—5	20	Cu (Co, Fe, Ni, Pd, Tl, Zn)
Mn	Pt	Pt-Scheibe	HCOOH	1	20	anodische Abscheidung (Pb, Tl)
Ni	Cu/Pt	Pt	NH_3 + $(NH_4)_2SO_4$	0,2—0,3	20	Ag, As, Co, Cu, Mo, Zn (NO_3^-)
Pb	Cu/Pt	Pt	HNO_3	2—3	70—80	anodische Abscheidung (Mn, Tl)
Pd	Ag/Pt	Pt	NH_3	0,05	20—70	(Co, Cu, Fe, Hg, In, Ni, Pt, Tl, Zn)
Pt	Cu/Pt	Pt	HCl oder H_2SO_4	0,01 bis 0,03	70	
Sb	Cu/Pt	Pt	Na_2S	1—2	20	
Sn	Cu/Pt	Pt	Na_2S oder HF	1—2	20	
Tl	Pt	Pt	NH_3 + NH_4NO_3	2	20	anodische Abscheidung (As, Bi, Cu, Mn, Pb, Sb)
Zn	Cu/Pt	Pt	H_2SO_4, pH 5	1	20	Ag, As, Bi, Cd, Co, Cu, Fe, Hg, Mn, Ni, Sb
			NaOH	2—3	20	(Cd, Co, Cu, Ni)

Das Verfahren ist auch heute noch das einzige, das in der Lage ist, den Cu-Gehalt in unlegiertem Kupfer mit der zu fordernden Genauigkeit (Abweichung zweier Bestimmungen voneinander nicht größer als 0,015%) zu ermitteln. Für andere Elemente tritt die Bedeutung der Methode immer mehr zurück.

Mittels einer Hg-Kathode sind quantitativ abtrennbar (aus 0,3 n Schwefelsäure):

Ag, As, Au, Bi, Cd, Co, Cr, Cu, Fe, Ga, Ge,
Hg, In, Ir, Mo, Ni, Os, Pb, Pd, Pt, Re, Rh,
Se, Sn, Te, Tl und Zn.

2.1.2. Coulometrie

Die *Coulometrie* gestattet durch Messung der Elektrizitätsmenge, die über zwei großflächige Elektroden durch eine Elektrolytlösung fließt, die unmittelbare Bestimmung chemischer Substanzen aufgrund elektrochemischer Reduktions- oder Oxydationsvorgänge. Der Stoffumsatz errechnet sich nach

$$S = \frac{M \cdot Q}{F \cdot n}$$

S = umgesetzte Substanzmenge
M = Atom- bzw. Molekulargewicht der Substanz
Q = verbrauchte Elektrizitätsmenge in Coulomb
F = Faraday-Konstante (= 96494 Coulomb)
n = Zahl der Elektronen, die an der Elektrodenreaktion pro Atom oder Molekül beteiligt sind.

Die Gleichung setzt voraus, daß die Stromausbeute 100%ig ist.
Für das Verfahren stehen zwei Ausführungsformen zur Verfügung:

Die *potentiostatische Coulometrie* (Coulometrie mit gesteuertem Potential, vgl. Tab. 3, 3.27), die die zu bestimmende Substanz direkt elektrochemisch umsetzt (Variante der Elektrogravimetrie mit konstantem Potential der Arbeitselektrode). Sie arbeitet mit einem konstanten Potential an der Arbeitselektrode, das etwas oberhalb des jeweiligen polarographischen Halbstufenpotentials liegt. Der Strom sinkt am Ende des Prozesses auf praktisch Null ab. Die verbrauchte Elektrizitätsmenge errechnet sich als Integral des Stromes über die Zeit; sie wird mit Hilfe eines Coulometers gemessen.

Als Elektrodenmaterial für kathodische Prozesse sind Pt und Hg geeignet, für anodische Pt.

Die *coulometrische Titration* (vgl. Tab. 3, 3.14), die eine dem Analysensystem zugesetzte, elektrochemisch reagierende Hilfssubstanz verwendet, deren Reaktionsprodukt sich mit der zu bestimmenden Substanz umsetzt. Die Elektrolyse dient nur der Erzeugung des Reagenzes (Spezialfall der Elektrogravimetrie mit konstantem Strom). Das Verfahren bedient sich eines konstanten Stroms, der maximal gleich dem Diffusionsstrom der der Analysenlösung zugesetzten Hilfssubstanz sein darf. Das Ende der Umsetzung wird chemisch, am zweckmäßigsten jedoch elektrochemisch indiziert. Bevorzugte Elektroden sind Pt-Elektroden. Der Titrationsverbrauch in Coulomb errechnet sich als Produkt aus Stromstärke und Titrationsdauer.

Schaltskizze: siehe Abb. 2

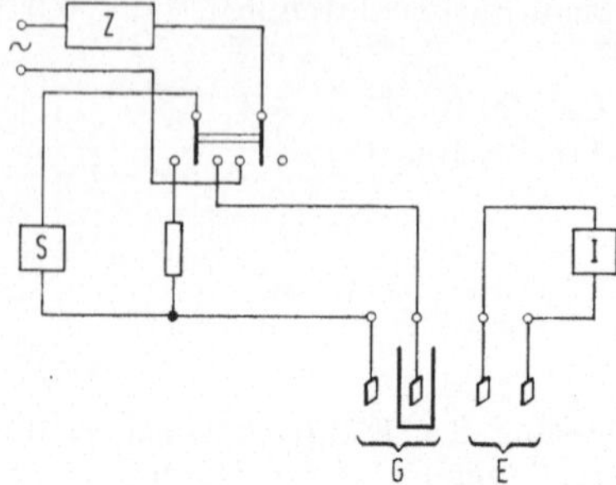

Abb. 2. Coulometrische Titration
(Schaltskizze)

S = Konstantstromquelle
Z = Zeitmesser
J = Indikationsgerät
G = Generatorelektroden, eine da-
     von in einem Diaphragma
E = Indikatorelektroden

Anwendung: Die *potentiostatische Coulometrie* ist für die Bestimmung all
der Metalle und organischen Verbindungen geeignet, die polarographisch
aktiv sind. Metallionen können dabei in eine niedere Wertigkeit oder den
nullwertigen Zustand reduziert oder in eine höhere Wertigkeit oxydiert
werden.

Beispiele für anorganische Bestimmungen gibt Tabelle 7 (nach Meites,
Handbook of Analytical Chemistry, McGraw-Hill, New York, 1963):

Tabelle 7. Bedingungen für die potentiostatische Coulometrie
einiger Elemente

zu be- stimmen	Elektrolyt	Arbeits- potential (gegen ges. Kalomel- Elektrode)	Elektroden Arbeits-/ Hilfs- Elektrode	Wertig- keits- ände- rung	Bereich
Ag	2,4n $HClO_4$	+0,15	Pt/Pt	1	bis 60 mg
Au	1n HCl	+0,45	Pt/Pt	3	0,01 − 25 mg/ 5 ml
Bi	0,4n Na_2-Tar- trat + 0,1n NaH-Tartrat + 0,2n NaCl	−0,3	Hg/Ag	3	10 − 100 mg/ 50 ml
Cd	1n KCl	−1,45	Hg/Ag	2	20 − 200 mg
Co	1n NH_3 + 1n NH_4Cl	−1,45	Hg/Pt	2	60 − 90 mg
Cu	1n NH_3 + 1n NH_4Cl	−0,75	Hg/Pt	2	20 − 200 mg/ 100 ml
Eu(III)	0,1n HCl	−0,1	Hg, Ag/Pt	1	1 − 10 mg
U(IV)	1n HNO_3 + 0,01n Ami- dosulfosäure	+1,4	Pt/Pt	2	1 − 10 mg/ 5 − 10 ml
V(IV)	3n HCl	−0,3	Hg/Pt	1	50 − 200 mg/ 60 ml
Zn	1n KCl	−1,45	Hg/Ag	2	50 − 130 mg

Die *coulometrische Titration* ist insbesondere für Redoxtitrationen,
aber auch für Neutralisationstitrationen und sogar für komplexometrische
Titrationen einsetzbar. Von besonderem Interesse ist sie für Titrationen

mit luftempfindlichen Substanzen oder solchen, die nur bei Einhaltung spezieller Vorsichtsmaßnahmen reproduzierbar zu handhaben sind. Einsetzbar ist sie auch für die Bestimmung organischer Verbindungen (z. B. von 8-oxychinolin, Merkaptanen, Thioäthern oder Disulfiden).

Beispiele für die Bestimmung anorganischer Komponenten sind in Tabelle 8 wiedergegeben (nach Meites, Handbook of Analytical Chemistry, McGraw-Hill, New York, 1963):

Tabelle 8. Bedingungen für die coulometrische Titration einiger Elemente

zu bestimmen	Reagenz	Reagenzerzeugung[a]
Ag	Br_2	$0,1n$ Br^-, $0,1-1n$ H_2SO_4
As(III)	Br_2	$0,1n$ Br^-, $0,1-1n$ H_2SO_4
	Ce(IV)	ges. Ce(III)-Sulfat in etwa $4n$ H_2SO_4
Au(III)	Cu(I)	$0,1m$ $CuSO_4$ in $1-3n$ HCl
Br^-	Ag(I)	Ag-Anode, $0,5n$ $HClO_4$
Ca	ÄDTA	$0,02m$ Hg-ÄDTA $+$ $0,05n$ NH_4NO_3 pH 8,5; Hg-Kathode
Ce(IV)	Fe(II)	$0,1m$ Fe(III) in $1n$ H_2SO_4 $+$ $0,1n$ H_3PO_4
	Ti(III)	$0,6m$ $TiOSO_4$ in $6-8n$ H_2SO_4
Cr(VI)	Cu(I)	s. unter Au(III)
Cu(II)	Sn(II)	$0,2n$ $SnCl_4$ $+$ $3-4n$ NaBr $+$ $0,2n$ HCl
Fe(II)	Ce(IV)	s. unter As(III)
Fe(III)	Sn(II)	s. unter Cu(II)
	Ti(III)	s. unter Ce(IV)
H^+	OH^-	$1n$ Na_2SO_4
J^-	Ag(I)	s. unter Br^-
Mn(VII)	Fe(II)	s. unter Ce(IV)
	V(IV)	$0,1m$ $NaVO_3$ in $0,5-3n$ H_2SO_4
NH_3	BrO^-	$1n$ Br^- in $Na_2B_4O_7$-Puffer, pH $8-8,5$
S^{2-}	J_2	$0,1n$ J^-, pH $\leqq 9$
Sb(III)	Br_2	s. unter As(III)
Ti(III)	Ce(IV)	s. unter As(III)
Tl(I)	Br_2	s. unter As(III)
U(IV)	Ce(IV)	s. unter As(III)
U(VI)	Ti(III)	s. unter Ce(IV)
V(V)	Cu(I)	s. unter Au(III)
Zn	$[Fe(CN)_6]^{4-}$	$0,1$ $[Fe(CN)_6]^{3-}$; pH ca. 2

[a] Pt-Elektrode, $2-5$ cm^2, $\leqq 50$ mA

Bestimmbar sind Mengen zwischen etwa 1 µg und 100 mg mit Genauigkeiten zwischen ca. 10% bzw. 0,5%.

2.1.3. Voltammetrie/Polarographie

Grundlage der Voltammetrie sind die Strom-Spannungs-Kurven, die an einer polarisierten *Mikro*elektrode gegen eine unpolarisierte Bezugselektrode zu messen sind, wenn die Diffusion der Depolarisatoren der Geschwindigkeits-bestimmende Teilschritt ist.

Ist die Mikroelektrode eine tropfende Hg-Elektrode, spricht man von *Polarographie*, ist sie eine Feststoffelektrode, von *Voltammetrie* (vgl. Tabelle 4, 4.2, 4.12).

Als Elektrodenmetall ist Hg im Potentialbereich zwischen $+0,4$ und $-2,8$ V (gegen H_2-Elektrode) anwendbar, Pt zwischen $+0,9$ und $-0,1$ V. Weitere Feststoffelektroden sind beispielsweise Quecksilberfilmelektroden, Graphitelektroden und Kohlepasteelektroden.

Die zahlreichen Ausführungsformen dieses Analysenprinzips sind bereits in den Tabellen 4 und 5 aufgeführt worden. Die von der Anwendung her gebräuchlichsten sollen hier noch etwas eingehender betrachtet werden, wobei in direkte und inverse Verfahren gegliedert werden soll.

Die direkten Verfahren ermöglichen die Ermittlung von Stoffmengen oder -konzentrationen unmittelbar aus dem aus ihrer Umsetzung an der Elektrode, sei es die Anode oder die Kathode, resultierenden Strom.

Die indirekten Verfahren bestehen aus einer zunächst meist unspezifischen Anreicherungselektrolyse, vorwiegend kathodischer Natur, von der nur die Dauer von Interesse ist, und einer sich daran anschließenden Auflösungsreaktion unter polarographischen oder voltammetrischen Bedingungen. Die dabei gemessenen Stromsignale sind ein Maß für die während der Anreicherungsphase abgeschiedenen Substanzmengen. Verfahren dieser Art haben Bedeutung insbesondere für die Bestimmung geringster Metallspuren erlangt.

Direkte Verfahren

Gleichstromvoltammetrie/-polarographie. Wird an eine Elektrode in einer Lösung mit elektrochemisch aktiven Komponenten (= Depolarisator) eine sich linear verändernde Spannung angelegt und der jeweils sich einstellende Strom ($10^{-6}-10^{-8}$ A) gemessen, so wird eine Stromspannungskurve erhalten, die im Falle von Feststoffelektroden oder stationären Elektroden (Voltammetrie) durch eine Stromspitze bei einem konkreten Potential (= Spitzenpotential) gekennzeichnet ist oder im Falle einer tropfenden Quecksilberelektrode (Polarographie) durch einen Stromanstieg, der zunächst steil verläuft und dann einem Grenzwert zustrebt. Der Wendepunkt dieser Kurve liegt am Halbstufenpotential. Spitzenpotential bzw. Halbstufenpotential entsprechen einander und sind für den jeweiligen Depolarisator charakteristische Größen.

Es gelten die folgenden Beziehungen:

Für den Spitzenstrom i_{Sp} die *Randles-Sevčik-Gleichung:*

$$i_{Sp} = k \cdot n^{3/2} \cdot A \cdot D^{1/2} \cdot v^{1/2} \cdot c$$

k = Proportionalitätsfaktor
n = Zahl der am Elektrodenprozeß beteiligten Elektroden
A = Elektrodengröße
D = Diffusionskoeffizient des Depolarisators

Für den Grenzstrom i_D die *Ilkovič-Gleichung:*

$$i_D = 0,627 \cdot n \cdot F \cdot D^{1/2} \cdot m^{2/3} \cdot t^{1/6} \cdot c$$

F = Faraday-Konstante
m = Ausströmgeschwindigkeit des Quecksilbers

t = Tropfzeit des Quecksilbers
n = siehe oben
D = siehe oben

Beide Gleichungen stellen eine lineare Proportionalität zwischen den herausragenden Stromwerten und der Depolarisatorkonzentration her. Schaltskizze und Kurvenvelräufe s. Abb. 3

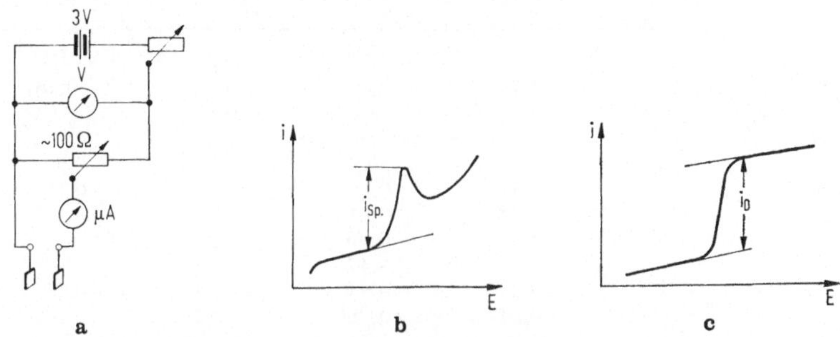

Abb. 3. a Schaltskizze für eine Meßanordnung zur Aufnahme von Stromspannungskurven; **b** Voltammetrische Stromspannungskurve; **c** Polarographische Stromspannungskurve

Anwendung: Der voltammetrischen bzw. polarographischen Bestimmung sind die meisten Metall-Ionen zugänglich, schlecht oder nicht bestimmbar sind: Mg, Sc, Y, seltene Erden, Nb, Th; die Alkalien und Erdalkalien sowie die Edelmetalle sind in speziellen Grundlösungen meßbar.

An Hg-Elektroden sind auch die Halogenide erfaßbar. Meßbar sind ferner organische Verbindungen mit reaktiven Gruppen, wie Aldehyde, Ketone, Nitroverbindungen, gewisse Schwefel-, Carbonyl- und Halogenverbindungen und manche Heterocyclen, und schließlich auch neutrale Stoffe, wie O_2, NO, SO_2.

Die Bestimmbarkeitsgrenze ist mit etwa 10^{-4}—10^{-5} m Lösungen erreicht.

Die Halbstufenpotentiale für die in den gebräuchlichsten Grundlösungen bestimmbaren Elemente, gemessen in Volt gegen eine gesättigte Kalomelelektrode bei 25 °C, sind (Auswahl aus Handbook of Chemistry and Physics, 37. Ausgabe, 1955/56, S. 1624/31, Chemical Rubber Publishing Co., Cleveland, Ohio) aus Tabelle 9 ersichtlich.

Wechselstrompolarographie. Bei der wechselstrompolarographischen Arbeitsweise wird dem gleichstrompolarographischen Meßkreis eine kleine Wechselspannung überlagert. Das Wechselstrompolarogramm, d. h. die Änderung der Wechselstromkomponente als Funktion der Zeit, hat die Form einer symmetrischen Spitze. Bei reversiblen Elektrodenvorgängen entspricht das dem Strommaximum zuzuordnende Potential dem Halbstufenpotential. Die Spitzenstromstärke ist der Konzentration des Depolarisators in der Untersuchungslösung proportional.

Tabelle 9. Bedingungen für die polarographische Bestimmung einiger Elemente

Element	2M Essigsäure 2M NH₄-Acetat	1M NH₃, 1M NH₄Cl	0,1M oder 1M KCl	1M HCl	1M NaOH
Al			$-1,75$		
As		$-1,7$		$-0,43$ $-0,67$	$(-0,26)$
Be			$-1,8$		
Bi	$-0,25$			$-0,09$	$-0,6$
Cd	$-0,65$	$-0,81$	$-0,64$	$-0,64$	$-0,78$
Cr^{3+}		$-1,43$ $-1,71$	$-0,61$ $-0,85$ $-1,47$		
Cu	$-0,07$	$-0,24$ $-0,51$	$+0,04$ $-0,22$	$+0,04$ $-0,22$	$-0,41$
Ga		$-1,6$	$-1,1$		
Ge		$-1,5$ $-1,7$			
H^+			$-1,58$		
In	$-0,71$		$-0,56$	$-0,60$	$-1,09$
Fe^{2+}		$(-0,34)$ $-1,49$	$-1,3$		$-1,46$
Pb	$-0,50$		$-0,40$	$-0,44$	$-0,76$
Mn		$-1,66$	$-1,51$		$-1,70$
Ni		$-1,1$	$-1,1$		
O_2			$-0,05$ $-0,9$		$-0,18$ $-1,0$
Pd^{2+}		$-0,75$			
Pt^{2+}			$-0,1$ $-1,35$		
Ra			$-1,84$	$-0,4$	$-1,5$
Re^{7+}			$-1,4$		
Rh^{3+}		$-0,93$			
Se^{4+}		$-1,53$		$-0,1$ $-0,4$ $-0,5$	
Ta				$-1,16$	
Te^{4+}		$-0,67$			$-1,1$ $-1,19$
Tl	$-0,47$	$-0,48$	$-0,48$	$-0,48$	$-0,48$
Sn^{2+}	$-0,16$ $-0,62$			$-0,47$	$-0,73$ $-1,22$
Ti				$-0,8$	
U^{6+}	$-0,45$	$-0,8$ $-1,4$		$-0,20$ $-0,9$	$-0,95$
V^{5+}		$-0,96$ $-1,26$			
Zn	$-1,1$	$-1,35$	$-1,00$		$-1,53$
Zr			$-1,65$		

Die angelegte Wechselspannung kann sinusförmig oder auch rechteckig (*Square-wave-Polarographie*, vgl. Tab. 5, 5.5) sein. Wird nicht der effektive Strommittelwert über mehrere Wechselstromperioden gemessen, sondern die Stromstärke in einem bestimmten Bereich einer einzigen Rechteck-Periode, bevorzugt kurz vor deren Ende, wird das Verfahren als *Puls-Polarographie* (vgl. Tab. 4, 4.22, 4.23) bezeichnet.

Schaltskizze und Wechselstrompolarogramm: s. Abb. 4

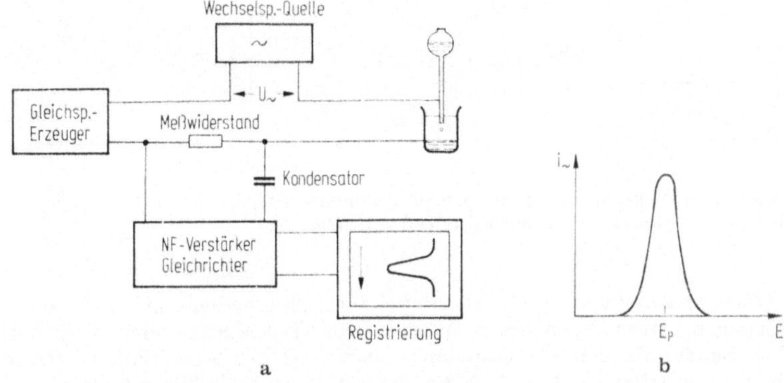

Abb. 4. a Meßanordnung für Wechselstrompolarographie;
b Wechselstrompolarogramm

Anwendung: Mit Hilfe der Wechselstrompolarographie mit sinusförmiger Wechselspannung sind Depolarisatorkonzentrationen bis herab zu etwa $10^{-6}-10^{-7}$ Mol/l bestimmbar.

Square-wave-polarographisch können bei reversiblen Elektroden-prozessen noch Konzentrationen von 10^{-8} Mol/l bestimmt werden.

Die Puls-Polarographie besitzt eine noch höhere Empfindlichkeit sowohl bei reversiblen als auch bei irreversiblen Prozessen.

Die anderen speziellen wechselstrompolarographischen Techniken sind gleichfalls um etwa den Faktor 100 empfindlicher als die normale Wechsel-strompolarographie.

Ein weiterer Vorteil der wechselstrompolarographischen Techniken gegenüber dem gleichstrompolarographischen Verfahren ist ihre höhere Selektivität.

Bestimmbar sind im wesentlichen die gleichen Depolarisatoren, die auch gleichstrompolarographisch erfaßt werden können.

Chronopotentiometrie. Das chronopotentiometrische Verfahren verfolgt die zeitliche Änderung des Potentials einer Elektrode unter Stromfluß. Der Strom ist ein Gleichstrom; er kann konstant oder zeitlich veränderlich sein. Es wird eine Potential/Zeit-Kurve erhalten. Die Zeit zwischen den beiden raschen Potentialänderungen am Anfang und Ende dieser Kurve wird als Transitionszeit bezeichnet. Sie hängt von der Depolarisator-konzentration in der Analysenlösung und der an der Elektrode anliegenden

Stromdichte ab und kann somit für Konzentrationsbestimmungen herangezogen werden (vgl. Tab. 3, 3.12).

Anwendung: Die Empfindlichkeit und das Anwendungsgebiet der Chronopotentiometrie entsprechen in etwa denen der Gleichstrompolarographie.
Schaltskizze und chronopotentiometrische Kurve: siehe Abb. 5

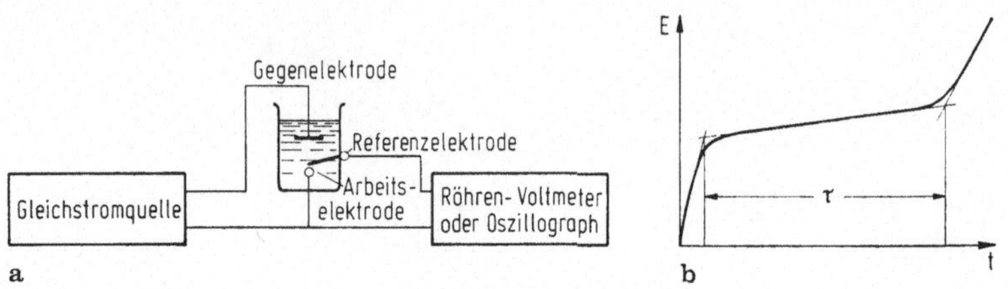

Abb. 5. a Meßanordnung zur Chronopotentiometrie;
b Chronopotentiometrische Potentialzeitkurve

Oszillopolarographie. Die Oszillopolarographie bedient sich eines sinusförmigen Stroms großer Amplitude zur Polarisation der Elektrode (= Sonderfall der Chronopotentiometrie). Es werden Potential/Zeit-Kurven erhalten (s. a in Abb. 6), die jedoch zweckmäßiger in Form der ersten Ableitung gegen die Zeit (s. b) und noch besser gegen das Elektrodenpotential E (s. c) dargestellt werden. Im letzteren Falle werden

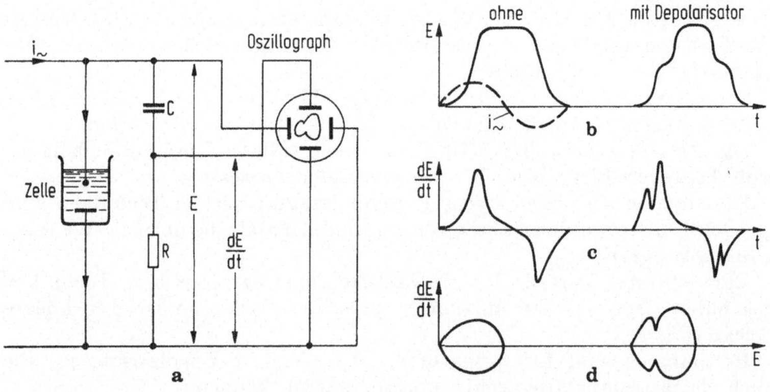

Abb. 6. a Schaltskizze für oszillographische Polarographie;
b, c, d Oszillopolarographische Kurven in verschiedener Darstellung

geschlossene Kurven erhalten, in denen die Transitionszeiten durch Einschnitte dargestellt sind, deren Höhe der Depolarisator-Konzentration in der Analysenlösung proportional ist (vgl. Tab. 4, 4.7).
Schaltskizze und oszillographische Kurven: siehe Abb. 6

Anwendung: Die Empfindlichkeit der Oszillopolarographie, ihre Einsatzmöglichkeiten und ihr Aufwand sind in etwa denen der Wechselstrompolarographie unter Verwendung einer sinusförmigen Wechselspannung vergleichbar.

Inverse Verfahren

Inverse Voltammetrie/Polarographie. Die inversen voltammetrischen und polarographischen Verfahren sind dadurch gekennzeichnet, daß vor dem eigentlichen Bestimmungsvorgang eine Anreicherungselektrolyse durchgeführt wird. Durch Umkehrung der Elektrolyse lassen sich die angesammelten Elektrolyseprodukte in ein kleines Volumen eines reinen Elektrolyten wieder in Lösung bringen. Die Anreicherungselektrolyse wird zweckmäßigerweise potentiostatisch (bei konstantem Potential) vorgenommen werden, da nur so Trennungen möglich sind. Der Auflösevorgang wird nach einer gewissen Ruheperiode durch Anlegen einer sich linear verändernden Spannung an die Zelle vorgenommen. Es werden dabei voltammetrische Kurven erhalten.

Als Elektroden für die inversen voltammetrischen Prozesse kommen in Frage:

— die stationäre Quecksilbertropfenelektrode, die in neutralen Grundlösungen bis etwa —1,5 V, in sauren bis etwa —1,1 V (gegen gesättigte Kalomelelektrode) brauchbar ist. Der Hg-Tropfen kann hängend oder aufliegend angeordnet sein.

- Quecksilberfilmelektroden, wie beispielsweise amalgamierte Platin-, Gold-, Silber- oder Graphitelektroden. Sie verhalten sich wie feste Quecksilberelektroden.

— Platin- oder andere Edelmetallelektroden, die jedoch einer chemischen, elektrochemischen oder mechanischen Vorkonditionierung bedürfen.

— Graphit- und Kohleelektroden, die gleichfalls vorbehandelt werden müssen, um reproduzierbar ansprechen zu können. Meistens werden sie in imprägnierter Form (Wachs) oder als Teig- bzw. Pastenelektroden eingesetzt. Letztere bauen sich aus Graphit- oder Kohlepulver auf, das mit wasserunlöslichen organischen Lösungsmitteln angeteigt ist. Sie besitzen alle Vorteile der Festelektroden, zeichnen sich diesen gegenüber aber durch eine leichte und reproduzierbare Erneuerbarkeit der Oberfläche aus.

Anwendung: Das Verfahren wird bevorzugt zur Bestimmung von Metallspuren eingesetzt. Die Elektrolyse erfolgt dabei an einer stationären Hg-Kathode, in der sich das Metall als Amalgam löst, oder an Feststoffelektroden, auf denen es sich als Film niederschlägt. Mit Hilfe von Kohleelektroden können auch die Edelmetalle, vor allem Gold und Silber, bestimmt werden. Auch organische Verbindungen können erfaßt werden, insbesondere solche, die S- oder P-haltige Gruppen enthalten.

Für die Bestimmung von Metallspuren werden besonders günstige Verhältnisse erzielt, wenn für die Anreicherungselektrolyse und den Bestimmungsvorgang Lösungen unterschiedlicher Zusammensetzung zur Anwendung gelangen.

Für einige Kationen gelten dabei die folgenden Werte für das Spitzenpotential in V bei einer Anreicherungselektrolyse aus 1 n HCl an stationären Hg-Elektroden und nachfolgender Bestimmung in den angegebenen Lösungen (s. Tabelle 10, auszugsweise aus Neeb, Inverse Polarographie und Voltammetrie, Verlag Chemie, Weinheim, 1969):

Tabelle 10. Inverspolarographie einiger Elemente

Element	2 m Na-acetat	2 m K_2CO_3	2 m NH_4OH	2 m Äthylendiamin	2 m NaOH
Cu	$-0,12$ (0,8)	$-0,22$ (1,3)	$-0,43$ (0,6)	$-0,55$ (0,6)	$-0,42$ (0,4); m
Bi	$-0,07$ (0,8)	$-0,21$ (0,6)	$-0,22$ (0,5)	$-0,26$ (0,9)	$-0,35$ (0,2)
Sb^{3+}	$-0,25$ (0,5); b	$-0,36$ (0,3); m	$-0,39$ (0,4)	$-0,48$ (0,5)	$-0,63$ (0,3); m
Pb	$-0,47$ (0,8)	$-0,60$ (0,9)	$-0,48$ (0,5)	$-0,58$ (0,9)	$-0,70$ (0,8)
In	$-0,66$ (1,0)	$-0,78$ (0,4); b	$-0,82$ (0,9)	$-0,93$ (1,0)	$-1,02$ (0,2); b
Cd	$-0,64$ (0,8)	$-0,70$ (0,8)	$-0,72$ (1,0)	$-0,93$ (0,9)	$-0,77$ (1,4)
Sn^{2+}	$-0,58$ (0,9)	$-0,75$ (0,5); b	$-0,74$ (0,8)	$-0,80$ (1,0)	$-0,42$ (0,2); b
Tl^+	$-0,46$ (1,0)	$-0,48$ (0,9)	$-0,45$ (1,2)	$-0,47$ (0,9)	$-0,43$ (1,1)

m = Doppel- bzw. Mehrfachspitze
b = stark verbreiterte Spitze

Das Verfahren besitzt eine gegenüber den direkten Verfahren um den Faktor 10^3-10^4 höhere Empfindlichkeit. $10^{-8}-10^{-10}$, in Sonderfällen bis 10^{-12} m Metallsalzlösungen können analysiert werden, organische Verbindungen in Konzentrationen bis herab zu 10^{-6} bis 10^{-7} m.
Schaltskizze und Stromverlauf: siehe Abb. 7

Mikrocoulometrie. Die Mikrocoulometrie stellt ein besonderes Auswerteverfahren der invers-voltammetrisch erhaltenen Stromspannungskurve dar. In der durch langsame lineare Spannungsänderung erhaltenen Stromspannungskurve (s. Abb. 8) ist die Fläche unter der Stromspitze der für den Auflösevorgang benötigten Elektrizitätsmenge gleich und damit ein Maß für die bei der Anreicherungselektrolyse auf der Elektrode abgeschiedene Substanzmenge.
Durch Aufnahme einer Grundstromkurve ist eine recht gute Reststromkorrektur möglich. Die Potentiallage der Stromspitzen ist den den Vorgang herbeiführenden Elementen sicher zuzuordnen. Als Elektroden haben sich insbesondere Quecksilberfilmelektroden oder Festelektroden bewährt.

Anwendung: Das Verfahren ist im Prinzip für alle invers-voltammetrisch bestimmbaren Komponenten anwendbar und besitzt gleichfalls eine sehr hohe Empfindlichkeit.

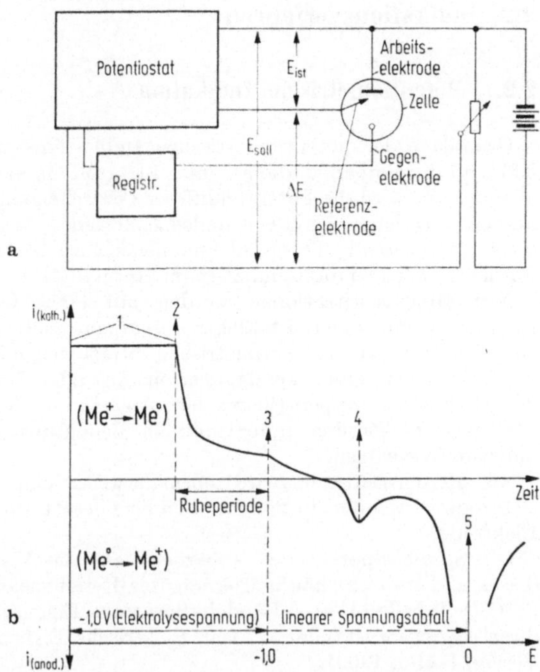

Abb. 7. a Schaltanordnung für die potentiostatische Arbeitsweise der inversen Voltammetrie; **b** Gesamter Stromverlauf während einer inversvoltammetrischen Bestimmung

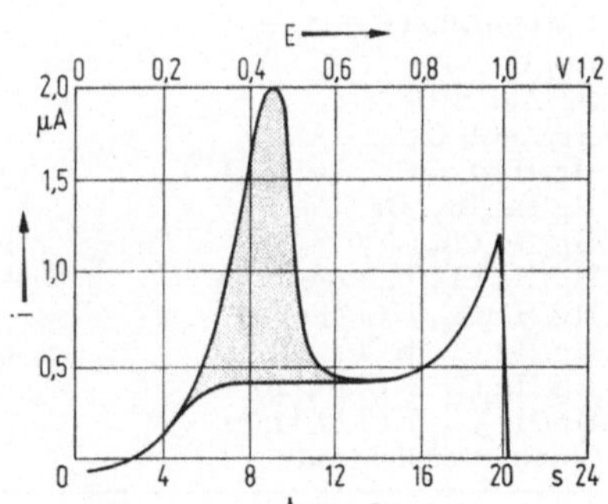

Abb. 8. Mikrocoulometrische Stromspannungskurve

2.2. Indikationsverfahren

2.2.1. Potentiometrische Indikation

Grundlage der potentiometrischen Indikationstechnik (vgl. Tabelle 3, 3.3) sind die Vorgänge, die an einer Elektrode in einer galvanischen Zelle ablaufen. Es wird die Potentialdifferenz zwischen einer Indikatorelektrode und einer Bezugselektrode stromlos gemessen.

Die resultierende Potential-Volumen-Kurve hat eine bilogarithmische Form, ihr Wendepunkt indiziert im Normalfall den Titrationsendpunkt.

Neutralisationstitrationen werden mit einer Glaselektrode, Redoxtitrationen mit einer Pt-Elektrode, argentometrische Titrationen mit einer Ag-Elektrode, mercurimetrische Titrationen mit einer Hg-Elektrode, meist in Form einer amalgamierten Au- oder Pt-Elektrode, indiziert. Neben diesen Gruppen-Elektroden gewinnen in letzter Zeit die ionensensitiven Elektroden zunehmend an Bedeutung, die ionenselektiv zu indizieren vermögen.

Als Bezugselektrode wird normalerweise eine gesättigte Kalomelelektrode verwendet, in Sonderfällen eine gesättigte Quecksilber-I-Sulfat-Elektrode.

Die Standardpotentiale — bezogen auf die Wasserstoffelektrode — dieser und weiterer häufig gebrauchter Referenzelektroden betragen bei 25 °C (s. Tabelle 11, nach Landolt-Börnstein, Eigenschaften der Materie in ihren Aggregatzuständen, 7. Teil, Elektrische Eigenschaften II, Springer-Verlag, Berlin, 1960):

Tabelle 11. Standardpotentiale einiger Referenzelektroden

Elektrode	Potential in V
$Pb(Hg)/PbSO_4$, SO_4^{--}	−0,351
Ag/AgJ, J^-	−0,152
$Ag/AgBr$, Br^-	+0,071
$Ag/AgCl$, Cl^-	+0,2224
Hg/HgO, OH^-	+0,098
Hg/Hg_2Br_2, Br^-	+0,140
Hg/Hg_2Cl_2, Cl^-	+0,268
Hg/Hg_2Cl_2, KCl (gesätt.)	+0,2412
Hg/Hg_2Cl_2, KCl (1 n)	+0,2801
Hg/Hg_2Cl_2, KCl (1 m)	+0,2809
Hg/Hg_2Cl_2, KCl (0,1 n)	+0,3337
Hg/Hg_2Cl_2, KCl (0,1 m)	+0,3339
Chinhydronelektrode	+0,69969

Schaltskizze: s. Abb. 9

Anwendung: Potentiometrisch indizierbar sind generell Neutralisationstitrationen, Redoxtitrationen sowie die argentometrischen und mercurimetrischen Titrationen; Komplexbildungstitrationen sind es nur in

Sonderfällen. Bei Einsatz ionensensitiver Elektroden können so auch spezielle Titrationen indiziert werden. Auch Titrationen in nichtwäßrigen Lösungsmitteln sind in vielen Fällen auf diesem Wege einer Indikation zugänglich. Die Grenze der Anwendbarkeit ist bei Neutralisationstitrationen im allgemeinen mit 10^{-3} m, bei Redoxtitrationen mit 10^{-4} m Maßlösungen erreicht.

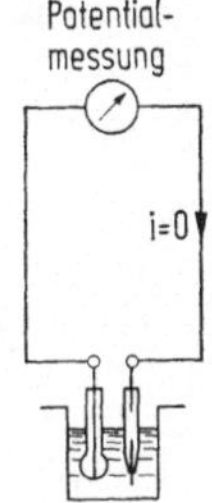

Abb. 9. Schaltskizze für potentiometrische Indikation

Die Genauigkeit der Indikation ist in allen Fällen besser als die mit Farbindikatoren erzielbare, sie liegt bei Titrationsverbrauchen von 10 ml bei etwa ± 1 Tropfen Maßlösung.

2.2.2. Voltametrische Indikation

Unter dieser Indikationstechnik (vgl. Tabelle 3, 3.10, 3.11) ist die Arbeitsweise verstanden, die sich zweier, kleiner Metallelektroden (ca. 10 bis 50 mm²) bedient, die mit Hilfe geringer, von außen ihnen auferlegter Ströme (ca. 1—10 μA) polarisiert sind. Die Potentialdifferenz zwischen den Elektroden wird stromlos gemessen. Die Polarisation der Elektroden erfolgt normalerweise mit Gleichstrom, jedoch ist auch das Arbeiten mit Wechselströmen möglich. Für die Messung können die beiden polarisierten Elektroden direkt herangezogen werden (Normalfall), es kann aber auch eine der beiden polarisierten Elektroden gegen eine nichtpolarisierte potentialkonstante Hilfselektrode geschaltet werden.

Die Elektroden sind im allgemeinen Pt-Elektroden, doch sind auch Au- und in Sonderfällen Hg-, Ag-, Cu- und sogar auch Zr-Elektroden möglich. Im Falle der Indikation komplexometrischer Titrationen bieten mit Nichtedelmetalloxiden, wie Tl_2O_3, Bi_2O_5, MnO_2 oder PbO_2, überzogene Anoden Vorteile.

Die voltametrische Indikationskurve, eine Potential-Volumen-Kurve, hängt in ihrem Verlauf davon ab, ob der zugrunde liegende Elektrodenprozeß reversibel oder irreversibel ist.

Schaltskizzen und typische Indikationskurven: s. Abb. 10 und 11

Anwendung: Der voltametrischen Indikation sind alle Redox-, argentometrischen und merkurometrischen Titrationen zugängig. Mit Hilfe von Zr-Elektroden können auch Neutralisationstitrationen indiziert werden. Von besonderer Bedeutung ist, daß so auch die komplexometrischen Titrationen elektrisch indizierbar geworden sind.

Die Schärfe der Erkennbarkeit des Äquivalenzpunktes in voltametrischen Indikationskurven ist größer als in potentiometrischen. Es können noch Titrationen von und mit sehr verdünnten Systemen mit hoher Genauigkeit indiziert werden. Noch Titrationen mit 10^{-6} n Maßlösungen sind einwandfrei indizierbar.

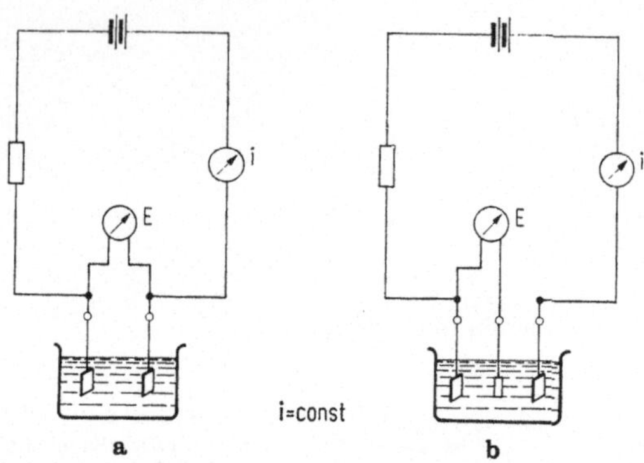

Abb. 10. Prinzipschaltskizzen für Meßanordnungen zur voltametrischen Indikation. **a** Messung mit zwei polarisierten Elektroden; **b** Messung mit einer polarisierten Elektrode und einer nichtpolarisierten Hilfselektrode

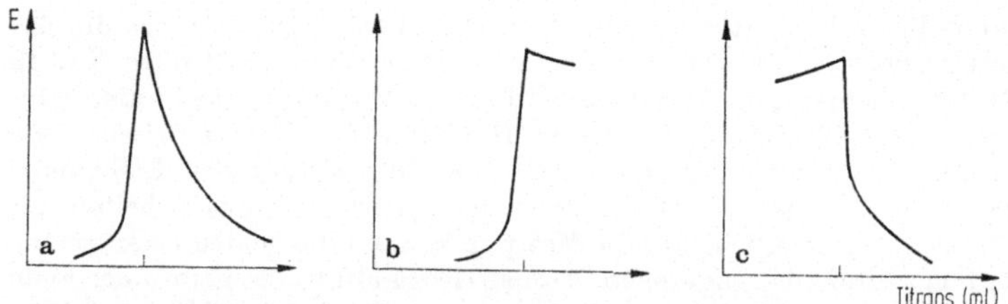

Abb. 11. Voltametrische Indikationskurven — zwei polarisierte Elektroden — für Redoxtitrationen unterschiedlicher Reversibilität.

a Titration von Fe^{2+} (reversibel) mit Ce^{4+} (reversibel)
b Titration von Fe^{2+} (reversibel) mit CrO_4^{2-} (irreversibel)
c Titration von $S_2O_3^{2-}$ (irreversibel) mit Ce^{4+} (reversibel)

2.2.3. Amperometrische Indikation

Die amperometrische Indikation (vgl. Tabelle 3, 3.18, 3.19) verwendet zum Polarisieren der Elektroden konstante Potentiale (wenige mV bis 1—2 V). Meßgröße ist der durch die Titrationslösung fließende Strom. Die amperometrische Indikationskurve ist somit eine Strom-Volumen-Kurve. Die Indikation kann unter Verwendung von nur einer polarisierten Elektrode in Verbindung mit einer nichtpolarisierten oder auch mit Hilfe zweier polarisierter Elektroden ausgeführt werden.

Für die Indikation mit nur einer polarisierten Elektrode sind die tropfende Hg-Elektrode oder die rotierende Pt-Mikroelektrode die Elektroden der Wahl, beide meist in Verbindung mit einer Kalomelelektrode als Bezugselektrode. Für die Indikation mit zwei polarisierten Elektroden werden bevorzugt kleine Edelmetallelektroden, meist Pt-Elektroden, eingesetzt. (Wird dabei mit nur kleinen Polarisationspotentialen gearbeitet, so ist der Fall gegeben, der früher als dead-stop-Verfahren bezeichnet wurde.)

Die Indikationskurven beim Arbeiten mit nur einer polarisierten Elektrode haben bevorzugt die Form eines V, eines L oder eines umgekehrten L. Ähnliche Kurven werden auch bei der Arbeitsweise mit zwei

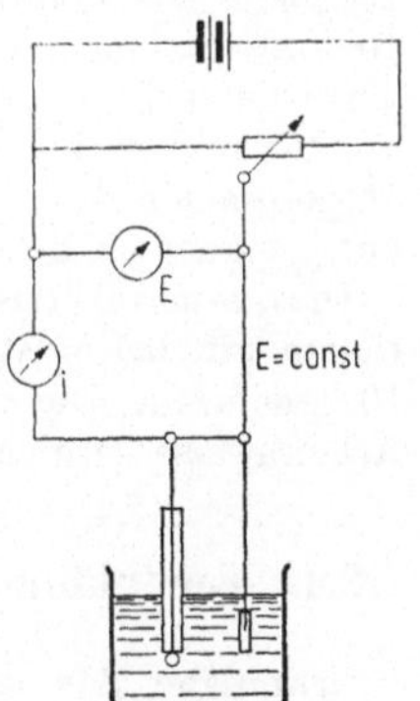

Abb. 12. Prinzipschaltskizze für eine Meßanordnung für amperometrische Indikationen

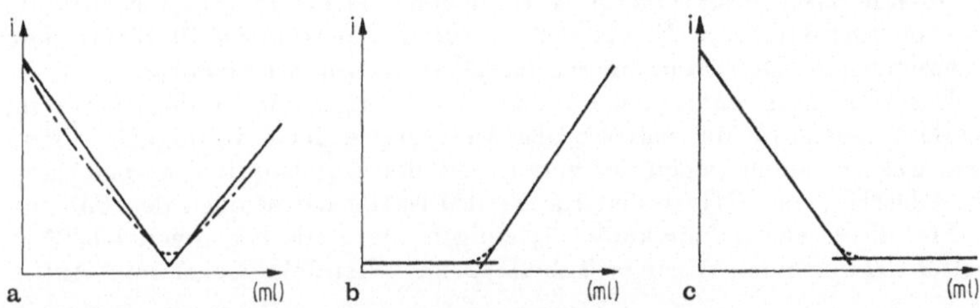

Abb. 13. Amperometrische Indikationskurven (1 polarisierte Elektrode) **a** V-förmig; **b** in Form eines umgekehrten L; **c** L-förmig
— theoretische Kurve; — · — praktisch erhaltene Kurve

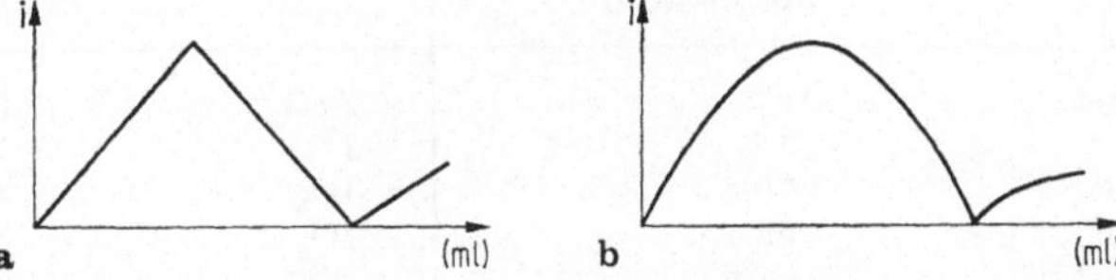

Abb. 14. Amperometrische Indikationskurven (2 polarisierte Elektroden); **a** großes Polarisationspotential; **b** kleines Polarisationspotential

polarisierten Elektroden erhalten, doch hängt der Kurvenhabitus dabei noch davon ab, ob mit kleinen oder großen Polarisationspotentialen polarisiert wird. Die Auswertung erfolgt üblicherweise durch Extrapolation der Kurvenäste im Knickbereich.

Eine Besonderheit der amperometrischen Indikationsverfahren ist, daß sie tunlichst für solche Titrationen eingesetzt werden sollen, bei denen die Konzentration der Maßlösung größer (etwa 10mal) ist als die der zu titrierenden Komponente in der Analysenlösung.

Schaltskizze und typische Indikationskurven: s. Abb. 12—14

Anwendung: Die amperometrische Indikation mit nur einer polarisierten Elektrode ist insbesondere für Fällungs- und Komplexbildungstitrationen geeignet. Die biamperometrische Arbeitsweise kann zusätzlich auch für Redoxtitrationen eingesetzt werden. Beide Verfahren sind auch für Titrationen in nichtwäßrigen Lösungsmitteln und sogar in Salzschmelzen gut brauchbar. Für die Indikation von Neutralisationstitrationen sind die amperometrischen Arbeitsweisen ebenso wie die voltametrische weniger gut geeignet als die potentiometrische.

Die amperometrischen Techniken erlauben die Indikation von Titrationen mit 0,1 m Maßlösungen ebenso wie die mit 10^{-5}, z. T. sogar mit 10^{-6} molaren. Die Indikationsgenauigkeit ist der der voltametrischen Arbeitsweise vergleichbar.

2.2.4. Konduktometrische Indikation

Grundlage des konduktometrischen Indikationsverfahrens (vgl. Tabelle 1, 1.2.) ist die Messung der elektrischen Leitfähigkeit eines Elektrolyten und ihrer Änderung im Verlauf einer Titration. Für die Messung werden unangreifbare Elektroden, bevorzugt platinierte Pt-Elektroden, verwendet, als Meßstrom ein Wechselstrom von meist 1 000 Hz.

Das Verfahren kann insbesondere dann eingesetzt werden, wenn im Verlauf der Titration relativ große Änderungen der Leitfähigkeit auftreten, was vor allem wegen der herausragenden Ionenäquivalent-Leitfähigkeit der H^+- und OH^--Ionen für Neutralisationstitrationen der Fall ist.

Für die Grenzleitfähigkeiten l_0 einiger anorganischer Ionen bei 25°C gelten die folgenden Werte (s. Tabelle 12, nach Landolt-Börnstein, 6. Aufl.).

Tabelle 12. Grenzleitfähigkeiten einiger Ionen

Anionen

Ion	l_0^- in Ω^{-1} cm²/g-Äquiv.	Ion	l_0^- in Ω^{-1} cm²/g-Äquiv.
OH^-	197	BrO_3^-	55,8
F^-	55	J^-	76,5
Cl^-	76,4	JO_3^-	40,5
ClO_2^-	52	JO_4^-	55,6
ClO_3^-	64,6	HS^-	65
ClO_4^-	67,9	HSO_3^-	50
Br^-	78,4	HSO_4^-	50

Tabelle 12. (Fortsetzung)

Anionen

Ion	l_0^- in Ω^{-1} cm²/g-Äquiv.	Ion	l_0^- in Ω^{-1} cm²/g-Äquiv.
N_3^-	69	$1/2\ S_2O_4^{2-}$	66,5
NO_2^-	71,8	$1/2\ S_2O_6^{2-}$	93
NO_3^-	71,4	$1/2\ S_2O_8^{2-}$	86
PF_6^-	56,9	$1/2\ SeO_4^{2-}$	75,7
$H_2PO_4^-$	33	$1/2\ HPO_4^{2-}$	57
$H_2AsO_4^-$	34	$1/2\ CO_3^{2-}$	72
$H_2SbO_4^-$	31	$1/2\ CrO_4^{2-}$	84
HCO_2^-	54,6	$1/2\ MoO_4^{2-}$	74,5
HCO_3^-	44,5	$1/2\ WO_4^{2-}$	69,4
CN^-	78	$1/3\ PO_4^{2-}$	69,0
CNO^-	64,6	$1/3\ P_3O_9^{3-}$	83,6
CNS^-	66	$1/3\ Fe(CN)_6^{3-}$	100
MnO_4^-	61	$1/3\ Co(CN)_6^{3-}$	98,9
ReO_4^-	54,6	$1/4\ P_2O_7^{4-}$	81,4
$1/2\ SO_3^{2-}$	72	$1/4\ P_4O_{12}^{4-}$	93,7
$1/2\ SO_4^{2-}$	79,8	$1/4\ Fe(CN)_6^{4-}$	111
$1/2\ S_2O_3^{2-}$	85	$1/5\ P_3O_{10}^{5-}$	109

Kationen

Ion	l_0^+ in Ω^{-1} cm²/g-Äquiv.	Ion	l_0^+ in Ω^{-1} cm²/g-Äquiv.
H^+	349,9	$1/3\ Ho^{3+}$	66,3
Li^+	38,7	$1/3\ Er^{3+}$	65,9
Na^+	50,6	$1/3\ Tm^{3+}$	65,4
K^+	73,5	$1/3\ Yb^{3+}$	65,6
Rb^+	77,5	$1/2\ UO_2^{2+}$	32
Cs^+	79	$1/2\ Mn^{2+}$	51
NH_4^+	74,5	$1/2\ Fe^{2+}$	54
$CuOH^+$	31,2	$1/2\ Co^{2+}$	52
Ag^+	62,2	$1/2\ Ni^{2+}$	51
$ZnOH^+$	32,1	$1/2\ Cu^{2+}$	55
Tl^+	76,0	$1/2\ Zn^{2+}$	54
$1/2\ Be^{2+}$	44	$1/2\ Cd^{2+}$	54
$1/2\ Mg^{2+}$	53	$1/2\ Pb^{2+}$	71
$1/2\ Ca^{2+}$	59,8	$1/3\ Sc^{3+}$	64,7
$1/2\ Sr^{2+}$	59,8	$1/3\ Y^{3+}$	62
$1/2\ Ba^{2+}$	63,6	$1/3\ La^{3+}$	69,6
$1/2\ Ra^{2+}$	66,8	$1/3\ Ce^{3+}$	67
$1/3\ Ce^{3+}$	69,6	$1/3\ Pr^{3+}$	65,4
$1/3\ Pr^{3+}$	69,8	$1/3\ Nd^{3+}$	64,3
$1/3\ Nd^{3+}$	69,4	$1/3\ Sm^{3+}$	62
$1/3\ Sm^{3+}$	68,5	$1/3\ Gd^{3+}$	62
$1/3\ Eu^{3+}$	67,8	$1/3\ Cr^{3+}$	67
$1/3\ Gd^{3+}$	67,3	$1/3\ Fe^{3+}$	68,4
$1/3\ Dy^{3+}$	65,6		

Die konduktometrischen Indikationskurven können ähnlich vielgestaltig sein wie die amperometrischen und ähneln diesen sehr. Die Auswertung der Kurven erfolgt wie bei denen der amperometrischen Indikation durch geradlinige Extrapolation der beiden Kurvenäste in Richtung ihres Schnittpunktes. Der Schnittpunkt der Extrapolierenden entspricht dem Äquivalenzpunkt. Auch hier soll eine im Vergleich mit der Analysenlösung etwa 10fach konzentriertere Maßlösung zur Anwendung kommen.

Schaltskizze und typische Indikationskurven: s. Abb. 15 u. 16

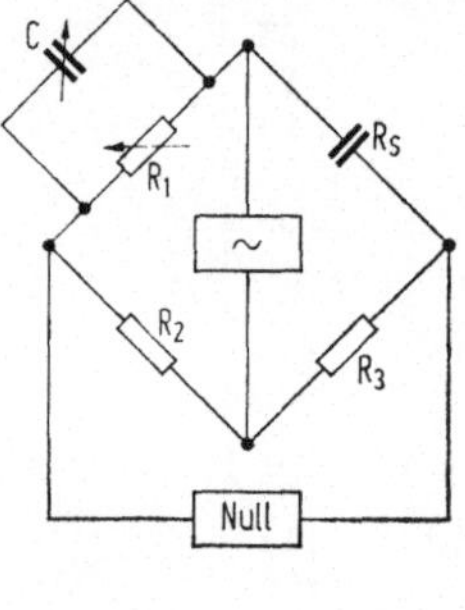

Abb. 15. Prinzipschaltskizze für eine konduktometrische Meßanordnung (Wheatstonesche Brücke)

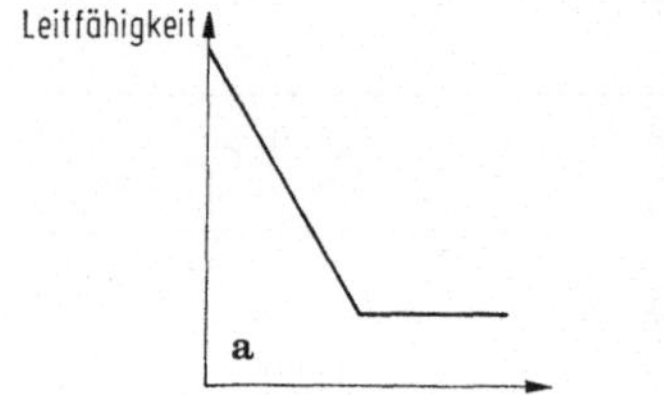
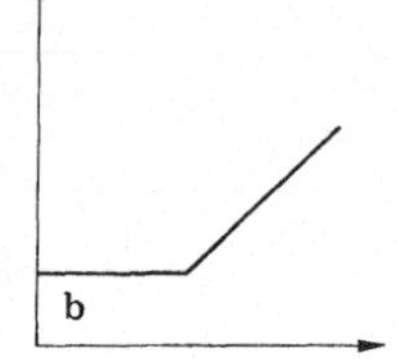
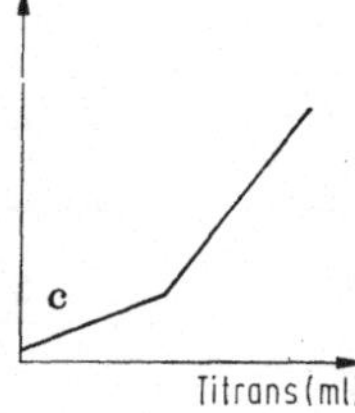

Abb. 16. Konduktometrische Indikationskurven

Anwendung: Die konduktometrische Indikation ist mit besonderem Vorteil für Neutralisationstitrationen einzusetzen; sie ist hier hinsichtlich der Anwendungsbreite und der Genauigkeit oft sogar der potentiometrischen Indikation überlegen. Dies gilt insbesondere für Titrationen sehr schwacher Säuren oder Basen. Sie ist auch für Fällungs- und z. T. auch Komplexbildungstitrationen einsetzbar, bei normaler apparativer Ausstattung jedoch nicht für Redoxtitrationen.

2.2.5. Oszillometrische Indikation

Das oszillometrische Indikationsverfahren (vgl. Tabelle 1, 1.4., ältere Bezeichnung: Hochfrequenztitration) ist mit dem konduktometrischen insofern verwandt, als es wie jenes ein Wechselstromverfahren ist und vornehmlich auf der Messung der Leitfähigkeit des Meßgutes basiert. Zum Unterschied von jenem werden hier Wechselströme von einigen MHz eingesetzt. Die Elektroden stehen dabei nicht mehr im galvanischen Kontakt mit der zu messenden Lösung, sie umschließen vielmehr das (Glas)-Gefäß, in dem sich diese befindet. Entsprechend den Eigenschaften eines hochfrequenten Wechselfelds kann die Messung über die Wechselstromwirk- oder -blindkomponente erfolgen.

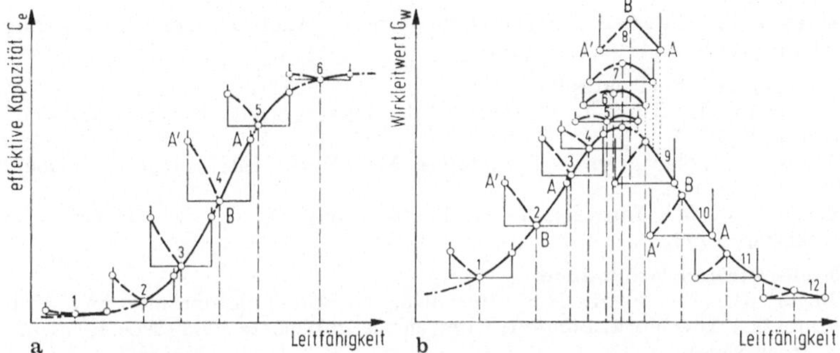

Abb. 17. Oszillometrische Indikationskurven. **a** Blindkomponenten-Verfahren; **b** Wirkkomponenten-Verfahren

Die Form der oszillometrischen Indikationskurven hängt einmal davon ab, ob nach dem Blind- oder dem Wirkkomponenten-Verfahren gemessen wird und in welchem Bereich der hochfrequenten Kennkurve die Messung erfolgt (Beispiele s. Abb. 17, zur Hälfte gestrichelt gezeichnet). Die erhaltenen Indikationskurven entsprechen den konduktometrischen nur dann, wenn die Messung im Bereich der Wendepunkte der Kennkurven erfolgt. Da eine Kennkurve stets nur für eine bestimmte Zelle bei einer bestimmten Meßfrequenz gilt, folgt, daß vor der eigentlichen Titration die Kennkurve aufgenommen werden oder für das vorliegende Meßgut bekannt sein muß.

Anwendung: Die oszillometrische Indikation ist recht breit einsetzbar, z. B. für Neutralisationstitrationen in wäßrigen und nicht-wäßrigen Lösungen, Fällungstitrationen und Komplexbildungstitrationen; für Redoxtitrationen ist sie nur ebenso bedingt brauchbar wie die konduktometrische Arbeitsweise.

Literatur

Übersichtsliteratur
Kraft, G.: Elektrische Methoden in der chemischen Analyse, Frankfurt: Umschau-Verlag 1962

Bestimmungsverfahren

Elektrogravimetrie
Boettger, W.: „Elektroanalyse" in Physikalische Methoden der Analytischen

Chemie, 2. Aufl., II. Teil, Leipzig: Akadem. Verlagsgesellschaft Geest und Portig 1949
Fischer, H.: Elektrolytische Abscheidung und Elektrokristallisation von Metallen, Berlin: Springer-Verlag 1954
Lingane, J. J.: Electroanalytical Chemistry, 2. Aufl., New York: Interscience Publishers Inc., 1958

Coulometrie
Abresch, K.; Claassen, J.: Die coulometrische Analyse, Weinheim: Verlag Chemie, 1961

Voltammetrie/Polarographie
Heyrovsky, J.; Kůta, J.: Grundlagen der Polarographie, Berlin: Akademie-Verlag 1965
Meites, L.: Polarographic Techniques, New York: Interscience Publishers 1965
Kolthoff, J. M.; Lingane, J. J.: Polarography, New York: Interscience Publishers 1952

Wechselstrompolarographie
Breyer, B.; Bauer, H. H.: Alternating current Polarography and Tensammetry, New York, London: Interscience Publishers 1963 (Wechselstrompolarographie)
Barker, G. C.; Jenkins, L. L.: Analyst 77, 685 (1952) (Square-wave-Polarographie)
Barker, G. C.; Gardner, A. W.: A.E.R.E. Report C/R 2297 (1958) (Pulse-Polarographie)
Neeb, R.: Z. anal. Chem. 186, 53 (1962) und 188, 401 (1962) (Oberwellenpolarographie)
Neeb, R.: Naturwissenschaften 49, 447 (1962) (Intermodulationspolarographie)
Neeb, R.: Z. anal. Chem. 208, 168 (1965) (Doppeltonpolarographie)
Barker, G. C.: Anal. Chim. Acta (Amsterdam) 18, 118 (1958) (Radiofrequenzpolarographie)

Chronopotentiometrie
Delahay, P.; Mamantov, G.: Anal. Chem. 27, 478 (1955)
Reilley, C. N.; Everett, G. W.; Johns, R. H.: Anal. Chem. 27, 483 (1955)

Oszillopolarographie
Heyrovsky, J.; Kaldova, R.: Oszillographische Polarographie mit Wechselstrom, Berlin: Akademie-Verlag 1960

Inverse Voltammetrie/Polarographie
Neeb, R.: Inverse Polarographie und Voltammetrie, Weinheim: Verlag Chemie, 1969

Mikrocoulometrie
Lord, S. S.; O'Neill, R. C.; Rogers, L. B.: Anal. Chem. 24, 209 (1952)

Indikationsverfahren

Übersichtsliteratur
Kraft, G.; Fischer, J.: Indikation von Titrationen, Berlin: de Gruyter, 1972

Potentiometrische Indikation
Hahn, F. L.: pH und potentiometrische Titrierungen, Frankfurt: Akademische Verlagsgesellschaft 1964

Voltametrische Indikation
Kraft, G.: Z. anal. Chem. 238, 321 (1968)
Kraft, G.; Dosch, H.: Z. anal. Chem. 260, 261 (1972)

Amperometrische Indikation
Stock, J. T.: Amperometric Titrations, New York: Interscience Publishers, 1965

Konduktometrische Indikation
Jander, G.; Pfundt, O.: Die konduktometrische Maßanalyse, Enke, Stuttgart, 1945

Oszillometrische Indikation
Cruse, K.; Huber, R.: Hochfrequenztitration, Weinheim: Verlag Chemie, 1957

Grenzen der Atomabsorptions-Spektroskopie

Doz. Dr. G. Knapp und Dr. W. Wegschneider
Institut für Analytische Chemie, Mikro- und Radiochemie,
Technische Universität Graz

1. Einleitung

Die Atomabsorptions-Spektroskopie (AAS) [1, 9, 11] beruht auf dem Kirchhoffschen Strahlungsgesetz, nach dem freie Atome eines Elementes, die sich im Grundzustand befinden (Atomisierungsquelle), Lichtenergie jener Frequenz absorbieren, die sie im angeregten Zustand emittieren (Strahlungsquelle). Dabei ist die Frequenz der Resonanzabsorption spezifisch für das Element, während die gemessene Lichtabsorption der vorhandenen Menge der freien Atome dieses Elementes proportional ist. Für die Elementkonzentration c gilt:

$$c = \frac{E_A}{\varepsilon_A \cdot l}$$

E_A = atomare Extinktion; ε_A = atomarer Extinktionskoeffizient;
l = Länge der absorbierenden Schicht

Die Konzentrationsabhängigkeit des Absorptionssignals erhält man durch Eichung. Die freien Atome im Grundzustand werden erhalten, wenn man die Probenlösung mit speziellen Zerstäubern in konstant brennende Flammen (z. B. H_2/O_2; C_2H_2/O_2; C_2H_2/N_2O) bestimmter Schichtlänge als Aerosole einbringt (Flammen-AAS) oder die Probenlösung mit Hilfe elektrothermischer Techniken eindampft, verascht und atomisiert (flammenlose AAS; FAAS).

Als Strahlungsquellen dienen Hohlkathodenlampen, die das zu bestimmende Element als Kathodenmaterial enthalten oder in speziellen Fällen wie z. B. bei Hg, Se, Te, As, Sb elektrodenlose Entladungslampen, die mit einem Mikrowellen- oder HF-Feld angeregt werden.

Im Prinzip läßt sich jedes Element durch AAS bestimmen, da alle Atome anregbar und damit auch zur Absorption fähig sind. Praktisch ist es allerdings schwierig, bei Wellenlängen unterhalb 200 nm im Vakuum-UV-Bereich zu messen, da hier der atmosphärische Sauerstoff und Flammengase zu absorbieren beginnen. In diesem spektralen Bereich liegen beispielsweise die Resonanzlinien aller Gase und typischen Nichtmetalle. Elemente, deren Resonanzlinien knapp unter 200 nm liegen, wie z. B.

Arsen (189,0 nm und 193,7 nm) oder Selen (189,1 nm und 196,1 nm), können mit guten Atom-Absorptions-Spektrometern noch gemessen werden.

Weitere Elemente, die mit Hilfe der AAS noch nicht bestimmt werden können, sind Thorium sowie verschiedene, nicht natürlich vorkommende radioaktive Elemente.

Eine Beschreibung des Aufbaus und der Funktionsweise von Atomabsorptions-Spektrometern erübrigt sich. Nach nunmehr über 20jähriger Entwicklungszeit besitzen praktisch alle kommerziellen Geräte einen sehr hohen Stand an Perfektion. Konstruktive Unterschiede beeinflussen deshalb kaum noch die Güteziffern der Ergebnisse. Vielmehr sind es matrixabhängige Parameter, die beim Atomisierungsprozeß systematische Fehler verursachen können. Die auszuschalten ist Aufgabe des Analytikers. Dieser Beitrag weist auf Möglichkeiten hin, wie sich beim Atomisierungsvorgang und bei der vorausgehenden Probenvorbereitung auftretende methodische Störungen reduzieren lassen.

2. Vergleich der wichtigsten Methoden zur Probenatomisierung

Im folgenden werden die beiden gebräuchlichsten Methoden zur Atomisierung von Proben mit der Flamme und flammenlos im Graphitrohr hinsichtlich ihrer Güteziffern gegenübergestellt.

Einen Überblick über die Nachweisstärken für Elementbestimmungen mit der Flammen-AAS vermittelt Tabelle 1. Die Daten resultieren aus Messungen verdünnter wäßriger Lösungen. Diese Werte werden jedoch bei komplex zusammengesetzten Probenlösungen in vielen Fällen nicht erreicht. Die benötigte Probenmenge liegt im ml-Bereich. Mit einer speziellen Technik, der „Injektionsmethode" [3], können auch kleine Volumina in der Flamme vermessen werden. Zu diesem Zweck wird an den Ansaugschlauch des Zerstäubers ein kleiner Trichter angeschlossen, in welchen mit Hilfe einer Kolbenpipette 50—100 µl Probenlösung dosiert werden.

Die flammenlose AAS mit Graphitrohröfen hat wegen ihrer sehr großen Nachweisstärke weite Verbreitung gefunden. Die Probenlösung (5—100 µl) wird in einem Graphitrohr stufenweise erhitzt, bis das gesuchte Element nach thermischer Aufbereitung der Probe schließlich atomar vorliegt. Die Bauart der erhältlichen Graphitöfen unterscheidet sich z. T. beträchtlich, so daß sich verschiedene Analysenparameter nicht unmittelbar von einem Erzeugnis auf ein anderes übertragen lassen. Die Elemente Tantal, Wolfram und Rhenium können wegen ihrer geringen Flüchtigkeit, Hafnium, Niob, Thorium und Zirkon wegen Carbidbildung nicht in Graphitrohröfen bestimmt werden. In Tabelle 1 sind die Nachweisstärken für die Bestimmung von Elementen mit Graphitrohröfen und durch Flammenatomisierung gegenübergestellt.

Tabelle 1. Nachweisgrenzen in der Flammenatomabsorption (gemessen mit dem Perkin-Elmer-Atomabsorptions-Spektrometer, Modell 503), bzw. in der Graphitrohrküvette (gemessen mit der Perkin-Elmer-Graphitrohrküvette HGA-72 und HGA-74) [1, 2]

| Element | λ [nm] | Flammenatomabsorption | | Graphitrohrküvette | |
		Flamme	Nachweisgrenze [μg/l]	Nachweisgrenze absol. [g]	Nachweisgrenze rel. [μg/l] (Probenvol. 100 μl)
Ag	328,1	Luft/C_2H_2	2	1×10^{-13}	0,001
Al	309,3	N_2O/C_2H_2	20	2×10^{-12}	0,02
As[a]	193,7	Argon/H_2 (Diff.)	20	1×10^{-11}	0,1
		Luft/C_2H_2	150		
Au	242,8	Luft/C_2H_2	10	1×10^{-11}	0,1
B	249,7	N_2O/C_2H_2	2000		
Ba	553,6	N_2O/C_2H_2	10	5×10^{-11}	0,5
Be	234,8	N_2O/C_2H_2	2	3×10^{-12}	0,03
Bi	223,1	Luft/C_2H_2	3	2×10^{-11}	0,2
Ca	422,7	Luft/C_2H_2	1	1×10^{-12}	0,01
Cd	228,8	Luft/C_2H_2	2	1×10^{-13}	0,001
Co	240,7	Luft/C_2H_2	10	5×10^{-12}	0,05
Cr	357,9	Luft/C_2H_2	3	1×10^{-11}	0,1
Cs	852,1	Luft/C_2H_2	50		
Cu	324,7	Luft/C_2H_2	1	2×10^{-12}	0,02
Dy	421,2	N_2O/C_2H_2	50		
Er	400,8	N_2O/C_2H_2	40		
Eu	459,4	N_2O/C_2H_2	20		
Fe	248,3	Luft/C_2H_2	10	3×10^{-12}	0,03
Ga	287,4	Luft/C_2H_2	100	1×10^{-11}	0,1
Gd	407,9	N_2O/C_2H_2	1200		
Ge	265,1	N_2O/C_2H_2	200		
Hf	286,6	N_2O/C_2H_2	2000		
Hg	253,7	Luft/C_2H_2	200		
Ho	410,4	N_2O/C_2H_2	40		
In	304,0	Luft/C_2H_2	20	1×10^{-11}	0,1
Ir	264,0	Luft/C_2H_2	1000	1×10^{-9}	10
K	766,5	Luft/C_2H_2	1	1×10^{-13}	0,001
La	550,1	N_2O/C_2H_2	2000		
Li	670,8	Luft/C_2H_2	0,3	1×10^{-11}	0,1
Lu	336,0	N_2O/C_2H_2	700		
Mg	285,2	Luft/C_2H_2	0,1	1×10^{-12}	0,01
Mn	280,1	Luft/C_2H_2	2	2×10^{-13}	0,002
Mo	313,3	N_2O/C_2H_2	20	3×10^{-12}	0,03
Na	589,0	Luft/C_2H_2	0,2	5×10^{-13}	0,005
Nb	334,3	N_2O/C_2H_2	2000		
Nd	463,4	N_2O/C_2H_2	1000		
Ni	232,0	Luft/C_2H_2	2	1×10^{-11}	0,1
Os	290,9	N_2O/C_2H_2	100		
P	213,6	N_2O/C_2H_2	100000	1×10^{-7}	1000

[a] Gemessen mit einer elektrodenlosen Entladungslampe

Tabelle 1. (Fortsetzung)

Element	λ [nm]	Flammenatomabsorption		Graphitrohrküvette	
		Flamme	Nachweisgrenze [µg/l]	Nachweisgrenze absol. [g]	Nachweisgrenze rel. [µg/l] (Probenvol. 100 µl)
Pb	283,3	Luft/C_2H_2	10	2×10^{-12}	0,02
Pd	247,7	Luft/C_2H_2	20		
Pr	495,1	N_2O/C_2H_2	5 000		
Pt	265,9	Luft/C_2H_2	100	2×10^{-10}	2
Rb	780,0	Luft/C_2H_2	2		
Re	346,0	N_2O/C_2H_2	1 000		
Rh	343,5	Luft/C_2H_2	5	1×10^{-10}	1
Ru	349,9	Luft/C_2H_2	100		
Sb	217,6	Luft/C_2H_2	40	1×10^{-11}	0,1
Sc	391,2	N_2O/C_2H_2	20		
Se[a]	196,1	Argon/H_2 (Diff.)	100	5×10^{-11}	0,5
		Luft/C_2H_2	200		
Si	251,6	N_2O/C_2H_2	20	5×10^{-11}	0,5
Sm	429,7	N_2O/C_2H_2	2 000		
Sn	224,6	Luft/H_2	20	1×10^{-11}	0,1
		Luft/C_2H_2	500		
Sr	460,7	N_2O/C_2H_2	2	5×10^{-12}	0,05
Ta	271,4	N_2O/C_2H_2	1 000		
Tb	432,6	N_2O/C_2H_2	600		
Tc	261,5	Luft/C_2H_2		5×10^{-9}	50
Te	214,3	Luft/C_2H_2	50	1×10^{-11}	0,1
Ti	364,3	N_2O/C_2H_2	50	2×10^{-9}	20
Tl	276,8	Luft/C_2H_2	20	1×10^{-11}	0,1
Tm	371,8	N_2O/C_2H_2	10		
U	351,5	N_2O/C_2H_2	30 000		
V	318,4	N_2O/C_2H_2	50	1×10^{-10}	1
W	400,9	N_2O/C_2H_2	1 000		
Y	410,2	N_2O/C_2H_2	100		
Yb	398,8	N_2O/C_2H_2	5	5×10^{-12}	0,05
Zn	213,9	Luft/C_2H_2	1	5×10^{-14}	0,0005
Zr	360,1	N_2O/C_2H_2	1 000		

[a] Gemessen mit einer elektrodenlosen Entladungslampe

Welche der beiden genannten Atomisierungsmethoden bei einem gestellten Problem eingesetzt werden soll, hängt in erster Linie von der zu erwartenden Elementkonzentration ab. Ist die Flammenatomisierung ausreichend nachweisstark, sollte sie der flammenlosen Atomisierung vorgezogen werden. Denn in Graphitrohröfen treten im Gegensatz zu Flammen wesentlich mehr und stärkere Interferenzen auf, die unter Umständen nicht leicht zu erkennen sind und damit zu falschen Analysenergebnissen führen [4, 5]. Es ist zu beachten, daß der Einfluß bestimmter Interferenzen auf das Meßergebnis weder durch Einrichtungen zur Untergrundkompensation (z. B. Deuterium-Kompensator), noch durch die vielfach angewandte Standardadditions-Methode beseitigt werden kann. Im Graphitrohr ausgeführte Messungen müssen daher sehr kritisch beurteilt werden. Im Zweifelsfall sind unabhängige Analysenmethoden heranzuziehen, bzw. Standardproben mit gleicher Zusammensetzung wie die Analysenproben einzusetzen.

Außer der Atomisierung in Flammen und im Graphitrohr werden für einige Elemente spezielle Methoden eingesetzt. Quecksilber z. B. wird aus wäßriger Lösung nach Reduktion mit $SnCl_2$ oder $NaBH_4$, oder durch thermische Behandlung fester Proben in die Gasphase übergeführt und unmittelbar, oder nach Anreicherung auf Gold, Silber oder Kupfer mit anschließender thermischer Freisetzung bestimmt. Auch die elektrolytische Abscheidung des Quecksilbers wird mit der AAS kombiniert. Bei

Tabelle 2. Resonanzlinien und reziproke Empfindlichkeiten (Wellenlängen in nm, reziproke Empfindlichkeiten in µg/ml pro 1% Absorption) [1]

Aluminium	309,3	396,1	308,2	394,4	257,5		
	1,2	2,0	2,5	4,0	16		
Antimon	217,6	206,8	231,1				
	0,5	1	1,5				
Arsen	193,7						
	0,8						
Barium	553,6						
	0,4						
Beryllium	234,8						
	0,03						
Blei	217,0	283,3[b]	261,4	368,4	364,0		
	0,25	0,7	15	30	80		
Bor	249,7						
	40						
Cadmium	228,8	326,1					
	0,03	20					
Cäsium	852,1	455,6					
	0,5	20					
Calzium	422,7	239,9					
	0,05	10					
Chrom	357,9						
	0,1						
Eisen[a]	248,3	271,9	302,1	216,7	344,1	293,1	368,0
	0,2	0,3	0,4	0,5	1,6	2,5	10
Gallium	287,4	294,4	417,2	403,3	250,0	245,0	
	2,2	2,4	3,7	6,2	22	28	
Germanium	265,1						
	2,5						
Gold	242,8	267,6[b]					
	0,25	0,4					
Hafnium[a]	286,6	307,3	296,5	289,3	295,1	294,1	290,5
	15	25	50	70	100	150	150

[a] nicht alle angeführt
[b] bestes Signal/Rauch-Verhältnis trotz geringerer Empfindlichkeit

Tabelle 2. (Fortsetzung)

Indium	304,0	325,6	410,5	451,1	256,0	275,4	
	1,0	1,0	2,5	3	10	25	
Iridium	208,9	264,0[b]	266,5	285,0	237,3	250,3	351,4
	8	10	15	18	20	22	110
Jod	183,0						
	12						
Kalium	766,5	769,9	404,4				
	0,05	0,1	10				
Kobalt	240,7	242,5	252,1	241,1	352,7	345,4	
	0,2	0,3	0,5	0,7	3	4	
Kupfer	324,7	327,4	222,6	249,2	244,2		
	0,1	0,3	2	10	55		
Lanthan	550,1						
	45						
Praseodym	495,1	513,3	473,7	502,7	505,3	491,4	
	25	35	50	55	60	85	
Neodym	463,4	489,7	471,9				
	10	15	20				
Samarium	429,7	520,1	476,0	528,3	488,4		
	10	25	45	50	55		
Europium	459,4	462,7					
	0,6	4					
Gadolinium	407,9	368,4					
	17	20					
Terbium	432,6	431,9	390,1	406,2	433,8	410,5	
	7,5	9	12	13	15	26	
Dysprosium	421,2	404,6	418,7	419,5			
	0,7	1,0	1,1	1,4			
Holmium	410,4	405,4	416,3	404,1	412,7		
	0,7	2	2,5	7	15		
Erbium	400,8	386,3	389,3	497,4	408,8	394,4	
	0,9	2,5	4,5	5	6	18	
Thulium[a]	371,8	410,6	374,4	409,4	418,8	420,4	375,2
	0,35	1,0	1,1	1,2	1,3	2	4
Ytterbium	398,8	346,4	246,5	267,2			
	0,1	0,7	1,5	8			
Lutetium[a]	336,0	331,2	337,6	311,8	339,7	298,9	451,9
	7,5	125	15	20	55	65	85
Lithium	670,8	323,3					
	0,05	15					
Magnesium	285,2	202,5					
	0,01	0,5					
Mangan	279,5	279,5/279,8/280,1		403,1			
	0,05	0,1		1			
Molybdän	313,3						
	0,5						
Natrium	589,0/589,6		330,2/330,3				
	0,015		3				
Nickel[a]	232,0	231,1	234,6	341,5	305,1	300,3	
	0,15	0,3	1	3	4	5	
Niob	334,3						
	40						

[a] nicht alle angeführt

Tabelle 2. (Fortsetzung)

Osmium[a]	290,9	305,9	263,7	301,8	330,2	271,2	280,7	442,0
	1,0	1,6	1,8	3,2	3,6	4,2	4,6	20
Palladium	247,6	276,3						
	0,3	1						
Platin[a]	265,9	217,4	306,5	264,7	299,8	271,9	304,3	
	2	3	5	11	12	18	35	
Quecksilber	253,7							
	10							
Rhenium	346,0	346,5	345,2					
	15	20	35					
Rhodium	343,5	369,2	339,7	350,3	365,8	370,1	350,7	
	0,25	0,6	0,7	1,5	2	3	8	
Rubidium	780,0							
	0,1							
Ruthenium	349,9							
	0,5							
Scandium	391,2	390,8	402,4	402,0	327,0	327,4		
	0,4	0,6	0,6	0,9	1,4	2		
Selen	196,1	204,0						
	0,5	5						
Silber	328,1							
	0,06							
Silizium[a]	251,6	250,7	252,6	221,7	251,9	221,1	220,8	
	1,5	3	4	4,5	5,5	8	16	
Strontium	460,7							
	0,15							
Tantal	271,4							
	20							
Technetium	261,4/261,6							
	3							
Tellur	214,3	225,9						
	0,7	5						
Thallium	276,8	377,6						
	0,5	3						
Titan	364,3	335,5	399,9	399,0	395,6	394,8		
	2	3	5	5	10	20		
Uran	351,5							
	50							
Vanadin[a]	318,3/318,4/318,5			370,4	438,5	370,5	257,7	
	2			5	6	10	20	
Wismut	223,1	222,8	306,8	206,2	227,7	211,0	202,1	
	0,7	1,5	2	5,5	10	20	50	
Wolfram	400,9							
	15							
Yttrium[a]	410,2							
	1,8							
Zink	213,8	307,6						
	0,02	100						
Zinn	224,6	286,3	235,4					
	2,5	5,0	4					
Zirkonium[a]	360,1	354,8	301,2	298,5				
	15	30	35	40				

[a] nicht alle angeführt

der Bestimmung von Quecksilber sind eine Vielzahl von Fehlerquellen zu berücksichtigen, die von der Probenvorbereitung bis zu den verschiedenen Interferenzen bei der Isolierung dieses Elementes reichen [6]. So führen größere Mengen Kupfer, Jod, Arsen, Selen und Wismut zu einer geringeren Ausbeute an gasförmigem Quecksilber beim Reduzieren und Austreiben aus wäßrigen Lösungen.

Die Elemente Arsen, Antimon, Germanium, Selen, Tellur, Wismut und Zinn werden vielfach mit Hilfe der Hydrid-Methode bestimmt. Man überführt die Elemente mit $NaBH_4$ in flüchtige Hydride, die in einer Argon/Wasserstoff-Diffusionsflamme, oder besser in einer beheizten Quarzküvette in Atome zerlegt und vermessen werden [1]. Die Gerätehersteller bieten für diese verbreitete Technik Zusatzgeräte an, die aus Entwicklungsgefäß und beheizter Quarzküvette bestehen. Zu beachten ist, daß eine Anzahl von Elementen (z. B. Ag, Au, N·, Co, Cu usw.) die Hydridbildung stören können [7]. Ausführliche Untersuchungen dieser Interferenzen stehen noch aus.

Die Atomabsorptions-Spektrometrie kann nur einen begrenzten Konzentrationsbereich erfassen, der sich für die meisten Elemente nur über 1 bis 2 Zehnerpotenzen erstreckt. Der lineare Bereich der Eichkurven endet in der Regel bei 0,6 bis 0,7 Ext.-Einheiten. Messungen im nicht linearen Teil erfordern einen erhöhten Eichaufwand und gehen auf Kosten der Analysengenauigkeit. Zur Bestimmung von Lösungen mit höherer Elementkonzentration gibt es mehrere Möglichkeiten, wie Verdünnen der Probelösung, Verkürzung des Absorptionsweges durch Querstellen des Brennerkopfes, oder Ausweichen auf weniger empfindliche Resonanzlinien. Tabelle 2 zeigt eine Übersicht über verschiedene Resonanzlinien und die zugehörige reziproke Empfindlichkeit.

3. Interferenzen

Je nach Art der auftretenden Störungen unterscheidet man zwischen physikalischen, chemischen oder spektralen Interferenzen.

Physikalische Interferenzen werden häufig durch Unterschiede in der Viskosität, der Oberflächenspannung oder dem spezifischen Gewicht zwischen Probelösung und Standard hervorgerufen. Änderungen dieser Parameter wirken sich auf den Zerstäubungsvorgang aus. Als Beispiel sei auf organische Lösungsmittel hingewiesen, die die Empfindlichkeit der AAS-Bestimmung meist erhöhen, da sie eine bessere Atomisierung bewirken. Bei Vorliegen physikalischer Interferenzen müssen die betreffenden Eigenschaften von Probe und Standard aneinander angeglichen werden. Bei organischen Lösungsmitteln muß zusätzlich auch oft die Brenngaszufuhr reduziert werden, da die Flamme sonst zu „fett" ist. Physikalische Interferenzen im Graphitrohr beruhen häufig auf Okklusionen durch Pipettieren zu großer Probenmengen und können durch Einsatz kleinerer Probenmengen vermieden werden.

Elemente mit geringem Ionisierungspotential werden in Flammen mehr oder weniger stark ionisiert und können dann nicht bestimmt werden. Zur

Beseitigung dieser Fehlerquelle setzt man leicht ionisierbare Elemente wie Kalium oder Cäsium zu, um das Ionisationsgleichgewicht zu verschieben (spektroskopische Puffer).

Elemente mit einem Ionisierungspotential von weniger als 5,5 eV werden in einer Lachgas/Acetylen-Flamme praktisch vollständig ionisiert [8]. In solchen Fällen müssen mindestens 10 g Cäsium oder Kalium/l zugesetzt werden, um störungsfrei messen zu können. Elemente mit einem Ionisierungspotential bis etwa 6,5 eV brauchen 1—2 g/l und solche mit einem Ionisierungspotential über 6,5 eV nur etwa 0,2 g/l eines leicht ionisierbaren Elementes, um die Interferenz zu beseitigen. Das Ausmaß der Ionisation und die Ionisierungspotentiale einiger Elemente sind in Tabelle 3 zusammengestellt.

Tabelle 3. Ionisationspotentiale und Ionisation [1]

Element	Ionisierungs-potential [eV]	% Ionisation	
		Luft/C_2H_2	C_2H_2/N_2O
Li	5,39	0	
Na	5,14	22	
K	4,34	30	
Rb	4,2	47	
Cs	3,87	85	
Be	9,32	—	0
Mg	7,64	0	6
Ca	6,11	3	43
Sr	5,69	13	84
Ba	5,21	—	88
Y	6,51		25
Lanthaniden			35—80
Tm	6,2		57
Ti	6,82		15
Zr	6,84		10
V	6,74		10
U	6,1		45
Al	5,98		10

Chemische Interferenzen beruhen darauf, daß Bestandteile der Probe stabile Verbindungen mit dem Analysenelement eingehen. Ein bekanntes Beispiel einer chemischen Interferenz ist die Phosphatstörung bei der Bestimmung von Erdalkalimetallen. Es wurden eine Reihe weiterer Interelementbeeinflussungen beschrieben [9], die z. T. auf eine Bildung stabiler Oxide mit geringer Flüchtigkeit zurückzuführen sein dürften. Chemische Interferenzen können oft durch sorgfältige Wahl experimenteller Parameter beseitigt oder zumindest verkleinert werden. Da es darauf ankommt die Probe zu verdampfen und die Verbindungen thermisch zu spalten, ist es wichtig, durch Justieren der Ansaugrate ein möglichst feines Aerosol zu erzeugen und die Beobachtungshöhe über dem Brenner zu optimieren. Auch die Zusammensetzung bzw. die Temperatur der Flamme spielen eine bedeutende Rolle. Im allgemeinen werden in heißeren

Flammen weniger chemische Interferenzen auftreten, weswegen die C_2H_2/N_2O-Flamme in vielen Fällen Vorteile bringt.

Eine weitere Möglichkeit chemische Interferenzen zu beseitigen besteht in der Verwendung von Hilfssubstanzen, auch Puffer genannt, die als „releasing" oder „protective" Reagens wirken. „Releasing" Reagentien sind meist Kationen, die vorzugsweise mit der störenden Substanz reagieren. So kann z. B. Calcium als „releasing" Reagens zur Beseitigung der Phosphatinterferenz bei der Bestimmung von Magnesium oder Strontium verwendet werden. Zum gleichen Zweck wird Lanthan oder Strontium bei der Calcium-Bestimmung eingesetzt (vgl. Tabelle 4).

Tabelle 4. „Releasing"-Reagentien

Bestimmung von	„Releasing"-Reagenz	Interferenz	Lit.
Ca	Mg	PO_4, SiO_2, Al	10
Ca	Sr, La	PO_4	11
Fe, Mn	Ca	Si	12
Pt	Cu	Sb, W, Co, Ni	13

Als Schutzreagenzien („protective" agents) werden meist Komplexbildner verwendet, die entweder mit Interferenz-Ionen oder mit den zu bestimmenden Ionen einen Komplex bilden. Am besten untersucht sind 8-Hydroxychinolin und ÄDTA [11]. Die Funktionsweise dieser Reagenzien beruht vermutlich auf der Bildung einer relativ flüchtigen Verbindung, deren Verdampfung schneller vor sich geht.

Vergleichende Untersuchungen zeigen, daß chemische Interferenzen in Graphitrohröfen i. allg. wesentlich stärker auftreten als in Flammen [5].

Zu den spektralen Interferenzen zählt man Überlagerungen von Resonanzlinien, Molekülabsorption und Verluste durch Lichtstreuung. Wenn die Wellenlänge der Resonanzlinie eines Elementes sehr nahe an der eines anderen liegt, werden bei der Messung falsche Werte erhalten. Das Ausmaß dieses Effektes hängt vom Abstand der Resonanzlinien, sowie von der Breite der Emissions- bzw. Absorptionslinien ab. Bei Verwendung scharfer Linien aus der Hohlkathodenlampe muß der Abstand zweier Resonanzlinien kleiner als 0,01 nm sein, damit ein wesentlicher Einfluß beobachtet wird (s. Tabelle 5).

Spektrale Interferenzen werden auch durch Lichtstreuung an Partikel und durch Molekülabsorption hervorgerufen. Diese Vorgänge führen schließlich zu einem Summensignal, bestehend aus einem durch Streuung oder Molekülabsorption hervorgerufenen unspezifischen Signal und dem elementspezifischen Atomabsorptions-Signal. Unspezifische Signale können vielfach mit einem Kontinuumstrahler als Primärlichtquelle gemessen und vom Summensignal abgezogen werden (z. B. Deuterium-Kompensator). Voraussetzung ist, daß die unspezifische Absorption breitbandig erfolgt. Unmöglich wird eine von systematischen Fehlern freie Unter-

Tabelle 5. Überlagerungen von Resonanzlinien

Element, Wellenlänge [nm]	Interferenz, Wellenlänge [nm]	Abstand der Wellenlängen [nm]	Lit.
Cu 324,754	Eu 324,753	0,001	14
Fe 271,902	Pt 271,904	0,002	14
Si 250,689	V 250,690	0,001	14
Al 308,215	V 308,211	0,004	14
Hg 253,652	Co 253,649	0,003	15
Mn 403,307	Ga 403,298	0,009	16

grundmessung, wenn linienreiche Elektronenanregungsspektren für die unspezifischen Absorptionen verantwortlich sind.

Physikalische und chemische. Interferenzen beeinflussen i. allg. die Empfindlichkeit der Messung, woraus unterschiedliche Eichgeradensteigungen resultieren. Solche Störungen können mit der Standardadditionsmethode aufgedeckt werden. Zur Elementbestimmung kann die Standardadditionsmethode nur dann herangezogen werden, wenn die Eichfunktion linear ist.

Spektrale Interferenzen führen zu einem Summensignal, bestehend aus elementspezifischer und unspezifischer Komponente. Die unspezifische Komponente kann in vielen Fällen mit Hilfe einer Untergrundmessung bestimmt und vom Summensignal abgezogen werden (z. B. Deuterium-Kompensator).

Leider ist es jedoch nicht möglich mit Sicherheit festzustellen, ob die Untergrundmessung keine systematischen Fehler aufweist. Es ist daher in Zweifelsfällen eine Kontrolle mit einer unabhängigen Analysenmethode durchzuführen oder eine Referenzsubstanz gleicher Zusammensetzung heranzuziehen. Spektrale Interferenzen, die sich meßtechnisch nicht beseitigen lassen, treten in der Graphitrohrküvette häufiger auf als in der Flamme.

4. Probenvorbereitung

Der AAS werden im praktischen Einsatz oft Grenzen gesetzt, die nicht methodisch, sondern durch die Probenvorbereitung bedingt sind. Vorbereitende Analysenschritte wie Probenaufschluß, Verdünnung, Extraktion usw., sollten vor allem in der ng/g- und pg/g-Analyse mit FAAS nach Möglichkeit in einem Gefäß durchgeführt werden („Eintopfsystem"). Dieses Gefäß muß in Größe, Form und Material dem jeweiligen Problem angepaßt werden, um Ad- bzw. Desorptionserscheinungen in tragbaren Grenzen zu halten. Als Gefäßmaterial wurde lange Zeit PTFE der Vorzug gegeben. Es zeigte sich jedoch, daß Quarz in vielen Fällen geeigneter ist, da einige Elemente in die PTFE-Oberfläche hineindiffundieren und umgekehrt wieder an die Lösung abgegeben werden. Die Adsorptionserschei-

Tabelle 6. pH-Bereiche bei Komplexbildung verschiedener Metalle mit Ammoniumpyrrolidindithiocarbamat (APDC) [18]

pH-Bereich	Elemente
2	W
2—4	Nb, U
2—6	As, Cr, Mo, V, Te
2—8	Sn
2—9	Sb, Se
2—14	Ag, Au, Bi, Cd, Co, Cu, Fe, Hg, Ir, Mn, Ni, Os, Pb, Pd, Pt, Ru, Rh, Tl, Zn

Tabelle 7. Versuchsbedingungen für Flüssig-Flüssig-Extraktion von Metallionen als 8-Hydroxychinolin-Komplexe [19]

Metallion	pH der Lösung	Reagenzkonz. u. Lsg.-Mittel
As	4,5—11	$0,1\,M$ in $CHCl_3$
Bi	2,5—11	$0,1\,M$ in $CHCl_3$
Ca	10,7/10—11	$0,5\,M$ in $CHCl_3/2\%$ in MIBK
Cd	5,5—9,5	$0,1\,M$ in $CHCl_3$ + Alkohol
Co(II)	4,5—10,5	$0,1\,M$ in $CHCl_3$
Cr(III)	6—8	mit Oxinüberschuß kochen und mit $CHCl_3$ ausschütteln $0,1\,M$ in $CHCl_3$
Cu	2—12	$0,1\%$ in Äthylacetat
Fe(III)	2—12	$0,1\,M$ in $CHCl_3$
Hg(II)	3	$0,1\,M$ in $CHCl_3$
Mg	10,7—13,6	$0,1\%$ in $CHCl_3$ mit Butylamin, Oxin in MIBK
Mn(II)	6,5—10	$0,1\,M$ in $CHCl_3$
Mo(VI)	1,0—5,5	$0,1\,M$ in $CHCl_3$
	4,5	1% Oxin (wäßrig), BuOH mit Butylamin, Oxin in MIBK
Nb(V)	6—9 (2% Tartrat)	4% in $CHCl_3$
Ni	4—10	$0,01\,M$ in $CHCl_3$
	4,5—9,5	$0,07\,M$ in $CHCl_3$
Pb	6—10	$0,1\,M$ in $CHCl_3$
Pd	0—10	$0,01\,M$ in $CHCl_3$
Sn(IV)	2,5—5,5	$0,07\,M$ in $CHCl_3$
Sr	11,5	$0,5\,M$ in $CHCl_3$
Th	4—10	$0,1\,M$ in $CHCl_3$, Oxin in MIBK
Ti	2,5—9,0	$0,1\,M$ in $CHCl_3$
Tl(III)	3,5—11,5	$0,01\,M$ in $CHCl_3$

nungen sind sehr unterschiedlich, so daß keine allgemeingültige Reihenfolge der Güte von Gefäßmaterialien aufgestellt werden kann.

Die Nachweisgrenzen werden bes. bei der flammenlosen AAS sehr oft durch Reagenzienblindwerte limitiert. Die Auswahl der Probenvorbereitungsmethoden richtet sich zweckmäßig nach den benötigten Reagenzien.

Bevorzugte Reagenzien sind HCl, H_2SO_4, $HClO_4$, HF, H_2O_2 oder NH_4OH, die sich durch Destillation in hoher Reinheit darstellen lassen. Für den Aufschluß organischer Materialien eignen sich besonders jene Methoden, die reinen Sauerstoff als Oxidationsmittel einsetzen. Es sind dies Verbrennungsmethoden und Plasmaaufschlußverfahren.

Wenn chemische Interferenzen Schwierigkeiten machen sind Probenvorbereitungsschritte, die eine Abtrennung störender Probenbestandteile ermöglichen und gleichzeitig für Probe und Standard eine einheitliche Matrix schaffen, oft der einzige Ausweg. Gleichzeitig gestatten sie oft eine Anreicherung des gesuchten Elementes.

Unter den Trenn- und Anreicherungsmethoden besitzen Flüssig-Flüssig-Verteilungsverfahren für die AAS die größte Bedeutung. Zusätzlich zur Anreicherung kommt noch in vielen Fällen eine erhöhte Empfindlichkeit der Messung, bedingt durch organische Lösungsmittel. Die gute Selektivität der AAS gestattet in der Regel die Verwendung unspezifischer Extraktionssysteme. Es werden sowohl Chelat- als auch Ionen-Assoziations-Systeme eingesetzt. Als Extraktionsmittel dienen eine Palette organischer Verbindungen wie Ester, Ketone, Äther oder Alkohole. Zwei Chelatreagentien sind wegen ihrer universellen Anwendbarkeit besonders verbreitet: Ammoniumpyrrolidindithiocarbamat (APDC) und 8-Hydroxychinolin (Oxin). Eine Zusammenstellung über den pH-Bereich der Chelatbildung bringt Tabelle 6 [18]; das APDC-Reagens wird meist in $1-2\%$iger Lösung benutzt. Eine entspr. Übersicht über die Verwendung von Oxin ist in Tabelle 7 angeführt. - Die zweite gebräuchliche Art der

Tabelle 8. Optimale Extraktionsbedingungen mit Ionenassoziationssystemen [19]

Ion	Wäßrige Phase	Organ. Lsg.-Mittel
As(III)	11 M HCl	Benzol
Au(III)	10% HCl	Äthylacetat
Au(III)	3 M HBr	Äthyläther
Au(III)	7 M HJ	Äthyläther
Cd	7 M HJ	Äthyläther
	1,5 N H_2SO_4 + 1,5 M KJ	Äthyläther
Fe(III)	1 M HCl	0,1 M TOPO in Cyclohexan
Fe(III)	4 M HBr	Äthyläther
Fe(III)	6 M HCl	Äthyläther
Fe(III)	8 M HCl	Isopropyläther
Ga(III)	7 M HCl	Isopropyläther
	3 M HCl	Tributylphosphat
Ga(III)	7 M NH_4CNS + 0,5 M HCl	Äthyläther
Ga(III)	5 M HBr	Äthyläther
Ge(IV)	11 M HCl	Benzol
Hg(II)	7 M HJ	Äthyläther
In(III)	4 M HBr	Äthyläther
Mo(VI)	1 M HCl	0,1 M TOPO in Cyclohexan
Mo(VI)	5 M HCl	Amylacetat
Mo(V)	1 M NH_4CNS/0,5 M HCl	Äthyläther
Nb(V)	11 M HCl	Diisopropylketon

Tabelle 8. (Fortsetzung)

Ion	Wäßrige Phase	Organ. Lsg.-Mittel
Nb(V)	$0,6\,M$ DBPA/$1\,M$ HNO_3	Di-n-butyläther
Nb(V)	$9\,M$ HF $+$ $6\,M$ H_2SO_4	Diisopropylketon
Nb(V)	$10\,M$ HF $+$ $6\,M$ H_2SO_4 $+$ $2,2\,M$ NH_4F	MIBK
Pb(II)	Überschuß KJ/5% HCl	MIBK
Ta(V)	$10\,M$ HF $+$ $6\,M$ H_2SO_4 $+$ $2,2\,M$ NH_4F	MIBK
Sb(III)	$7\,M$ HJ	Äthyläther
Sb(V)	$5\,M$ HBr	Äthyläther
Sb(V)	$6,5-8,5\,M$ HCl	Isopropyläther
Sc(III)	$8\,M$ HCl	Tributylphosphat
Sn(II)	$4,6\,M$ HF	Äthyläther
Sn(II)	$7\,M$ HJ	Äthyläther
Sn(II)	$1,5\,M$ KJ $+$ $1,5\,N$ H_2SO_4	Äthyläther
Sn(IV)	$3\,M$ NH_4CNS $+$ $0,5\,M$ HCl	Äthyläther
Sn(IV)	$1,2-4,6\,M$ HF	Äthyläther
Sn(IV)	$0,6\,M$ DBPA $+$ $1\,M$ HNO_3	Di-n-butyläther
Tl(I)	$0,5\,M$ HJ	Äthyläther
Tl(III)	$6\,M$ HCl	Äthyläther
Tl(III)	$1\,M$ HBr	Äthyläther
Tl(III)	$0,5\,M$ HJ	Äthyläther
Ti(IV)	$7\,M$ HCl	$0,1\,M$ TOPO in Cyclohexan
U(VI)	$1\,M$ HCl	$0,1\,M$ TOPO in Cyclohexan
V(V)	pH $1,5-2,0$	$0,6\,M$ TOPO in Kerosin
Zn(II)	$1\,M$ NH_4CNS $+$ $0,5\,M$ HCl	Äthyläther
Zr(IV)	$1\,M$ HCl	$0,1\,M$ TOPO in Cyclohexan
Zr(IV)	$0,06\,M$ DBPA $+$ $1\,M$ HNO_3	Di-n-butyläther

TOPO = Tri-n-octylphosphinoxid
DBPA = Di-n-butylphosphorsäure
MIBK = Methylisobutylketon

Flüssig-Flüssig-Extraktion beruht auf der Bildung extrahierbarer Ionen-assoziate zwischen Metallionen und einfachen anorganischen Liganden. Häufig sind dies: Halogenide, Thiocyanate und organische Phosphor-säureester. Dieses Verfahren eignet sich auch zur Abtrennung größerer Mengen eines Elementes (vgl. Tabelle 8).

Literatur

1. Welz, B.: Atom-Absorptions-Spektroskopie, 2. Aufl., Weinheim: Verlag Chemie 1975
2. Slavin, S., et al.: At. Abs. Newsletter *11*, 37 (1972)
3. Berndt, H.; Jackwerth, E.: Spectrochim. Acta *30 B*, 169 (1975)
4. Volland, G., et al.: Z. Anal. Chem. *284*, 1 (1977)
5. Wegscheider, W., et al.: Z. Anal. Chem. *283*, 9 (1977), *283*, 97 (1977), *283*, 183 (1977)
6. Kaiser, G., et al.: Z. Anal. Chem., 291, 278 (1978)
7. Smith, A. E.: Analyst *100*, 300 (1975)
8. Kornblum, G. R.; De Galan, L.: Spectrochim. Acta *28 B*, 139 (1973)
9. Dean, J. D.; Rains, Th. C.: Flame Emission and Atomic Absorption Spectrometry. Bd. I New York: Dekker 1969
10. David, D. J.: Analyst *84*, 536 (1959)
11. Kirkbright, G. F.; Sargent, M.: Atomic Absorption and Fluorescence Spectroscopy. London, New York, San Francisco: Academic Press 1974, pp. 523—525
12. Platte, J. A.; Marcy, V. M.: At. Abs. Newsletter *4*, 289 (1965)
13. Strasheim, A.; Wessles, G. J.: Appl. Spectroscopy *17*, 65 (1963)
14. Fassel, V. A., et al.: Spectrochim. Acta *23 B*, 579 (1968)
15. Manning, D. C.; Fernandez, F.: At. Abs. Newsletter *7*, 24 (1968)
16. Allen, J. E.: Spectrochim. Acta *24 B*, 13 (1969)
17. Minczewski, J.: in Trace Characterization, eds. W. W. Meinke und B. F. Scribner, Nat. Bur. Stand. Monograph *100*, 1965
18. Malissa, H.; Schöffmann, E.: Mikrochim. Acta *1955*, 187
19. Kirkbright, G. F.; Sargent, M.: loc. cit., pp 495—497

Tabellen* zur Gas-Chromatographie

Dr. Rudolf E. Kaiser
Institut für Chromatographie,
Postfach 1308, 6702 Bad Dürkheim 1

1. Einleitung

Beurteilungen und Entscheidungen, auch die Auswahl, insbes. aber Korrekturen in der Methoden- und Materialwahl nach eingetretenen Schwierigkeiten, sollten mit Hilfe von Kenngrößen erfolgen. Daher werden hier die Trennsysteme nach Trennkenngrößen, stationären Phasen nach Stoffkenngrößen, und Detektoren nach Detektorkenngrößen tabelliert.

Der quantitative Zusammenhang der Kenngrößen, die auch mit Qualitätsmerkmalen verglichen werden können, wird im Kapitel *Zusammenwirken der Kenngrößen* behandelt. Wegen des raschen Tempos der Weiterentwicklung wird auf eine Tabelle der GC-*Instrumente* verzichtet. Eine Tabelle chromatographischer Kenngrößen zu trennender *Stoffe* verbietet sich, sie müßte Millionen von Daten enthalten.

Eine Vergleichstabelle über Trennsysteme, eine Tabelle der wichtigsten Detektoren der Gas-Chromatographie sowie eine Kurzdarstellung zur *Basis der Kenngrößen* soll dem Praktiker brauchbare Antworten bieten.

2. Trennsysteme

Unter einem Trennsystem versteht man das von der stationären Phase gefüllte oder mit ihr an dessen Wand beschichtete oder benetzte Rohr, in welchem mit Hilfe der mobilen Phase — einem Gas — die Trennung abläuft.

---

* Quellenhinweis: R. E. Kaiser, Chromatographie in der Gasphase, Band 1, 2, 3 (BI-Hochschultaschenbücher Band-Nr. 22, 23, 24, 24a, 472, 472a), Firmenschriften und speziell Chrompack-Katalog 1977 Nr. 9. Mit Genehmigung von Chrompack, Middelburg, The Netherlands.

2.1. Bedingungen für eine erfolgreiche Trennung

Zur optimalen Trennung sind optimaler Gasfluß und optimale Temperatur nötig. Die Trennbarkeit wird kontrolliert durch die Sorption und Desorption der zu trennenden Stoffe im Grenzgebiet von mobiler und stationärer Phase. Eine Trennung setzt voraus: eine geeignete Stoffpaarung, die geeignete Temperatur und zusätzliche Bedingungen an der Berührungsschicht „mobile Phase/stationäre Phase" und in der „Schicht der stationären Phase" selbst. Es müssen aufeinander abgestimmt sein:

a) die Löse- oder Sorptions*kapazität* der stationären Phase auf die zu trennende *Stoffmenge*;

b) die Stoff*übertrittgeschwindigkeit* von der mobilen Phase in die stationäre Phase und zurück auf die molekulare Beweglichkeit der zu trennenden Stoffe in den beiden Phasen;

c) ein großes Maß an Symmetrie im mikroskopischen Bereich von Strömungskanälen und phasengefüllten Poren bei gepackten Trennsystemen oder porös beschichteten Rohren bzw. eine perfekte Gleichmäßigkeit der Filmdicke bei wandbenetzten Rohren (Dünnfilmkapillaren).

Zu einer schrittweisen Optimierung ist es zweckmäßig sich zusammenfassender Meßgrößen zu bedienen.

Wichtig sind zur Dimension der stehenden und der bewegten mobilen Phase die Länge, die lichte Weite runder Trennrohre, die Dimension flacher Trennsysteme, der Korndurchmesser und die Korngrößenverteilung poröser Träger, die Porenstruktur und -dimension, die Porengrößenverteilung, die Schichtdicke flüssiger Phasen, die Homogenität des flüssigen Filmes, die Viskosität der Flüssigkeit, die Volumen- bzw. Mengenverhältnisse fester unporöser Träger und fester poröser oder flüssiger trennwirksamer Schichten. Weiter ist die Temperatur von entscheidendem Einfluß. Das Zusammenwirken aller Faktoren wird mit Qualitätskenngrößen beschrieben, welche durch das „Ausmessen" eines Chromatogramms erhalten werden.

2.2. Kenngrößen und deren Bestimmung

Man unterscheidet statische *Stoffkenngrößen* von dynamischen *Trennkenngrößen*. Beide Kenngrößentypen werden durch mehrfaches Vermessen aus im Prinzip nur zwei chromatographischen Grund*meßgrößen* erhalten: der „Bruttoretentionszeit" und der „Peakbreite" von mehreren unterschiedlichen getrennten Stoffen. Um qualifizierte Resultate zu erhalten, werden mindestens vier Stoffe für die Vermessung von Trennkenngrößen und weitere fünf Stoffe für die Vermessung von Stoffkenngrößen verwendet. Gemessen wird bei konstanter Temperatur, zweckmäßig 100 °C (isotherme GC).

2.3. Teststoffe für die Kenngrößenbestimmung

Als Teststoffe für das Vermessen von Trennkenngrößen werden vier oder mehr Homologe, z. B. vier Normalparaffine oder vier homologe Fettsäuremethylester verwendet. Abb. 1 veranschaulicht Trennkenngrößen an einem charakteristischen Beispiel.

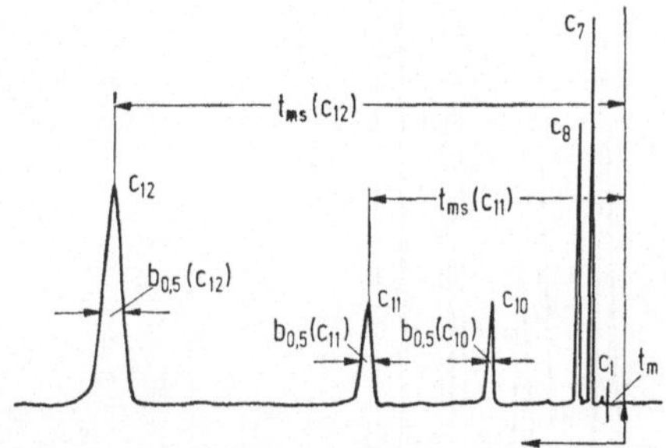

Abb. 1. Trennkenngrößen aus direkt meßbaren Chromatogrammdaten

Gas-Chromatogramm eines Trennkenngrößen-Testgemisches (n-Alkane $C_{12,11,10,8,7}$) auf einer 1 m mikrogepackten Glassäule; stationäre Phase: Silikonöl SF 96, isotherm 80 °C; mobile Phase: 1 bar Stickstoff, Montageart: Trenncassette. Nach „Chromcard TMG" (6) wurde die Totzeit zu tm = 34,6 s berechnet.

Aus den Bruttoretentionszeiten tms und den Peakbreiten $b_{0,5}$ in halber Höhe der 5 Testpeaks ergeben sich folgende Trennkenngrößen beim Fluß-optimum für eine maximale Trennzahl SN_{real} (siehe dazu: Basis der Kenngrößen)

tm   = 34,58 s
a   = 1,37 $\pm$ 0,25 s
b_0 = 2,35 $\pm$ 0,31 s
SN_{real} = 23,2 peaks/10 tm-Einheiten
SNt   = 3,7 peaks/min
n_{real} = 3513 reale Trennstufen
h_{real} = 0,285 mm
Qs   = 0,745 $\triangle$ 75% Ausnutzung der Säulengüte

Kommentar: Die Trenngröße b_0 ist mit 2,35 s zu groß und weist darauf hin, daß die sehr gute kurze Trennsäule noch nicht optimal betrieben wird. Gründe: Mikrogepackte Säulen weisen einen geringen Gasfluß auf. Kommerzielle Geräte müssen modifiziert werden, um bei geringen Gasflüssen das Trennresultat nicht durch zu große Anschluß-, Dosier-, Verbindungsleitungs- und Detektorvolumina zu vermindern. Der Ausnutzungsgrad des Trennvermögens beträgt nur 75% (QS = 0,745). Die Säulenpackung ist sehr gut. Die Säule hat dadurch 3513 reale Trennstufen pro m Länge bzw. eine reale Bodenhöhe von 0,285 mm. Die chromatographische Kenngröße „a" = 1,4 s zeigt einen guten Wert je tm-Einheit, also je 34,5 s Retentionszeit verbreitern sich die Peaks um a = 1,4 $\pm$ 0,25 s. Die angegebenen Standardabweichungen sind Ergebnis der linearen Regressionsrechnung von Retentionszeit gegen Peakbreite.

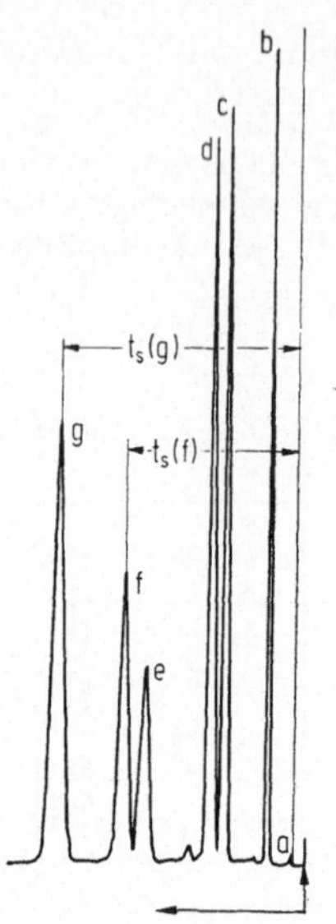

Abb. 2. Gas-Chromatogramm eines Stoffkenngrößen-Testgemisches
(n-Alkane: a = Methan; b = n-Heptan; c = n-Nonan; d = Benzol, überlappt
mit n-Pentanon-2; e = n-Dekan; f = n-Butanol-1, g = Pyridin (der Nitro-
propanpeak fehlt)) bei 100 °C.
Rechnet man die Nettoretentionszeiten ts = tms − tm in Retentionsindices
um, so erhält man:

Benzol: } I = gemeinsam zw. 920 und 930 (überlappt bei erkennbar
Pentanon-2: }   „zu dickem" Peak)
Butanol-1:   I = 1017
Pyridin: I = 1058

Kommentar: Um leicht beurteilen zu können, welche „Art Polarität" die
zum Chromatogramm Bild 2 gehörende stationäre Phase hat, bildet man
die Differenz des gefundenen Retentionsindex minus dem Retentionsindex
auf Squalan, nämlich I Benzol (gefunden) − I Benzol (Squalan) = ΔI für
Benzol und erhält die Mc-Reynolds-Konstante „Benzol".

Beispiele:

I Benzol   auf Phase minus   Squalan (= 653) = I Benzol
                  I Benzol   I = 267 bis 277
I Pentanon-2 auf Phase minus   Squalan (= 627) = I Pentanon
                  I Pentanon-2   I = 267 bis 277
I n-Butanol-1 auf Phase minus   Squalan (= 590) = I Butanol   = 427
                  I n-Butanol-1   Squalan (= 699) = I Pyridin   = 359
I Pyridin   auf Phase minus
                  I Pyridin

Somit besitzt die Trennsäule zu Chromatogramm Abb. 2 folgende Mc-Reynolds-Konstanten

I Benzol 267 bis 277   I Butanol-1 = 427
I Pentanon-2 = 267 bis 277   I Pyridin   = 359

In Tabellen (z. B. [5]) findet man genügend gute Übereinstimmung *nur zu UCON 50 HB 5100* als stationäre Phase (s. Tabelle Stoffkenngrößen), nämlich

Mc-Reynolds-Tabelle	I gemessen 1 berechnet	Abweichung
I Benzol: 214	um 260—280	$+56$ im Mittel
I Pentanon-2: 278	um 260—280	$+8$ im Mittel
I Butanol-1: 418	um 430	$+12$
I Pyridin: 375	um 360	-15

Die Abweichungen erklären sich durch eine Vorbehandlung des Trägermaterials der Säulenfüllung mit Polyäthylenglykol 20 M, wodurch sich insbesonders der Benzol- und der Butanolwert stark ändert. Ergebnis sind jedoch tailingfreie Peaks, wie das Chromatogramm Abb. 2 zeigt.

Als Teststoffe für das Vermessen von Stoffkenngrößen wird das Mc-Reynolds-Testgemisch, bestehend aus

Benzol
n-Butanol-1
n-Pentanon-2
Nitropropan
Pyridin
mit den n-Alkanen $C_7 - C_{12}$ bzw. $C_{11} - C_{16}$

eingesetzt. Abb. 2 veranschaulicht Stoffkenngrößen an einem charakteristischen Beispiel.

2.4. Meßdaten und Meßprozedur für die Trennkenngrößenbestimmung

A. Messe die Bruttoretentionszeit tms der vier oder mehr Homologen in Sekunden.
B. Messe die zugehörigen Peakbreiten $b_{0,5}$ in halber Höhe gemäß Abb. 1 in Sekunden.

Definitionen: Die Bruttoretentionszeit tms ist die Zeit (s) vom Augenblick der Probendosierung bis zur Registrierung des Peakmaximums. Bedingung: der Peak muß symmetrisch sein und soll der Gaußschen Glockenform entsprechen (s. Abb. 1).
Die Peakbreite in halber Höhe ist der zeitliche Abstand in Sekunden der aufsteigenden von der absteigenden Peakflanke in halber Höhe.

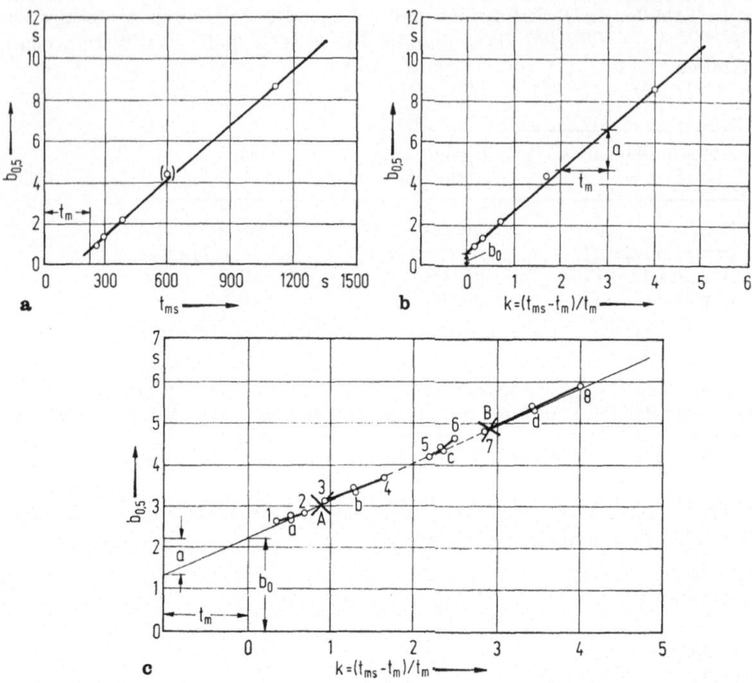

Abb. 3a. Die Peakbreite in halber Höhe vergrößert sich bei isothermer Gas-Chromatographie meist ganz überraschend streng linear mit der Brutto-retentionszeit.

Abb. 3b. Die Peakbreite (in sec in halber Peakhöhe gemessen) sollte man gegen den Kapazitätsfaktor k = (Bruttoretentionszeit — Totzeit) : (Totzeit) auftragen. Es bleibt natürlich Linearität erhalten, aber jetzt wird auf die „chromatographische Zeiteinheit", also die Totzeit-„Einheit" bezogen und damit wird die Darstellung unabhängiger von speziellen Details. Insbesonders wird jetzt die Neigung der Geraden (d. h. die chromatographische Grundeinheit a (in sec)) und der Wert der kleinstmöglichen Peakbreite bo (eine weitere chromatographische Grundeinheit, in s, selbstverständlich als dynamische Größe wie „a" von dem angewendeten Gasfluß abhängig) leicht überschaubar. Die graphische Konstruktion der Größen „a" und „bo" wird in Abb. 3c erläutert.

Abb. 3c. Graphische Konstruktion der chromatographischen Grundeinheiten a und bo. Trage die Meßpunkte 1, 2, 3 ... (in Sekunden) gegen

$$k = \frac{tms - tm}{tm} \text{ auf.}$$

Verbinde 1 mit 2, 3 mit 4, 5 mit 6, 7 mit 8 ... und halbiere die Verbindungslinien. Man erhält die Mittelpunkte a, b, c, d ...
Verbinde die Mittelpunkte a mit b, c mit d ... und halbiere die Verbindungslinien. Schließlich bleiben nur noch zwei Mittel-Mittel-Punkte übrig, im Bild sind es die Punkte A und B.

2.5. Basis der Kenngrößen in der Gas-Chromatographie

2.5.1. Berechnung der Trennkenngrößen

Kenngrößen der GC sind dann allgemein vergleichbar, wenn man Relativweite berechnet. Die Peakbreiten in halber Höhe ($b_{0,5}$) nehmen bei homologen Reihen in der isothermen GC mit steigender Retentionszeit linear zu (Abb. 3). Die Zunahme wird in Sekunden gemessen und auf die „chromatographische Zeiteinheit" bezogen (s. Abb. 3b). Als „chromatographische Zeiteinheit" wird die „Totzeit — tm" bezeichnet. Sie ist bei einem gegebenen Trennsystem, bei einem bestimmten konstanten Gasfluß und bei einer gegebenen Temperatur für alle Stoffe gleich. Sie ist „die Aufenthaltszeit" dieser Stoffe in der mobilen Phase.

Die „Totzeit — tm" kann man genau genug nur aus mehreren Bruttoretentionszeiten berechnen. Am richtigsten werden tm-Werte, welche aus den Beziehungen

$$\frac{\log \dfrac{tms\ 2, 3, 4, \ldots}{tm}}{\log \dfrac{tms\ 1, 2, 3, \ldots}{tm}} = \frac{N\ 2, 3, 4, \ldots}{N\ 1, 2, 3, \ldots}$$

mittelnd berechnet wurden, wobei tms 2, 3, 4, ... die Bruttoretentionszeit der Homologen 2, 3, 4, ... und $N_{2,3,4,\ldots}$ die C-Zahl dieser Homologen bedeutet.

Da sich Meßfehler in hohem Maße verfälschend auf das Endergebnis auswirken, ist die Regressionsmathematik anzuwenden, um einen möglichst richtigen Totzeitwert berechnen zu können. Leistungsfähige Rechenprogramme für programmierbare Taschenrechner sind verfügbar [1, 2].

Eine einfachere Berechnung ist dann möglich, wenn die zum Test ausgewählten Homologen sich um 1, je 2 oder je 3 CH_2-Gruppen unterscheiden. In einem solchen Falle gilt, wenn drei der um gleiche CH_2-Gruppenzahlen

---

Ziehe durch A und B eine Gerade. Es ist die der linearen Regression entsprechende Linie, welche jener entspricht, die nach der Methode der „kleinsten Quadrate" auch durch Rechnung erhalten werden könnte. Diese Mittellinie oder richtiger: Regressionslinie schneidet die „k = 0-Achse", also die Zeitachse der Peakbreiten bei k = 0, d. h. tm-Sekunden *nach* Start der Analyse, beim „Achsenschnitt". Die abgeschnittene Strecke entspricht bo, der Mindeststartbreite. Lies den Streckenabschnitt in Sekunden ab.
Verlängert man die Regressionslinie bis zur Y-Achse, also bis k = minus 1, d. h. bis zum Analysenstartpunkt, dann wird ein Streckenabschnitt gemäß Bild 3c erhalten, der sich vom Schnittpunkt bis zur X-Achsenparallelen (durch bo gehend) erstreckt. Es ist die Steigung der Regressionslinie und entspricht damit „a". Lies den Wert in Sekunden ab, welcher diesem Streckenabschnitt entspricht. Die k-Einheit wird ebenfalls in Sekunden angegeben, und so erhält man a, bo und tm, alle drei in Sekunden. Die Werte sind vom Gasfluß abhängig. Man wählt *jenen Gasfluß*, bei dem die Trennzahl SN den *Maximalwert* erreicht hat.

ansteigenden Homologen mit „1", „2", „3" bezeichnet werden:

$$tm = \frac{tms\ 1 \cdot tms\ 3 - (tms\ 2)^2}{tms\ 1 + tms\ 3 - 2\ tms\ 2}$$

Zahlenbeispiel:

$$tms\ 1 = 110\ \text{Sekunden}$$

$$tms\ 2 = 120\ \text{Sekunden}$$

$$tms\ 3 = 140\ \text{Sekunden}$$

$$tm = \frac{110 \cdot 104 - (120)^2}{110 + 140 - 2 \cdot 120} = \frac{10\,000}{100} = 100$$

Die erste von drei dynamischen chromatographischen Grundgrößen ist damit berechnet worden: die Totzeit tm beträgt (in diesem Beispiel) 100 s.

Als zweite und dritte Grundgröße folgen die Peakbreitenzunahme „a" in Sekunden je tm Sekunden und die Startpeakbreite „b_0" in Sekunden. Beide Grundgrößen folgen aus der Berechnung des Zusammenhanges der Bruttoretentionszeiten mit den Peakbreiten in halber Höhe, wobei wiederum Mittelwerte aus Gründen unvermeidbarer Meßfehler nötig sind. Diese erhält man aus der linearen Regression der Datenpaare tms 1, 2, 3, 4, ... mit $b_{0,5(1,2,3,1,...)}$. Programme für programmierbare Taschenrechner sind verfügbar [3].

Man kann die Peakbreitenzunahme „a" (s) und die Peakstartbreite „b_0" (s) auch aus einer graphischen Datenverwertung gemäß Abb. 3c erhalten, aus der alle Details zum Vorgehen entnommen werden.

Aus den drei Grundgrößen folgen die wichtigsten *Trennkenngrößen*:

Zur Bewertung der Qualität eines Trennsystems

$$die\ reale\ Bodenhöhe\ h_{real}\ minimum = \frac{L}{8\ln 2} \cdot \left(\frac{a}{tm}\right)^2\ mm$$

L in mm; h_{real} min ist nur bei einem bestimmten experimentell zu ermittelnden optimalen Gasfluß ein Minimum.

Je kleiner h_{real} ist, um so besser ist das Trennsystem. Es sind schon h_{real}-Werte von unter 0,1 mm erreicht worden; 0,2 bis 0,5 mm sind übliche Kennzahlen.

Zur Bewertung des *Trennvermögens* eines in ein Gerät eingebauten Trennsystems:

$$die\ reale\ Trennzahl\ SN_{real\ max} = \frac{\log \dfrac{10a + b_0}{b_0}}{\log \dfrac{tm + a}{tm - a}} - 1$$

Sie gibt an, maximal wie viele Stoffe vollständig innerhalb der ersten zehn chromatographischen Zeiteinheiten getrennt werden können. Normal lange gepackte Säulen können z. B. ein SN_{real} von 10—50, Trennkapillaren ein SN_{real} um 250 bis 450 erreichen. Der Maximalwert von SN_{real} wird nur bei einem optimalen Gasfluß erreicht, der größer als jener ist, bei dem eine minimale reale Bodenhöhe erreicht wird.

Mit weiter steigendem Gasfluß nimmt das Trennvermögen ab, aber die relae Trennleistung SNt nimmt zunächst noch bis zu einem Maximalwert zu:

Die reale Trennleistung SNt folgt aus

$$SNt_{max} = SN_{real} : 11 \; tm$$

und gibt an, wie viele Peaks im Mittel je Minute in den ersten zehn chromatographischen Zeiteinheiten getrennt werden können.

SNt_{max} wird bei einem optimalen Gasfluß erreicht, der größer als die beiden bisher genannten Optimalwerte ist. Zweckmäßig wird SNt zusammen mit dem dann gültigen SN_{real} angegeben.

2.5.2. Anwendung der Trennkenngrößen

Die Zahl jeweils zusätzlich trennbarer Stoffe nimmt in der isothermen GC mit der Zeit exponentiell ab. Deswegen ist es sinnvoll, einen bestimmten Zeitabschnitt als Vergleichs- und Meßbasis herauszuziehen.

In der linear-temperaturprogrammierten GC und in der exponentiell-druckprogrammierten GC wird das technische Ende einer Temperatur- oder Drucksteigerung mit exponentiell steigender Geschwindigkeit, also hart und jeweils unausweichlich bald erreicht. Daher hift für Vergleiche ein Ausweichen von der isothermen, isobaren Technik auf programmierte Techniken nicht. Daher wird im folgenden die Kurzfassung auf die isotherme, isobare Technik begrenzt.

Zwischen der Physik des Trennsystems und der Chemie der stationären/ mobilen Phase ist ein einfacher Zusammenhang dann angebbar, wenn man das Trennproblem auf zwei Stoffe „1 und 2" reduziert. Man kann dazu das am schwierigsten trennbare Paar heranziehen. Aufgrund der „Polarität" der stationären Phase mögen die Stoffe 1 und 2 unterschiedliche Retentionszeiten besitzen, andererseits ist eine Trennung unmöglich. Entscheidend ist der Relativwert der Nettoretentionszeiten

$$\frac{ts\,2}{ts\,1} > 1 = \frac{k_2}{k_1} = \frac{tms\,2 - tm}{tms\,1 - tm} = r$$

$tms = ts + tm$	$tm = $ Totzeit
$tms = $ Bruttoretentionszeit	$k \;\; = $ Kapazitätsfaktor $= ts : tm$
$ts \;\; = $ Nettoretentionszeit	

Eine vollständige Trennung beider Stoffe voneinander ist dann möglich, wenn

$$n_{real\,nötig} = \frac{\left(r + 1 + \dfrac{2b_0}{ak_1}\right)^2}{(r - 1)^2} \cdot 8 \ln 2$$

Besitzt man eine Trennfüllung, deren Trennqualität in Form der realen Bodenhöhe h_{real} in mm ausgedrückt wird und auf der die beiden Stoffe die spezifische Selektivität r besitzen, dann benötigt man ein Trennsystem der Länge L in m, um Stoff 2 von 1 vollständig zu trennen gemäß

$$L = h_{real} \cdot 8 \ln 2 \, \frac{\left(r + 1 + \dfrac{2b_0}{ak_1}\right)^2}{(r-1)^2}$$

Schlußfolgerung

An dieser Beziehung sind alle Regeln für eine erfolgreiche Trennung abzulesen:

1. Verwende ein Trennsystem, das so kurz wie möglich ist, denn die Länge des Trennsystems bestimmt die Analysenzeit und die Kosten des Trennsystems.
2. Optimiere das System auf minimales h unter Beachtung der Tatsache, daß b_0 quadratisch eingeht und suche jene stationäre Phase aus, welche das größtmögliche r bietet.
   r geht quadratisch ein!

Nicht aus dieser einfachen, aber mit den Praxiswerten im Rahmen der Meßgenauigkeit exakt übereinstimmenden Formel ablesbar sind die Regeln für das Erreichen kleiner h-Werte:

Man verwende eine

a) möglichst symmetrische Struktur der Grenzschicht mobile/stationäre Phase, d. h. extrem gleichmäßige geometrische Dimensionen, gleichmäßige Schichtdicken oder Filmdicken, enger Korngrößenbereich;
b) möglichst uniforme Bewegungsgeschwindigkeit der mobilen Phase, möglichst dünne Schichten unbewegter mobiler Phase.

Dies ist leicht zu formulieren, aber schwer zu verwirklichen und auch im 25. Jahr der GC-Entwicklung sind immer noch nicht alle Optima zur Herstellung und zur Anwendung perfekter Trennsysteme ausgeschöpft.

Da die Arbeitszeit immer teurer wird, ist das Interesse an schneller GC-Analytik gewichtig:

Es gilt für Stoff 2 der Mischung 1 + 2

$$\text{tms } 2 = \text{tm} + \frac{r(k_2 a + 2b_0) + k_2 a}{r - 1}$$

wenn Stoff 2 von Stoff 1 vollständig auf einem Trennsystem der spezifischen Selektivität $r = \dfrac{k_2}{k_1}$ getrennt werden soll.

Schlußfolgerung

,,tm" mittels Gasflußänderung auf einen Wert einstellen, der so nahe wie möglich an das Trennleistungsmaximum ,,SNt max" kommt. Das kürzestmögliche und ein flaches statt rundes Trennsystem hat das jeweils kleinste tm!

,,b_0" nimmt mit steigendem Gasfluß ab, aber muß unabhängig davon minimalisiert werden und die absoluten Werte für $k_2 = \text{ts}_2 : \text{tm}$ sollten durch minimale Mengen an stationärer Phase im Trennweg und durch Anwendung der höchstzulässigen Temperatur minimalisiert werden.

Da „a" mit steigendem Gasfluß durch ein Minimum geht, ist die Optimierung von

Säulenlänge
Phasenmenge
Gasfluß und
Temperatur

auch dann noch nötig, wenn man ideal kleine „a"- und „b_0"-Werte erreicht hat.

Im folgenden werden fünf unterschiedliche Trennsysteme nach deren Trennkenngrößen gegenübergestellt (s. Tabelle 1 S. 176).

3. Stoffkenngrößen

In der Gas-Chromatographie ist der Retentionsindex, eingeführt von Kovats [4], das am besten geeignete Maß, mit welchem Stoffdaten angegeben werden. Zur Berechnung des Retentionsindex eines Teststoffes benötigt man zwei Bezugsstoffe, deren Retentionsindices bekannt sind und welche den Teststoff einschließen; ferner benötigt man die Bruttoretentionszeit aller drei Stoffe und die Totzeit.

Es gilt, wenn

I_V der Retentionsindex des Bezugsstoffes *vor* dem Teststoff X,
I_N der Retentionsindex des Bezugsstoffes *nach* dem Teststoff X,
tms v, tms x, tms N die drei Bruttoretentionszeiten und tm die Totzeit ist

$$I_x = (I_N - I_V) \, \frac{\log \dfrac{\text{tms x} - \text{tm}}{\text{tms V} - \text{tm}}}{\log \dfrac{\text{tms N} - \text{tm}}{\text{tms V} - \text{tm}}} + I_V$$

Am einfachsten ist es, als Bezugsstoffe n-Alkane zu wählen, da deren Retentionsindices per Definition 100mal C-Zahl des n-Alkans gesetzt wurden. Beispiel: I von n Heptadecan = 1700.

Der Retentionsindex aller Stoffe außer von n-Alkanen ist abhängig von der Temperatur und den Phasen (stark abhängig von der stationären Phase, schwach abhängig von der mobilen Phase und dem Druck).

3.1. Anwendung der Retentionsindices der Bestandteile des Mc-Reynolds-Testgemisches zur Beschreibung der stationären Phasen

Indem man den Retentionsindex der fünf Teststoffe Benzol, n-Butanol-1, Pentanon-2, Nitropropan, Pyridin auf einer beliebigen stationären Phase mit Stickstoff als mobiler Phase bei 100 °C mißt und von dem

Tabelle 1. Trennsysteme

Fünf Beispiele zur Trennsystembeurteilung aufgrund der Trennkenngrößen

Bezeichnung des Trennsystems	Trennkenngrößen			SN real	SN/t	h real (mm)	Anwendungsbeispiel
	a(s)	bo(s)	tm(s)				
kurze Dünnfilmkapillare	0,6	0,3	32	88	15	0,56	5 m lang: Schnellanalyse
lange Dünnfilmkapillare	1,2	1,0	124	132	6	0,29	18 m lang: normale u. Spurenanalytik allgemein
kurze mikrogepackte Säule	0,8	0,8	12,9	19	8	0,19[a]	30 cm lang: Schnellanalyse polarer oder hochsied. Stoffe
normale mikrogepackte Säule	1,6	2	69	46	3,7	0,28	3 m lang: GC-Analytik v. $C_5 \cdots C_{20}$ isotherm in einem „run" oder bei TGC-Technik: allgem. Analytik von Gas bis Feststoff
klassische gepackte Säule besonders guter Qualität	1,1	2,2	24	19	4,3	0,64	allg. oder spez. Anwendg., z. B. Pesticidanalytik, von Gas bis Feststoff
	chromatogr. Grunddaten			Trenn-vermögen	Trenn-leistung	Trenngüte	

[a] graphitisiertes Kohlenstoffmolekularsieb als Trägermaterial, 0,2%-Imprägnierung mit Carbowax 1500.

Kurze Dünnfilmkapillaren trennen am schnellsten, dann folgen kurze mikrogepackte Säulen. Lange Dünnfilmkapillaren haben stets das größte Trennvermögen aber nicht immer die größte Trennleistung. Lange Kapillaren sind eher für spezielle als für universelle Trennungen zu bevorzugen. Dies ist der 10 bis 20 m langen Glasdünnfilmkapillare oder speziellen Dünnschichtkapillaren vorbehalten. Normal lange mikrogepackte Säulen haben den Vorteil, daß sie universell einsetzbar sind und von Gasen bis Feststoffen akzeptable Arbeitsbereiche aufweisen (siehe zu Arbeitsbereich [7]). Auch eine perfekte „klassische" Trennsäule unterliegt den genannten Trennsystemen in nahezu jeder Hinsicht: sie trennt langsamer, trennt schlechter, benötigt wesentlich mehr Material, bietet wesentlich mehr chemisch u. U. aggressive Oberfläche und ist unflexibel. Ein Vorteil bleibt ihr: für präparative Zwecke ist sie die einzige Alternative!

Handelsname der Trennflüssigkeit, zur Vermeidung von Bestellfehlern in Englisch	Anwendungs-grenzen untere/obere Grenze °C	Auftragelösemittel A = Aceton; B = Butanol; C = Chloroform; M = Methanol; Mc = Methylen-chlorid; MEK = Methyläthyl-keton; T = Toluol	Mc-Reynolds-Konstanten				
			ΔI Benzol	ΔI n-Butanol-1	ΔI n-Pentanon-2	ΔI Nitro-propan	ΔI Pyridin
Acetonyl Acetone (2.5. Hexadione)	0/25	A					
Acetyl Tributylcitrate (Citroflex A-4)	0/180	A	135	268	202	314	233
Adiponitrile	0/50	C					
Alkaterge T (Amine surfactant)	0/80	C					
Amine 220 (1-ethanol-2-(heptadecyl)2-isoimidazol)	0/180	C	117	380	181	293	133
Ansul Ether	0/80	T					
Antarox CO-210	0/150	C					
Antarox CO-730	30/200	C					
Antarox CO-880	50/210	C					
Antarox CO-990	60/220	C					
Apiezon H	20/250	T	59	86	81	151	129
Apiezon J	20/250	T					
Apiezon L (subst. SP-2100)	50/300	T	32	22	15	32	42
Apiezon M	50/300	T	31	22	15	30	40
Apiezon N	50/300	T					

Tabelle 1 (Forts.)

Handelsname der Trennflüssigkeit, zur Vermeidung von Bestellfehlern in Englisch	Anwendungs- grenzen untere/obere Grenze °C	Auftragelösemittel A = Aceton; B = Butanol; C = Chloroform; M = Methanol; Mc = Methylen- chlorid; MEK = Methyläthyl- keton; T = Toluol	Mc-Reynolds-Konstanten				
			ΔI Benzol	ΔI n- Butanol-1	ΔI n- Pentanon-2	ΔI Nitro- propan	ΔI Pyridin
Armeen SD (Soya amine-destill.)	35/80	C					
Armeen 2S (Disoya Amine)	36/100	T					
Aroclor 1254 (Chlorinated polyphenyl)	20/80	M					
Atpet 80 (Sorbitan partial fatty esters)		C					
Bentone 34 (Organic aluminium silicate derivate)	10/200	T					
7.8. Benzoquinoline	50/150	A					
Benzyl Cellosolve (2-(benzyloxy) ethanol)	10/50	C					
Benzyl Cyanide (Phenylacetonitril)	−20/35	C					
Benzyl Cyanide-Silver Nitrate	0/35	C					
Benzyl Diphenyl	60/100	A					
Bis (2-buthoxyethyl) Phtalate	20/175	M					
Bis (2-ethoxyethyl) Adipate	0/150	Mc					
Bis (2-methoxyethyl) Adipate	0/150	Mc					
Bis (2-ethoxyethyl) Sebacate	0/150	C	112	150	123	168	181
Bis (2-ethylhexyl) Tetrachlorophthalate	0/150	A					

Bis (2(2-methoxyethoxy)ethyl) Ether	0/80	C					
n.n. Bis (2-cyanoethyl) Formamide	0/125	M	690	991	853	1110	1000
Butanediol Adipate	50/225	C					
Butanediol Succinate	50/225	C	370	571	448	657	611
C-87 Hydrocarbon	280	H					
Carbowax 200 (Polyethylene glycol)	0/75	C					
Carbowax 300	0/85	C					
Carbowax 400	0/100	C					
Carbowax 550	20/110	C					
Carbowax 600	30/120	C	350	631	428	632	605
Carbowax 750	30/125	C					
Carbowax 1000	40/150	C	347	607	418	626	589
Carbowax 1500	40/200	C					
Carbowax 1540	50/200	C					
Carbowax 4000	60/200	C					
Carbowax 4000 Monostearate	60/200	C	282	496	331	517	467
Carbowax 6000	60/200	C	322	540	369	577	512
Carbowax 20M (Molecular weight 20.000)	60/250	C	322	536	368	572	510
Carbowax 20M TPA (Terephatalic acid)	60/250	C	321	537	367	573	520
Carbowax high Polymer	60/280	C					
Castorwax (Hydrogenated castor oil)	50/200	C	108	265	175	229	246
Celanese Ester no. 9 (Trimethylol tripelargonate)	20/200	A					
Citroflex A-4 (Acetyl tributyl citrate)	0/180	A					
CYANO-B (1.2.3.4. Tetrakis (2-cyanoethoxy)butanol)	/200	A					
CYCLO-N (1.2.3.4.5.6. Hexakis (2-cyanoethoxy)cyclohexane	/200	C					

Tabelle 1. (Forts.)

Handelsname der Trennflüssigkeit, zur Vermeidung von Bestellfehlern in Englisch	Anwendungsgrenzen untere/obere Grenze °C	Auftragelösemittel A = Aceton; B = Butanol; C = Chloroform; M = Methanol; Mc = Methylenchlorid; MEK = Methyläthylketon; T = Toluol	Mc-Reynolds-Konstanten				
			ΔI Benzol	ΔI n-Butanol-1	ΔI n-Pentanon-2	ΔI Nitropropan	ΔI Pyridin
Cyclohexane Dimethanol Adipate (Pretested)	100/250	C					
Cyclohexane Dimethanol Succinate (CDS, Lac 12-R-796)	100/250	C					
Cyclohexane Dimethanol Succinate (Pretested)	100/250	C					
Cyanoethyl Sucrose	20/200	C					
n-Decane	20/30	T					
Dexsil 300-GC (Polycarborane siloxane)	50/400	C	47	80	103	148	96
Dexsil 400-GC	50/400	C					
Dexsil 410-GC	50/400	C					
Dibenzyl Ether	0/50	A					
Dibutyl Maleate	0/50	A					
Dibutyl Phtalate	0/80	A					
Dibutyl Sebacate	0/50	A					
Dibutyl Tetrachlorophtalate	0/150	Mc					
Di-n-decyl Phtalate (DDP)	50/150	A	136	255	213	320	235
Diethylene Glycol Adipate (DEGA, Lac 1-R-296)	20/190	A	378	603	460	665	658

Diethylene Glycol Adipate (Pretested)	20/210	A					
Diethylene Glycol Adipate-cross-linked	20/190	A					
(Lac 2-R-446)							
Diethylene Glycol Monoethyl Ether	—20/70	A					
Diethylene Glycol Sebacate (DEGSe)	50/200	A					
Diethylene Glycol Succinate	20/200	A	492	733	581	833	791
(DEGS, Lac 3-R-728)							
Diethylene Glycol Succinate (Pretested)	20/200	A					
Diethylene Phthalate	0/35	Mc					
Di (2-ethylhexyl) Sebacate	0/125	A					
Diglycerol	25/125	M	371	826	560	676	854
Diisodecyl Adipate	0/150	M	71	171	113	185	128
Diisodecyl Phatalate (DIDP)	0/160	M	84	173	137	218	155
Diisooctyl Adipate	0/150	M	78	187	126	204	140
Diisooctyl Phtalate	0/150	M					
Diisooctyl Sebacate	0/150	M					
Diisopropyl Phtalate	0/100	M					
Dimer Acid	0/150	C					
Dimethyl Formamide	0/50	M					
2.4. Dimethyl Sulfolane (DMS)	0/50	M					
Dimethyl Sulfoxide	0/50	A					
Dimethyl Phtalate	0/35	M					
Dinonyl Phtalate	0/150	M	83	183	147	231	159
Dimethanol Cyclohexane Succinate	100/250	C					
(Lac 12-R.796)							
Dioctyl Phtalate	0/150	A	92	186	150	236	167
Dioctyl Sebacate	0/125	A	72	168	108	180	123
Diphenyl Formamide	0/100	M					

Tabelle 1. (Forts.)

Handelsname der Trennflüssigkeit, zur Vermeidung von Bestellfehlern in Englisch	Anwendungs-grenzen untere/obere Grenze °C	Auftragelösemittel A = Aceton; B = Butanol; C = Chloroform; M = Methanol; Mc = Methylen-chlorid; MEK = Methyläthyl-keton; T = Toluol	Mc-Reynolds-Konstanten				
			ΔI Benzol	ΔI n-Butanol-1	ΔI n-Pentanon-2	ΔI Nitro-propan	ΔI Pyridin
Di-n-propyl Tetrachlorophtalate	30/75	M					
Di-n-propyl Phtalate	0/75	A					
Dowfax 9N9 (Subst. Triton X-100)	30/200	C					
Dowfax 9N40 (Subst. Triton X-305)	60/220	C					
Dulcitol	80/200	W					
ECNSS-M	30/210	C					
ECNSS-S	30/210	C	421	690	581	803	732
EGSP-A	100/220	C					
EGSP-Z	50/230	C	308	474	399	548	549
EGSS-X	90/225	C					
EGSS-Y	100/230	C	391	597	493	693	661
Emulphor ON-870	40/200	M	202	395	251	395	344
EPON 1001 (Epoxy resin)	50/200	C	284	489	406	539	601
Ethofat 60/25	50/125	C	191	382	244	380	333
(Polyoxyethylene glycol stearate)							
Ethylene Glycol Adipate (EGA)	100/200	C	372	576	453	655	617

Ethylene Glycol Adipate (Pretested)	100/210	C					
Ethylene Glycol Isophtalate (EGIP)	100/200	C	326	508	425	607	561
Ethylene Glycol Isophtalate (Pretested)	100/210	C	326	508	425	607	561
Ethylene Glycol Sebacate (EGSe)	100/200	C					
Ethylene Glycol Sebacate (Pretested)	100/200	C					
Ethylene Glycol Succinate (EGS)	100/200	C	537	787	643	903	889
Ethylene Glycol Succinate (Pretested)							
Ethylene Glycol Tetrachlorophtalate (EGTCP)	100/200	C	307	345	318	428	466
Eutectic	100/400	W					
FFAP (Free fatty acid phase, Subst. SP-1000)	60/275	Mc	340	580	397	602	627
Flexol 8N8	30/200	C	96	254	164	260	179
Fluorene	50/150	Mc					
Fluorolube GR-362	0/75	C					
Fluorolube HG-1200 (Chlorofluorocarbon)	50/200	A	51	68	114	144	118
Glycerol	20/100	M					
Hallcomid M-18 (Dimethylstearamide)	30/150	C	79	268	130	222	146
Hallcomid M-18-OL (Dimethyloleyamide)	30/150	C	89	280	143	239	165
Halocarbon 10-25	30/100	C	47	70	108	133	111
Halocarbon K-352	0/250	F	47	70	73	238	146
Halocarbon Wax	50/150	A	55	71	116	143	123
n-Hexadecane	20/50	T					
n-Hexadecene	20/35	T					
n-Hexadecanol	0/50	M					
Hexamethyl Phosphoramide	0/50	M					
Hyprose SP-80 (Octakis(2-hydroxypropyl)sucrose)	20/200	Mc	336	742	492	639	727

Tabelle 1. (Forts.)

Handelsname der Trennflüssigkeit, zur Vermeidung von Bestellfehlern in Englisch	Anwendungs-grenzen untere/obere Grenze °C	Auftragelösemittel A = Aceton; B = Butanol; C = Chloroform; M = Methanol; Mc = Methylen-chlorid; MEK = Methyläthyl-keton; T = Toluol	Mc-Reynolds-Konstanten				
			ΔI Benzol	ΔI Butanol-1	ΔI n-Pentanon-2	ΔI n-Nitro-propan	ΔI Pyridin
Igepal CO-630	40/180	C	192	381	253	382	344
Igepal CO-880 (Nonylphenoxypoly-(ethyleneoxy)ethanol)	50/210	C	259	461	311	482	426
Igepal CO-990	60/220	C	298	508	345	540	475
Isoquinoline	0/50	M					
Kel F Wax	50/200	A	55	67	114	143	116
Kel F Oil No. 3	0/50	M					
Kel F Oil No. 10	0/100	A					
Lac 1-R-296 (DEGA)	20/190	A	377	601	458	663	655
Lac 2-R-446 (DEGA-cross-linked)	20/190	A	387	616	471	679	667
Lac 3-R-728 (DEGS)	20/200	A	502	755	597	849	852
Lac 4-R-886 (EGS)	100/200	C					
Lac 5-R-737	100/200	C					
Lac 6-R-860	100/200	C					
Lac 7-R-745 (EGIP)	100/200	C					
Lac 8-R-772 (EGTCP)	100/200	C					

Lac 9-R-769 (NPGA)	50/225	C					
Lac 10-R-744	50/190	C					
Lac 12-R-746 (CDMS)	100/250	C					
Lac 13-R-741 (EGA)	100/200	C					
Lac 14-R-743 (EGSe)	100/200	C					
Lac 15-R-806 (DEGSe)	50/200	A					
Lac 16-R-897	50/200	A					
Lac 17-R-770 (NPGSe)	50/225	C					
Lac 18-R (NPGS)	50/225	C					
Lexan (Polycarbonate resin)	220/270	C					
Lithium Chloride	250/400	Mc					
Mannitol	160/200	Py					
Marlophen	30/150	A					
MER-2	30/250	C	381	539	456	646	615
MER-21	70/200	C	322	541	370	575	512
MER-35	20/200	C	162	200	178	268	256
N.N. bis (p-butoxybenxilidine-a.a.bi-p-toluidine)	277	C					
N.N. bis (p-methoxybenzilidine-a.a.bi-p-toluidine)	265	C					
Neopentyl Glycol Adipate (NPGA)	50/225	C	232	421	311	461	424
Neopentyl Glycol Adipate (Pretested)	50/230	C					
Neopentyl Glycol Isophtalate (NPGIP)	0/225	C					
Neopentyl Glycol Sebacate (NPGSe)	50/225	C	172	327	225	344	326
Neopentyl Glycol Sebacate (Pretested)	50/230	C					
Neopentyl Glycol Succinate (NPGS)	50/225	C	272	467	365	539	472
Neopentyl Glycol Succinate (Pretested)	50/230	C	272	467	365	539	472

Tabelle 1. (Forts.)

Handelsname der Trennflüssigkeit, zur Vermeidung von Bestellfehlern in Englisch	Anwendungs-grenzen untere/obere Grenze °C	Auftragelösemittel A = Aceton; B = Butanol; C = Chloroform; M = Methanol; Mc = Methylen-chlorid; MEK = Methyläthyl-keton; T = Toluol	Mc-Reynolds-Konstanten				
			ΔI Benzol	ΔI n-Butanol-1	ΔI n-Pentanon-2	ΔI Nitro-propan	ΔI Pyridin
Nitrobenzene	10/40	M					
Nonyl Phenol	0/100	M					
Nujol (paraffin oil)	0/150	T	9	5	2	6	11
n-Octadecane	25/50	T					
n-Octadecene	24/50	T					
Oronite Polybutene 32	0/190	C					
Oronite Polybutene 128	0/190	C					
OS-124 (PMPE 5-ring)	0/200	T	176	227	224	306	283
OS-138 (PMPE 6-ring)	0/250	T	182	233	228	313	293
OV-silicone see Silicone							
β.β′. Oxidipropionitrile	0/100	M					
Paraffin Oil	0/100	C	11	6	2	7	13
Paraffin Wax	40/100	C					
Pentasil (Carboranesiloxane polymer)	50/350	C					
Pentamethylenedicyanide	0/50	Mc					

Pentrile	30/180	T					
(Tetracyanoethylated pentaerythritol)							
Phenyl Acetonitrile (Benzyl Cyanide)	−20/35	C					
Phenyl Diethanolamine	60/150	A					
Phenyl Diethanolamine Succinate (PDEAS)	20/200	C	386	555	472	674	654
POLY-I 110 (Polyimide)	90/275	C					
POLY-A 103 (Polyamide)	70/275	C					
POLY-A 101A (Polyamide)	50/275	C					
POLY-A 135 (Polyamide)	70/250	C					
Poly S-179	200/400	C					
Polyethylene Imine	0/180	M	322	800		573	524
Polyethylene Glycols see Carbowaxes							
Polyethylene Glycol 600 Jefferson	40/160	M					
Polypropylene Glycol	0/150	M	128	294	173	264	226
Polypropylene Glycol-Silver Nitrate	0/50	M					
Poly-m-Phenyl Ether 5-ring (OS-124)	0/200	T	176	227	224	306	283
Poly-m-Phenyl Ether 6-ring (OS-138)	0/250	T	182	233	228	313	293
Poly-m-Phenyl Ether 7-ring (Polysev)	50/250	T					
Poly-m-Phenyl Ether High Polymer	125/375	C	257	355	348	433	—
(PPE-20)							
PPE-21	125/375	C	257	355	348	433	—
Propylene Carbonate	0/50	C					
Propylene Glycol	0/50	C					
Polyvinyl Pyrrolidinone (PVP)	80/220	M					
Quadrol (n.n.n.n. tetrakis-	0/150	C	214	571	357	472	489
(2-hydroxypropyl)ethylene)							
Reoplex 100	0/200	C					
Reoplex 400 (Polypropylene Glycol Adipate)	0/210	C	364	619	449	647	671

Tabelle 1. (Forts.)

Handelsname der Trennflüssigkeit, zur Vermeidung von Bestellfehlern in Englisch	Anwendungsgrenzen untere/obere Grenze °C	Auftragelösemittel A = Aceton; B = Butanol; C = Chloroform; M = Methanol; Mc = Methylenchlorid; MEK = Methyläthylketon; T = Toluol	Mc-Reynolds-Konstanten				
			ΔI Benzol	ΔI n-Butanol-1	ΔI n-Pentanon-2	ΔI Nitropropan	ΔI Pyridin
Sebaconitrile	0/75	T					
SILAR-5CP (Highly polar)	50/275	C	319	495	446	637	531
Silar 7 C	50/275	C					
Silar 9 C	50/275	C					
SILAR 10 C	50/275	C	523	757	659	942	801
Silicone AN-600 (50% cyanoethyl silicone gum) subst. for XE-60	50/300	MEK					
Silicone DC High Vacuum Grease	30/300	T					
Silicone DC-11 Grease (Subst. SE-30)	30/300	T	17	86	48	69	56
Silicone DC-200 (Methyl, Subst. SP-2100)	0/250	T					
Silicone DC-200 1000 cstk	0/250	T					
Silicone DC-200 12.500 sctk (Subst. SP-2100)	0/250	T					
Silicone DC-200 2.500.000 cstk	0/250	T	16	57	45	66	43
Silicone DC-410 (Methyl)	50/300	A	18	57	47	68	44
Silicone DC-430 (1% Vinyl, methyl)	50/300	C	81	124	124	189	145
Silicone DC-550 (25% Phenyl methyl,Subst. OV-7)	0/250	T	74	116	117	178	135

Silicone DC-560 (5% Phenyl, methyl)	0/275	T	32	72	70	100	68
Silicone DC-702 (Phenyl methyl)	0/225	C	77	124	126	189	142
Silicone DC-703	0/225	C	76	123	126	189	140
Silicone DC-710 (Subst. OV-11) (50% Phenyl methyl)	0/250	A	107	149	153	228	190
Silicone JXR (methyl, Subst. SP-2100	50/300	C					
Silicone OD-1 (Dimethyl silicone gum)	50/375	C					
Silicone Oil May Baker (Methyl)	0/300	C	14	57	46	67	43
Silicone Oil MS-550	0/250	A					
Silicone OV-1 (Methyl)	100/350	T	16	55	44	65	42
Silicone OV-3 (10% Phenyl methyl)	0/350	T	44	86	81	124	88
Silicone OV-7 (20% Phenyl methyl)	0/350	T	69	113	111	171	128
Silicone OV-11 (35% Phenyl methyl)	0/350	T	102	142	145	219	170
Silicone OV-17 (50% Phenyl methyl)	0/350	T	119	158	162	243	202
Silicone OV-22 (65% Phenyl methyl)	0/350	A	160	188	191	283	253
Silicone OV-25 (75% Phenyl methyl)	0/350	A	178	204	208	305	280
Silicone OV-61 (33% Phenyl methyl)	0/350	T					
Silicone OV-101 (Methyl)	0/350	C	17	57	45	67	43
Silicone OV-105 (substit. for XF-1105)	20/275	A					
Silicone OV-210 (50% Trifluoropropyl methyl)	0/275	A	146	238	358	468	310
Silicone OV-225 (25% Phenyl, 25% cyanopropyl methyl)	0/275	A	228	369	338	492	386
Silicone OV-275	0/275	C	629	872	763	1106	849
Silicone SE-30 (Methyl, E-301)	50/350	T	15	53	44	64	41
Silicone SE-30 GC-grade (Methyl)	50/350	T					
Silicone SE-52 (5% Phenyl methyl)	50/300	T	32	72	65	98	67
Silicone SE-54 (1% Vinyl, 5% phenyl methyl)	50/300	T	33	72	66	99	67

Tabelle 1. (Forts.)

Handelsname der Trennflüssigkeit, zur Vermeidung von Bestellfehlern in Englisch	Anwendungsgrenzen untere/obere Grenze °C	Auftragelösemittel A = Aceton; B = Butanol; C = Chloroform; M = Methanol; Mc = Methylenchlorid; MEK = Methyläthylketon; T = Toluol	Mc-Reynolds-Konstanten				
			ΔI Benzol	ΔI n-Butanol-1	ΔI n-Pentanon-2	ΔI Nitropropan	ΔI Pyridin
Silicone SF-96 (Methyl) (1000 cstks)	0/250	T					
Silicone QF-1 (FS-1265, Trifluoropropylmethyl)	0/250	A	144	233	355	463	305
Silicone UC-W-98 (Vinyl methyl)	0/300	C					
Silicone UCC-W-982 (Vinyl methyl)	0/300	Mc					
Silicone XE-60 (25% Cyanoethyl methyl)	0/250	A	204	381	340	493	367
Silicone XF-1150 (50% Cyanoethyl methyl)	0/200	A	308	520	470	669	528
Siponate DS-10	50/210	C	99	569	320	344	388
Sorbitol	100/150	M					
SP-392 (High phenyl)	0/200	C	133	169	176	258	219
SP-400 (Chlorophenyl)	0/350	A					
SP-525	60/275	C	225	255	253	368	320
SP-1000	50/275	C	332	555	393	583	546
SP-1200	25/200	C	67	170	103	203	166
SO-2100 (Methylpolysiloxane)	0/350	C	17	57	45	67	43
SP-2250 (50% Phenyl methylpolysiloxane)	0/375	T	119	158	162	243	202

SP-2300 (36% Cyanopropylpolysiloxane)	25/275		316	495	446	637	530
SP-2310 (55% Cyanopropyl-)	25/275	A	440	637	605	840	670
SP-2330 (68% Cyanopropyl-)	25/275	A	490	725	630	913	778
SP-2340 (75% Cyanopropyl-)	25/275	A	520	757	659	942	800
SP-2401 (Trifluoropropyl-)	0/275	A	146	238	358	468	310
SPAN-80 (Sorbitan monooleate)	25/150	T	97	266	170	216	268
Squalane (Hexamethyl tetracosane)	0/150	T	0	0	0	0	0
Squalene	0/100	T	152	341	238	329	344
STAP	100/225	C	345	586	400	610	627
Sucrose Acetate Iso Butyrate (SAIB)	30/200	T					
Surfonic N-300 (Alkylaryloxypolyethyleneoxy ethanal)	100/150	T	261	462	313	484	427
Terephtalic Acid (TPA)	50/200	C					
Tergitol NP-35	50/175	C					
Tergitol NPX (Nonyl phenyl ether)	0/200	C	197	386	258	389	351
Tetracyanoethyleted Pentaerythritol (Pentrile)	30/180	T	526	782	677	920	837
Tetraethylene Glycol	0/70	T					
Tetraethylene Glycol Dimethyl Ether (Ansul Ether)	0/80	T					
Tetraethylene Pentamine	0/125	M					
Thallium Nitrate	0/200						
THEED (Tetrahydroxyethylethylenediamine)	0/150	M	463	942	626	801	893

Tabelle 1. (Forts.)

Handelsname der Trennflüssigkeit, zur Vermeidung von Bestellfehlern in Englisch	Anwendungs-grenzen untere/obere Grenze °C	Auftragelösemittel A = Aceton, B = Butanol; C = Chloroform; M = Methanol; Mc = Methylen-chlorid; MEK = Methyläthyl-keton; T = Toluol	Mc-Reynolds-Konstanten				
			ΔI Benzol	ΔI n-Butanol-1	ΔI n-Pentanon-2	ΔI Nitro-propan	ΔI Pyridin
b.b.Thiodipropionitrile	0/100	C					
Triacetin	0/50	M					
Tributyl Phosphate	0/50	M					
Tricresyl Phosphate (TCP)	0/125	M	176	321	250	374	299
Triethanolamine	25/75	M					
Trimer Acid	0/150	C	94	271	163	182	378
Trimethylol tripelargonate (Celaneseester no. 9)	20/200	A					
1.2.3. Tris (2-cyanoethoxy) Propane (TCEP)	0/175	M	593	857	752	1028	915
Tris (tetrahydrofurfuryl) Phosphate	0/125	A					
Tritolyl Phosphate (Tricresyl Phosphate)	0/125	M					
Triton X-100 (alkylarylpolyether alcohol)	30/200	M	203	399	268	402	362
Triton X-305 (alkylarylpolyether alcohol)	40/200	M	262	467	314	488	430
Tri-2.4. Xylenylphosphate	0/125	M					
TWEEN 20	0/80	M					
TWEEN 80 (polyoxyethylene sorbitan monooleate)	0/150	M	227	430	283	438	396

UCON LB 550 X (UCON = Polyalkylene glycol)	0/200	M	118	271	158	243	206
UCON LB 1715 (Nonpolar)	0/200	M	132	297	180	275	235
Ucon LB 1200 X	0/200	M					
Ucon LB 1800 X	0/200	M					
Ucon 50 HB 280 X (Polar)	0/200	M	177	362	227	351	302
Ucon 50 HB 2000 (Polar)	0/200	M	202	394	253	392	341
Ucon 50 HB 5100	0/200	M	214	418	278	421	375
Ucon 75 H 90.000	0/200	M	255	452	299	470	406
Versamid 900 (Polyamide resin)	200/275	Bc					
Versamid 930	115/150	Bc	109	313	144	211	209
Zinc Stearate	50/150	M	61	231	59	98	544

Die Basiswerte der Mc-Reynolds-Konstanten sind die Retentionsindices auf Squalan als „Null-Trennphase", deren Mc-Reynolds-Konstanten definitionsgemäß „Null" gesetzt wurden.
Die Retentionsindices selbst betragen bei 100°C für die von Mc-Reynolds festgelegte „Normaltrennsäule" (siehe (5))
für Benzol: I = 653; für n-Butanol-1: I = 590; für n-Pentanon-2: I = 627; für Nitropropan: I = 652; für Pyridin: I = 699.

Alle Angaben mit Genehmigung von Chrompack Nederland BV, Middelburg

erhaltenen Wert den jeweiligen Retentionsindex auf der Bezugstrennphase Squalan (bei 100 °C, mit N_2) abzieht, erhält man ein Retentionsindex-inkrement, also die Indexdifferenz. Diese Zahl wird Mc-Reynolds-Konstante genannt [5]. Für die Beschreibung einer jeden beliebigen stationären Phase stehen so fünf Mc-Reynolds-Konstanten (und deren Summenwert) zur Verfügung. Nach dem Summenwert kann man die Phasen ordnen, nach den einzelnen Werten der Mc-Reynolds-Konstanten „1, 2, 3, 4, 5" kann man die Phasen für die eigene Problemlösung gezielt auswählen. So wird am rationellsten Ordnung in über 100 Trennphasen gebracht. Dieses Ordnungsprinzip wurde auch bei den voraufgegangenen Tabellen verwendet.

Den Mc-Reynolds-Konstanten liegen folgende Retentionsindices auf der „Squalan-Norm-Säule" (bei 100 °C) zugrunde

I Benzol (Squalan)   = 653
I n-Butanol-1 (Squalan)   = 590
I n-Pentanon-1 (Squalan)   = 627
I Nitropropan (Squalan)   = 652
I Pyridin (Squalan)   = 699

Die Definitionsformel der Mc-Reynolds-Konstante lautet:

gemessener Index a — Squalan-Index a = Mc-Reynolds-Konstante ΔI_a

a = Benzol oder Pentanon-2, oder …, siehe oben.

Die verwendeten Produktnamen sind in englisch angegeben, da der Hauptteil der Fachliteratur in dieser Sprache vorliegt und Verwechslungen vermieden werden können, wenn die Handelsnamen in der Ursprungssprache verwendet werden.

3.2. Trägermaterialien, feste Sorbentien

Tabelle 2. Trägermaterialien, feste Sorbentien

Bezeichnung	Oberfläche	Anwendung
Aktivkohlen	bis 1 300 m²/g	für hochpolare flüchtige Stoffe Trenngg. u. Anreichergg.
Anakrom ABS SD		inerter Träger hochinerter Träger
Carbosieve — s. Kohlenstoff- molekularsieb		wie Aktivkohle, *reiner*
Carbopack B, BHT, C	15 m²/g	graphitisierte Aktivkohle
Chromosorb A P G W T	2,7 m²/g 1,3 m²/ml 4 m²/g 1,9 m²/ml 0,5 m²/g 0,3 m²/ml 1 m²/g 0,3 m²/ml 7,5 m²/g 3,8 m²/ml	weicher Träger f. präp. GC stabiler Träger harter Träger zerbrechlicher Träger PTFE max. 250 °C

Bezeichnung	Oberfläche	Anwendung
Typen NAW AW AW DMCS HP		nicht Säure-gewaschen Säure-gewaschen Säure-gewaschen u. silanisiert high performance
Chromosorb 101 – 108	$300 - 400\ m^2/g$, $80 - 120\ m^2/ml$	org. poröse synthet. Träger od. Sorbentien bis 250°C
Chromosorb 750		höchst inerter Träger
Gas-Chrom P und Q		erschöpfend deaktivierter Träger, Kieselgur-Basis
Kohlenstoff- molekularsieb	um $1000\ m^2/g$	pyrolyt. zersetztes Polyvinyliden- chlorid, reinster poröser Kohlen- stoff, gleichmäß. Porenstruktur
Porapak Q QS S N R T PS P		poröse Polystyrole (Äthylvinylbenzol-Deriv.) ge- ordnet nach „Wasser-Retention" (steigendes Retentionsvolumen, 30°C relat. zu n-Hexan) bis 250°C; N, T bis 200°C

Poren- ⌀

Bezeichnung	Oberfläche	Anwendung
Porasil A B C D E F	$480\ m^2/g$, $100\ nm$ $200\ m^2/g$, $100 - 200\ nm$ $50\ m^2/g$, $200 - 400\ nm$ $25\ m^2/g$, $400 - 800\ nm$ $4\ m^2/g$, $800 - 1500\ nm$ $1{,}5\ m^2/g$, $1500\ nm$	poröse Gläser für Gastrenngg. nach Deaktivierg. für sehr spezielle Trenngg.
Silanox 101	$225\ m^2/g$	silanisiertes feinstpulvriges SiO_2 (ca. 7 nm Partikel-⌀), als Dünn- schicht in Kapillaren überwiegend deaktivierend behandelte Kiesel- gurmaterialien
Supelcoport		Träger bis 375°C auch für hochpolare Stoffe
Tenax GC		poröses Polymeres aus 2,6-Diphenyl-p-phenylenoxid

Tabelle 2 (Forts.)

Bezeichnung	Oberfläche	Anwendung
Volasphere, verschiedene Typen (teils noch in Entwicklung) Typ A 2	1 m²/g	deaktivierter vollsynthet. Träger für GC, Basis SiO_2. Schüttgew.: 0,5 g/ml, mittl. Porendurchmesser: 5000 nm, max. 300°C, beladbar mit 0,5 bis max. 30% flüss. stationärer Phase, normal: präparat. Säulen: bis 20%, analyt. Säulen: ab 3%

3.3. Detektorenkennwerte

Ein GC-Detektor hat die Aufgabe, aus einer Konzentration oder einem Mengenfluß einer Substanz ein elektrisch meß- und registrierbares Signal zu erzeugen. Konzentrationen werden dabei in Spannungen umgesetzt, Mengenflüsse in Ströme. Daraus folgen die Grundbeziehungen

$$U_x = qu \cdot c_x$$

c_x = Konzentration (Gramm/l) des Stoffes x im Trägergas

$$i_x = qi \cdot F_x$$

F_x = Fluß (Gramm/s) des Stoffes x im Trägergas

Daraus folgen die stoffspezifischen Signalkenngrößen, die Empfindlichkeiten q, zwecks Unterscheidbarkeit als qu und qi

$$qu_x = \frac{U_x}{c_x} \quad \text{für Stoff x geltend, in Volt pro g/l}$$

$$qi_x = \frac{i_x}{F_x} \quad \begin{array}{l} \text{für Stoff x geltend, in Coulomb/g} \\ \text{oder in Ampere pro g/sec} \end{array}$$

Solange die Signalerzeugung mit konstanter Empfindlichkeit erfolgt, ist der Kennwert q, der vom jeweiligen Stoff und den jeweiligen Arbeitsbedingungen abhängt, konstant. Optimale Arbeitsbedingungen bewirken in der Regel ein bestmögliches Signal/Rausch-Verhältnis und dazu ein maximales q. Das maximale q bei bestmöglichem Signal/Rausch-Verhältnis ist somit eine (stoffabhängige) Detektorkenngröße. Detektorentabellen könnten danach geordnet werden. Aber es spielt auch die Art der mobilen Phase eine Rolle.

Schon der einfachste und seit den späten 70iger Jahren wieder populär werdende Detektor, die Wärmeleitzelle, zeigt jedoch recht komplexe Bedingungen für die Detektorgröße qx. Sie hängt ab: von der Temperatur des Hitzedrahtes, von der Temperaturdifferenz Hitzdraht/Detektorzelleninnenwand, von der Trägergasart.

Der lineare Meßbereich — schwierig zu definieren, was noch linear ist — ist bei klassisch betriebenen — mit gewöhnlich konstanter Spannung oder mit konstantem Strom versorgtem Hitzdraht — auf drei bis vier Größenordnungen begrenzt. Der lineare Meßbereich des sehr verbreiteten Elektroneneinfangdetektors ist stark abgängig von der Substanz x, aber auch von der Art und Konzentration „ECD-aktiver" Trägergasverunreinigungen.

So umfassend und klar, wie Trennflüssigkeiten in der GC charakterisiert und also geordnet werden können, ist dies bei Detektoren nicht möglich, da schon kleinste konstruktive Merkmale die Qualifikation von Detektoren beeinflussen. So ist der einfache Flammenionisationsdetektor des Herstellers A auch 1978 noch hochgradig unlinear, jener des Herstellers B überstreicht sieben Zehnerpotenzen Linearität, jener des Herstellers C kann noch 10^{-4} g/s Substanzfluß (z. B. n-Heptan) richtig erfassen und jener des Herstellers D ist 5mal empfindlicher als Detektoren des nächstbesten Herstellers, obwohl doch in allen Fällen nur die elektrische Widerstandsänderung einer H_2-O_2-Flamme gemessen wird.

Die Tabelle gibt deswegen nur orientierende Mittelwerte. Das Studium der exakten Daten bestimmter Detektoren unter optimierten Betriebsbedingungen ist unerläßlich, wenn Anwendungsentscheidungen zu fällen sind.

3.4. Erläuterung zur Detektorentabelle

Die Detektorenbezeichnung wird ohne den mitunter notwendigen Namen des Erstautors verwendet, doch ist das „Jentzsch, Otte-Zitat" [8] die unmittelbar folgende Information, so daß aus diesem Werk nähere Informationen erhältlich sind. Die Erfassungsgrenzen und der Wert für den linearen Bereich zeigen, ob der betr. Detektor für ein Problem in Frage kommt; Zusatzangaben über Spezifität, Selektivität und Betriebsbedingungen geben weitere Eignungshinweise.

Es ist ein verbreiteter Irrtum, man könne alles mit dem Wärmeleitdetektor und dem Flammenionisationsdetektor erledigen. Einige Detektoren sind um den Faktor 100 bis 1000 empfindlicher und wegen ihrer festen oder verstellbaren Selektivität mitunter einfach die Voraussetzung für erfolgreiches Arbeiten. Es gibt Fachleute, welche nur den Electron-Capture-Detektor kennen und daher mit den Schwierigkeiten der für manche Probleme einfach zu großen Spezifität, des zu geringen linearen Meßbereichs, der zu geringen Stabilität nicht fertig werden. Eine gesunde allround-Kenntnis über die GC-Detektoren ist wünschenswert. Im „Jentzsch, Otte" sind weitere Detektorentabellen vorhanden, welche u. a. den Nutzen der Strahlungs-Ionisationsdetektoren eindringlich demonstrieren.

Die Dünnschichtplatte als Detektor: s. Hochschultaschenbuch *472/472a* (Band IV/2 d. Chromatographie in d. Gasphase (Bibliographisches Institut, Mannheim 1969, S. 224—241)). Das Massenspektrometer als Detektor: s. Benz, W., Massenspektrometrie organischer Verbindungen, Band 8, Methoden der Analyse in der Chemie. Akademische Verlagsgesellschaft, Frankfurt 1969, ab S. 47.
Übersicht über selektive Detektoren: Eine kritische Wertung besonders spezifischer Detektoren erschien in Chromatographia als Serial (Selucky, M.,

Tabelle 3. Detektoren

Detektortyp	J. O. Zitat [8]	Erfassungsgrenze S_u	linearer Bereich	Empfindlichk. q	Bemerkungen
Wärmeleitzelle Hitzdrahttyp (TCD)	J. O. 40	$5 \cdot 10^{-8}$ g/ml	$1:100000$	2000 bis 9000 V/g/ml (Heptan in He)	Spitzenwert für q: 35000 V/g/ml; für alle Stoffe, welche das Meßelement nicht zerstören. Trägergas: Helium
Thermistor-WLZ (TCD)	J. O. 139	$7 \cdot 10^{-9}$ g/ml	$1:25000$	15000 V/g/ml (Heptan in He)	Speziell Gasanalyse, dann bei 0 °C noch ca. 4mal empfindlicher!
Transistor-WLZ (TCD)	J. O. 150	$4 \cdot 10^{-10}$ g/ml	$1:10000$	150000 V/g/ml (Heptan in He)	Begrenzter Temperaturbereich!
Gasdichtewaage	J. O. 159	$1 \cdot 10^{-9}$	$1:10000$	hängt vom Molgewicht der Substanz und des Trägergases ab	Sehr wertvoll z. Ermittl. v. Eichfaktoren u. qualitat. GC!
Brunnel-Massedetektor (mit Cahn-Waage) absol. unspezif. abs. Massedetektor	J. O. 163	10^{-6} absolut	besser $1:10000$	besser als 10^{-6} g abs.	Absol. Integraldetektor. Eichfrei.
Janak-Azotometerdetektor (abs. Volumendetektor)	J. O. 166	$2 \cdot 10^{-6}$ g absol. (bei Kenntnis Molgew.)	$1:1000$	etwa $2 \cdot 10^{-6}$ l	Integraldetektor für Vol.-%-best. in Gasanalyse kalilaugeunlöslicher Gase.
Ultraschalldetektor	J. O. 168	10^{-14} Mol	$1:30$	—	Bes. bei kleinem Molgew. Spuren-Gasanalyse. Teuer.

Flammentemperatur-detektor	J. O. 174	$1 \cdot 10^{-6}$ g/s	ca. $1:1\,000$	—	Historisch interessant
Flammenemissions-detektor (FPD)	J. O. 177	$2 \cdot 10^{-8}$ g/s	ca. $1:1\,000$	stark spezif.	Spezielle Aufgaben
Differenzrefraktometer	J. O. 179	$6 \cdot 10^{-7}$ g/s	$1:50\,000$	—	Temperaturkonstanz 0,001°C. Für Gase u. leichtfl. Dämpfe
Dielektrizitätsdetektor	J. O. 182	ca. 10^{-9} g/s abhängig von DK	ca. $1:10\,000$	oberhalb der Werte für WLZ	Stark spezif. Detektor, bei höh. Temp. verwendbar.
Piezoelektrische Sorption (mobile Phase ohne Einfluß auf Empfindlichk.)	J. O. 192	ca. 10^{-9} g	—	wie WLD, jedoch extrem spezifisch	Fast freie Wahl d. Spezifität durch Imprägnieren d. Quarzoberfl. mit Sorptionsfilm!
Elektrolyt. Leitfähigkeit (EICD)	J. O. 195	ca. 10^{-10} g/ml	$1:300$	$3-5 \cdot 10^{-5}$ V/g/ml	Erfaßt C durch Leitfähigkeits-änderg. nach Verbrenng.
Cross-Section-Detektor CSD (Normalvariante)	J. O. 205	$6 \cdot 10^{-8}$ g/s	$1:10^{-8}$ (!)	$1,5 \cdot 10^{-4}$	Erfaßt auch höchste Konzz. richtig!
Cross-Section-Detektor (Miniaturdetektor, Raumfahrt)	J. O. 205	$1 \cdot 10^{-9}$ g/s	$1:300\,000$	$1 \cdot 10^{-3}$ Coulomb/g	Universal einsetzbar
Cross-Section-Detektor Mikroversion	J. O. 205	$1 \cdot 10^{-11}$ g/s	$1:300\,000$	$1 \cdot 10^{-1}$ Coulomb/g	8 µl Meßvol., 20 Millisek. Zeit-konstante, hervorragend f. Kapillar-GC

(alle Cross-Section-Detektoren benötigen eine radioaktive Quelle, sie sind unspezifisch)

Tabelle 3. (Forts.)

Detektortyp	J. O. Zitat [8]	Erfassungs- grenze S_u	linearer Bereich	Empfindlichk. q	Bemerkungen
Electron-Capture- Detektor (ECD)	J. O. 233	$1 \cdot 10^{-14}$ g/s	1:1000	40 Coulomb/g (!) z. B. für Lindan	Höchstspezifisch! Unlinear, störempfindl. Spezif. verstellbar.
Speziell für Indentifikationen bestimmter Stoffklassen (Pesticide, Nitroverb., Pharmaka, Metall-organische)					
Edelgas-Detektor (He-Detektor; Ar-Detektor)	J. O. 263				
Argon-Detektor normal	J. O. 263	$1,2 \cdot 10^{-10}$ g/s	1:3000	$1,5 \cdot 10^{-1}$ Coulomb/g	Sehr empfindl. gegen Verunreinigg. im Trägergas.
Argon-Detektor Miniaturvariante	J. O. 263	$1 \cdot 10^{-11}$ g/s	1:100000	$1 \cdot 10^{-1}$ Coulomb/g	Wie oben
Argon-Detektor Triodetyp	J. O. 263	$6 \cdot 10^{-14}$ g/s	1:2000000	15 Coulomb/g	Wie oben. Alle Ar-Detektoren sind spezifisch.
Helium-Detektor (He D)	J. O. 263	$1,5 \cdot 10^{-12}$ g/s	1:10000	300 Coulomb/g (!!)	Fordert höchste He-Reinheit!
(Alle Edelgasdetektoren bevorzugt zur Spurenanalyse, die Miniatur- und die Triodetype sind wegen des kleinen Meßvolumens (5 µl) und der Zeitkonstante (200 ms) auch für die Kapillar-GC geeignet.)					
Electron-Mobility- Detektor (indirekter EMD)	J. O. 291	10^{-9} g/s (CO_2)	1:300	$9 \cdot 10^{-2}$ Coulomb/g	Sehr spezif., Ar-He-Gemische als Trägergas, für Permanentgase u. H_2O.

Electron-Mobility-Detektor (direkter EMD)	J. O. 291	10^{-11} g/s (CO_2)	1:3000	$3 \cdot 10^{-2}$ Coulomb/g	Indirekten EMD überlegen
Flammenionisations-detektor (FID)	J. O. 311	10^{-12} g/s (C)	besser 1:10^7	$2 \cdot 10^{-2}$ Coulomb/g (C)	Schwach spezif. Universaldetektor für organ. Verbb. mit $-CH_2$-Gruppen.
Alkali-FID (mit geschlossener Alkaliquelle) (TIDA)	J. O. 335	$3 \cdot 10^{-10}$ g Cl/s	1:100 bis 1:10000	$1,4 \cdot 10^{-2}$ Coulomb/g Cl	Für organ. Halogen- u. Phosphor-verbb. höchst spezifisch
		$7 \cdot 10^{-10}$ g Br/s	1:100 bis 1:10000	$5,6 \cdot 10^{-2}$ Coulomb/g Br	
		$1,5 \cdot 10^{-10}$ g J/s	1:100 bis 1:10000	$2,8 \cdot 10^{-2}$ Coulomb/g J	
		$7,5 \cdot 10^{-11}$ g P/s	1:100 bis 1:10000	$4,6 \cdot 10^{-2}$ Coulomb/g P	
Flammenphoto-metrische Detektoren	J. O. 351	ca. $1 \cdot 10^{-9}$ g S, P, u. and. Elemente/s	1:100 u. darunter	—	Spezifität einstellbar, mitunter hochspezifisch.
Electron-Impact-Detektor	J. O. 354	$1,2 \cdot 10^{-9}$ g/ml	1:40000	3 bis $200 \cdot 10^4$ V/g/ml	Unter best. Bedingg. unspezif.
Photoionisationsdetektor (PID)	J. O. 360	$7 \cdot 10^{-12}$ g/s bis $2 \cdot 10^{-13}$ g/s	1:100000	$0,1$ bis $5 \cdot$ Coulomb/g	Spezifisch! Z. B. keine Anzeige für CH_4, H_2O, CO_2 Empf.-unterschiede für C_2H_6 gegen C_6H_6.

Tabelle 3. (Forts.)

Detektortyp	J. O. Zitat [8]	Erfassungs-grenze S_u	linearer Bereich	Empfindlichk. q	Bemerkungen
Mikrocoulometer Detektor (CD) Integraldetektoren mit Differentialanzeige	J. O. 398	10^{-9} Gramm absolut, selektiv	1:1000	10^{-9} g	Je nach Reaktor/Titrator halogen-, schwefel-, stickstoffspezif., absolut, eichfrei.
Reaktionscoulometer	J. O. 405	$7 \cdot 10^{-10}$ g/s C	1:10000		Absolut. Erfass. z. B. von C selektiv, spezif. in strengen Grenzen v. Strukturen.
Elektrochemische Detektoren	J. O. 409	$1-5 \cdot 10^{-13}$ Mol/s Halogene, Schwefel	1:10000		Selekt. u. spezif. einstellbar.

Specific Gas Chromatography Detectors, Chromatographia 4 (1971) 425 bis
434). Weitere Literatur J. Ševčik, Detectors in Gas Chromatography, J.
Chromatography Library 4 Elsevier Sci. Publ. Comp., Amsterdam (1976).
Otte, E., und J. Gut, Chromatographia 5 (1972), 246—249, beschreiben
einen Wärmeleitfähigkeitsdetektor auf Basis Transistor mit Fremdbeheizung,
welcher bis 200 °C arbeitet und mit einem q-Wert von besser als 100 000 V/g/
ml normale Hitzdrahtwärmeleitzellen in der Empfindlichkeit um den
Faktor 20 übertrifft. Theoretisch ist eine Steigerung der Empfindlichkeit von
nahezu 100 über der der Hitzdrahtzelle möglich, wenn man die heute erhältlichen Transistoren verwendet (2 Transistoren 2 N 3704 Silect Plasic).

Vergleichende Wertung der Detektorentypen: Der Versuch, flußmessende
Detektoren (q in Coulomb/g) mit konzentrationsmessenden Detektoren zu
vergleichen, ist nur in Sonderfällen gestattet und führt für den Fall, daß
als Substanz Benzol in Helium verwendet wird, zu den Vergleichszahlen:

Wärmeleitzelle Hitzdraht: Benzol in Helium,
Empfindlichkeit q = 2 bis 9 · 10^3 V/g/ml
Flammenionisationsdetektor: Benzol in Helium,
Empfindlichkeit q = 2 bis 5 · 10^6 V/g/ml
Argonionisationsdetektor: Benzol in Helium,
Empfindlichkeit q = 2 bis 5 · 10^8 V/g/ml

Bei diesem Vergleich wurden die maximalen Leistungsdaten moderner
Verstärker beachtet und vom Ionenstrom in eine Spannung umgerechnet.

3.5. Tabellen der Detektoren zur Gas-Chromatographie

(s. Tabelle 3)

Literatur

1. Ebel, Kaiser, R. E.: Chromatographia 19 7, 696—697 (1974)
2. Rechenprogramm zur „Optimierungsberechnung" der Totzeit aus vier
   und mehr Bruttoretentionszeit nach Retentionsindex bekannter Stoffe
   in [6] für Taschenrechner Ti 59, programmable
3. Rechenprogramme zur Berechnung der chromatographischen Grundgrößen a, b_0, tm und der Folgekennwerte in Chromcard „ABT" des
   Instituts für Chromatographie für Taschenrechner Ti 59, programmable.
4. Wehrli, A.; Kovats, E.: Helv. Chem. Acta 42, 2709 (1959)
5. McReynolds, W. O.: J. Chromatogr. Sci. 8, 685—691 (1970)
6. Chromcard „TMG" des Inst. für Chromatographie, Postfach 1308,
   D-6702 Bad Dürkheim
7. Chromcard „ARG". —
8. Jentzsch, D.; Otte, E.: Detektoren in der Gas-Chromatographie. Methoden d. Analyse in d. Chemie, Band 14: Frankfurt/M.: Akademische
   Verlagsgesellschaft 1970
9. Ševˇik, J.: Detectors in Gas Chromatography, J. Chromatogr. Library —
   Volume 4, Amsterdam, Oxford, New York: Elsevier Scientific Publishing
   Company 1976

Prüfröhrchen

Obering. K. Leichnitz
Drägerwerk AG, 2400 Lübeck

1. Allgemeines

Grundlage der Prüfröhrchenverfahren sind unter Farbänderung ablaufende chemische Reaktionen. Entsprechend ausgewählte Reagenzsysteme — auf einen Reagenzträger (z. B. Silikagel) imprägniert — ergeben ein Anzeigepräparat für gasförmige Luftverunreinigungen. Das fertige Prüfröhrchen besteht aus einem Glasrohr mit der Präparatfüllung.

Prüfröhrchen werden vom Hersteller mit Gasen definierter Konzentration kalibriert; im allg. sind sie ca. 2 Jahre lagerfähig (vorgesehene Verbrauchszeit). Für die Verwendung ist damit alles vorbereitet — d. h. im Prüfröhrchen konserviert —, daß ohne besonderen analytischen Aufwand die Messung durchgeführt werden kann. Dazu wird das Prüfröhrchen geöffnet, in die vorgeschriebene Pumpe eingesetzt und das gewünschte Volumen des zu analysierenden Gases angesaugt. In der Anzeigeschicht erfolgt eine Farbreaktion. Aus der Länge (Skalenröhrchen Abb. 1) oder der Intensität (Farbabgleichröhrchen Abb. 2) der Verfärbung wird die Konzentration der zu messenden Gaskomponente ermittelt.

Die Länge (l) der Anzeige ist eine Funktion der im Prüfröhrchen zur Reaktion gekommenen Masse (m) des Gases (Abb. 3).

$$l = \frac{m}{C} + \frac{Q}{A}\left(1 - e^{-1 \cdot \frac{A}{Q}}\right)$$

C = Aufnahmekapazität des Präparates für das zu messende Gas.
Q = Volumenstrom des Gases durch das Prüfröhrchen.
A = Geschwindigkeit für den Übergang des zu messenden Gases aus der Gasphase in das Anzeigepräparat einschließlich Reaktionsgeschwindigkeit.

Bei der Herstellung der Füllpräparate werden Aufnahmekapazität (C) und Übergangsgeschwindigkeit (A) festgelegt. Der Benutzer der Röhrchen hat darauf zu achten, daß der Volumenstrom eingehalten wird, dazu hat er eine Pumpe vorgeschriebener Saugcharakteristik zu verwenden. Als Saugvorrichtungen für Prüfröhrchen werden angeboten: Balgpumpen (handbetätigt und automatisch), Gummiballpumpen (handbetätigt), Kolbenpumpen (handbetätigt und automatisch), Membranpumpen (automatisch) und Schlauchpumpen (automatisch).

Zu unterscheiden ist zwischen Röhrchen für Kurzzeitmessungen (Momentaufnahmen in wenigen Minuten) und Röhrchen für Langzeitmessungen (Mehrstundentest zur Bestimmung der Durchschnittskonzentration).

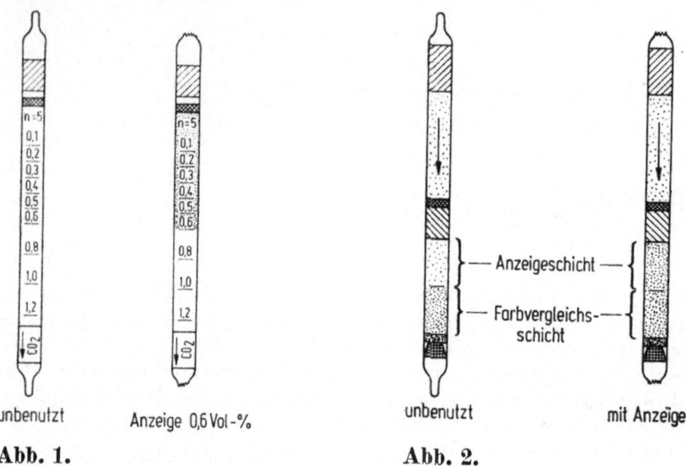

Abb. 1.   **Abb. 2.**

Abb. 1. Skalenröhrchen (nach Durchsaugen des vorgeschriebenen Gasvolumens ist die Länge der Verfärbung an der aufgedruckten Skala auszuwerten).

Abb. 2. Farbabgleichröhrchen (zu bestimmen ist das bis zum Erreichen des Farbabgleichs benötigte Gasvolumen; hohe Konzentration erfordert niedriges Volumen, bei niedriger Konzentration wird hohes Volumen benötigt).

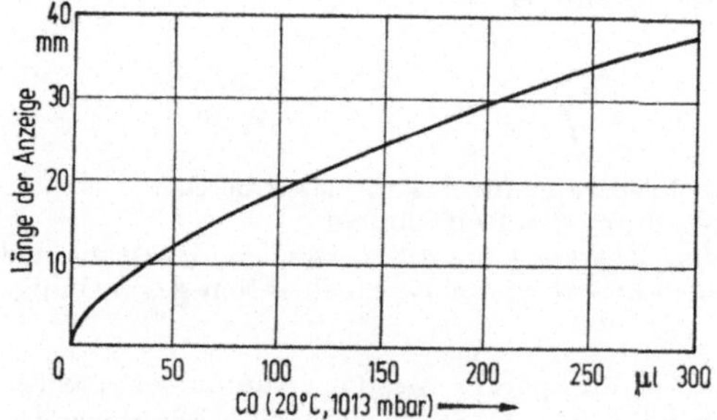

Abb. 3. Typische Eichkurve eines Prüfröhrchens (Basis sind die absoluten CO-Mengen).
Meßbereich:
10 bis 300 ppm für 10-Hub-Prüfung (1000 cm³)
100 bis 3000 ppm für 1-Hub-Prüfung (100 cm³)

2. Einsatzbereiche

Luftuntersuchung am Arbeitsplatz (die Eigenschaften der entspr. Prüfröhrchen sind in Standards festgelegt, z. B. IUPAC-Standard).*

Technische Gasanalyse (Bestimmung der Emissionen, Kontrolle chemischer Prozesse).

Untersuchung der freien Atmosphäre (Messungen im Bereich der Immissionskonzentrationen).

Spezialmessungen in Verbindung mit Laborverfahren nach besonderen Prüfvorschriften.

3. Zur Anwendung von Prüfröhrchen

3.1. Einfluß von Druck und Temperatur

Sofern Druck und Temperatur innerhalb bestimmter Grenzen liegen, ist kein verfälschender Einfluß auf den *Ablauf der Reaktion* gegeben; für den Temperaturbereich sind das in den meisten Fällen 0 bis 40 °C, für Drücke (absolut) von (etwa) 0,5 bar bis zu 10 bar gilt das gleiche.

Zu berücksichtigen ist aber die (bekannte) *Abhängigkeit des Gasvolumens* von Druck und Temperatur; Korrektur gemäß Gasgesetz.

3.2. Anzeigefehler (zufällige Fehler)

Bei den meisten Prüfröhrchen liegt der Variationskoeffizient (relative Standardabweichung) im Bereich von 10 bis 20%. (Zusätzlich können systematische Fehler auftreten, die aber beim Prüfröhrchenverfahren fast immer vermeidbar sind.)

4. Erläuterungen zu den Tabellen

Bezeichnung des Prüfröhrchens (Spalte 1): Basis ist der für das jeweilige Prüfröhrchen vom Hersteller benutzte Name (z. B. Ammoniak, Alkohol, Arsenwasserstoff). In Klammern hinzugefügt wurde — falls möglich — der Name entsprechend den Nomenklatur-Richtsätzen der IUPAC (z. B. Arsan, Ethen, Hydrogensulfid).

---

* IUPAC; Analytical Methods for Use in Occupational Hygiene, Performance Standard for Detector Tubes. Pure and Applied Chemistry, Vol. *40*, No. 3 (1974), 39—1.

Tabelle 1. Prüfröhrchen für Luftuntersuchungen am Arbeitsplatz (Kurzzeitmessungen; Dauer wenige Minuten)

Prüfröhrchen für	Meßbereich (20°C, 1013 mbar)	Hubzahl	Reagenz	Farbumschlag (von → nach)	MAK-Wert (Stand 1978)
Acetaldehyd	100 bis 1000 ppm	20	Chromat-Schwefelsäure	orange → braungrün	200 ppm
Aceton	100 bis 12000 ppm	10	Dinitrophenylhydrazin	hellgelb → gelb	1000 ppm
Acrylnitril	5 bis 30 ppm	5	HCN-Abspaltung (Chromat)	gelb → rot	(6 ppm) TRK
Alkohol (Äthanol, Ethanol)	100 bis 3500 ppm	10	$HgCl_2$ und Methylrot Chrom(VI)-Verbindung	braunrot → graugrün	1000 ppm
Alkohol (C_1- bis C_4-Alkohol)	100 bis 3000 ppm	10	Chromat	gelb → grün	200 ppm CH_3OH 400 ppm $(CH_3)_2CH \cdot OH$ 100 ppm C_4H9OH
Ameisensäure	1 bis 15 ppm	20	Säure-Indikator	blauviolett → gelb	5 ppm
Ammoniak	5 bis 1000 ppm	10	Base-Indikator	orange → tiefblau	50 ppm
Ammoniak	5 bis 70 ppm / 50 bis 700 ppm	10 / 1	Bromphenolblau u. Säure	orange → dkl.-blau	50 ppm
Anilin	1 bis 20 ppm	25 bis 5	Furfurol u. Säure	weiß → rot	5 ppm
Arsenwasserstoff (Arsan, Arsin)	0,05 bis 3 ppm	20	Goldverbindung	weiß → schwach grauviolett	0,05 ppm
Äthylacetat (Ethylacetat)	200 bis 3000 ppm	20	Chromat-Schwefelsäure	orange → braungrün	400 ppm
Äthylbenzol (Ethylbenzol)	30 bis 400 ppm	6	I_2O_5 und $H_2S_2O_7$	weiß → braun	100 ppm
Äthylen (Ethen)	0,5 bis 10 ppm	20	Pd-Molybdat-Verbindung	hellgelb → blau	—
Äthylenoxid (Ethylenoxid)	25 bis 500 ppm	30	Chromat	hellgelb → blaß türkisgrün	50 ppm
Äthylglykolacetat (Ethoxyethylacetat)	50 bis 700 ppm	10	Chromat-Schwefelsäure	gelbl.-orange → bräunl.-türkisgrün	100 ppm

Benzinkohlenwasserst. (n-Octan)	100 bis 2 500 ppm	2	I_2O_5 u. $H_2S_2O_7$	weiß → bräunl.-grün	500 ppm
Benzol	5 bis 100 ppm	10	I_2O_5 u. H_2SO_4	weiß → braun	(8 ppm) TRK
Benzol	0,5 bis 10 ppm	40 bis 2	Aldehyd u. H_2SO_4	weiß → hellbraun	(8 ppm) TRK
Chlor	0,2 bis 30 ppm	10	Aromatisches Amin	weiß → orangebraun/grün	0,5 ppm
Chlor	0,2 bis 3 ppm	10	o-Tolidin	weiß → gelb	0,5 ppm
	2 bis 30 ppm	1			
Chlorameisensäureester (Alkylchlorformiate)	0,2 bis 10 ppm	20	p-Nitrobenzylpyridin	weiß → gelb	—
Cyanwasserstoff	2 bis 30 ppm	5	$HgCl_2$ + Methylrot	gelb → rot	10 ppm
Chlorcyan	0,25 bis 5 ppm	20 bis 1	Pyridin und Barbitursäure	weiß → rosa	—
Chloropren	5 bis 60 ppm	3	Permanganat	violett → gelbbraun	10 ppm
Chlorwasserstoff (Hydrogenchlorid)	1 bis 10 ppm	10	Bromphenolblau	blau → gelb	5 ppm
Cyclohexan	100 bis 1 500 ppm	10	Chromsäure	orange → grünbraun	300 ppm
Diäthyläther (Diethylether)	100 bis 4 000 ppm	10	Chromat-Schwefelsäure	orange → grünbraun	400 ppm
Diboran	0,05 bis 3 ppm	20	Goldkomplex	weiß → hellgrau	0,1 ppm
Dichlorvos	0,02 bis 0,2 ppm	10 bis 1	Cholinesterase-Inhibierung	—	0,1 ppm
Dimethylacetamid	10 bis 40 ppm	20	Aminabspaltung (NaOH) Bromphenolblau u. Säure	gelb → blau	10 ppm
Dimethylformamid	10 bis 40 ppm	10	Aminabspaltung (NaOH) Bromphenolblau u. Säure	gelb → blau	20 ppm
Dimethylsulfat	0,005 bis 0,05 ppm	—	p-Nitrobenzylpyridin	weiß → blau	0,01 ppm
Dimethylsulfid	1 bis 15 ppm	20	Permanganat	violett → gelbbraun	—
Epichlorhydrin	5 bis 50 ppm	20	Chlorabspaltung (Chromat) o-Tolidin	weiß → gelbl.-orange	5 ppm
Essigsäure	5 bis 80 ppm	3	Säure-Indikator	blauviolett → gelb	10 ppm
Fluorwasserstoff	1,5 bis 15 ppm	20	Zirkon-Chinalizarin	hellblau → schwachrosa	3 ppm
Flüssiggas (Propan, Butan)	0,02 bis ca. 1%	—	CrO_3 u. $H_2S_2O_7$	gelbbraun → hellgrün	1 000 ppm
Flüssiggas	0,1 bis ca. 1%	H_2	I_2O_5 u. $H_2S_2O_7$	weiß → braungrau	1 000 ppm

Tabelle 1 (Fortsetzung)

Prüfröhrchen für	Meßbereich (20°C, 1013 mbar)	Hubzahl	Reagenz	Farbumschlag (von → nach)	MAK-Wert (Stand 1978)
Formaldehyd	0,5 bis 10 ppm	16 bis 1	Xylol u. H_2SO_4	weiß → rosa	1 ppm
n-Hexan	100 bis 3000 ppm	6	Chromsäure	orange → grünbraun	100 ppm
Hydrazin	0,25 bis 3 ppm	10	Bromphenolblau u. Säure	gelb → blaugrau	0,1 ppm
Kohlendioxid	0,1 bis 1,2%	4	Amin u. Base-Indikator	gelblich → violett	5000 ppm
Kohlendioxid	0,1 bis 1,2%	5	Hydrazin u. Kristallviolett	weiß → blauviolett	5000 ppm
Kohlenmonoxid	5 bis 100 ppm	10	I_2O_5 u. $H_2S_2O_7$	weiß → hellbraun/hellgrün	50 ppm
Kohlenmonoxid	5 bis 150 ppm	10	I_2O_5, SeO_2 u. $H_2S_2O_7$	weiß → braungrün	50 ppm
Kohlenwasserstoffe	ca. 20 bis 5000 ppm	—	CrO_3 u. $H_2S_2O_7$	orange → grün/braunschwarz	—
Kohlenwasserstoffe	2 bis 23 mg/Liter	24 bis 3	SeO_2 u. H_2SO_4	gelb → braun	—
Mercaptan (CH_3SH, C_2H_5SH)	2 bis 100 ppm	10	Cu-Verbindg. u. S	weiß → gelbbraun	0,5 ppm
Methacrylnitril	1 bis 10 ppm	20	HCN-Abspaltung (Chromat) HgCl_2 u. Methylrot	gelb → rot	—
Methylacrylat	5 bis 200 ppm	20	Pd-Molybdatverbindg.	gelb → blau	10 ppm
Methylbromid	5 bis 50 ppm	5	Br_2-Abspaltung (SO_3 + $KMnO_4$) o-Dianisidin	weiß → braun	20 ppm
Methylenchlorid (Dichlormethan)	100 bis 2000 ppm	10	I_2O_5, SeO_2 u. $H_2S_2O_7$	weiß → bräunl.-grün	200 ppm
Methylmethacrylat	50 bis 500 ppm	10	Pd-Molybdatverbindg.	gelb → blau	100 ppm
(Mono)styrol (Ethenylbenzol)	10 bis 200 ppm	15 bis 2	H_2SO_4	weiß → hellgelb	100 ppm
Nickeltetracarbonyl	0,1 bis 1 ppm	20	Iod u. Dioxim	hellbraun → rosa	0,1 ppm
Nitroglykol	0,25 ppm	20	H_2SO_4 u. Diamin	weiß → gelb	0,25 ppm

Substanz			Reagens	Farbreaktion	
Nitrose Gase (Stickstoffoxide NO + NO$_2$)	0,5 bis 50 ppm	5	Aromatisches Amin	gelblich → blau	5 ppm (NO$_2$)
Nitrose Gase (Stickstoffoxide NO + NO$_2$)	0,5 bis 10 ppm	5	N,N′-Diphenylbenzidin	weiß → blaugrau	5 ppm (NO$_2$)
Olefine (Propen, Buten)	1 bis 55 mg/Liter	20 bis 1	Permanganat	violett → hellbraun	—
Ozon	0,05 bis 1,4 ppm	10	Indigo	hellblau → weiß	0,1 ppm
n-Pentan	100 bis 1500 ppm	5	Chromsäure	orange → grünbraun	1000 ppm
Perchloräthylen (Tetrachlorethen)	10 bis 500 ppm	5	I$_2$O$_5$ u. H$_2$S$_2$O$_7$	weiß → bräunl.-grün	100 ppm
Perchloräthylen (Tetrachlorethen)	10 bis 500 ppm	3	Cl$_2$-Abspaltung (KMnO$_4$) N,N′-Diphenylbenzidin	weiß → graublau	100 ppm
Phenol	5 ppm	10	2,6-Dibromchinonchlorimid	weiß → blau	5 ppm
Phosgen (Carbonyldichlorid)	0,04 bis 1,5 ppm	33 bis 1	Dimethylaminobenz-aldehyd u. Diäthylanilin	gelb → blaugrün	0,1 ppm
Phosphorwasserstoff (Phosphan, Phosphin)	0,1 bis 10 ppm	10	Silbersalz	weiß → braun	0,1 ppm
Phosphorwasserstoff (Phosphan, Phosphin)	0,1 bis 4 ppm 1 bis 40 ppm	10 1	Goldverbindung	weiß → schwach grauviolett	0,1 ppm
Quecksilber	0,05 bis 1,4 mg/m^3	28 bis 1	Cu-Iodid	weiß → gelb-orange	0,1 mg/m^3
Quecksilber	0,1 bis 2 mg/m^3	20 bis 1	Cu(I)-Iodid	gelbgrau → schwach gelb-orange	0,1 mg/m^3
Salpetersäure	1 bis 15 ppm	20	Bromphenolblau	blau → gelb	10 ppm
Schwefeldioxid	1 bis 25 ppm	4	Iod	braun → weiß	5 ppm
Schwefeldioxid	1 bis 25 ppm	10	Iod-Stärke	blau → weiß	5 ppm
Schwefelkohlenstoff (Kohlenstoffdisulfid)	2 bis 50 ppm	5	I$_2$O$_5$ u. H$_2$S$_2$O$_7$	weiß → braungrün	10 ppm
Schwefelkohlenstoff	5 bis 60 ppm	11	I$_2$O$_5$ u. H$_2$S$_2$O$_7$	weiß → braungrün	10 ppm
Schwefelwasserstoff (Hydrogensulfid)	1 bis 20 ppm	10	Silbersalz	weiß → gelbbraun	10 ppm
Schwefelwasserstoff	0,5 bis 15 ppm	10	Hg-Komplex	weiß → hellbraun	10 ppm
Schwefelwasserstoff	1 bis 20 ppm	10	Pb-Verbindung	weiß → hellbraun	10 ppm

Tabelle 1 (Fortsetzung)

Prüfröhrchen für	Meßbereich (20 °C, 1013 mbar)	Hubzahl	Reagenz	Farbumschlag (von → nach)	MAK-Wert (Stand 1978)
Tetrachlorkohlenstoff (Kohlenstofftetrachlorid)	5 bis 50 ppm	5	$COCl_2$-Abspaltung ($H_2S_2O_7$) dann $COCl_2$-Messung	gelb → blaugrün	10 ppm
Tetrahydrothiophen	1 bis 10 ppm	30	Permanganat	violett → gelbbraun	—
(Toluol, Methylbenzol)	5 bis 1000 ppm	5	I_2O_5 u. H_2SO_4	weiß → rotbraun	200 ppm
Toluol	5 bis 500 ppm	5	I_2O_5 u. H_2SO_4	weiß → braun	200 ppm
Toluylendiisocyanat	0,02 bis 0,2 ppm	25	Pyridylpyridin	weiß → orange	0,02 ppm
Triäthylamin (Triethylamin)	5 bis 60 ppm	5	Bromphenolblau u. Säure	gelbgrau → blau	25 ppm
1,1,1-Trichloräthan (1,1,1-Trichlorethan)	50 bis 600 ppm	10	Cl_2-Abspaltung (Chromat) o-Tolidin	grau → braunrot	200 ppm
Trichloräthylen (Trichlorethen)	10 bis 1000 ppm	5	I_2O_5 u. $H_2S_2O_7$	weiß → bräunl.-grün	50 ppm
Trichloräthylen	2 bis 50 ppm	5	Cl_2-Abspaltung (Chromat) o-Tolidin	hellgrau → orange	50 ppm
Vinylchlorid (Chlorethen)	1 bis 15 ppm	10	Cl_2-Abspaltung (Chromat) Aromatisches Amin	weiß → orangebraun	(2 bzw. 5 ppm) TRK
Vinylchlorid	0,5 bis 3 ppm	10	HCl-Abspaltung (Chromat) Bromphenolblau	blaugrau → gelb	(2 bzw. 5 ppm) TRK
Vinylchlorid	1 bis 10 ppm	20	Cl_2-Abspaltung ($KMnO_4$) o-Tolidin	weiß → schwach gelborange	(2 bzw. 5 ppm) TRK
Wasserdampf	1 bis 40 mg/Liter	10	SeO_2 u. H_2SO_4	gelb → rotbraun	—
Wasserstoff	0,5 bis 3%	5	H_2O-Bildung (Pd) SeO_2 u. H_2SO_4	gelbgrün → rosa	—

Tabelle 2. Prüfröhrchen für technische Gasanalysen (Prozeßkontrolle, Abgasuntersuchung) bei Kurzzeitmessungen (wenige Minuten). Zur technischen Gasanalyse sind auch sämtliche Röhrchen aus Tabelle 1 geeignet

Prüfröhrchen für	Meßbereich (20°C, 1013 mbar)	Hubzahl	Reagenz	Farbumschlag (von → nach)
Ammoniak	0,1 bis 1,6%	10	Base-Indikator	orange → blau
	0,5 bis 10%	2		
Ammoniak	0,05 bis 1%	10	Bromphenolblau	gelb → violett
	0,5 bis 10%	1		
Benzol	15 bis 420 ppm	20 bis 2	HCHO und H_2SO_4	weiß → braun
Chlor	50 bis 500 ppm	1	o-Tolidin	hellgrau → dkl.-braun
Chlorwasserstoff (Hydrogenchlorid)	500 bis 5000 ppm	1	Bromphenolblau	blau → weiß
Formaldehyd	1,6 bis 40 ppm	5	Xylol und H_2SO_4	weiß → rosa
Kohlendioxid	1 bis 20%	1	Hydrazin und Kristall-violett	weiß → blauviolett
Kohlenmonoxid	0,5 bis 7%	1	I_2O_5 und $H_2S_2O_7$	weiß → braun
Kohlenmonoxid	0,5 bis 7%	1	I_2O_5, SeO_2 und $H_2S_2O_7$	weiß → braun
Nitrose Gase (Stickstoffoxide NO + NO_2)	10 bis 300 ppm	2	Aromatisches Amin	weiß → blau/braun
Nitrose Gase (NO + NO_2)	50 bis 3000 ppm	1	Aromatisches Amin	weiß → blau/braun
Nitrose Gase (NO + NO_2)	2 bis 50 ppm	10	N,N'-Diphenylbenzidin	gelb → dkl.-blaugrau
Nitrose Gase (NO + NO_2)	20 bis 500 ppm	2	o-Dianisidin	hellgrau → rotbraun
Nitrose Gase (NO + NO_2)	300 bis 2000 ppm	10	Säure-Indikator	blau → weiß
	1000 bis 5000 ppm	3		
Ozon	10 bis 300 ppm	1	Indigo	blau → gelb
Perchloräthylen (Tetrachlorethen)	2 bis 150 g/m³	2	I_2O_5 und $H_2S_2O_7$	weiß → braun
Perchloräthylen	0,1 bis 1,4%	5	I_2O_5, SeO_2 und $H_2S_2O_7$	weiß → braun
Phosgen (Carbonyldichlorid)	0,25 bis 15 ppm	5	Dimethylaminobenzaldehyd und Dimethylanilin	gelb → blaugrün

Tabelle 2 (Fortsetzung)

Prüfröhrchen für	Meßbereich (20 °C, 1 013 mbar)	Hubzahl	Reagenz	Farbumschlag (von → nach)
Phosphorwasserstoff (Phosphan, Phosphin)	50 bis 2 000 ppm	1	Silbersalz	weiß → dkl.-braun
Phosphorwasserstoff	50 bis 1 000 ppm	3	Goldverbindung	gelb → braunschwarz
Sauerstoff	5 bis 23%	1	$TiCl_3$	schwarz → hellgrau
Schwefeldioxid	100 bis 600 ppm	10	Iodat	weiß → gelbbraun
	500 bis 4 000 ppm	2		
Schwefeldioxid	20 bis 200 ppm	10	Iod	braungelb → weiß
Schwefeldioxid	50 bis 500 ppm	10	Iodat u. Säure-Indikator	blaugrau → gelb
Schwefeldioxid	0,2 bis 7%	1	Iod	braun → hellgelb
	0,02 bis 0,7%	10		
Schwefelkohlenstoff (Kohlenstoffdisulfid)	32 bis 3 200 ppm	6	Cu-Verbindung u. Amin	hellblau → braun
Schwefelwasserstoff (Hydrogensulfid)	100 bis 4 000 ppm	1	Silbersalz	weiß → braun
Schwefelwasserstoff	100 bis 2 000 ppm	1	Pb-Verbindung	weiß → braun
Schwefelwasserstoff	0,2 bis 7%	1	Cu-Verbindung	hellblau → schwarz
Toluol	25 bis 1 860 ppm	10	SeO_2 und H_2SO_4	blaßgraubraun → braunviolett
Vinylchlorid (Chlorethen)	100 bis 3 000 ppm	18 bis 1	$KMnO_4$	violett → hellbraun

Tabelle 3. Langzeit-Prüfröhrchen zur Bestimmung von Luftverunreinigungen (Dauer mehrere Stunden)

Langzeit-Prüfröhrchen für	Meßbereich (absolute Einheit) (20°C, 1013 mbar)	2 Beispiele für Meßbereich bezogen auf ppm		Max. Einsatzzeit	Reagenz	Farbumschlag (von → nach)
Ammoniak	10 bis 100 μl	5 bis 50 ppm (2 Liter)	10 bis 100 ppm (1 Liter)	4 h	Bromphenolblau	gelb → blau
Benzol	20 bis 200 μl	10 bis 100 ppm (2 l)	20 bis 200 ppm (1 l)	4 h	Iodsäure u. H_2SO_4	weiß → bräunl.-grün
Chlor	1 bis 20 μl	0,2 bis 4 ppm (5 l)	1 bis 20 ppm (1 l)	8 h	o-Tolidin	weiß → gelb-orange
Chloropren	5 bis 100 μl	2,5 bis 50 ppm (2 l)	5 bis 100 ppm (1 l)	4 h	Permanganat	violett → gelb-braun
Cyanwasserstoff	10 bis 120 μl	2 bis 24 ppm (5 l)	10 bis 120 ppm (1 l)	8 h	$HgCl_2$ u. Methylrot	gelb → rot
Kohlenmonoxid	50 bis 500 μl	10 bis 100 ppm (5 l)	50 bis 500 ppm (1 l)	8 h	I_2O_5, SeO_2, $H_2S_2O_7$	weiß → braun
Schwefeldioxid	5 bis 50 μl	2,5 bis 25 ppm (2 l)	5 bis 50 ppm (1 l)	4 h	$HgCl_2$ u. Methylrot	gelb → rot
Schwefelwasserstoff (Hydrogensulfid)	5 bis 60 μl	1 bis 12 ppm (5 l)	5 bis 60 ppm (1 l)	8 h	Pb-Verbindg.	weiß → braun
Stickstoffdioxid	10 bis 100 μl	2 bis 20 ppm (5 l)	10 bis 100 ppm (1 l)	8 h	Diphenylbenzidin	gelb → blaugrau
Stickstoffoxide (NO + NO_2)	50 bis 350 μl	25 bis 175 ppm (2 l)	50 bis 350 ppm (1 l)	2 h	Oxidation durch Chromat dann Diphenylbenzidin	gelb → gelbl.-blau
Toluol	200 bis 4000 μl	40 bis 800 ppm (5 l)	200 bis 4000 ppm (1 l)	8 h	Jodsäure u. H_2SO_4	weiß → braun
Trichloräthylen (Trichlorethen)	10 bis 200 μl	5 bis 100 ppm (2 l)	10 bis 200 ppm (1 l)	4 h	Cl_2-Abspaltung (Chromat) o-Tolidin	hellgrau → orange
Vinylchlorid (Chlorethen)	10 bis 50 μl	2 bis 10 ppm (5 l)	10 bis 50 ppm (1 l)	8 h	Cl_2-Abspaltung ($KMnO_4$) o-Tolidin	weiß → schwach gelborange

Meßbereich: Bei Röhrchen für Kurzzeitmessungen:

ppm $\triangle$ cm³/m³
% $\triangle$ cm³/100 cm³

Bei Röhrchen für Langzeitmessungen:

Mikroliter (als absolute Einheit)
ppm (als Konzentration)

Sämtliche Angaben beziehen sich auf die Gasphase:
Volumenkonzentration in ppm oder %.
Als absolute Einheit für das Volumen der zu messenden Komponente wird Mikroliter benutzt.

Hubzahl: Pumpen für Kurzzeit-Prüfröhrchen fördern pro Hub 100 cm³.

Maximale Einsatzzeit: bezieht sich auf Langzeit-Prüfröhrchen.

Reagenz: Anzeigereagenzien (soweit bekanntgegeben).

Farbumschlag: bezieht sich auf den Farbumschlag der Anzeigeschicht bei der Reaktion mit dem Gas.

MAK-Wert: Maximale Arbeitsplatzkonzentration eines Arbeitsstoffes in der Luft am Arbeitsplatz, die im allg. die Gesundheit der Beschäftigten nicht beeinträchtigt.
Für eine Reihe cancerogener Stoffe sind Technische Richtkonzentrationen (TRK) festgelegt; diese Grenzwerte sollen nur Anhalt sein, auch bei Einhaltung ist das Risiko einer Beeinträchtigung der Gesundheit nicht vollständig auszuschließen.

Chiroptische Methoden

Professor Dr. Günther Snatzke, Dr. Feliksa Snatzke
Lehrstuhl für Strukturchemie, Ruhruniversität Bochum
Postfach 102148, 4630 Bochum 1

1. Definitionen

Chiroptisch: Eigenschaften (Phänomene, Methoden, ...) heißen chiroptisch, wenn sie sich auf spektroskopische Methoden beziehen, die zwischen den beiden Enantiomeren gleicher relativer Konfiguration zu unterscheiden gestatten. Dazu zählen

Circulardichroismus (CD),
Optische Rotationsdispersion (ORD),
Elliptizität,
Circularpolarisation der *Emissionsstrahlung* (CPE),
Circulares Intensitätsdifferential (CID) der Raman- und Rayleigh-Streuung, usw.

Dagegen gehören *Magneto-Circulardichroismus* (MCD) und *Magnetische Rotationsdispersion* (MRD) nicht direkt dazu.

Linear polarisiertes Licht: Alle elektrischen Feldvektoren entlang des Lichtstrahls liegen in einer Ebene (*Polarisationsebene, Schwingebene*), ihre Größe ändert sich mit der Zeit (an einem Ort) und entlang der Fortpflanzungsrichtung (zur gleichen Zeit) wie eine Cosinusfunktion:

$$\mathfrak{E} = \mathfrak{E}^0 \cdot \cos 2\pi(\nu t - zn/\lambda_0)$$

(z: Fortpflanzungsrichtung, n: Brechungsindex, λ_0: Wellenlänge im Vakuum)

Absorption: Licht kann von einem Molekül nur absorbiert werden, wenn

1. die Photonenenergie $h \cdot \nu = \Delta E = E_i - E_0$ gleich der Energiedifferenz zwischen elektronisch angeregtem und elektronischem Grundzustand ist, und
2. während der Elektronenanregung ein Dipol („elektrisches Übergangsmoment $\vec{\mu}$") in der Elektronenhülle aufgebaut wird.

Der meist benutzte Meßwert ist die *Absorbanz* $A = \log (I_0/I)$ (I_0 und I sind die Lichtintensitäten beim Eintritt in die Substanz und beim Verlassen dieser), zur quantitativen Beschreibung der Absorptionseigenschaften einer Substanz dient der *molare dekadische Absorptionskoeffizient* $\varepsilon = A/c \cdot d$ (c: Konzentration in Mol/l, d: Schichtdicke in cm). Die konventionelle Einheit für ε ist 10^{-3} cm^2 mol^{-1}.

Dipolstärke: Integrales Maß für die Absorption innerhalb einer Elektronenübergangsbande:

$$D = \frac{3hc \, 10^3 \ln 10}{8\pi^3 N_L} \int\limits_{\lambda_1}^{\lambda_2} \frac{\varepsilon(\lambda)}{\lambda} \, d\lambda = 0 \cdot 918 \times 10^{-38} \int\limits_{\lambda_1}^{\lambda_2} \frac{\varepsilon(\lambda)}{\lambda} \, d\lambda$$

Theoretisch ist $D = \mu^2$.

Circular polarisiertes Licht: Die Spitzen der elektrischen Feldvektoren liegen auf einer Links- oder Rechtshelix (links oder rechts circular polarisiertes Licht). Blickt man an einem Punkt $z = z_0$ *gegen* den Lichtstrahl, dann beschreibt $\mathfrak{E}$ in der Ebene senkrecht zur Fortpflanzungsrichtung z einen Kreis, der im Uhrzeigersinn (rechts circular polarisiertes Licht) oder Gegenuhrzeigersinn (links circular polarisiertes Licht) durchlaufen wird. Der Summenvektor zweier entgegengesetzt circularpolarisierter Strahlen gleicher Intensität und gleicher Wellenlänge beschreibt linear polarisiertes Licht.

Circulare Doppelbrechung: ist die Differenz der Brechungsindizes für links und rechts circularpolarisiertes Licht, $\Delta n = n_L - n_R$. In optisch aktiven Substanzen sind diese Brechungsindices n_L und n_R nicht gleich, und damit sind es auch nicht die Geschwindigkeiten ($c_L = c_0/n_L$, $c_R = c_0/n_R$; c_0: Lichtgeschwindigkeit im Vakuum) und nicht die Wellenlängen ($\lambda_L = \lambda_0/n_L$, $\lambda_R = \lambda_0/n_R$).

Optische Rotation(sdispersion): Optisch aktive Substanzen drehen die Ebene des linear polarisierten Lichts (Fresnelsches Gesetz):

$$\alpha_\lambda^T = 1\,800 \cdot l \cdot \Delta n/\lambda_0$$

(l: Länge der Küvette in dm). In erster Näherung ist der Drehwinkel zur Massenkonzentration einer optisch aktiven Substanz proportional, er hängt weiter von der Meßtemperatur T, der Meßwellenlänge λ und dem Lösungsmittel ab. Außerhalb von Absorptionsbanden steigt oder fällt der Drehwinkel monoton (,,*normale ORD-Kurve*``, ,,*plain ORD-curve*``), innerhalb dieser nimmt er eine sigmoidale Form mit zwei *Extrema* an, die als *Gipfel* (*peak*) und *Tal* (*trough*) bezeichnet werden (,,*anomale ORD*``). Diese werden vom Langwelligen her numeriert, die Differenz $([\Phi_1] - [\Phi_2])/100 = a$ wird als *Amplitude* der anomalen ORD-Kurve bezeichnet.

Spezifische Drehung: für Flüssigkeiten: $[\alpha]_\lambda^T = \dfrac{\alpha_\lambda^T}{l \cdot \rho}$

für Lösungen: $[\alpha]_\lambda^T = \dfrac{\alpha_\lambda^T}{l \cdot c'} = \dfrac{100 \cdot \alpha_\lambda^T}{l \cdot c''}$

(l: Länge der Küvette in dm; ρ: Dichte; c': Konzentration in g/cm^3; c'': Konzentration in g/100 cm^3). Die konventionelle Einheit ist *nicht* Grad, sondern 10 deg cm^2 g^{-1}.

Molare Drehung:

$$[\Phi]_\lambda^T = \frac{[\alpha]_\lambda^T \cdot M}{100}$$

Circulardichroismus: In einem optisch aktiven Medium werden links und rechts circularpolarisierter Lichtstrahl verschieden stark absorbiert. Als CD bezeichnet man die Differenz ihrer molaren dekadischen Absorptionskoeffizienten, $\Delta\varepsilon = \varepsilon_L - \varepsilon_R$. $\Delta\varepsilon$ ist aus dem Meßwert „differentiale Absorbanz" $\Delta A = A_L - A_R$ errechenbar:

$$\Delta\varepsilon = \Delta A/cd$$

(c: Konzentration in Mol/l; d: Schichtdicke in cm). Die konventionelle Einheit ist 10^{-3} cm^2 mol^{-1}. Zum Auftreten von CD ist es nicht nur erforderlich, daß Elektronenladung während der Anregung eine Translation erfährt, sondern sie muß auch dabei gedreht werden; eine solche Ladungsdrehung wird durch ein „magnetisches Übergangsmoment" $\vec{m}$ beschrieben. Wechselt der CD innerhalb einer Absorptionsbande sein Vorzeichen, so nennt man die Kurve *bisignat*. Ein Spezialfall ist das *CD-Couplet*: beide sehr intensiven Zweige haben gleiche Rotationsstärke („konservatives Couplet") und stammen von der Wechselwirkung zweier chiral zueinander angeordneten starken elektrischen Übergangsmomenten $\vec{\mu}_1$ und $\vec{\mu}_2$.

Elliptisch polarisiertes Licht: Summe zweier circular polarisierter Lichtstrahlen entgegengesetzter Helizität, aber nicht gleicher Intensität. Bei $z = z_0$ beschreibt die Spitze des elektrischen Feldvektors $\mathfrak{E}$ in einer Ebene senkrecht zur Fortpflanzungsrichtung eine Ellipse. Circulardichroismus hat immer die Ausbildung von Elliptizität zur Folge.

Elliptizität: Die Elliptizität einer Ellipse ist durch tg $\Psi = b/a$ definiert (a: Hauptachse, b: Nebenachse der Ellipse). Aus ihr kann wieder eine *spezifische Elliptizität* nach

$$[\Psi]_\lambda^T = \frac{\Psi_\lambda^T}{l \cdot \rho} \quad \text{oder} \quad [\Psi]_\lambda^T = \frac{\Psi_\lambda^T}{l \cdot c'} = \frac{100 \cdot \Psi_\lambda^T}{l \cdot c''}$$

und eine *molare Elliptizität* $[\Theta]_\lambda^T = \dfrac{[\Psi]_\lambda^T \cdot M}{100}$ errechnet werden. Für nicht zu große Elliptizitäten gelten die Beziehungen $\Psi = 33 \cdot \Delta A$ und $[\Theta] = 3300 \cdot \Delta\varepsilon$.

Cotton-Effekt: CD, Elliptizität und anomale ORD innerhalb einer Absorptionsbande werden gemeinsam als *Cotton-Effekt* bezeichnet. Hat die CD-Kurve Gauß-Form, dann gilt annähernd $a \approx 40 \cdot \Delta\varepsilon_{max}$.

Rotationsstärke: Integrales Maß für den CD, gebildet analog zur Dipolstärke:

$$R = \frac{3hc \, 10^3 \ln 10}{32\pi^3 N_L} \int_{\lambda_1}^{\lambda_2} \frac{\Delta\varepsilon(\lambda)}{\lambda} \, d\lambda = 0 \cdot 229 \times 10^{-38} \int_{\lambda_1}^{\lambda_2} \frac{\Delta\varepsilon(\lambda)}{\lambda} \, d\lambda$$

Tabelle 1. Ausgewählte Beispiele für den Zusammenhang zwischen den Vorzeichen des Cotton-Effekts und der absoluten Konfiguration

Chromophor	(ungefähre) Bandenlage (nm)	Zuordnung der Übergänge	Regel	Anmerkungen, zusätzliche Literatur
Allen	225	$\pi \to \pi^*$ ($A_1 \to A_2$?)	12 Sektoren (Quadrantenregel mit zusätzlichem Doppelkegel)	[12]
Allylalkohole	200—205	$\pi_y \to \pi_x^*$ oder $\pi_y \to \pi_y^*$	Chiralitätsregel	
Amine und ihre Derivate: α-substituierte Piperidine	200—220	$n \to \sigma^*$	Chiralitätsregel	[13]

N-Salicyliden-Derivate primärer Amine: a) NH_2 axial an Cyclohexanring 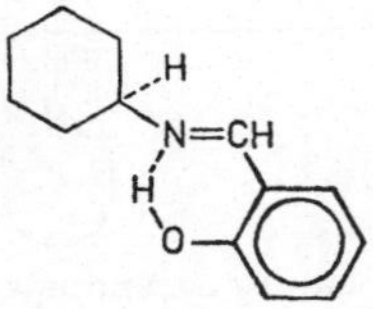	260 (Dioxan)	$\pi \to \pi^*$	Chiralitätsregel 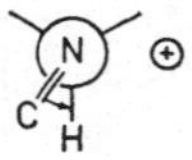	
b) Derivate von Benzyl- und Phenyläthyl-aminen	(400); 315; 260 (Methanol)	$\pi \to \pi^*$	Planarregel 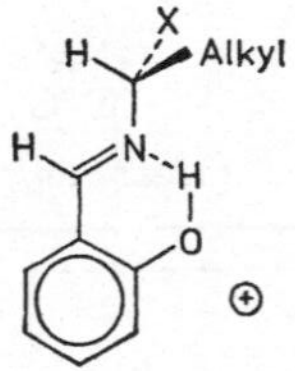	X = Aryl oder Aralkyl
Phthalimid-Derivate primärer Amine	300—320	$n \to \pi^*$	Chiralitätsregel 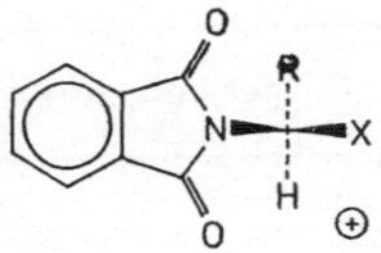	R = Alkyl oder COOH X = Aryl oder Alkyl

Tabelle 1 (Fortsetzung)

Chromophor	(ungefähre) Bandenlage (nm)	Zuordnung der Übergänge	Regel	Anmerkungen, zusätzliche Literatur
Cu-Imidat-Komplexe primärer Amine (in situ) $[CuIm_2Am_2]$	720 (I); 620 (II)	$d \rightarrow d$	Oktantenregel	[14] Die angegebenen Vorzeichen gelten für CD-Bande I; für Bande II entgegengesetzt. Im = Imidat (z. B. Succinimidat), Am = ein chirales Amin. Sekundäre Amine geben nur in besonders günstigen Fällen solche Komplexe.
N-Chlor- und N-Brom-Derivate sekundärer Amine	250—280	$n_N \rightarrow \sigma^*_{N\text{-}Hal}$	Planarregel	
Dithiocarbamate sekundärer Amine	340	$n_a \rightarrow \pi^*_4$	Quadrantenregel	

Azide	300	$n \to \pi^*$	Oktantenregel 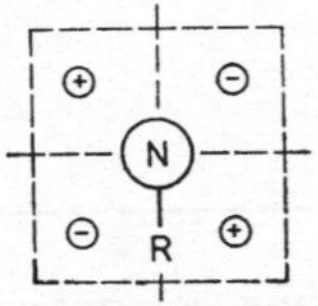	Projektionsrichtung 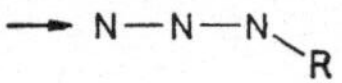
Azo-Verbindungen a) Pyrazoline, die in α-Stellung mit $C=O$ (Ketone, Säure-Derivate) substituiert sind	330; 230	$n^- \to \pi^*$; $n^+ \to \pi^*$	Chiralitätsregel 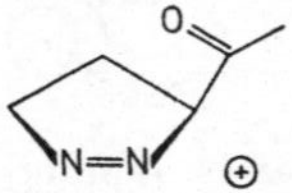	Beide CD-Banden von gleichem Vorzeichen und sehr intensiv.
b) trans-Phenyl-azo-Verbindungen	400; 260	$n \to \pi^*$; $\pi \to \pi^*$	Planarregel 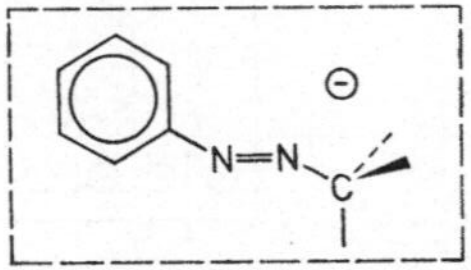	
Azomethine 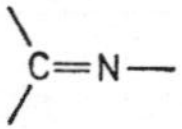	250	$n_N \to \pi^*$	Chiralitätsregel 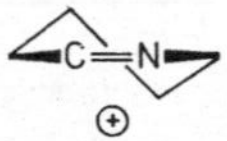	

Tabelle 1 (Fortsetzung)

Chromophor	(ungefähre) Bandenlage (nm)	Zuordnung der Übergänge	Regel	Anmerkungen, zusätzliche Literatur
Benzoate a) Monobenzoate	225	CT-Bande („Konjugations-Bande")	Sektorregel Doppelbindungen haben größere Inkremente als Einfachbindungen	Doppelbindungen haben größere Inkremente als Einfachbindungen
b) Dibenzoate und Benzol-derivate mit vergleichbaren Übergangs-momenten	233; (220)	„CD-Couplet" aus Konju-gationsbanden	Chiralitätsregel positiv bei 233 nm, negativ bei kürzeren Wellenlängen	„Exciton Chirality Method". Die Benzoat-gruppen müssen nicht vicinal zueinander stehen. Bis-(p-dimethylamino-benzoate) geben stärkere und längerwellige CD-Banden (320 und 295 nm).
Benzol-Chromophor a) chiral mono-substituierte Benzolderivate	260—280; 210—230; (190—200)	$(B_{2u}-; \alpha-; L_b-)$ $(B_{1u}-; p-; L_a-)$ $(E_{1u}-; \beta-,$ $\beta'-; B-)$	zusätzliche (achirale) Substituenten am Benzolring können Größe und auch	

b) Tetraline,
   Tetrahydro-
   iso-chinoline

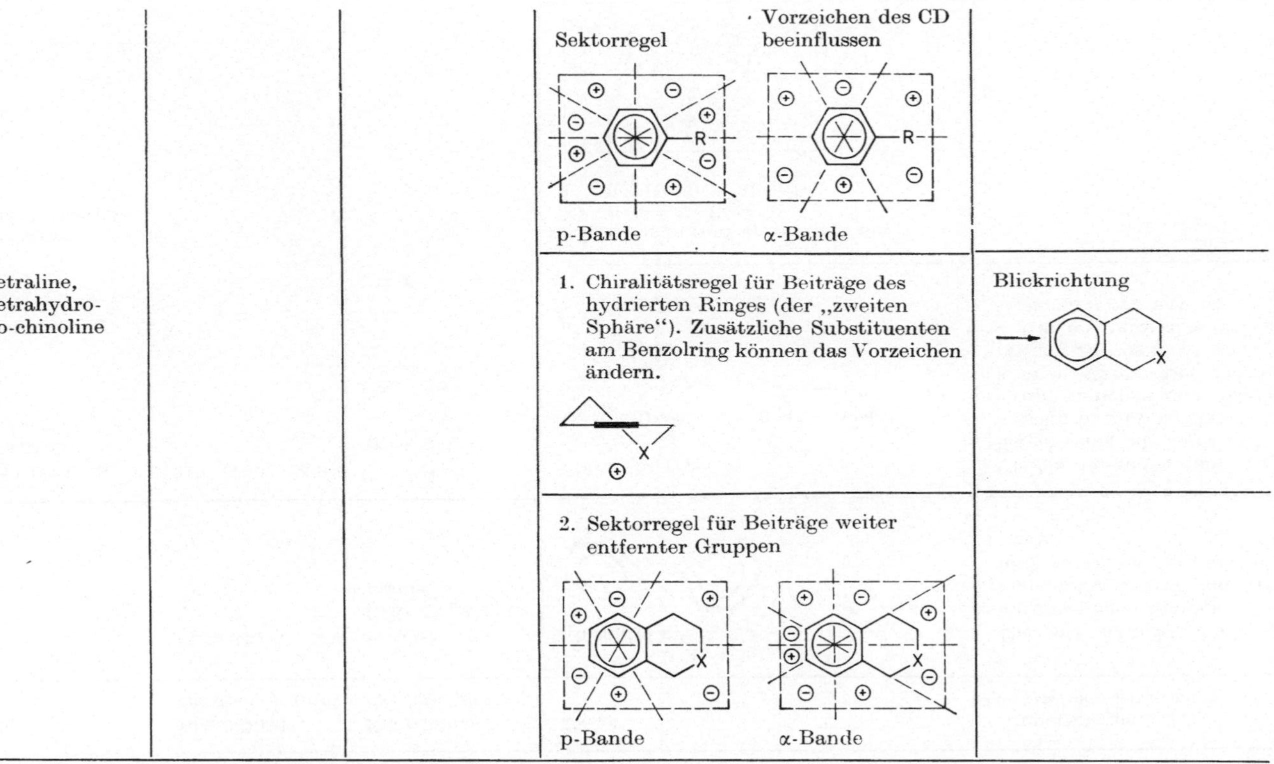

Tabelle 1 (Fortsetzung)

Chromophor	(ungefähre) Bandenlage (nm)	Zuordnung der Übergänge	Regel	Anmerkungen, zusätzliche Literatur
Biphenyle	220—240	$\pi \to \pi^*$ (,,Konjugations-bande'')	Chiralitätsregel	Die Cotton-Effekte der längerwelligen Banden hängen auch stark von Art und Anzahl der Substituenten ab.
Carboxyl-Derivate a) gesättigte i) Lactone	210; (190—200)	$n \to \pi^*$; $(\pi \to \pi^*)$	Chiralitätsregel	CD-Maximum bei Bootform längerwellig als bei Halbsesselform. Stark polare Gruppen neben dem $C=O$ können stören. Bei gleichzeitiger Anwesenheit von 2 Ringen unterschiedlicher Größe determiniert der größere.
ii) Säuren, Ester, Lactone			Sektorregeln (nur anwendbar als Ergänzung zu Regel i) 1. nach Klyne u. Mitarbb.	

			2. nach Snatzke u. Mitarbb. 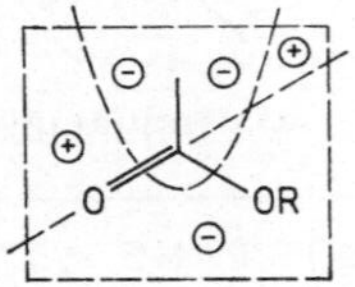	
iii) α-Halo-genocarbon-säuren und Derivate			Chiralitätsregel 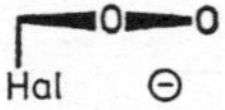	[15]
iv) α-Amino-und α-Hydroxy-säuren			zum Teil wie ii, 1.; zum Teil wie iii	Übliche L-Aminosäuren ohne weiteren störenden Chromophor geben einen positiven Cotton-Effekt um 220 nm.
b) Konjugierte Carboxyl-derivate i) endocyclisch	$240-265$; $(210-220)$	$n \rightarrow \pi^*$ $(\pi \rightarrow \pi^*)$	Chiralitätsregel 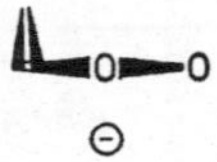	gültig für 6- und 7-gliedrige Lactone. Bei fünfgliedrigen unsicher.

Tabelle 1 (Fortsetzung)

Chromophor	(ungefähre) Bandenlage (nm)	Zuordnung der Übergänge	Regel	Anmerkungen, zusätzliche Literatur
ii) exocyclisch (α-Methylenbutanolide)	246 — 261	$n \to \pi^*$	positiv für cis-, negativ bei trans-Verknüpfung	gültig für verschiedene Sesquiterpentypen Liegt die Lactonbrücke nach C-8, gibt das cis-Produkt einen negativen, das trans-Lacton einen positiven CD.
c) homokonjugierte Carbonsäure-derivate	220	$n \to \pi^*$	Chiralitätsregel X = OH oder OR	CD meist sehr stark. Der Winkel zwischen den beiden Ebenen soll etwa 100 bis 120° betragen.
d) gesättigte Amide und Lactame i) ε-Lactame			Chiralitätsregel	

ii) β-Lactame			Oktantenregel 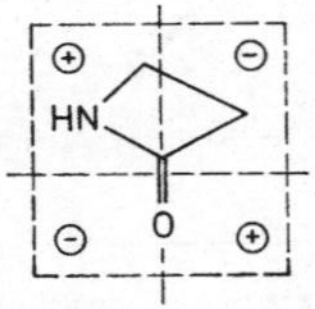	
iii) offenkettige Peptide			Quadrantenregel 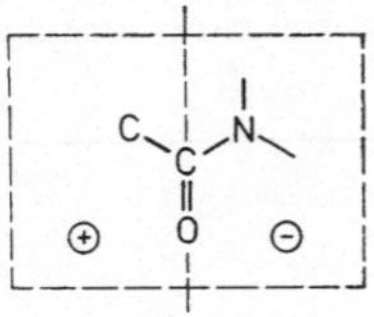	Die vertikale Knotenebene ist vielleicht stark gekrümmt.
Diketopiperazine	210—220	längerwelliger Teil des $\pi^0 \to \pi^-$-CD-Couplets	Chiralitätsregel 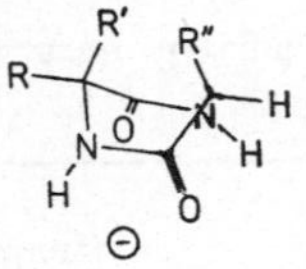	[16]

Tabelle 1 (Fortsetzung)

Chromophor	(ungefähre) Bandenlage (nm)	Zuordnung der Übergänge	Regel	Anmerkungen, zusätzliche Literatur
Disulfide	250–330; 220–240	$n \rightarrow \sigma^{*}_{S-S}$	Chiralitätsregel langwelliger Cotton-Effekt positiv, kurzwelliger negativ	Bandenlage stark vom Torsionswinkel abhängig Diese Regel gilt für Torsionswinkel $< 90°$. Für Torsionswinkel $> 90°$ sind die Vorzeichen entgegengesetzt.
Dithiocarbonate (X=O), Trithiocarbonate (X=S)	380; 280 450; 315	$n \rightarrow \pi^{*}$; $\pi \rightarrow \pi^{*}$	Chiralitätsregel positiv bei längeren, negativ bei kürzeren Wellenlängen	
Enolether	210	$\pi^{0} \rightarrow \pi^{-}$	Chiralitätsregel	

				[17]
Episulfide	270	$n_S \to \sigma^*$	Sektorregel 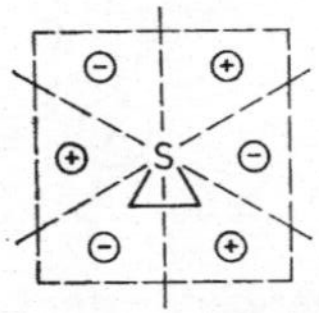	
Flavanone	320−330 und 3 bis 4 kürzerwellige Banden	$n \to \pi^*$; $\pi \to \pi^*$	Chiralitätsregel 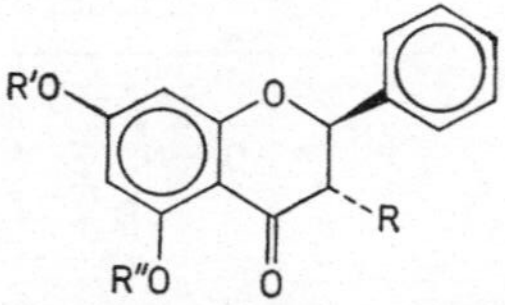 R=OH: um 330 nm positiv, kürzerwellige Cotton-Effekte negativ, positiv, positiv. R=H: um 330 nm positiv, kürzerwellige Cotton-Effekte negativ, positiv, negativ.	
Indolalkaloide	(290); 270; (230; …)	(α-); p-; (β-; β′-)	Helizitätsregel 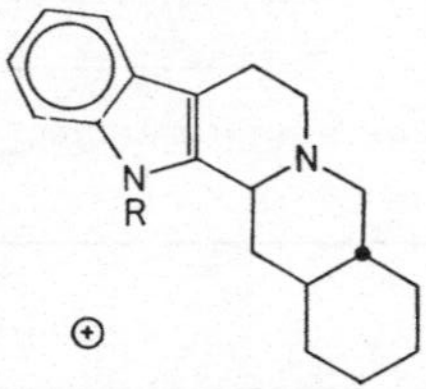	Die angegebene Regel ist für die p-Bande am sichersten. Wegen anderer Regeln für weitere sich vom Indol ableitende Chromophore vgl. die Literatur.

Tabelle 1 (Fortsetzung)

Chromophor	(ungefähre) Bandenlage (nm)	Zuordnung der Übergänge	Regel	Anmerkungen, zusätzliche Literatur
Iod-alkane	$250-270$	$n_I \to \sigma^*$	Planarregel für sekundäre Iodide 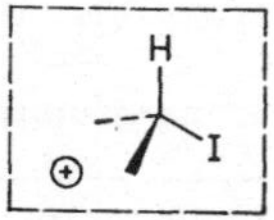	
Nitrat-Ester (Nitryloxy-Verbindungen)	(270); 230; (210)	$n \to \pi^*$ oder/und $n \to \sigma^*$ (?)	Planarregel 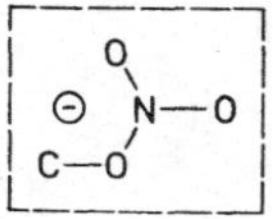	
Nitro-Alkane a) axiale Nitro-cyclohexane	(330); 280	$n \to \pi^*$ oder/und $n \to \sigma^*$	Chiralitätsregel 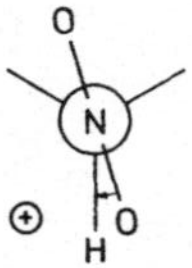	

b) äquatoriale Nitrocyclo-hexane			Sektorregel
c) 1-Nitro-2-hydroxyalkane			Chiralitätsregel
Nitroxid-Radikale	430; (220)	$n \rightarrow \pi^*$; $(\pi \rightarrow \pi^*)$	Oktantenregel

Tabelle 1 (Fortsetzung)

Chromophor	(ungefähre) Bandenlage (nm)	Zuordnung der Übergänge	Regel	Anmerkungen, zusätzliche Literatur
Nucleoside, Nucleotide a) Pyrimidin-glykoside b) Purin-glykoside	270; (240; 215; 190)	$\pi \to \pi^*$	Chiralitätsregeln für β-D- und α-L-Glykoside positiv für α-D- und β-L-Furanoside positiv	Schwefel-Substitution in 5′-Position gibt Vorzeichenumkehr. Bei Oligomeren sind Bandenlage und Vorzeichen abhängig von der Sekundärstruktur.
Olefine a) isolierte	200 (und kürzerwellig)	$\pi \to \pi^*$ (und Rydberg-Übergänge; $n \to \sigma^*$)	1. Chiralitätsregel die vier eingezeichneten axial-allyl-ständigen Gruppen geben positive Beiträge	[18] Beiträge axial-allyl-ständiger Gruppen (auch H!)
			2. Oktantenregel	Geben die Chiralitätsregel und die Oktantenregel entgegengesetzte Voraussagen, ist oft die Chiralitätsregel determinierend.

b) konjugierte	$220-280$	$\pi_2 \to \pi_3^*$	1. Chiralitätsregel transoide Diene cisoide Diene 2. Chiralitätsregel Für jede einzelne Doppelbindung gilt die für isolierte Olefine oben angegebene Regel.	inhärente Helizität des chiralen Dienchromophors Beiträge axial-allyl-ständiger Gruppen (auch H!) Geben beide Chiralitäts-regeln entgegengesetzte Voraussagen, ist häufig die zweitgenannte dominierend.
c) Pt-Komplexe isolierter Olefine (in situ)	400	$d \to d$	Quadrantenregel	Die angegebenen Vor-zeichen gelten nur für Gruppen die nahe zum Pt sind; für weiter entfernte gilt die Regel mit entgegen-gesetzten Vorzeichen.
[1.3] Oxathiolane	240; 220	$n \to \sigma^*$	a) Chiralitätsregel	

Tabelle 1 (Fortsetzung)

Chromophor	(ungefähre) Bandenlage (nm)	Zuordnung der Übergänge	Regel	Anmerkungen, zusätzliche Literatur
			b) Sektorregel nach Hagashita & Kuriyama	Angegebene Vorzeichen gelten für die 240-nm-Bande; für die 220-nm-Bande sind sie dazu entgegengesetzt.
			c) Sektorregel nach Welzel et al. 220-nm-Bande 240-nm-Bande	[19]
Oxo-Verbindungen a) gesättigte i) ohne stark störende Gruppen in Nachbarschaft, aliphatisch oder in	300; (190)	$n \to \pi^*$; $(n \to \sigma^*?)$	Oktantenregel	Nur anwendbar auf offenkettige Verbindungen oder solche Cycloalkanone, in denen der Ring achiral ist. F hat einen sehr kleinen Beitrag entgegengesetzten Vorzeichens. β-Axialständige Substituenten an

		Chiralitätsregel	
achiralem Ring			einer Cyclohexanon-Sesselform geben i. allg. ebenfalls Beiträge entgegengesetzten Vorzeichens. Die kurzwellige Bande hat meist entgegengesetzten CD zum 300-nm-Cotton-Effekt.
ii) in chiralem Ring		Chiralitätsregel	„Chiralität der zweiten Sphäre".
iii) α-axial-substituierte		Chiralitätsregel	bathochrome Verschiebung der Bande und starker Cotton-Effekt bei $X = Cl$, Br, I, SR, SO_2R, NR_2. Für $X = F$ ist das Vorzeichen entgegengesetzt.
iv) α,β-Oxido- und α,β-Cyclopropylketone		Chiralitätsregel	Die kurzwellige CD-Bande hat gleiches Vorzeichen bei $X = O$, entgegengesetztes bei $X = C$.

Tabelle 1 (Fortsetzung)

Chromophor	(ungefähre) Bandenlage (nm)	Zuordnung der Übergänge	Regel	Anmerkungen, zusätzliche Literatur
b) ungesättigte i) konjugiert nicht koplanar	350; (240—250; 210)	$n \to \pi^*$; ($\pi \to \pi^*$; ?)	Chiralitätsregel cisoide transoide	Bei Cyclopentenonen nicht anwendbar. Die Regel für cisoide Enone ist nur für α-Methylencyclohexenone erprobt. Auf die 240-nm-Bande sind die bei konjugierten Dienen angegebenen Chiralitätsregeln sinngemäß anwendbar. Für koplanare konjugierte Enone gilt die Oktantenregel der gesättigten Ketone mit umgekehrten Vorzeichen.
ii) Phenylketone	350; (mehrere kürzerwellige)	$n \to \pi^*$; ($\pi \to \pi^*$)	Chiralitätsregel	
iii) β,γ-ungesättigte Oxo-Verbindungen („homokonjugierte")	300—310; (200)	$n \to \pi^*$	Chiralitätsregel gleiche Regel, wie für homokonjugierte Carbonsäure-Derivate angegeben (X = C)	CD außerordentlich intensiv. Kurzwellige Bande hat meist entgegengesetztes Vorzeichen.

Styrole	260—270	$\pi \to \pi^*$ (,,Konjugations-bande")	Chiralitätsregel	
Sulfoxide a) Dialkyl-sulfoxide (R = R′ = Alkyl)	210	$n \to \pi^*$	Planarregel	[20, 21] Gelegentlich findet man eine zusätzliche CD-Bande um 230 nm entgegengesetzten Vorzeichens. Eine β,γ-Doppelbindung kann determinierend werden.
b) Aryl-alkyl-sulfoxide	235—255; 220	die beiden Zweige eines Couplets durch Kopplung der p-Bande des Aryls mit der $n \to \pi^*$-Bande des Sulfoxids (?)	Chiralitätsregel Bei R = Alkyl und R′ = Aryl negativ um 240 nm und positiv um 220 nm	
Thiocyanate R—SCN	245	$3p \to \pi^*$	Oktantenregel	Projektion vom N gegen den Schwefel

Tabelle 1 (Fortsetzung)

Chromophor	(ungefähre) Bandenlage (nm)	Zuordnung der Übergänge	Regel	Anmerkungen, zusätzliche Literatur
Xanthogenate $X = C(=S)-SCH_3$	350; (280)	$n \to \pi^*$; $(\pi \to \pi^*)$	Duodekantenregel	[30]
Zuckerderivate a) Benzimidazole	245		Chiralitätsregel	[22] Zur Bestimmung der Konfiguration am C-2
b) Benzothiazole	(295; 285); 255; (235); 220		Chiralitätsregel positiv bei 225 nm, negativ bei 220 nm	[23] Zur Bestimmung der Konfiguration am C-2

c) Chinoxaline	315			[22] **Zur Bestimmung der Kon-** figuration am C-3
d) Flavazole	390		Chiralitätsregel	[22] **Zur Bestimmung der Kon-** figuration am C-4
e) „Anhydro- osazone"	285		Chiralitätsregel	[22] **Zur Bestimmung der Kon-** figuration am C-5

Tabelle 1 (Fortsetzung)

Chromophor	(ungefähre) Bandenlage (nm)	Zuordnung der Übergänge	Regel	Anmerkungen, zusätzliche Literatur
in-situ Komplexe von Alkoholen a) Monoole: $[Cu(hfac)_2]$-Komplexe	333	d → d	Chiralitätsregel	[24] hfac: Hexafluor-acetyl-acetonat
b) Glykole (α-Amino-alkohole): i) Cu-II-Komplexe	500; 300˙	d → d	Chiralitätsregel positiv um 500 nm, negativ um 300 nm	[25] Mit speziellem „Cupra A"- oder „Cupra B"-Reagenz, aber auch mit Cu-tetramminkomplex aus $Cu(SO_4)_2 + KOH + NH_3$.
ii) $[Pr(dpm)_3]$-Komplexe	303	d → d	positiv um 303 nm	[26] dpm: dipivalomethanat
iii) $[Ni(acac)_2]$-Komplexe	615; 315	d → d	positiv um 615 nm, negativ um 315 nm	[27] acac: Acetyl-acetonat
c) vic-Triole (davon ein glykosidisches OH eines Zuckers): Molybdat-komplexe	300; 270; 240	d → d	positiv um 300 nm, negativ um 270 nm und positiv um 240 nm bei 2S, 3S-Konfiguration des Zuckers	[28] Konformation der OH-Gruppen: a-e-a

Daraus erhält man die für praktisches Arbeiten besser geeignete *reduzierte Rotationsstärke* [R] nach [R] $= 1 \cdot 08 \times 10^{40}$ R.
Theoretisch ist R $= \mu \cdot m \cdot \cos (\vec{\mu}, \vec{m})$.

g-Wert (*Anisotropiefaktor*, *Dissymmetriefaktor*): Wellenlängenabhängig als g $= \Delta\varepsilon/\varepsilon$ definiert, oder als integraler Wert $g^I = 4\,R/D$.

Sektorregeln: Der Raum um den Chromophor wird durch Knotenebenen oder gekrümmte Knotenflächen in Sektoren aufgeteilt. Atome in Knotenflächen geben keinen Beitrag zum CD, die Beiträge von Atomen in benachbarten Sektoren haben immer entgegengesetzte Vorzeichen (z. B.: Planarregel, Quadrantenregel, Oktantenregel, ...).

Chiralitätsregel: Das Vorzeichen des CD läßt sich aus der inhärenten Chiralität des Chromophors ablesen.

2. Spezielle Regeln

In vorstehender Tabelle wird eine Auswahl von Regeln für Cotton-Effekte gegeben, die nach den Chromophoren geordnet sind. Die Projektion erfolgt dabei entweder *von oben* oder *von vorne* auf den Chromophor. Die angegebenen Vorzeichen der Beiträge einer Gruppe zum CD für die angeführte Bande gelten entsprechend für die *oberen* bzw. für die *hinteren* Sektoren. Die genaue Lage und Form von gekrümmten Knotenflächen ist meist unbekannt; die eingezeichneten Schnittlinien mit der *horizontalen* bzw. *vertikalen* Projektionsebene sind daher nur als Anhaltspunkt dafür zu werten, wo etwa eine Vorzeichenumkehr zu erwarten ist. Originalliteratur ist nur zitiert, wenn die Regel nicht in einer der umfangreicheren Monographien [1—5a] oder Übersichtsartikel [6—10] erwähnt wird. Regeln, die sich nur auf Drehungsmessungen bei einer einzigen Wellenlänge beziehen (z. B. Hudsonsche Lactonregel, Freudenbergscher Verschiebungssatz), wurden nicht aufgenommen. Wenn mehrere Cotton-Effekte auftreten sind die Angaben, die sich auf solche beziehen, für die keine Regeln angegeben werden, eingeklammert. Allgemeine Leitlinien für die Aufstellung von Regeln sind in [11] gegeben. Die chiroptischen Eigenschaften von Proteinen und Nucleinsäuren sind ausführlich in [29] beschrieben.

Literatur

1. Velluz, L.; Legrand, M.; Grosjean, M.: Optical Circular Dichroism, Weinheim: Verlag Chemie 1965
2. Snatzke, G. (Hrsg.): Optical Rotatory Dispersion and Circular Dichroism in Organic Chemistry, London: Heyden 1967
3. Crabbé, P.: Applications de la Dispersion Rotatoire Optique et du Dichroisme Circulaire Optique en Chimie Organique, Paris: Gauthier-Villars 1968

4. Crabbé, P.: An Introduction to the Chiroptical Methods in Chemistry, Mexico: Syntex 1971

5. Ciardelli, F.; Salvadori, P. (Hrsg.): Fundamental Aspects and Recent Developments in Optical Rotatory Dispersion and Circular Dichroism, London: Heyden 1973

5a. Dunina, V. V.; Ruchadse, E. G.; Potapov, V. M.: Polutschenije i issledovanije optitscheski aktivnych veschtschesty, (russ.), Moskau: Verlag der Moskauer Universität 1979

6. Jones, D. N.: in MTP International Review of Science, Organic Chemistry Series One, Band 1, S. 85, London: Butterworth 1973

7. Snatzke, G.; Eckhardt, G.: in C. Nicolau (Hrsg.): Experimental Methods in Biophysical Chemistry, S. 67, London: J. Wiley, 1973

8. Snatzke, G.: in F. Korte (Hrsg.): Methodicum Chimicum, Band 1/1, S. 426, Stuttgart: Thieme 1973

9. Scopes, P. M.: in Fortschr. Chem. Org. Naturst. *32*, 167 (1975)

10. Legrand, M.; Rougier, M. J.: in H. B. Kagan (Hrsg.): Stereochemistry, Fundamentals and Methods, Band 2, S. 33, Stuttgart: Thieme 1977

11. Snatzke, G.: Angew. Chemie, *91*, 380 (1979)

12. Vgl. auch Dickerson, H.; Ferber, S.; Richardson, F. S.: Theor. Chim. Acta *42*, 333 (1976)

13. Cymerman Craig, J.; Lee, S.-Y.; Pereira jr.; W. E.; Beyerman, H. C.; Maat, L.: Tetrahedron *34*, 501 (1978)

14. Kerek, F.; Snatzke, G.: Inorganica Chimica Acta *24*, 179 (1977) und unpublizierte Ergebnisse

15. Vgl. auch Richardson, F. S.; Strickland, R. W.: Tetrahedron *31*, 2309 (1975)

16. Hooker, T. M.; Bayley, P. M.; Radding, W.; Schellmann, J. A.: Biopolymers *13*, 459 (1974)

17. Vgl. auch Gottarelli, G.; Samori, B.; Moretti, I., Torre, G.: J. Chem. Soc. Perkin II, 1105 (1977)

18. Hudec, J.; Kirk, D. N.: Tetrahedron *32*, 2475 (1976)

19. Welzel, P.; Müther, I.; Hobert, K.; Witteler, F.-J.; Hartwig, T.; Snatzke, G.: Liebigs Ann. Chem., **1333** (1978)

20. Mislow, K.; Green, M. J.; Laur, P.; Melillo, J. T.; Simmons, T.; Ternay jr., A. L.: J. Amer. Chem. Soc. *87*, 1958 (1965)

21. Jones, D. N.; Green, M. J.: J. Chem. Soc. C 532 (1967)

22. Chilton, W. S.; Krahn, R. C.: J. Amer. Chem. Soc. *89*, 4129 (1967). — ibid. *90*, 1318 (1968)

23. Snatzke, G.; Werner-Zamojska, F.; Szilágyi, L.; Bognár, R.; Farkas, I.: Tetrahedron *28*, 4197 (1972)

24. Dillon, J.; Nakanishi, K.: J. Amer. Chem. Soc. *96*, 4055 (1974)

25. Bukhari, S. T. K.; Guthrie, R. D.; Scott, A. I.; Wrixon, A. D.: Tetrahedron *26*, 3653 (1970)

26. Dillon, J.; Nakanishi, K.: J. Amer. Chem. Soc. *97*, 5417 (1975)

27. Dillon, J.; Nakanishi, K.: J. Amer. Chem. Soc. *97*, 5409 (1975)

28. Velluz, L.; Legrand, M.: C. R. hebd. Scéanc. Acad. Sc. Paris *263 C*, 1429 (1966). — Voelter, E.; Bayer, E.; Records, R.; Brunnenberg, E.; Djerassi, C.: Liebigs Ann. Chem. *718*, 238 (1968)

29. Jirgensons, B.: Optical Activity of Proteins and Other Macromolecules, 2. Aufl. Berlin, Heidelberg, New York: Springer 1973. — Woody, R. W.: Polymer Science, Macromol. Rev. *17*, 181 (1977)

30. Paulsen, H.; Elvers, B.; Redlich, H.; Schüttpelz, E.; Snatzke, G.: Chem. Ber., im Druck

Fehlerquellen bei Messungen mit ionenselektiven Elektroden

Professor Dr. Karl Cammann
Abteilung Analytische Chemie,
Universität Ulm
Oberer Eselsberg 026, 7900 Ulm

1. Einleitung

Ionenselektive Elektroden sind elektrochemische Halbzellen, bei denen an der Phasengrenze Elektrode/Meßlösung eine Potentialdifferenz auftritt, die von der Aktivität eines bestimmten Ions in der Lösung abhängt. Sie gleichen im Aufbau den pH-Glaselektroden. Obwohl der absolute Betrag der ionenselektiven Potentialdifferenz nicht meßbar ist, läßt sich durch den Aufbau einer elektrochemischen Zelle (mit oder ohne Überführung) mit Hilfe einer Bezugselektrode (oder einer zweiten potentialstabilen ionenselektiven Elektrode) die ionenselektive Änderung der Potentialdifferenz messen und analytisch verwerten. Die Meßtechnik entspricht weitgehend der pH-Meßtechnik [1]. Fünf in neuerer Zeit erschienene Monographien über die ionenselektive Potentiometrie [2—6] unterstreichen die wachsende Bedeutung des Verfahrens.

Ionenselektive Elektroden zeigen die Aktivität des freien, ungebundenen Meßions in der Lösung an. Das ist kein Nachteil, denn die entspr. Konzentration läßt sich mit einer geeigneten Analysentechnik genauso einfach ermitteln. In der Physiologie, wie in der klinischen Chemie ist man zunehmend an Ionenaktivitäten interessiert, die mit anderen Meßmethoden nur äußerst schwierig zu bestimmen sind.

Ist man an Konzentrationseinheiten interessiert, wird der Meßlösung ein Ionenstärke-Einsteller zugefügt, der es erlaubt (wegen der nun gegebenen Konstanz des individuellen Aktivitätskoeffizienten; sein absoluter Betrag braucht nicht bekannt zu sein), direkt in Konzentrationseinheiten eichen und messen zu können.

Es ist ein besonderer Vorzug der ionenselektiven Potentiometrie, daß auch Mikroliterproben verbrauchslos gemessen werden können. Mit Mikroelektroden [7, 8] sind sogar intrazelluläre Messungen möglich. Durch ionenselektive Potentiometrie kann man mit nur drei Messungen den Bindungs- und Oxidationszustand eines Stoffes bestimmen, was besonders für die Umweltanalytik wichtig ist.

Leider gibt es z. Z. erst für wenige Ionen absolut spezifische Elektroden, die ohne genaue Kenntnis der Probenmatrix benutzt werden können (s. Tab. 1 u. 3). Oft kommt man an einer Abtrennung oder Komplexierung von Störionen nicht vorbei. Im Rahmen von Verbundverfahren

(9), die sich bei der Spurenanalyse auch für apparativ wesentlich aufwendigere Methoden als notwendig erwiesen haben, lassen sich indessen mit vielen ionenselektiven Elektroden Nachweisgrenzen unter 10^{-10} g (z. B. 20 µl einer 10^{-7} M Lösung bei M = 100) erzielen.

Solchen Vorzügen stehen einige Nachteile gegenüber. Da diese oft unerwähnt bleiben, sollen hier speziell diese spezifischen Fehlermöglichkeiten dargelegt werden.

2. Elektrodenfehler

Eine ionenselektive Messung ist im Idealfall so einfach wie eine pH-Messung (vgl. [4] Abb. 1, S. 2). Wie bei der pH-Meßtechnik, ist die Meßgenauigkeit durch Abweichungen der Elektroden von einem Idealverhalten (idealer Nernstscher Sensor) limitiert. Meßgeräte mit Anzeigegenauigkeiten von besser als $\pm 0,1$ mV oder $\pm 0,001$ pH (oder analog definiert: pIon) sind daher nur in Ausnahmefällen gerechtfertigt.

2.1. Abweichungen vom idealen Nernst-Verhalten

Der Zusammenhang zwischen der Meßketten EMK E (Spannung der galvanischen Zelle: Meßelektrode/Bezugselektrode im stromlosen Zustand) und der Meßionenaktivität a_M läßt sich im Idealfall durch die Nernst-Gleichung beschreiben:

$$E = E_0 \pm \frac{R \cdot T}{z_M \cdot F} \cdot \ln a_M \tag{1}$$

mit:

E = EMK der Meßkette, bestehend aus einer ionenselektiven Meßelektrode und einer Bezugselektrode;
E_0 = EMK der obigen Meßkette in einer Lösung mit $a_M = 0$;
$+$ = Vorzeichen bei Kationen;
$-$ = Vorzeichen bei Anionen;
R = allgemeine Gaskonstante (8,31 Ws/K $\cdot$ Mol);
z_M = Wertigkeit des Meßions;
T = absolute Temperatur in K;
F = Faraday-Konstante (96496 As/g-Äquivalent).

Der Faktor vor dem natürlichen Logarithmus stellt als Steilheit der Meßelektrode ein Gütekriterium dar. Die theoretische Nernst-Steilheit beträgt bei 25°C bei einwertigen Ionen 59,16 mV/Aktivitätsdekade, bei zweiwertigen die Hälfte, bei dreiwertigen Ionen ein Drittel dieses Wertes. Im letzten Fall ist die pro Aktivitätsdekade auftretende Spannungsänderung so klein, daß bei einer durch elektrochemische Ursachen limitierten Meßgenauigkeit von bestenfalls 0,1 mV der Fehler bei einer direkt-potentiometrischen Konzentrationsbestimmung unvertretbar groß wird. Die Entwicklung ionenselektiver Elektroden beschränkte sich daher auf ein- und zweiwertige Ionen. Ionen höherer Wertigkeit lassen sich besser indirekt (z. B. Al^{3+} mit F^-) bestimmen.

Die theoretische Nernst-Steilheit wird von ionenselektiven Elektroden selten erreicht. Abweichungen nach unten (ca. 90—98% der Th.) sind die Regel und werden als sub-Nernstverhalten, Abweichungen nach oben als super-Nernstverhalten bezeichnet. Veränderungen des Diffusionspotentials am Diaphragma der Bezugselektrode sind dabei zu berücksichtigen. Sub-Nernstverhalten wird durch zusätzliche Diffusionspotentiale innerhalb der ionenselektiven Membran erklärt [10, 11]. Beide Abweichungen lassen sich aber auch auf Mischpotentiale zurückführen [12, 13].

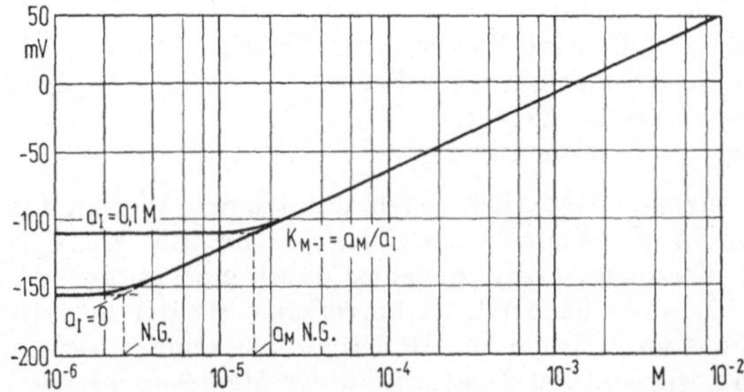

Abb. 1. Eichkurve für ein einwertiges Kation mit und ohne Anwesenheit von Störionen. Im vorliegenden Fall ergibt sich ein Selektivitätskoeffizient $K_{M-I} = 1{,}6 \cdot 10^{-4}$. Die Nachweisgrenze (N.G.) ist bei Anwesenheit von Störionen schlechter.

Reproduzierbare Abweichungen vom idealen Nernst-Verhalten schränken die analytische Anwendung einer Meßkette *nicht* ein, da die effektive Steilheit bei der Eichung berücksichtigt wird. Meßfehler entstehen nur, wenn sich die Steilheit zwischen Eich- und Meßvorgang verändert. Gründe dafür können in der Probenmatrix liegen; so können Störionen, die in den Eichlösungen nicht anwesend waren, zu einer anderen Mischpotentialkonstitution an der Meßelektrode führen. Einige Flüssigmembran-Elektroden (oder PVC-Membrantypen) zeigen eine mit der Einsatz-Zeit korrelierbare Abnahme der Steilheit. Meist ist diese Abnahme aber so langsam (einige Monate), daß die analytische Anwendbarkeit davon nicht betroffen wird. Indessen sollten Elektroden, die weniger als 80% der theoretischen Steilheit aufweisen, nicht mehr verwendet werden.

Die Nachweisgrenze wird durch Störionen definitiv verschlechtert (s. Abb. 1). Bei Meßionenkonzentrationen nahe der Nachweisgrenze sind spezielle Auswerttechniken anzuwenden, die der Steilheitsverringerung in diesem Bereich Rechnung tragen.

Da bezüglich der Vermeidung von Meßfehlern durch falsche Steilheitsanpassung das Gleiche gilt, wie bei dem Temperatureinfluß auf die Meßkette (nach Gl. (1) geht die Temperatur in die Steilheit ein), sei auf Kapitel 3.2. verwiesen.

2.2. Mangelnde Selektivität

Ionenselektive Elektroden sind nicht absolut spezifisch, sie sind lediglich mehr oder weniger selektiv für eine kleine Gruppe von Ionen. Fehler, die auf einer nicht ausreichenden Selektivität beruhen, sind schwer abzuschätzen. Eine evtl. Mitanzeige von Störionen läßt sich am besten durch Wiederfindungsversuche oder Kontrolle mit anderen Analysenmethoden feststellen. Die Selektivität einer ionenselektiven Elektrode läßt sich näherungsweise durch den Selektivitätskoeffizienten ausdrücken. Er basiert auf einer erweiterten Nernst-Gleichung [14]:

$$E = E_0 + S \cdot \ln \left[a_M + \sum_I K_{M-I} \cdot a_I^{z_M/z_I} \right] \qquad (2)$$

mit:

S effektive Elektrodensteilheit
K_{M-I} Selektivitätskoeffizient des Meßions M gegenüber dem Störion I
a_I Störionenaktivität
z_I Störionenwertigkeit

Ionenselektive Elektroden mit kleinen Werten für diesen Koeffizienten (z. B. Extremfall: pH-Glaselektrode mit $K_{H-Na} \approx 10^{-13}$) sind also zu bevorzugen. Positive Fehler durch eine Mitanzeige von Störionen lassen sich nicht nach Gl. (2) korrigieren, da der Selektivitätskoeffizient keine konstante Größe ist. Er hängt von seiner Bestimmungsmethode ebenso ab wie von der Ionenstärke der Meßlösungen; die von den Elektrodenherstellern angegebenen Zahlenwerte sind nur Richtwerte. Falls der Selektivitätskoeffizient nach der Methode der getrennten Lösungen bestimmt wird, basiert die Auswertung auf der Annahme, daß die Meßelektrode für Meß- und Störion die gleiche Steilheit (parallel verlaufende Eichkurven) besitzt, was nicht immer der Fall ist. Darüberhinaus geben Störionenlösungen häufig driftende Anzeigen. Die IUPAC [15] empfiehlt den Selektivitätskoeffizienten mit gemischten Lösungen zu bestimmen (s. Abb. 1). Hierbei wird für die Meßionen eine Eichkurve bei konstanter Störionenkonzentration aufgenommen. Diese Meßbedingungen kommen der Praxis bedeutend näher. Man erhält automatisch einen Überblick, bei welcher Meßionenkonzentration der Fehler (= Abweichung von der linearen Eichkurve im EMK-log c-Diagramm) einen bestimmten Wert überschreitet.

Eine Störung der Meßelektrode durch Elektrodengifte (z. B. S^{2-} bei den Halogenid-Elektroden, Kationen oder Anionen mit größerer Lipophilie als das Meßion bei Flüssigmembran- oder PVC-Elektroden) läßt sich mit Gl. (2) nicht abschätzen (s. a. Kap. 2.5.2.).

2.3. Instabile Diffusionspotentiale

Bei allen Meßketten mit Überführung (d. h. mit üblichen Bezugselektroden) tritt an der Phasengrenze: Bezugselektrodenelektrolyt/Meßlösung (am Ort des Diaphragmas) ein zusätzliches Diffusionspotential auf, das bei EMK-Messungen mit erfaßt wird (s. a. Abb. 2). Alle direktpotentiometrischen Bestimmungen beruhen auf der Annahme, daß es konstant bleibt und somit zusammen mit dem E_0-Term der Nernst-Gleichung bei der Eichung berücksichtigt wird. Eine näherungsweise Berechnung ergibt, daß es (bei großen H^+- oder OH^--Ionenkonzentrationsgradienten) absolute Werte um die 30 mV annehmen kann. Der Berechnung [16] liegt jedoch eine statische Phasengrenze zugrunde, bei der die beteiligten Ionen ihren Ortwechsel ausschließlich unter dem Einfluß eines Aktivitätsgradienten vollziehen. Die meisten Bezugselektroden weisen aber ein gewisses Ausströmen des Stromschlüsselelektrolyten (= Bezugselektroden-Füllösung) in die Meßlösung auf. Besser als Meßwertkorrekturen anzubringen ist es daher, das zusätzliche Diffusionspotential durch Wahl geeigneter Elektrolytlösungen und optimaler Diaphragmenarten zu verkleinern.

Die absolute Größe des Diffusionspotentials läßt sich entscheidend verkleinern, wenn man als Stromschlüsselelektrolyt eine möglichst konzentrierte Lösung eines Salzes anwendet, bei dem die Kationen und Anionen die gleiche Überführungszahl besitzen (z. B. KCl mit $t_{K^+} = 0{,}49$, $t_{Cl^-} = 0{,}51$). Viele Bezugselektroden sind daher mit einer gesättigten KCl-Lösung gefüllt. Aus praktischen Gründen ist es jedoch sehr ratsam, eine leicht untersättigte Lösung (3,5 M KCl) zu verwenden, da gesättigte Lösungen zur Auskristallisation in den Diaphragmenkanälen neigen.

Die Erfahrung hat gezeigt, daß Schliffdiaphragmen die stabilsten Diffusionspotentiale liefern [1]. Hier können die Schwankungen unter 0,2 mV liegen. Bei der Messung stark saurer oder stark alkalischer Lösungen treten die größten Diffusionspotentiale auf (wegen der überragenden Wanderungsgeschwindigkeit der H^+- und OH^--Ionen). Die Reproduzierbarkeit der Messungen läßt sich verbessern, wenn eine Doppelstromschlüsselbezugselektrode eingesetzt wird und der äußere Stromschlüsselelektrolyt bezüglich seines pH-Wertes den Proben angeglichen wird. Der Meßfehler wird minimal, wenn auch die Eichlösungen bei diesem pH-Wert gehalten werden.

Die Stabilität des Diffusionspotentials ist bezüglich der Genauigkeit ionenselektiver Messungen der schwächste Punkt. Ein genaueres Meßgerät hat nur dann Sinn, wenn mit einer Kette ohne Überführung, z. B. mit zwei unterschiedlichen ionenselektiven Elektroden gearbeitet wird. Dies ist häufig möglich, es wird aber ein Meßgerät mit einem hochohmigen Differenzeingang dazu benötigt.

2.4. Strömungspotentiale

Bei der Messung vou Lösungen kleiner Ionenstärke (Definition s. Kap. 4) können rührabhängige Strömungspotentiale (bis zu einigen Millivolt) zu Meßfehlern führen, wenn sie nicht bei der Eichung mit berücksichtigt wurden. Falls man auf ein Rühren der Meßlösung (kürzere Ansprechzeit) nicht verzichten will, muß man bei Eichung und Messung für die gleiche Hydrodynamik (Rührgeschwindigkeit, Eintauchtiefe und Winkel der Elektroden, Meßzelle) sorgen. Diese Abhängigkeit der Meßketten-EMK von der Hydrodynamik kann drei Ursachen haben.

a) Ungeeignete Bezugselektrode

Die Art des Diaphragmas ist von Bedeutung. Zur Lokalisierung des Rühreffekts schaltet man in der Meßlösung zwei Bezugselektroden mit unterschiedlichen Diaphragmenarten gegeneinander. Tritt auch hier eine rührabhängige EMK auf, so probiert man durch Kombination verschiedener Bezugselektroden eine zu finden, deren Potential stabil bleibt.

b) Elektrokinetisches Potential an der Meßelektrode

Bei verdünnten Meßionenlösungen kleiner Ionenstärke tritt, elektrochemisch unvermeidbar, ein zusätzliches elektrokinetisches oder Zeta-(ζ) Potential auf (vgl. [4], S. 9). Abhilfe schafft die Zugabe eines indifferenten (die Meßelektrode nicht störenden) Elektrolyten.

c) Mischpotential an der Meßelektrode

Wenn die Abhilfen unter a) und b) wirkungslos bleiben und die Rührabhängigkeit auch bei höheren Meßionenkonzentrationen auftritt, so deutet dies auf eine Mischpotentialeinstellung an der Meßelektrode hin. Je nach dem Verlauf der Stromspannungskurven der konkurrierenden Elektrodenreaktionen, kann der Schnittpunkt gleicher kathodischer und anodischer Stromdichte (d. i. das Mischpotential) sehr indifferent sein. Dies ist z. B. der Fall bei sehr flach verlaufenden Kurven, wie sie bei diffusionskontrollierten Prozessen auftreten. Durch das Rühren der Meßlösung wird hier nur eine Teilstromdichte verändert, während die andere, die durch Diffusionsvorgänge innerhalb der ionenselektiven Membran gegeben ist, dadurch nicht beeinflußt wird. Da eine Mischpotentialeinstellung eine Abweichung vom thermodynamischen Gleichgewicht bedeutet, sollte die Elektrodenfunktion in einem solchen Fall unbedingt überprüft werden.

2.5. Driftende Elektrodenpotentiale

Eine driftende EMK-Anzeige am Meßgerät kann verschiedene Ursachen haben. Die Lokalisierung ist einfach: Bei kurzgeschlossenem Eingang darf das Meßgerät keine Drift zeigen; bei Ersatz der Meßelektrode durch eine zweite, gute Bezugselektrode sollen ebenfalls konstante Werte (bei gleichartigen Bezugselektroden z. B. 0 mV) angezeigt werden. Abgesehen von zeitabhängigen Vorgängen (z. B. kinetische Hemmung chemischer Reaktionen), sind schleichende Anzeigen der Meßelektrode vor allem auf zwei Ursachen zurückzuführen: Nicht ausreichende oder falsche Elektrodenkonditionierung oder die Anwesenheit von Elektrodengiften.

2.5.1. Elektrodenkonditionierung

Die Wirkungsweise ionenselektiver Elektroden beruht auf dem Verteilungsgleichgewicht eines bestimmten Ions zwischen zwei Phasen. Weil mit der Gleichgewichtseinstellung ein Ladungstransport verbunden ist, der zu einer elektrischen Aufladung der Phasengrenze führt, die dem anfänglichen, gerichteten Ionenübertritt entgegenwirkt (gleiches Ladungsvorzeichen), ist dieses Gleichgewicht relativ rasch (einige msec bis sec) erreicht. Die Richtung des selektiven Ionenstromes über die Phasengrenze: ionenselektive Membran/Meßlösung hinweg wird vom Gradienten des chemischen Potentials bestimmt. Die Meßionen können in die Membranphase übertreten, wo sie (genauer: nur die Überschußladungsträger) infolge der Aufladung überwiegend in Oberflächennähe lokalisiert bleiben. Sie können aber auch umgekehrt aus der Membranphase austreten und in der Helmholtzfläche auf der Lösungsseite verweilen. Dies wird vorzugsweise bei extrem niedrigen Meßionenkonzentrationen in der Lösung geschehen. Wenn die ionenselektive Membran in diesem Fall über ausreichend mobile Meßionen verfügt, stellt sich trotzdem noch ein stabiles und meßbares Potential an der Phasengrenze ein. Erst wenn die potentialstabilisierende Meßionen-Austauschstromdichte (vgl. [4], S. 15ff.) in den Bereich des Verstärkereingangsstromes fällt, wird das thermodynamische Gleichgewicht an der Phasengrenze gestört oder durch Störionen bestimmt.

Es ist somit verständlich, daß einige ionenselektive Elektroden Meßionenkonzentrationen unter 10^{-15} Mol/l oder bei Mikroliterproben Absolutmengen unter 10^{-20} Mol anzeigen. Solche Messungen sind nur dann sinnvoll, wenn das Meßion gepuffert vorliegt. In allen anderen Fällen treten Adsorptionsverluste an den Behälterwandungen schon ab 10^{-7} M Lösungen auf.

Damit die Membranphase, gemäß dem Gradienten des chemischen Potentials, mobile Meßionen an die Helmholtzfläche in der Lösung abgeben kann, müssen sie „ausreichend" vorhanden sein. „Ausreichend" heißt in einem Überschuß, der groß gegenüber der zur Gleichgewichtseinstellung erforderlichen Anzahl von Phasenübertritten ist. Andernfalls würde sich die chemische Zusammensetzung und damit die Identität der Membranphase ändern, was unweigerlich zu driftenden Anzeigen führt.

Das chemische Potential der Meßionen in oberflächennahen Bezirken der Membranphase kann auch durch einen chemischen Angriff des Lösungsmittels (z. B. Hydrolyse von Glas unter Aufbau von Quellschichten) verändert werden. Neue, trockene Glasmembranelektroden neigen daher sehr zum Driften. Von der pH-Meßtechnik ist das Konditionieren der Meßelektroden mit dem Lösungsmittel bekannt; eine chemische oder mechanische Zerstörung der damit erhaltenen Gelschicht führt zu schleichenden Anzeigen. Bei ionenselektiven Glasmembranelektroden ist es ebenso. Demgegenüber benötigen Festkörpermembranelektroden auf der Basis des Ag_2S-Mischpreßlings oder auf Einkristallbasis keine „Einweichzeit" für stabile Anzeigen.

Bei Flüssigmembran- oder PVC-Elektroden wird während der Konditionierung gemäß dem Verteilungsgleichgewicht des neutralen Salzes das Meßion zusammen mit dem betreffenden Anion in die organische Membranphase extrahiert, was zum meßtechnisch vorteilhaften Abfall des ohmschen Membranwiderstandes führt. Durch die damit verbundene Erhöhung der Meßionenkonzentration in der Membranphase werden gleichzeitig die Austauschstromdichte der Meßionen an der Phasengrenze erhöht [13] und die potentialbestimmende Gleichgewichtsgalvanispannung der Meßionen stabilisiert. Manche Elektroden (z. B. auf Basis von Aliquat 336 S) erzielen ihre Selektivität überwiegend durch diesen Effekt. Sie lassen sich infolgedessen durch geeignete Konditionierung von einem Ion zu einem anderen Meßion „umfunktionieren".

Driftende Anzeigen findet man häufig beim Vermessen von Störionen-lösungen. Es ist das Störion, das durch den erwähnten Vorgang zunehmend potentialbestimmend wird. Man muß dann die ionenselektive Elektrode in einer Lösung konditionieren, die hinsichtlich Art und Zusammensetzung den zu messenden Probelösungen entspricht. Bei ausreichender Zeit (Stunden) kann sich dann auch für die Störionen, das Verteilungsgleich-gewicht der Neutralsalze einstellen. Damit kann allerdings eine Ver-minderung der Selektivität einhergehen!

2.5.2. Elektrodengifte

Elektrodengifte sind Substanzen, die eine ionenselektive Membran irreversibel verändern, so daß die Meßionenanzeige gestört ist. Bei Elektrodengiften liegt das thermodynamische Verteilungsgleichgewicht des betreffenden Ions stärker auf der Seite der Membranphase als das des Meßions (z. B. stören bei allen Elektroden mit organischer Membranphase stark lipophile Kationen und Anionen). Parallel zu der bevorzugten Extraktion des „Giftes" nimmt die betreffende Austauschstromdichte zu, so daß die Gleichgewichtsgalvanispannung für dieses Ion zunehmend potentialbestimmend wird (so wird aus einer Kaliumelektrode beim Messen in Kaliumpikratlösungen eine Pikratelektrode [17]). Da das thermodynamische Gleichgewicht das Elektrodengift bevorzugt in die Membranphase übertreten läßt, ist die Verseuchung der Membran irre-versibel und die Membran muß ausgetauscht werden. Gelegentlich kann die Giftanfälligkeit von PVC-Membranelektroden durch den Zusatz eines besonders lipophilen Gegenions (z. B. Tetraphenyloborat bei der Kalium-elektrode) schon bei der Membranherstellung vermindert werden [18].

Die Bildung eines schwerlöslichen Überzugs über die ionensensitive Membran durch Reaktion zwischen Ionen in der Membran und Ionen in der Meßlösung stellt eine andere Art der Elektrodenverseuchung dar. So überzieht sich z. B. die Membranoberfläche einer Chlorid-Elektrode auf der Basis $AgCl/Ag_2S$ bei Anwesenheit von Jodidionen in der Meß-lösung mit einer dünnen AgJ-Schicht. Während der Bildungszeit dieses Überzugs driftet das Elektrodenpotential auf die Gleichgewichtsgalvani-spannung dieses „Giftes" an der Membran (z. B. AgJ-Schicht auf der Membran einer Chloridelektrode). Bei homogenen Festkörpermembran-elektroden kann der Überzug durch Abschleifen und anschließendem Polieren (glatte Oberfläche erhöht die Ansprechgeschwindigkeit) entfernt werden und so die Meßelektrode regeneriert werden. Bei den heterogenen Niederschlagsmembranelektroden wird der Überzug chemisch (z. B. mit NH_3 oder KCN) oder durch längeres Konditionieren in Meßionenlösung entfernt.

2.6. Lichteffekte

Einige Festkörpermembranelektroden (vor allem Halogenidelektroden auf Silbersalzbasis) zeigen Photospannungen von 0,1 bis ca. 3 mV, wenn sie einer starken Lichtquelle mit merklichen UV-Anteilen ausgesetzt werden. Eine Erklärung ist im Halbleitercharakter der Membranmaterialien zu suchen (vgl. [4], S. 60). Da analoge Effekte auch bei entsprechenden Bezugshalbelementen auftreten können, ist bei durchsichtigen Elektroden Vorsicht geboten, wenn die Lichtverhältnisse zwischen Eichung und Messung stark unterschiedlich sind (z. B. traten bei der in-situ-Messung von Kalium unter Operationstisch derartige Effekte auf [19]. Abhilfe gelingt durch Abschirmen der lichtempfindlichen Teile (manche Silberhalogenidmembranen sind mit lichtabsorbierenden Zusätzen, wie Ag_2S oder Goldpulver, versehen). Größere Meßfehler durch variable Photospannungen sind allerdings nur bei extremen Änderungen der Beleuchtungsstärke zu erwarten. Langsame EMK-Änderungen bei unterschiedlicher Beleuchtung sind auf korrespondierende Temperaturveränderungen zurückzuführen.

2.7. Druckeffekte

Ein variabler Druck des Meßmediums (z. B. bei industriellen Durchflußmessungen) kann die Meßketten-EMK beeinflussen, weil das Diffusionspotential am Diaphragma der Bezugselektrode verändert wird. Bei Drucken über 10 cm Wassersäule (d. i. der hydrostatische Druck des Stromschlüssels) kann das Ausströmen der Bezugselektroden-Füllösung empfindlich gestört werden. Damit nicht Meßlösung in die Bezugselektrode eindringt, setzt man bei industriellen on-line Armaturen den Stromschlüsselelektrolyten der Bezugselektrode auf Überdruck (ca. 5 Torr über der Meßlösung).

Bei Flüssigmembranelektroden ist die Druckabhängigkeit des Meßelektrodenpotentials schwieriger zu eliminieren. Am besten ist es, die labile flüssig/flüssig-Phasengrenze durch eine stabilere fest/flüssig-Phasengrenze zu ersetzen. Einbetten der elektroaktiven Verbindung in PVC liefert Meßelektroden, die weniger druckanfällig sind [2]. Bei zu hohen Drucken kann die PVC-Membran zerreißen oder undicht werden.

3. Gerätefehler

Bei modernen Meßgeräten kommen nur zwei Fehlermöglichkeiten in Frage (Verstärkerdriften sowie Linearitätsfehler sind heute vermeidbar): Der Eingangswiderstand kann für die betreffende ionenselektive Elektrode zu niedrig und die Temperaturkompensation für die vorliegende Meßkette völlig ungeeignet sein.

3.1. Widerstandsanpassung

EMK-Messungen mit ionenselektiven Elektroden erfordern eine möglichst stromlose Messung aus zwei Gründen:

a) Meßtechnische Gründe
Der Quellenwiderstand der Meßkette wird durch den Eingangswiderstand des Meßgerätes kurzgeschlossen (vgl. Abb. 2) und durch den Eingangsstrom belastet. Der prozentuale Meßfehler ergibt sich zu:

$$\% \text{ Fehler} = \frac{R_q}{R_q + R_e} \cdot 100 \tag{3}$$

mit

R_q　Quellenwiderstand (Meßkettenwiderstand = Summe aller Meßkreiswiderstände in Abb. 2)
R_e　Eingangswiderstand

Um den rein elektrischen Meßfehler unter 0,1% zu halten, muß der Eingangswiderstand des Meßgerätes also um den Faktor 1000 über dem Quellenwiderstand liegen. Bei extrem hochohmigen Mikroelektroden können sich variable Eingangsströme störend bemerkbar machen (10^{-14} A ergeben bei einem Membranwiderstand von 10^{10} Ω einen Spannungsabfall von 0,1 mV). Einer Eineichung steht die störende Änderung des Membran-

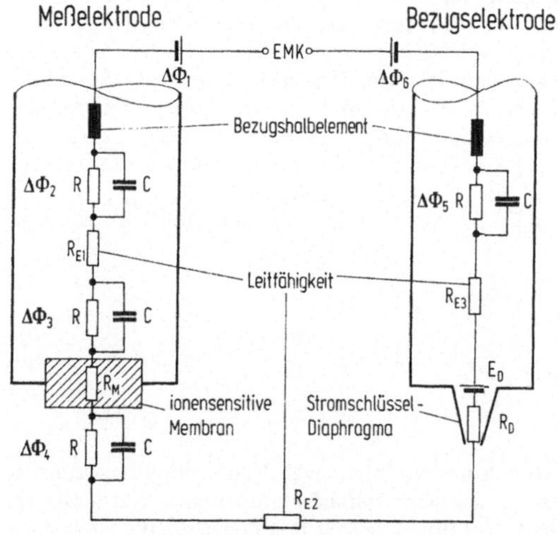

Abb. 2. Vereinfachtes elektrisches Ersatzschaltbild einer Meßkette mit Überführung [4]. $\Delta\Phi_1$ und $\Delta\Phi_6$ = Kontaktvoltaspannungen, $\Delta\Phi_2$ bis $\Delta\Phi_5$ = Gleichgewichtsgalvanispannungen an Phasengrenzen, R = Durchtrittswiderstand, C = Kapazität der elektrochemischen Doppelschicht, R_E = Elektrolytwiderstand, R_M = Membranwiderstand, R_D = Diaphragmawiderstand, E_D = Diffusionspotential. $\Delta\Phi_4$ ist die zu messende Variable.

widerstandes (z. B. die exponentielle Temperaturabhängigkeit, Einfluß der Konditionierung) entgegen.

b) Elektrochemische Gründe

Die zu messende Gleichgewichtsgalvanispannungsänderung wird durch gleich große, entgegengesetzt gerichtete Meßionenströme über die Phasengrenze hinweg stabilisiert. Die Größe dieser Austauschstromdichte kann geschätzt werden [13], sie hängt von der Meßionenkonzentration sowie Kinetik des betr. Phasenübergangs ab. Der Eingangsstrom des Meßgerätes sollte gegenüber dieser Austauschstromdichte zu vernachlässigen sein, damit das thermodynamische Gleichgewicht nicht gestört wird. In der Regel liegen die Standardaustauschstromdichten (Meßionenkonzentration 1 M) ionenselektiver Elektroden weit über 10^{-6} A/cm². Wegen der Konzentrationsabhängigkeit können aber auch weit geringere Stromdichten auftreten und bei extrem verdünnten Lösungen aus diesem Grunde Abweichungen vom Nernst-Verhalten auftreten.

3.2. Temperaturkompensation

Eine elektrische Temperaturkompensation arbeitet bei ionenselektiven Meßketten nur dann fehlerfrei, wenn sie an Hand des Isothermenschnittpunkts der Meßkette erfolgt. Dazu muß die Meßkette einen definierten Isothermenschnittpunkt aufweisen und ein Meßgerät verwendet werden, an dem die Parameter dieses Schnittpunkts (U_{iso} und c_{iso}) eingestellt werden können. Da der Isothermenschnittpunkt auch vom Temperaturgradienten (gegeben durch Eintauchtiefe, Lufttemperatur und Wartezeit) entlang der Elektroden abhängt, ist er meist empirisch zu bestimmen, in dem mindestens zwei unterschiedliche Standardlösungen bei zwei Temperaturen gemessen werden und der Schnittpunkt der erhaltenen Isothermen in einem EMK-log c-Diagramm bestimmt wird.

Den Einfluß einer Temperaturänderung verdeutlicht Abb. 2. Neben den durch die Nernst-Gleichung beschreibbaren Gleichgewichtsgalvanispannungen an den Phasengrenzen (charakterisiert durch parallele R-C-Kombinationen), treten im Meßkreis auch Komponenten auf, die weniger überschaubar sind: Wenn sich das Bezugselektroden-Halbelement (Ag/AgCl oder Hg/Hg_2Cl_2) in einer gesättigten KCl-Lösung befindet, wird die Gleichgewichtsgalvanispannung $\Delta\Phi_5$ durch Temperaturvariationen anders beeinflußt, wie mit der Nernst-Gleichung beschreibbar, da die Löslichkeit des KCl (und damit die potentialbestimmende Chloridionenaktivität) einer anderen Gesetzmäßigkeit folgt. Eine solche, nicht Nernstgemäße Temperaturabhängigkeit läßt sich nur durch einen symmetrischen Meßkettenaufbau (Ableitelektrode der Meßelektrode ist von gleicher Art wie die Bezugselektrode und taucht ebenfalls in eine gesättigte KCl-Lösung) kompensieren. Da aber eine gesättigte KCl-Lösung fast nie als Füllösung der Meßelektrode verwendet wird, gelingt die Kompensation nicht und der Isothermenschnittpunkt kann zu einem Schnittbereich entarten. Auch aus diesem Grund ist von einer gesättigten KCl-Lösung als Bezugselektroden-Füllösung abzuraten.

Meßfehler durch falsche Steilheitsanpassung werden umso größer, je weiter die Konzentration der Probe vom verwendeten Eichstandard entfernt liegt. Bei einwertigen Meßionen erfordert z. B. eine Meßgenauigkeit von 1% bei einem Konzentrationsunterschied um den Faktor 100 zwischen Eich- und Probelösung, daß die Temperaturmessung und Temperaturkompensation auf 0,2 °C genau stimmen. Die TemperaturkompensationsPotentiometer an pH-Meßgeräten weisen selten eine derartige Auflösung auf! Andererseits verursachen selbst Temperaturveränderungen um 20 °C vernachlässigbare Fehler, wenn es gelingt den Isothermenschnittpunkt der Meßkette in die Mitte des zu messenden Konzentrationsbereichs (hier: 1 Dekade) zu legen (vgl. [4], S. 187).

Selbst bei Beachtung aller Punkte für eine „richtige" Temperaturkompensation, können bei Konzentrationsbestimmungen in Meßlösungen mittlerer und hoher Gesamtionenstärke noch Fehler wegen der Temperaturabhängigkeit des Aktivitätskoeffizienten entstehen. Oft ist eine Thermostatisierung von Eich- und Probelösung einfacher als die Ausschaltung aller Fehler bei einer automatischen Temperaturkompensation.

4. Methodenfehler

Die geringsten Methodenfehler treten bei Aktivitätsmessungen auf. Hier sind nur die Elektroden- bzw. Gerätefehler zu beachten. Sie können allerdings nie genauer sein, als der Aktivitätsstandard definiert ist. Bei der Festlegung von Aktivitätsstandards ist man an Konventionen gebunden (wie bei der pH-Meßtechnik).

4.1. Direktpotentiometrie

Bei der direktpotentiometrischen Konzentrationsmessung ergibt jede Veränderung der Ionenstärke zwischen Eich- und Probelösung merkliche Fehler durch den veränderten Aktivitätskoeffizienten. Selbst wenn die Meßlösungen 1:1 mit einem Ionenstärke-Einsteller verdünnt werden, können variable Konzentrationen höherwertiger Ionen in der Matrix die Ionenstärke wegen des quadratischen Terms in ihrer Definitionsgleichung:

$$I = 1/2 \sum_i c_i \cdot z_i^2 \tag{3}$$

mit: c_i = Konzentration der i-ten Ionenart

z_i = Wertigkeit der i-ten Ionenart

immer noch merklich ändern. Beispiel: Variable $AlCl_3$ Matrix zwischen 0,1 und 0,5 M, Ionenstärke-Einsteller: 5 M $NaNO_3$
Ohne 1:1 Verdünnung mit dem Ionenstärke-Einsteller:

$$I_{0,1} = 1/2\,(0,1 \cdot 3^2 + 0,3 \cdot 1^2) = 0,6$$

$$I_{0,5} = 1/2\,(0,5 \cdot 3^2 + 1,5 \cdot 1^2) = 3,0$$

Mit 1:1 Verdünnung mit dem Ionenstärke-Einsteller:

$$I_{0,1} = 1/2\,(0,05 \cdot 3^2 + 0,15 \cdot 1^2 + 2,5 \cdot 1^2 + 2,5 \cdot 1^2) = 2,8$$

$$I_{0,5} = 1/2\,(0,25 \cdot 3^2 + 0,75 \cdot 1^2 + 2,5 \cdot 1^2 + 2,5 \cdot 1^2) = 4,0$$

Obwohl die Änderung der Ionenstärke von dem Faktor 5 auf einen Faktor unter 2 vermindert wird, kann der Meßfehler, je nach der Abhängigkeit des individuellen Aktivitätskoeffizienten von der Ionenstärke, beachtlich sein (vor allem bei zweiwertigen Meßionen). Hier hilft nur eine größere Verdünnung mit dem Ionenstärke-Einsteller oder eine selektive Entfernung des störenden Matrixions. Falls man an dem Bindungsgrad eines Ions interessiert ist, kommt man an einer solchen direktpotentiometrischen Konzentrationsbestimmung nicht vorbei. Die Totalkonzentration des Meßions wird dann durch die Technik der Standardaddition (oder -subtraktion) bestimmt.

4.2. Standardadditionsverfahren

Diese Analysentechnik erfaßt die Totalkonzentration (also auch komplexierte Meßionen) wenn drei Voraussetzungen gegeben sind:

a) Konstanz des individuellen Aktivitätskoeffizienten
b) konstanter Bruchteil der Meßionen komplexiert (Komplexmittelüberschuß)
c) konstante Elektrodensteilheit bei der Standardzugabe.

Die Konstanz der drei Parameter ist umso leichter zu erzielen, je kleiner die Änderung in der Meßionenkonzentration ist. Da aber gleichzeitig dadurch auch die zu messende EMK-Änderung zu klein wird, ist ein Kompromiß notwendig (z. B. ca. 30 mV bei einwertigen und ca. 15 mV bei zweiwertigen Meßionen). Größere Fehler werden häufig im Zusammenhang mit Punkt b) begangen. Bei vielen natürlichen Systemen ist der erforderliche große Komplexmittelüberschuß nicht gegeben. Dann hilft entweder ein „Umkomplexieren" des Meßions mit einem stärkeren Komplexmittel im Überschuß (solange die Nachweisgrenze der Meßelektrode dabei nicht erreicht wird), ein Freisetzen des Meßions mittels eines Hilfsreagenzes (z. B. ÄDTE um F^- aus AlF_6^{3-} zu befreien) oder die Zugabe des bekannten Komplexbildners im Überschuß. Beim Arbeiten an der Nachweisgrenze, wo die Elektrodensteilheit geringer wird, empfiehlt sich wegen der Forderung c) die Analysentechnik der Standardaddition mit anschließender Verdünnung (vgl. [4], S. 146).

Tabelle 1. Übersicht über die z. Z. mit Hilfe ionenselektiver Elektroden bestimmbaren Substanzklassen [4]

Periodensystem (Elemente mit Anzeigeform):

- H — H^+
- He
- Li — Li^+
- Be — $Be^{2+}+F^-$
- B — BF_4^-
- C — CO_2
- N — NH_3, NH_4^+, NO_3^-
- O
- F — F^-
- Ne
- Na — Na^+
- Mg — Mg^{2+}
- Al — $Al^{3+}+F^-$
- Si
- P — PO_4^{3-}, HPO_4^{3-}
- S — SO_4^{2-}, SO_2, S^{2-}
- Cl — ClO_4^-, Cl^-
- Ar
- K — K^+
- Ca — Ca^{2+}
- Sc
- Ti
- V — $V^{2+}+$ Cu ÄDTE
- Cr — CrO_4^{2-}
- Mn — Mn^{2+}, MnO_4^-
- Fe — Fe^{2+}
- Co — Cu ÄDTE
- Ni — Ni^{2+}
- Cu — Cu^{2+}
- Zn — Zn^{2+}
- Ga — $Ga^{3+}+F^-$
- Ge
- As — $AsO_4^{3-}+Ag^+$
- Se — $Se^{2-}+Pb^{2+}$
- Br — Br^-
- Kr
- Rb — Rb^+
- Sr — Sr^{2+}
- Y — $Y^{3+}+F^-$
- Zr — $Zr^{4+}+F^-$
- Nb
- Mo — $MoO_4^{2-}+Pb^{2+}$
- Tc
- Ru
- Rh
- Pd — $PdCl_4^{2-}$
- Ag — Ag^+
- Cd — Cd^{2+}
- In
- Sn
- Sb
- Te — $Te^{2-}+Pb^{2+}$
- J — J^-
- Xe
- Cs — Cs^+
- Ba — Ba^{2+}
- La — La^{3+}
- Hf
- Ta
- W — $WO_4^{2-}+Pb^{2+}$
- Re
- Os
- Ir
- Pt
- Au
- Hg — Hg^{2+}
- Tl — Tl^+
- Pb — Pb^{2+}
- Bi
- Po
- At
- Rn

C-Verbindungen

Anionen: CO_3^{2-}, CN^-, SCN^-, Oxalat$^-$, Benzoat$^-$, Salicylat$^-$; Leucin$^-$, Phenylalanin$^-$ …

neutrale Verbindungen: Harnstoff, Aminosäuren, Amygdalin, Penicillin, Cholesterol, Kreatinin …

Legende:

- ○ Glasmembran
- ▽ Ionensolvens
- △ Ionenaustauscher
- □ Einkristall
- ■ Niederschlag
- ▲ Gas
- ▼ Enzym

direkte Anzeige (Anzeigeform — Elekroden-Typus)

indirekte Anzeige (Bestimmungsreaktion)

noch nicht getestet

○ besonders selektiv

Tabelle 2. Gesamtfehler

Analysentechnik	Fehler bei einwert. Ionen	Fehler bei zweiwert. Ionen	Bemerkung
Direktpotentiometrie (analog pH-Messg.)	$1-5\%$ mV-Meßfehler $\times 4$ = % Fehler	$2-10\%$ mV-Meßfehler $\times 8$ = % Fehler	Der Fehler ist kleiner, wenn Eichstandard d. Probe sehr nahe kommt: Aktivitätsmessgg. meist durch Genauigk. des Eichstandards limitiert.
Standardaddition bei bekannter Steilht.	$1-4\%$	$2-8\%$	Erfassung d. Totalkonz., wenn Ionenstärke, Komplexierungsgrad u. Steilheit konstant.
Standardaddition bei unbekannter Steilht. (Doppeladdition oder Verdünnung)	ca. 8%	ca. 16%	Meist nur bei Arbeiten an d. Nachweisgrenze empfehlenswert.
Gran-Methode	$0,1-3\%$	$0,1-3\%$	mit Störionen schlechter; beste Ergebn. beim Auswerten möglichst vieler Punkte zwischen 30 und 80% der Titrationskurve u. Ausreißerver**werfg.**
Titrationen Wendepunktsauswertung	$1-5\%$	$1-5\%$	nur bei symmetr. Kurven richtige Endpunktsindizierung; bei Eineichung (Titerstellung) ist Fehler geringer.
Tangentenschnittmethode TITRATE-Programm für IBM 360/65 [20]	$< 1\%$ $0,1\%$	$< 1\%$ $0,1\%$	bei allen Titrationsverfahren lassen sich auch höherwert. Ionen entspr. genau bestimmen.

Tabelle 3. Kenndaten kommerzieller Meßelektroden

Elektroden-typ	Aktive Phase	Potential-bestimmende Ionen	Meß-bereich [M]	Selektivitäts-koeffizient[a] K_{M-I}	Empfohlener pH-Bereich	Temperatur-bereich [°C]	Elektrischer Widerstand bei 25 °C [MΩ]	Empfohlene Bezugs-elektrode	Hersteller
Glasmembran-Elektroden									
pNa	NAS_{11-18} $LAS_{26,2-12,4}$ o. ä.	$Ag^+ > H^+ >$ $Na^+ > K^+$	1 bis 10^{-8}	$Ag^+ \sim 500$; $H^+ \sim 10^3$; $K^+ \sim 10^{-3}$; $Li^+ \sim 10^{-3}$; $Cs^+ \sim 10^{-3}$; $Tl^+ \sim 2 \cdot 10^{-3}$; $Rb^+ \sim 3 \cdot 10^{-5}$; $NH_4^+ \sim 3 \cdot 10^{-5}$	7 bis 10 ca. 4 pH Einheiten über pNa-Wert	0 bis 100	$\sim > 100$	Ag/AgCl mit Doppel-strom-schlüssel (1 M NH_4NO_3)	Beckman Corning EIL Ingold Metrohm Orion	Philips Polymetron Radelkis Radiometer Schott & Gen. Tacussel
pKat	NAS_{27-4} $KABS_{20-5-9}$ o. ä.	$H^+ > Ag^+ > K^+$; $NH_4^+ > Na^+ >$ Li^+, Rb^+, Cs^+, Tl^+	1 bis $5 \cdot 10^{-6}$	$Na^+ \sim 0,1$; $NH_4^+ \sim 0,3$; $Rb^+ \sim 0,5$; $Li^+ \sim 0,05$; $Cs^+ \sim 0,03$ (normiert auf $K^+ = 1$)	7 bis 13 (für pK) 4 bis 10 (für pAg) ca. 2 pH über pK-Wert	0 bis 100	$\sim > 100$	Ag/AgCl mit Doppel-strom-schlüssel (1 M Li-tri-chloroacetat)	Beckman Corning EIL Ingold Philips Polymetron Tacussel	
Festkörpermembran-Elektroden									
pAg	Ag_2S Preßling	Ag^+, S^{2-}	1 bis 10^{-7} $< 10^{-23}$, gepuffert	Spuren Hg^{2+} stören, längerer Kontakt mit Hg^{2+}-haltiger Lösung erfordert Oberflächen-behandlung $Cu^{2+} \sim 10^{-6}$ $Pb^{2+} \sim 10^{-10}$	2 bis 9	-5 bis 100	< 1	Ag/AgCl mit Doppel-strom-schlüssel 1 M KNO_3	Beckman Electrofact Coleman Corning Foxboro Metrohm HNU	Orion Philips Polymetron Radiometer Schott & Gen. Tacussel
pAg	Ag_2S-Einkristall	Ag^+, S^2	s. oben	$Cu^{2+} \sim 10^{-5}$; $Pb^{2+} \sim 10^{-6}$; $H^+ \sim 10^{-7}$; Hg^{2+} stört	2 bis 9	--	--	s. oben	Crytur	

	Material	Ionen	Bereich	Störungen					Bezug	Hersteller	
pCu	CuS/Ag_2S	Ag^+, S^{2-}, Hg^{2+}, Cu^{2+}	1 bis 10^{-8} $< 10^{-17}$, gepuffert	Ag^+, Hg^{2+} müssen abwesend sein: $Fe^{3+} \sim 10$; $Cu^{1+} \sim 1$; Cl^-, Br^- bei höheren Konzentrationen	0 bis 14	0 bis 100	s. oben	s. oben		Beckman Electrofact Coleman Corning HNU Polymetron Radiometer	Metrohm Orion Tacussel Philips
	Cu_2S CuSe- Einkristall	Cu^{2+} Cu^+, Cu^{2+}	1 bis 10^{-6} $< 10^{-17}$, gepuffert	$Pb^{2+} \sim 10^{-4}$; $Cd^{2+} \sim 10^{-5}$; $Cu^+ \sim 10^{11}$; $Ag^+ \sim 10^6$; $Hg^{2+} \sim 10^4$	3 bis 14 0 bis 14	0 bis 70 -5 bis 60	$< 0,01$	s. oben			
pCd	CdS/Ag_2S	Ag^+, S^{2-}, Cu^{2+}, Cd^{2+}	0,1 bis 10^{-7} $< 10^{-10}$, gepuffert	Ag^+, Hg^{2+}, Cu^{2+} müssen abwesend sein $Fe^+ \sim 200$; $Tl^+ \sim 120$; $Pb^{2+} \sim 6$; $Mn^{2+} \sim 3$	1 bis 14	0 bis 100	s. oben	s. oben		Electrofact Metrohm	Orion Philips
pPb	PbS/Ag_2S	Ag^+, S^{2-}, Cu^{2+}, Pb^{2+}	0,1 bis 10^{-7} $< 10^{-10}$, gepuffert	Ag^+, Hg^{2+}, Cu^{2+} müssen abwesend sein $Fe^{3+} \sim 1$; $Cd \sim 1$	2 bis 14	0 bis 100	s. oben	s. oben		Corning Electrofact	Metrohm Orion
pS	Ag_2S- Preßling	Ag^+, S^{2-}	1 bis 10^{-6} $< 10^{-23}$, gepuffert	Spuren Hg^{2+} stören, längerer Kontakt mit Hg^{2+}-haltiger Lösung erfordert Oberflächenbehandlung	13 bis 14	-5 bis 100	< 1		Ag/AgCl mit Doppel- strom- schlüssel 1 M KNO_3	Beckman Electrofact Coleman Corning Foxboro Metrohm Crytur	Orion Philips Polymetron Radiometer Schott & Gen. Tacussel
	Ag_2S- Einkristall	Ag^+, S^{2-}	s. oben	s. oben $Cu^{2+} \sim 10^{-5}$; $Pb^{2+} \sim 10^{-6}$	s. oben			s. oben			
pF	LaF_3- Einkristall	F^-	1 bis 10^{-6}	$OH^- \sim 0,1$; andere Halogenide, NO_3^-, HCO_3^-, $SO_4^{2-} \sim$ $< 10^{-3}$	4 bis 8	-5 bis 100	$\sim 0,2$ bis 5	übliche Bezugs- elektrode		Beckman Coleman Corning Crytur	Foxboro Metrohm Orion Philips Polymetron Radiometer
pCl	$AgCl/Ag_2S$- Misch- preßling	Ag^+, Cl^-	1 bis 10^{-5}	$Br^- \sim 10^2$; $J^- \sim 10^6$; $OH^- \sim 10^{-2}$; $CN^- \sim 10^4$; S^{2-} muß abwesend sein	2 bis 11	~ 0 bis 80	10 bis 30	Ag/AgCl mit Doppel- strom- schlüssel 1 M KNO_3	Beckman Corning Electrofact Foxboro Metrohm	Orion Polymetron HNU

Tabelle 3 (Fortsetzung)

Elektrodentyp	Aktive Phase	Potentialbestimmende Ionen	Meßbereich [M]	Selektivitätskoeffizient[a] K_{M-I}	Empfohlener pH-Bereich	Temperaturbereich [°C]	Elektrischer Widerstand bei 25°C [MΩ]	Empfohlene Bezugselektrode	Hersteller
pCl	AgCl-Einkristall	Ag^+, Cl^-	1 bis 10^{-5}	$Br^- \sim 2$; $J^- \sim 2$; $CN^- \sim 8$; $OH^- \sim 10^{-2}$; $NH_3 \sim 0,1$	0 bis 14	-5 bis 60	< 25	s. oben	Radiometer Crytur
	AgCl	Ag^+, Cl^-	1 bis 10^{-5}	$Br^- \sim 1$; $J^- \sim 10^2$; $CN^- \sim 400_2$; $S_2O_3{}^{2-} \sim 60$ $OH^- \sim 10^{-2}$; $CO_3{}^{2-} \sim 10^{-3}$	1 bis 10	0 bis 100	< 1	s. oben	Philips Schott & Gen. Tacussel
pBr	AgBr/Ag$_2$S-Mischpreßling	Ag^+, Br^-	1 bis $5 \cdot 10^{-6}$	$J^- \sim 5 \cdot 10^3$; $CN^- \sim 10^2$; $Cl^- \sim 5 \cdot 10^{-3}$; $OH^- \sim 10^{-5}$ S^{2-} muß abwesend sein	2 bis 12	s. oben	s. oben	s. oben	Beckman Foxboro Corning Metrohm Electrofact Orion, HNU Radiometer
	AgBr-Einkristall	Ag^+, Br^-	1 bis 10^{-6}	$J^- \sim 2$; $CN^- \sim 1$; $Cl^- \sim 5 \cdot 10^{-3}$; $OH^- \sim 10^{-1}$; $NH_3 \sim 4 \cdot 10^{-3}$	0 bis 14	-5 bis 60	< 25	s. oben	
	AgBr	Ag^+, Br^-	1 bis 10^{-6}	$J^- \sim 20$; $CN^- \sim 25$; $Cl^- \sim 6 \cdot 10^{-3}$; $OH^- \sim 10^{-3}$; $S_2C_3{}^{2-} \sim 1 \cdot 5$; $CO_3{}^{2-} \sim 2 \cdot 10^{-3}$	1 bis 11	0 bis 50	< 1	s. oben	Philips Schott & Gen. Tacussel
pJ	AgJ/Ag$_2$S-Mischpreßling	Ag^+, S^{2-}, J^-	1 bis $5 \cdot 10^{-8}$	$S^{2-} \sim 30$; $C_2O_3{}^{2-} \sim 3 \cdot 10^{-2}$; $CN^- \sim 10^{-2}$; $Br^- \sim 10^{-4}$; $Cl^- \sim 10^{-6}$; $SCN^- \sim 10^{-4}$; $OH^- \sim 10^{-7}$; $NH_3 \sim 3 \cdot 10^{-5}$;	0 bis 14	0 bis 80	$< 0,5$	s. oben	Beckman Metrohm Electrofact Orion Corning Radiometer Foxboro HNU
	AgJ	Ag^+, J^-		$CN^- \sim 0,34$; $CrO_4{}^{2-} \sim 4 \cdot 10^{-3}$ $S_2O_3{}^{2-} \sim 7 \cdot 10^{-4}$; $CO_3{}^{2-} \sim 10^{-4}$; $Br^- \sim 6 \cdot 10^{-5}$; $Cl^- \sim 6 \cdot 10^{-6}$ S^{2-} muß abwesend sein	1 bis 12	0 bis 50	$< 0,5$	s. oben	Crytur Philips Schott & Gen. Tacussel

pSCN	AgSCN/Ag$_2$S-Mischpreßling	Ag$^+$, SCN$^-$	1 bis $5 \cdot 10^{-6}$	$J^- \sim 10^3$; $Br^- \sim 10^2$; $CN^- \sim 10^2$; $S_2O_3^{2-} \sim 10^2$; $NH_3 \sim 10$; $Cl^- \sim 0{,}1$ $OH^- \sim 10^{-2}$ S^2 muß abwesend sein	2 bis 12	0 bis 95	< 100	s. oben	Metrohm Orion
pCN identisch mit pJ	AgJ/Ag$_2$S-Mischpreßling	Ag$^+$, J$^-$, CN$^-$		$J^- \sim 10^2$; $Br^- \sim 10^{-1}$; $Cl^- \sim 10^{-6}$; $OH^- \sim 10^{-8}$ S^{2-} muß abwesend sein	11 bis 13	0 bis 80	< 30	s. oben	Beckman Metrohm Electrofact Orion Corning Polymetron Foxboro Radiometer
	AgJ	Ag$^+$, J$^-$, CN$^-$		$J^- \sim 3$; $CrO_4^{2-} \sim 10^{-2}$; $S_2O_3^{2-} \sim 10^{-3}$; $CO_3^{2-} \sim 10^{-4}$; $Br^- \sim 10^{-4}$; $Cl^- \sim 10^{-5}$	10 bis 12	0 bis 50	0,5	s. oben	Crytur HNU Philips Schott & Gen.

Flüssigmembran-Elektroden/PVC Membran-Elektroden

pCa flüssig	Ca-Salz der Dialkylphosphorsäure in Dioctylphenylphosphonat	Zn^{2+}, Ca^{2+}, Fe^{2+}, Pb^{2+}	1 bis 10^{-5}	$Zn^{2+} \sim 3{,}2$; $Ca^{2+} \sim 1{,}0$; $Fe^{2+} \sim 0{,}8$; $Pb^{2+} \sim 0{,}63$; $Cu^{2+} \sim 0{,}27$; $Ni^{2+} \sim 0{,}080$ $Sr^{2+} \sim 0{,}017$; $Mg^{2+} \sim 0{,}014$ $Ba^{2+} \sim 0{,}010$; $Na^+ \sim 10^{-3}$ $K^+ \sim 10^{-3}$;	5,5 bis 11	0 bis 50 10 bis 60	< 25 < 500	normale Ag/AgCl	Orion Corning
pCa (PVC)	s. oben		1 bis 10^{-5}	$Zn^{2+} \sim 1-5$; $Ca^{2+} \sim 1{,}0$; $Al^{3+} \sim 0{,}90$; $Mn^{2+} \sim 0{,}38$ $Cu^{2+} \sim 0{,}070$; $Fe^{2+} \sim 0{,}045$ $Co^{2+} \sim 0{,}042$; $Mg^{2+} \sim 0{,}032$ $Ba^{2+} \sim 0{,}020$; $Na^+ \sim 10^{-5}$; $K^+ \sim 10^{-6}$ $Li^+ \sim 10^{-1}$	s. oben	0 bis 60	~ 2	s. oben	Radiometer HNU
pCa (PVC)	Ca^{2+}-carrier	Ca^{2+}	1 bis 10^{-6}	$Sr^{2+} \sim 10^{-2}$, Li^+, $Cs^+ \sim 10^{-3}$; Na^+, K^+, Ba^{2+}, $Zn^{2+} \sim 10^{-4}$; $NH_4^+ \sim 10^{-5}$	3 bis 10	0 bis 50	< 10	s. oben	Philips
pMe^{2+} flüssig (Wasserhärte)	Ca-Salz der Didecylphosphorsäure in Dekanol	Zn^{2+}, Fe^{2+}, Cu^{2+}, Ni^{2+}, Ca^{2+}, Mg^{2+}, Ba^{2+}, Sr^{2+}	1 bis 10^{-5}	$Zn^{2+} \sim 3{,}5$; $Fe^{3+} \sim 3{,}5$; $Cu^{2+} \sim 3{,}1$; $Ni^{3+} \sim 1{,}35$; $Ca^{2+} \sim 1{,}0$; $Mg^{2+} \sim 1{,}0$; $Ba^{2+} \sim 0{,}94$; $Sr^{2+} \sim 0{,}54$; Na^+, $K^+ \sim 0{,}01$;	s. oben	0 bis 50 10 bis 60	< 25 < 500	s. oben	Orion Corning

Tabelle 3 (Fortsetzung)

Elektroden-typ	Aktive Phase	Potential-bestimmende Ionen	Meß-bereich [M]	Selektivitäts-koeffizient[a] K_{M-I}	Empfohlener pH-Bereich	Temperatur-bereich [°C]	Elektrischer Widerstand bei 25 °C [MΩ]	Empfohlene Bezugs-elektrode	Hersteller
pBa (PVC)	Ba^{2+}-carrier	Ba^{2+}	1 bis 10^{-6}	$H^+ \sim 0{,}06$; $Sr^{2+} \sim 0{,}03$; $K^+, Rb^+ \sim 10^{-2}$, $NH_4^+, Cs^+, Na^+ \sim 3 \cdot 10^{-3}$; $Li^+, Ca^{2+} \sim 10^{-4}$; $Mg^{2+} \sim 10^{-5}$	3 bis 11	0 bis 50	~ 25	s. oben	Philips
pClO$_4$	Fe(-o-phen)$_3^{2+}$	ClO$_4^-$, OH$^-$	0,1 bis 10^{-5}	$OH^- \sim 1{,}0$; $J^- \sim 1{,}2 \cdot 10^{-2}$; $NO_3^- \sim 1{,}5 \cdot 10^{-3}$; $Br^- \sim 5{,}6 \cdot 10^{-4}$; $OAc^- \sim 5{,}1 \cdot 10^{-4}$; $HCO_3^- \sim 3{,}5 \cdot 10^{-4}$; $Cl^-, F^- \sim 2{,}5 \cdot 10^{-4}$; $SO_4^{2-} \sim 1{,}6 \cdot 10^{-4}$;	3 bis 10	0 bis 50	~ 25	normale Ag/AgCl	Orion
pNO$_3$	Ni(-o-phen)$_3^{2+}$	ClO$_4^-$, J$^-$, ClO$_3^-$, NO$_3^-$	s. oben	$ClO_4^- \sim 10^3$; $J^- \sim 20$; $ClO_3^- \sim 2$; $Br^- \sim 0{,}9$; $S^{2-} \sim 0{,}57$; $NO_2^- \sim 6 \cdot 10^{-2}$; $CN^- \sim 2 \cdot 10^{-2}$; $HCO_3^- \sim 2 \cdot 10^{-2}$; $Cl^- \sim 6 \cdot 10^{-3}$; $OAc^-, CO_3^{2-}, S_2O_3^{2-}, SO_3^{2-} \sim 6 \cdot 10^{-3}$; $F^- \sim 9 \cdot 10^{-4}$; $SO_4^{2-} \sim 6 \cdot 10^{-4}$; $H_2PO_4^-, PO_4^{3-} \sim 3 \cdot 10^{-4}$; $HPO_4^- \sim 8 \cdot 10^{-5}$;	2 bis 12	0 bis 50	~ 25		Orion

pNO_3 flüssig	s. oben	s. oben	s. oben	$ClO_4^- \sim 10^3$; $J^- \sim 25$; $Br^- \sim 0{,}012$; $Cl^- \sim 4 \cdot 10^{-3}$; OAc^-.	2,5 bis 10	s. oben	~ 100		Corning
pNO_3 (PVC)	—	s. oben	s. oben	HCO_3^-, $SO_4^{2-} \sim 10^{-3}$;	s. oben	s. oben	~ 25		EIL Philips
pBF_4	s. oben	J^-, BF_4^-	0,1 bis 10^{-5}	$J^- \sim 20$; $NO_3^- \sim 0{,}1$; $Br^- \sim 4 \cdot 10^{-2}$; OAc^-, $HCO_3^- \sim 4 \cdot 10^{-3}$; F^-, Cl^-, $SO_4^{2-} \sim 10^{-3}$;	2 bis 12	0 bis 50	~ 25		Orion
pK (PVC)	Valinomycin	Cs^+, Rb^+, K^+	1 bis 10^{-6}	$Cs^+ \sim 1{,}0$; $NH_4^+ \sim 3 \cdot 10^{-2}$; $H^+ \sim 1 \cdot 10^{-2}$; $Ag^+ \sim 1 \cdot 10^{-3}$; $Na^+ \sim 1 \cdot 10^{-2}$; $Li^+ \sim 1 \cdot 10^{-4}$;	2 bis 11	0 bis 50	> 25	Ag/AgCl mit Doppelstromschlüssel (1 M Li-trichloroacetat)	Orion Philips Radelkis
pK flüssig	Tetrakis (p-chlorophenyl)borat	Cs^+, K^+, Rb^+	1 bis 10^{-5}	$Cs^+ \sim 20$; $Rb^+ \sim 10$; $NH_4^+ \sim 2 \cdot 10^{-2}$; $Na^+ \sim 1 \cdot 10^{-2}$; $Ca^{2+} \sim 5 \cdot 10^{-3}$; $Li^+ \sim 4 \cdot 10^{-4}$; $Mg^{2+} \sim 3 \cdot 10^{-3}$;	s. oben	15 bis 50	~ 100	s. oben	Corning
pLi (PVC)	Li^+-carrier	Li^+, H^+	0 1 bis 10^{-5}	$H^+ \sim 1$, Na^+, $NH_4^+ \sim 0{,}05$; $K^+ \sim 7 \cdot 10^{-3}$; $Rb^+ \sim 4 \cdot 10^{-3}$; Cs^+, Ca^{2+}, Sr^{2+}, Mg^{2+}, $Ba^{2+} \sim 10^{-4}$	3 bis 11	0 bis 50	~ 25	normale Ag/AgCl	Philips
pNH_4	Nonactin-Monactin	NH_4^+	0,1 bis 10^{-5}	$K^+ \sim 0{,}12$; $Rb^+ \sim 4{,}3 \cdot 10^{-3}$; $H^+ \sim 1{,}6 \cdot 10^{-2}$; $Cs^+ \sim 4{,}8 \cdot 10^{-3}$; $Li^+ \sim 4{,}2 \cdot 10^{-3}$; $Na^+ \sim 2 \cdot 10^{-3}$; $Ca^{2+} \sim 1{,}7 \cdot 10^{-4}$; $Bu_4N^+ \sim 30$;	2 bis 8	0 bis 50	< 1	s. pK	Philips

a Nach Angabe der Hersteller

4.3. Titrationsverfahren

Bei nicht zu geringen Meßionenkonzentrationen ($> 10^{-3}$ M) ist eine Titration mit einem Reagenz, das entweder die Meßionen selektiv bindet (z. B. Ca-Titration mit ÄDTE) oder selbst von einer Elektrode angezeigt wird (z. B. Al^{3+}- oder Fe^{3+}-Titration mit Fluorid, SO_4^{2-}-Titration mit Ba^{2+}) die genaueste Analysentechnik. Hier treten nur bezüglich der Endpunktindizierung Probleme allgemein analytischer Art auf (z. B. nicht-stöchiometrische Reaktion, unsymmetrischer Kurvenverlauf bei einer anderen als 1:1 Stöchiometrie, kinetische Verzögerungen usw.) (vgl. [4], S. 128ff.).

Eine Methode Indizierungsfehler kleiner zu machen, ist die Gran-Methode der mathematischen Linearisierung einer Titrationskurve. Trägt man den Antilogarithmus der Meßketten-EMK, dividiert durch die Steilheit, also $10^{E/S}$ (korrigiert um die Volumenzunahme), gegen das zugesetzte Volumen des Titranten auf, so erhält man in der Regel eine Gerade, mit der sich auf den Endpunkt extrapolieren läßt. Tabelle 2 zeigt die Genauigkeit dieser eleganten Auswertmethode im Vergleich zu den anderen. Bei der Mitfällungsproblematik ist die Beendigung der Titration vor dem eigentlichen Endpunkt ein großer Vorteil und hilft diese Fehler zu vermeiden.

5. Ausblick

Bei einem Vergleich mit anderen physikalisch-chemischen Analysenverfahren sollten Aufwand und Nutzen berücksichtigt werden. Ein ionenselektiver Meßplatz ist für weniger als DM 2000.— zu haben. Mit dieser bescheidenen Investition lassen sich unter Zuhilfenahme von Verbundverfahren immerhin eine Reihe von Ionen (vgl. Tabelle 1) im ng-Bereich bestimmen.

Literatur

1. Schwabe, K.: pH-Meßtechnik, Dresden, Leipzig: Th. Steinkopff, 1963
2. Moody, G. J., Thomas, J. D. R.: Selective Ion Sensitive Electrodes, Merrow, Watford, England 1971, 2. Aufl. 1977
3. Koryta, R.: Ion Selective Electrodes, Cambridge Univ. Press, Cambridge, England 1975
4. Camman, K.: Das Arbeiten mit ionenselektiven Elektroden, 2. Aufl. Springer Berlin, Heidelberg, New York: Springer 1977
5. Bailey, P. L.: Analysis with Ion-Selective Electrodes, London: Heyden 1976
6. Lakshminarayanaiah, N.: Membrane Electrodes, New York: Academic Press, 1976

7. Lavallée, M., Schanne, O. F., Hébert, N. C., ed.: Glass microelectrodes, New York: J. Wiley, 1969
8. Ion and enzyme electrodes in biology and medicine, Baltimore: University Park Press, 1976
9. Tölg, G.: Talanta *19*, 1489 (1972)
10. Ciani, S., Eisenman, G., Szabo, G.: J. Membrane Biol., *1*, 1 (1969)
11. Buck, R. P.: Anal. Chem. Crit. Rev. *5*, 323 (1976)
12. Cammann, K.: Vortrag, Conference on ion-selective electrodes, 5.–9. Sept. 1977 Budapest (Proceedings: E. Pungor, Ed. Akadémiai Kiado, 1978)
13. Cammann, K.: Anal. Chem. *50* 936 (1978)
14. Nikolsky, B. P., Schulz, M. M., Peschechonowa, N. V., Parfenov, A. I., Belijustin, A. A., Bobrov, V. S.: Vestn. Leningrad Univ. Nr. 4, 73 (1963)
15. Pure Appl., Chem. *48*, 129 (1976)
16. Henderson, P.: Z. physik. Chem. *63*, 325 (1908)
17. Boles, J. H., Buck, R. P.: Anal. Chem. *45*, 2057 (1973)
18. Morf, W. E., Kahr, G., Simon, W.: Anal. Letters *7*, 9 (1974)
19. Pers. Mitt. von Dr. Stippich, München
20. Isbell, Jr., A. F., Pecsok, R. L., Davis, R. H., Purnell, J. H.: Anal. Chem. *45*, 2363 (1973)

Röntgenspektralanalyse am Rasterelektronenmikroskop
I. Energiedispersive Spektrometrie

Dr. Reinhold Klockenkämper

Institut für Spektrochemie und Angewandte Spektroskopie
Bunsen-Kirchhoff-Str. 11, 4600 Dortmund

1. Einleitung

Die Röntgenspektralanalyse mit Elektronenstrahlanregung ist ein leistungsstarkes Verfahren zur mikro-topologischen Multielement-Analyse. Es können Probeninhomogenitäten (Einschlüsse, Ausscheidungen, Entmischungen, Phasenumwandlungen usw.) in praktisch allen anorganischen Matrices, aber auch Mikrobereiche organischer Proben phänomenologisch und in ihrer Elementzusammensetzung untersucht werden. Seit etwa 10 Jahren ergänzt diese ideale Kombination von Rasterelektronenmikroskop (REM) und energiedispersivem Röntgenspektrometer (EDS) die Elektronenstrahlmikrosonde (EMS). Die „energiedispersive" Spektrometrie löste vielfach die „wellenlängendispersive" ab, die sich aus der klassischen Technik der EMS entwickelt hat. Die Strahlenzerlegung erfolgt heute mit Hilfe eines Halbleiterdetektors in Verbindung mit Vielkanalanalysatoren (Quantencharakter der Strahlung). Derzeit werden viermal mehr energiedispersive als wellenlängendispersive Spektrometer gebaut, doch bietet die wellenlängendispersive Spektrometrie einige analytische Möglichkeiten, die sie noch unersetzbar erscheinen lassen (vgl. Teil II).

2. Prinzipien und Grundlagen

Bei der Gerätekombination von REM und EDS dient das erste zur Lokalisierung und bildlichen Darstellung des zu untersuchenden Probenbereichs, das zweite zur Identifizierung der Elemente und ihrer Konzentrationsbestimmung im abgebildeten Mikrobereich.

2.1. Das Rasterelektronenmikroskop

Abbildung 1 zeigt die Funktionsweise eines REM. Eine Kathode (Wolfram, Lanthanhexaborid LaB_6) emittiert Elektronen, die in der „Elektronenkanone" beschleunigt werden (bis zu ca. 50 keV). Der Elektronenstrahl

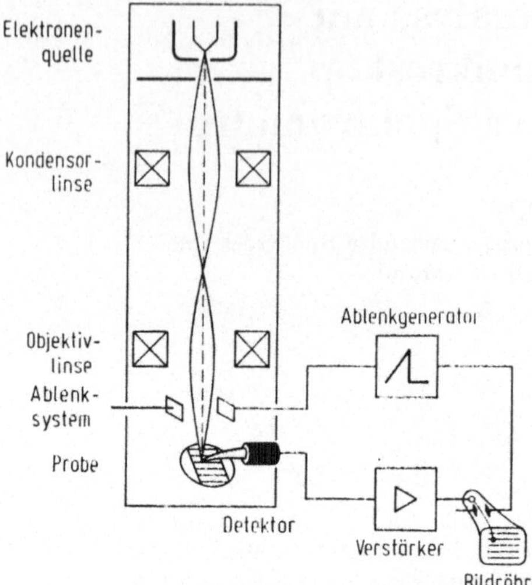

Abb. 1. Schema eines Rasterelektronenmikroskopes

Tabelle 1. Kenngrößen und Leistungsdaten eines Rasterelektronenmikroskopes

Größen	Daten
Beschleunigungsspannung	max. $30 \cdots 50$ kV
Probenstrom	$10^{-12} \cdots 10^{-10}$ A max. 10^{-7} A
Vakuum	$10^{-2} \cdots 10^{-3}$ Pa
abzurasternder Probenbereich	
maximal	ca. 10×10 mm^2
minimal	ca. $0,5 \times 0,5$ μm^2
Raster-Abtastdauer	
horizontal	$1 \cdots 500$ ms
vertikal	$0,05 \cdots 500$ s
laterale Auflösung	$5 \cdots 10$ nm
Vergrößerung	
minimal	$10 \cdots 20$fach
förderlich	ca. $20\,000$fach
Schärfentiefe	
bei V = 100	3 mm
1 000	50 μm
10 000	1 μm

wird durch zwei (ev. drei) elektromagnetische Linsen auf die Probe fokussiert (Brennfleck $> 5-10$ nm). Bei der Wechselwirkung mit der Probenoberfläche werden die Primärelektronen z. T. reflektiert, z. T. entstehen energieärmere Sekundärelektronen. Sie erzeugen in einem Detektor (Sekundärelektronenvervielfacher) ein Signal, das verstärkt wird und zur Helligkeitssteuerung einer Bildröhre dient.

Das Gesamtbild der Probe erhält man, wenn der Elektronenstrahl der „Elektronenkanone" zeilenförmig über die Probe bewegt wird. Synchron dazu läuft der Elektronenstrahl der Bildröhre über den Bildschirm. Je nach Winkelstellung der Oberflächenelemente werden mehr oder weniger Elektronen reflektiert bzw. emittiert. Auf dem Bildschirm erscheinen dementsprechend mehr oder weniger helle Punkte. Das elektronische Bild der Probenoberfläche ist dem lichtoptischen Bild täuschend ähnlich, zeigt allerdings keine Farben (s. Tabelle 1).

Die Vergrößerung reicht von ca. 10fach bis 20000fach. Ein deutlicher Vorteil ist die enorme Schärfentiefe. Sie wird durch den geringen Öffnungswinkel (ca. 0,1°) des sehr feinen Elektronenstrahls möglich, der über eine beachtliche Tiefe gebündelt ist: Bei 500facher Vergrößerung beträgt die Schärfentiefe ca 200 µm und übertrifft diejenige eines Lichtmikroskops um fast das 1000fache, so daß sich auch rauhe und bizarre Oberflächenprofile scharf abbilden lassen.

2.2. Das energiedispersive Spektrometer

Da die Primärelektronen neben den Sekundärelektronen auch Röntgenstrahlen erzeugen, nutzt man diese zur element-charakteristischen Analyse aus. (Im Gegensatz zur Anregung von Röntgenspektren durch Röntgenstrahlen, die als *Röntgenfluoreszenz* bezeichnet wird, heißt die Anregung durch Elektronenstrahlen *Röntgenemission*). Zur Aufzeichnung des von der Probe emittierten Spektrums dient ein EDS (Abb. 2).

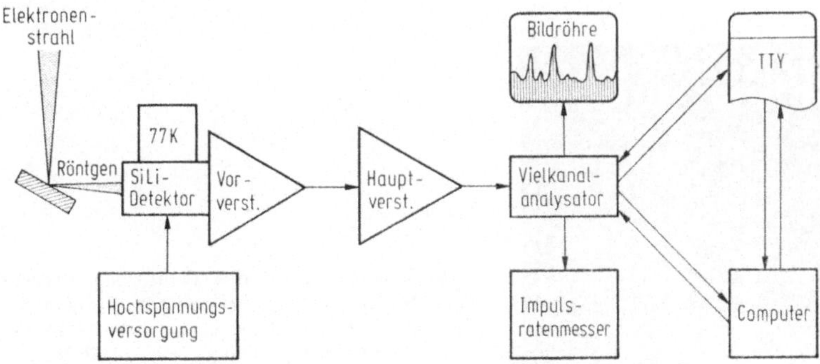

Abb. 2. Schema eines energiedispersiven Röntgenspektrometers

2.2.1. Der SiLi-Detektor

Bei einem energiedispersiven System gelangt die von der Probe emittierte Röntgenstrahlung direkt in den Halbleiter-Detektor. Für Röntgenstrahlung mit Quantenenergien unter 40 keV wird i. allg. ein „SiLi-Detektor" verwendet, bei dem die Gitterfehlstellen eines Si-Kristalls mit Li-Atomen aufgefüllt sind, um nicht Ladungsträger für den Strahlungsnachweis zu verlieren. Die Fehlstellen würden als Ladungsträgerfallen wirken. Der „SiLi-Kristall" muß mit flüssigem Stickstoff gekühlt werden, um den Nicht-Gleichgewichtszustand „einzufrieren" und den Dunkelstrom zu reduzieren. Trifft ein Röntgenquant auf den Kristall, so erzeugt es eine Spur von Elektron-Loch-Paaren, bis seine Energie aufgezehrt ist. Dadurch entsteht bei angelegter Hochspannung ein Ladungsstoß, der über Vor- und Hauptverstärker zu einem Spannungsimpuls verarbeitet wird. Bei diesem Prozeß sind Quantenenergie, Anzahl der Elektron-Loch-Paare und die Größe des Spannungsimpulses *proportional*.

2.2.2. Der Vielkanalanalysator

Die Ausgangsimpulse des Hauptverstärkers werden in einem Analog-Digital-Converter (ADC) in digitale Werte umgesetzt und einem Vielkanalspeicher zugeleitet. Spezielle Schaltungen (pulsed optical feed-back, pulse pile-up rejector) sorgen dafür, daß eine möglichst hohe Impulsrate verarbeitet werden kann, ohne daß die Impulse „verschmieren". Totzeitverluste können durch automatische Verlängerung der Analysendauer kompensiert werden. In dem Vielkanalspeicher werden die Spannungsimpulse je nach ihrer Amplitude den Kanälen zugeordnet; die Kanalnummer wird ein Maß für die *Energie* eines angezeigten Quants. Die „Impulsereignisse" werden zusammengezählt; ihre Anzahl wird ein Maß für die *Intensität*. Man benutzt i. allg. Speicher mit 1024 bis 4096 Kanälen. Sie können entweder ein selbständiges System darstellen, das zur Auswertung an einen Kleinrechner angeschlossen werden kann, oder aber auch integrierter Bestandteil des Kernspeichers in einem Rechner sein. Der Speicherinhalt der Kanäle, d. h. also das Röntgenspektrum, wird auf einem Fernsehschirm sichtbar dargestellt (Abb. 3).

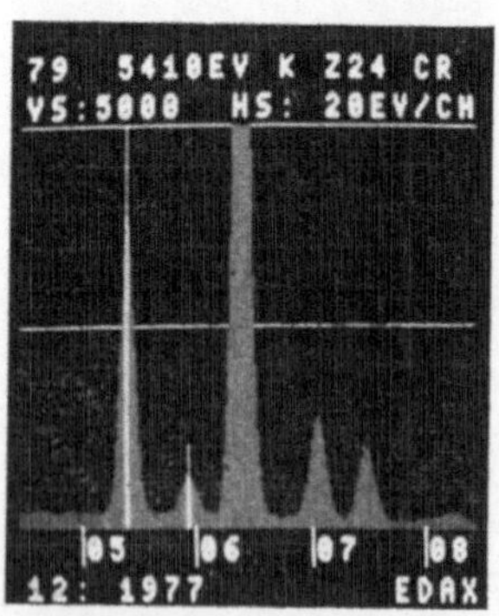

Abb. 3. Darstellung des Röntgenspektrums einer Stahllegierung auf einem Bildschirm. Spektrallinien im Bereich von 5 bis 8,5 keV: CrK_α, CrK_β, FeK_α, FeK_β, NiK_α und NiK_β Vertikale Skala: bis zu 5000 Impulsen; horizontale Skala: 20 eV pro Kanal

2.2.3. Die Rechnereinheit

Meist werden Kleinrechner mit 8 bis 16 K Worten zu 16 bit verwendet. Als Ein- und Ausgabeeinheit dient eine Schreibmaschine (TTY = Teletyp; Silent-Drucker), eventuell mit Lochstreifenstanzer und -leser. Als Speichereinheit zum Aufbewahren von Spektren, Auswerteprogrammen und -ergebnissen verwendet man Magnetkassetten oder „floppy-disks". Es können 50 bis 100 Spektren pro Kassette bzw. „floppy-disk" gespeichert werden; die mittlere Zugriffszeit für ein Spektrum beträgt 30 s bei einer Kassette und 0,1 s bei einer „floppy-disk". Die Speichergeräte werden vielfach in der „Dual-Ausführung" eingesetzt, um Spektren und Programme kopieren zu können.

3. Qualitative Analyse

Interessieren nur qualitative Aussagen über die Verteilung von Elementen auf der Probenoberfläche, so überträgt man sowohl für Durchschnitts- als auch Lokalanalysen die Signale auf einen Bildschirm. Die Intensität wird abhängig von der Quantenenergie über den interessierenden Energiebereich *simultan* aufgezeichnet (Abb. 3). Tabelle 2 enthält die wichtigsten Linien der Elemente von Na (Z = 11) bis U (Z = 92), Tabelle 3 die relativen Intensitäten.

3.1. Durchschnittsanalyse

Zur Durchschnittsanalyse einer homogenen Probe wird ein etwa 1 mm² bis 1 cm² großes, repräsentatives Feld der Oberfläche ausgewählt und ein Spektrum aufgenommen. Mit Hilfe von Tabellen können die Spektrallinien („Peaks") identifiziert und die vorliegenden Elemente erkannt werden. Mit den heute verfügbaren Auswerteprogrammen kann ein Teil dieser Arbeit auch von einem Rechner übernommen werden [1]. Die Programme beinhalten i. allg. Glättung des Spektrums, Untergrundabzug, Liniennachweis (z. B. „Peak" bei 8,05 keV), Linienidentifizierung (CuK_α) und Integration der Linienintensität. Kritisch ist der Schritt von der Linien- zur Elementidentifizierung: bei der geringen spektralen Auflösung eines SiLi-Detektors treten nämlich häufig Linienüberlappungen auf — vor allem im Bereich unter 10 keV — so daß es zu groben Fehldeutungen kommen kann. Zudem stören Linienanteile solcher Elemente, die durch Streuelektronen in der Probenkammer angeregt werden (z. B. Fe, Cu, Zn), sowie zusätzlich auftretende Linien, die für den Detektor typisch sind, sog. „escape-peaks" und „sum-peaks". („escape-peaks": treten Quanten eines „Element-Peaks" in den SiLi-Detektor ein, die das Si zu charakteristischer Strahlung anregen können, so entsteht ein Peak auf der energieärmeren Seite des „Element-Peaks"; „sum peaks": treffen zwei

Tabelle 2. Die wichtigsten Analysenlinien der Elemente von Na bis U (E < 40 keV)

Z	Elem.	K_{α_1}	K_{β_1}	L_{α_1}	L_{β_1}	L_{β_2}	L_{γ_1}	M_α	M_β
11	Na	1,041	1,067						
12	Mg	1,253	1,295						
13	Al	1,486	1,553						
14	Si	1,740	1,829						
15	P	2,013	2,136						
16	S	2,307	2,464						
17	Cl	2,622	2,815						
18	Ar	2,957	3,190						
19	K	3,313	3,589						
20	Ca	3,691	4,012	0,341	0,345		0,350		
21	Sc	4,090	4,460	0,395	0,400		0,407		
22	Ti	4,510	4,931	0,452	0,458		0,460		
23	V	4,951	5,426	0,511	0,519		0,520		
24	Cr	5,414	5,946	0,573	0,583		0,583		
25	Mn	5,898	6,489	0,637	0,649		0,652		
26	Fe	6,403	7,057	0,705	0,718		0,721		
27	Co	6,929	7,648	0,776	0,791		0,794		
28	Ni	7,477	8,263	0,851	0,869		0,872		
29	Cu	8,046	8,904	0,930	0,950		0,952		
30	Zn	8,637	9,570	1,012	1,034		1,044		
31	Ga	9,250	10,263	1,098	1,125		1,134		
32	Ge	9,885	10,980	1,188	1,218		1,249		
33	As	10,542	11,724	1,282	1,317		1,360		
34	Se	11,220	12,494	1,379	1,419		1,477		
35	Br	11,922	13,289	1,480	1,526				
36	Kr	12,648	14,110	1,586	1,636				
37	Rb	13,393	14,959	1,694	1,752				
38	Sr	14,163	15,833	1,806	1,871				
39	Y	14,956	16,735	1,922	1,995				
40	Zr	15,772	17,665	2,042	2,124	2,219	2,302		
41	Nb	16,612	18,619	2,166	2,257	2,367	2,461		
42	Mo	17,476	19,605	2,293	2,394	2,518	2,623		
43	Tc	18,364	20,615	2,424	2,536	2,674	2,792		
44	Ru	19,276	21,653	2,558	2,683	2,835	2,964		
45	Rh	20,213	22,720	2,696	2,834	3,001	3,143		
46	Pd	21,174	23,815	2,838	2,990	3,171	3,328		
47	Ag	22,159	24,938	2,984	3,150	3,347	3,519		
48	Cd	23,170	26,091	3,133	3,316	3,528	3,716		
49	In	24,206	27,271	3,286	3,487	3,713	3,920		
50	Sn	25,267	28,481	3,443	3,662	3,904	4,130		
51	Sb	26,355	29,721	3,604	3,843	4,100	4,347		
52	Te	27,468	30,990	3,769	4,029	4,301	4,570		
53	I	28,607	32,289	3,937	4,220	4,507	4,800		
54	Xe	29,774	33,619	4,109	4,422	4,720	5,036		
55	Cs	30,968	34,981	4,286	4,619	4,935	5,279		

Tabelle 2. (Fortsetzung)

Z	Elem.	K_{α_1}	K_{β_1}	L_{α_1}	L_{β_1}	L_{β_2}	L_{γ_1}	M_α	M_β
56	Ba	32,188	36,372	4,465	4,827	5,156	5,530		
57	La	33,436	37,795	4,650	5,041	5,383	5,788	0,838	0,854
58	Ce	34,714	39,251	4,839	5,261	5,612	6,051	0,884	0,902
59	Pr			5,033	5,488	5,849	6,321	0,929	0,949
60	Nd			5,229	5,721	6,088	6,601	0,980	0,996
61	Pm			5,432	5,960	6,338	6,891		
62	Sm			5,635	6,205	6,586	7,177	1,087	1,100
63	Eu			5,845	6,455	6,842	7,479	1,134	1,153
64	Gd			6,056	6,712	7,102	7,784	1,193	1,209
65	Tb			6,272	6,977	7,365	8,100	1,250	1,266
66	Dy			6,494	7,246	7,634	8,417	1,302	1,325
67	Ho			6,719	7,524	7,910	8,746	1,356	1,383
68	Er			6,947	7,809	8,188	9,087	1,412	1,443
69	Tm			7,179	8,100	8,467	9,424	1,462	1,503
70	Yb			7,414	8,400	8,757	9,778	1,527	1,567
71	Lu			7,654	8,708	9,047	10,142	1,585	1,631
72	Hf			7,898	9,021	9,346	10,514	1,648	1,697
73	Ta			8,145	9,342	9,650	10,893	1,713	1,765
74	W			8,396	9,671	9,960	11,284	1,775	1,835
75	Re			8,651	10,008	10,274	11,683	1,847	1,906
76	Os			8,910	10,354	10,597	12,093	1,914	1,978
77	Ir			9,174	10,706	10,919	12,510	1,980	2,053
78	Pt			9,441	11,069	11,249	12,940	2,050	2,127
79	Au			9,712	11,440	11,583	13,379	2,123	2,204
80	Hg			9,987	11,821	11,922	13,828	2,190	2,282
81	Tl			10,267	12,211	12,270	14,289	2,270	2,362
82	Pb			10,550	12,612	12,621	14,762	2,345	2,442
83	Bi			10,837	13,021	12,978	15,245	2,422	2,525
84	Po			11,129	13,445	13,338	15,741	2,502	2,618
85	At			11,425	13,874	13,705	16,249	2,582	2,707
86	Rn			11,725	14,313	14,077	16,768	2,663	2,795
87	Fr			12,029	14,768	14,448	17,300	2,745	2,882
88	Ra			12,338	15,233	14,839	11,845	2,826	2,968
89	Ac			12,650	15,710	15,227	18,405	2,909	3,054
90	Th			12,967	16,199	15,621	18,979	2,996	3,145
91	Pa			13,288	16,699	16,022	19,565	3,082	3,239
92	U			13,612	17,217	16,425	20,164	3,170	3,336

Tabelle 3. Relative Intensitäten von Nachweislinien gleicher Serie (K, L, M)

K-Serie	L-Serie	M-Serie
$K_{\alpha_1} = 100$	$L_{\alpha_1} = 100$	$M_\alpha = 100$
$K_{\beta_1} = 10 \cdots 30$	$L_{\beta_1} = 40 \cdots 75$	$M_\beta = 50 \cdots 60$
	$L_{\beta_2} = 15 \cdots 25$	
	$L_{\gamma_1} = 5 \cdots 10$	

Quanten während der Totzeit des Detektors „gleichzeitig" ein, so zeigt der Detektor nur ein Quant an, und zwar mit der Summe der Einzelenergien.)

Größtenteils können diese Störungen eliminiert werden: die Rechnerprogramme enthalten Routinen, mit denen weniger starke Überlappungen durch Peak-Subtraktion aufgehoben werden können. Man kann die Überlappungen auch an Eichproben messen und dann bei den Analysenproben rechnerisch eliminieren.

Der Schritt vom Identifizieren der Linien zum Nachweis der Elemente sollte stets von einem erfahrenen Analytiker überwacht werden. Er sollte sich strikt an die Regel halten: Ein Element gilt nur dann als nachgewiesen, wenn seine Hauptnachweislinie und seine Analysenlinie identifiziert sind. Als Hauptnachweislinie gilt die intensivste Linie: die K_α-Linie für $Z \leqq 37$; die L_α-Linie für $38 < Z \leqq 75$; die M_α-Linie für $Z > 75$. Als Analysenlinie kann auch die Hauptnachweislinie herangezogen werden; wenn eine starke Linienüberlappung vorliegt, wird die nächstschwächere Linie als Analysenlinie gewählt (z. B. PbL_{β_1}, da AsK_α und PbL_α^{II} koinzidieren).

3.2. Lokalanalyse

Aufgabe der Lokalanalyse ist es, kleine Massen ($< 10^{-6}$ g) zu lokalisieren und zu identifizieren. Dazu muß man sich zunächst auf der Probenoberfläche orientieren. Das geschieht mit Hilfe des REM-Bildes, das nach interessierenden Stellen der Probe abgesucht wird. Zwei übliche Problemstellungen sind: 1) Die Frage nach der chemischen Zusammensetzung an einem bestimmten Ort; 2) die Frage nach der örtlichen Verteilung für ein bestimmtes Element.

3.2.1. Punktanalyse

Die Frage nach der lokalen Zusammensetzung wird durch eine „Punktanalyse" beantwortet. Hierbei wird der Elektronenstrahl des REM auf einen bestimmten Ort der Probe fokussiert. Grobe Bewegungen werden mit dem Probentisch ausgeführt, feinere Korrekturbewegungen mit dem Elektronenstrahl; das nachleuchtende REM-Bild auf dem Beobachtungsbildschirm dient dabei zur Orientierung. Die Röntgenanalyse erfolgt bei feststehendem Elektronenstrahl nach den Regeln einer Durchschnittsanalyse.

Das kleinstmögliche Volumen für die Lokalanalyse hat einen Durchmesser von etwa 1 µm. Der anregende Elektronenstrahl kann zwar bei geringer Stromstärke (10^{-12} A) auf einen 10 nm großen Fokus begrenzt werden; die Elektronen werden aber unterhalb der Probenoberfläche gestreut, so daß die charakteristische Röntgenstrahlung in einem birnenförmigen Volumen von mindestens 1 µm „Dicke" erzeugt wird.

3.2.2. Linienanalyse

Die Frage nach der Elementverteilung kann sich auf eine Linie (Konzentrationsprofil; line-scanning) oder eine Fläche (Flächenverteilungsbild; area-mapping) beziehen. Zur Linienanalyse wird der Elektronenstrahl des REM entlang einer Linie (Gerade) über die Probe bewegt. Am Vielkanalanalysator wird ein „Fenster" gesetzt, welches die Analysenlinie des interessierenden Elementes aus dem Gesamtspektrum herausfiltert. Der Zählratenmesser registriert folglich allein diese Strahlung; sein Ausgangssignal dient dazu, den synchron laufenden Elektronenstrahl der Bildröhre vertikal abzulenken und eine Intensitätsverteilung aufzuzeichnen. Die horizontale „Null-Linie" gibt die Gerade, über die der Elektronenstrahl auf der Probe bewegt wird. Abb. 4 zeigt ein Beispiel mit dem überlagerten REM-Bild einer Probe. Die Linienanalyse ergibt schnell eine quantitative Schätzung der Elementverteilung, da das Intensitätsprofil in erster Näherung ein Maß für das Konzentrationsprofil ist.

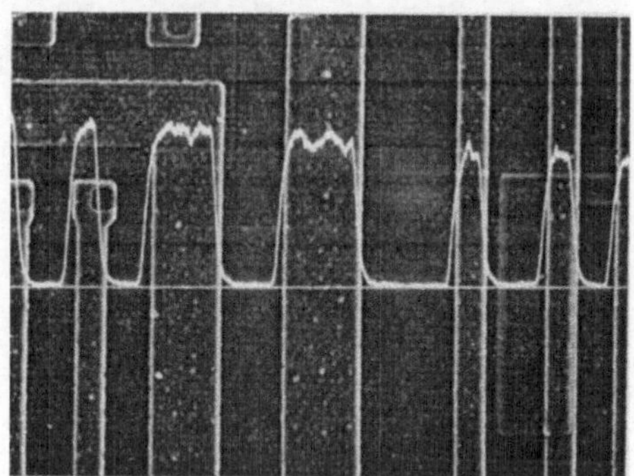

Abb. 4. Linienprofil der Al-Intensität auf den Leiterbahnen eines Mikroprozessors

3.2.3. Flächenanalyse

Zur Flächenanalyse rastert der Elektronenstrahl des REM die Probe zeilenförmig ab; der Elektronenstrahl der Bildröhre läuft synchron. Am Analysator wird wiederum ein „Fenster" auf die Analysenlinie gesetzt. Die einfallenden Röntgenquanten liefern Spannungsimpulse, die dazu verwendet werden, die Helligkeit des Elektronenstrahls der Bildröhre zu modulieren: wenn Röntgenquanten in den Detektor gelangen, entstehen helle Punkte auf dem Bildschirm. Man sieht folglich die Probe im Röntgenlicht des betreffenden Elementes und erhält ein Bild von der flächenhaften Verteilung dieses Elementes auf der Probe (Abb. 5).

Die Flächenanalyse ist weniger aufwendig als die Linienanalyse; man erhält aber nicht sogleich eine quantitative Schätzung der Elementverteilung. Die Dichte der hellen Punkte ist ein wenig augenscheinliches Maß für die Elementkonzentration.

Bei beiden Methoden ist für eine quantitative Schätzung immer dann
Vorsicht geboten, wenn die Proben nicht eben sind. Dann werden nämlich
Konzentrationsunterschiede vorgetäuscht, die allein aus der unterschiedlichen Winkelstellung verschiedener Probenbereiche resultieren. Mit Hilfe
eines überlagerten REM-Bildes können solche Topographieeffekte aber
leicht erkannt werden.

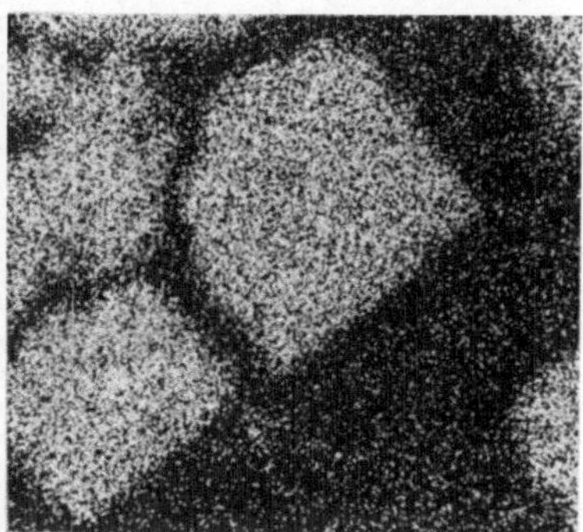

Abb. 5. Flächenverteilungsbild einer Pb/Sb-Legierung. Links: Kristallite
mit einer Kantenlänge von ca. 10 µm. Rechts: Flächenverteilungsbild der
Probe „im Licht der Sb-Strahlung"; die Kristallite erweisen sich als
Sb-Primärkristalle

4. Quantitative Analyse

Quantitative Aussagen zu erhalten, bereitet noch große Schwierigkeiten. Die Röntgenintensitäten sind — abgesehen vom Spurenbereich —
keineswegs der Probenzusammensetzung proportional. Vielmehr spielen
Matrixeffekte eine bedeutende Rolle, so daß die Eichkurven meist stark
von einer Geraden abweichen. Folglich benötigt man entweder eine ausreichende Anzahl von Eichproben, um Eichkurven zu gewinnen, oder man
benötigt ein mathematisches Verfahren, eventuell mit empirischen Daten,
um Intensitäten und Gewichtsprozente einander zuordnen zu können.
Drei Verfahrensweisen sind zu unterscheiden: die „Einflußkoeffizientenverfahren", die „Fundamentalparameterverfahren" und die „Polynomverfahren".

4.1. Einflußkoeffizientenverfahren

Diese Verfahren beruhen auf einem Intensitätsansatz, der — mit ein-
schränkenden Näherungen — theoretisch hergeleitet werden kann. Das
Ergebnis ist ein lineares, mathematisches Gleichungssystem, bei dem jeder
einzelne Koeffizient den Einfluß eines Elementes auf die Strahlung eines

anderen ausdrückt. Die Koeffizienten werden empirisch über Eichproben gewonnen.

Als Gleichungssystem benutzt man gewöhnlich

$$I_{ik} = \frac{c_{ik}}{\sum\limits_{j} \alpha_{ij} \cdot c_{jk}} \qquad (1)$$

I_{ik} bedeutet die Linienintensität des Elementes i in der Probe k; c_{ik} ist seine Konzentration und α_{ij} beinhaltet den Effekt des Elementes j auf die Intensität des Elementes i. Die Intensitätswerte sind normiert, d. h. sie sind auf Intensitäten von Reinelementen bezogen. Durch die Normierung werden untergeordnete apparative Einflüsse eliminiert.

Für ein n-Komponenten-System gibt es n^2 Koeffizienten. Man bestimmt sie, indem man zunächst n Intensitätswerte *einer* Komponente in n Eichproben mißt (i = konstant; k = 1 ... n). Damit wird das in den α_{ik} inhomogene und lineare Gleichungssystem mit den n Gleichungen

$$\sum\limits_{j} \alpha_{ij} c_{jk} = c_{ik}/I_{ik} \qquad (2)$$

gelöst, und n Koeffizienten werden bestimmt. Dieses Verfahren wird mit allen n Komponenten durchgeführt, bis schließlich alle n^2 Koeffizienten bestimmt sind. Diese Arbeit überträgt man natürlich einem Rechner.

Es können auch mehr als n Eichproben benutzt werden. Dann wendet man ein Regressionsverfahren an, welches die Koeffizienten so bestimmt, daß das lineare Gleichungssystem eine möglichst geringe Abweichung zwischen gemessenen und berechneten Intensitätswerten aufweist. So können Meßfehler kompensiert werden.

Sind die Koeffizienten bestimmt, kann man sie für alle gleichartigen Proben benutzen, um deren Konzentrationswerte zu berechnen. Dazu ist es nurmehr erforderlich, die n Intensitätswerte I_{iu} der unbekannten Probe zu messen. Sodann muß ein in den n Konzentrationswerten c_{iu} homogenes, lineares Gleichungssystem gelöst werden. Dazu stehen n Gleichungen zur Verfügung (i = 1 ... n):

$$\sum\limits_{j} (\alpha_{ij} - \delta_{ij}/I_{iu}) \cdot c_{iu} = 0 \qquad (3)$$

(δ_{ij}: Kronecker-Symbol; $\delta_{ij} = 1$ für $i = j$; sonst $= 0$)

Da sie nicht unabhängig voneinander sind, kann man das System nicht ohne weiteres lösen. Man muß eine Randbedingung hinzunehmen. Dazu eignet sich die Beziehung

$$\sum\limits_{j} c_{ju} = C_0 \qquad (4)$$

Die Konstante C_0, d. h. die Konzentrationssumme, ist vorzugeben. Sie ist 1, wenn die n Komponenten die einzigen in der Probe sind. Man kann aber auch einen kleineren Wert vorgeben, — nämlich dann, wenn die übrigen Elemente (außer den n Analysenelementen) nicht interessieren und die Analysenergebnisse nicht beeinträchtigen.

Sofern die berechneten Konzentrationswerte nicht mit gewünschter Genauigkeit die Konzentrationssumme ergeben, wird ein Iterationsprozeß angeschlossen. Dazu ist eine nächste Schätzung der Konstanten C_0 erforderlich; geeignet ist der Mittelwert aus erster Vorgabe und Berechnung. Der Rechenprozeß wird per Rechner ausgeführt; entspr. Programme sind erhältlich.

Um möglichst richtige Konzentrationswerte zu erhalten, müssen alle Proben homogen, dick und eben sein, zumindest lokal im Bereich des Analysenortes. Zudem setzt die mathematische Näherung voraus, daß die Koeffizienten α_{ij} nur durch die Elemente i und j bestimmt werden; sie sollen nicht von anderen Elementen oder von der Konzentration der Elemente i und j abhängen. Die α_{ij} können dann sogar theoretisch durch die Massenabsorptionskoeffizienten μ_{ij} berechnet werden. Real erhält man aber durch die Regressionsrechnung meist weitgehend abweichende α-Werte. Man begnügt sich damit, daß diese α-Werte den besten Datensatz bilden, um mit obigem Gleichungssystem Intensitäts- und Konzentrationswerte einander zuzuordnen. Man spricht deshalb von *halbempirischen* Verfahren.

4.2. Fundamentalparameterverfahren

Das Fundamentalparameterverfahren fordert nur, daß die Proben homogen, dick und lokal eben sind. Intensitätsmessungen an Eichproben sind nicht erforderlich. Die Methode ist allgemeiner verwendbar als die erstbeschriebene Methode.

Man geht in erster Näherung davon aus, daß die normierten Intensitätswerte und die Konzentrationswerte gleich sind und korrigiert mit Korrekturfaktoren. Da drei Prozesse maßgeblich sind, rechnet man gewöhnlich mit drei Faktoren:

$$I_i = c_i \cdot (Z \cdot A \cdot F) \tag{5}$$

Z berücksichtigt die Anregung der Röntgenstrahlen durch die Elektronen. Der Effekt wird Ordnungszahleffekt genannt, da er wesentlich von der mittleren Ordnungszahl der Matrix abhängt. Zwei konkurrierende Prozesse sind hier verknüpft:

1. Die Elektronen verlieren ihre Energie schneller in einer Matrix mit kleinerer Ordnungszahl, da leichtere Elemente leichter ionisiert werden. Also ist bei gleicher Konzentration die Röntgenintensität eines Elementes in leichter Matrix kleiner als in schwerer.

2. Die Elektronen werden aber in schwerer Matrix leichter rückgestreut, so daß weniger Elektronen in die Matrix eindringen und Röntgenstrahlung erzeugen. Der Z-Faktor beschreibt das Kräftespiel zwischen beiden Prozessen.

Faktor A berücksichtigt die Absorption der Röntgenstrahlen in der Probe auf ihrem Weg in Richtung Detektor. Hier spielen die Massenabsorptionskoeffizienten der einzelnen Elemente eine entscheidende Rolle, die von der Wellenlänge der emittierten Röntgenstrahlen abhängen. Zudem ist die Weglänge maßgebend, welche die Strahlen vom Ort ihrer Erzeugung bis zum Austritt aus der Probe zurücklegen; die Weglänge hängt vom Abnahmewinkel der Röntgenstrahlen ab.

Faktor F beschreibt die sekundäre Anregung von Röntgenstrahlung durch Röntgenstrahlen, die primär von Elektronen erzeugt wurden. Diese „Fluoreszenzanregung" findet statt, wenn die Röntgenstrahlung des einen Elementes mindestens so viel Energie besitzt, wie zur Anregung eines anderen erforderlich ist (z. B.: FeK_α regt CrK_α an). Dann wird die Röntgenintensität des einen Elementes geschwächt, die des anderen verstärkt.

Das von Elektronen erzeugte Röntgen-Bremskontinuum regt die charakteristische Strahlung der Elemente ebenfalls an, doch wird meist darauf verzichtet, diese Fluoreszenzanregung zu berücksichtigen.

Die drei Korrekturfaktoren sind immer auch Funktionen der aktuellen Probenzusammensetzung, die aber zunächst unbekannt ist. Man beginnt die Rechnungen, indem man in erster Näherung $c_i = I_i$ setzt. Für eine solche hypothetische Probenzusammensetzung werden nun die Intensitätswerte I_i^* berechnet und mit den gemessenen Werten I_i verglichen. Sofern die Werte nicht übereinstimmen, wird eine weitere Näherung c_i angesetzt. Dann läuft der Rechengang erneut ab. Der Iterationsprozeß wird abgebrochen, wenn gemessene und berechnete Intensitätswerte in gewünschter Genauigkeit übereinstimmen. Der letzte Satz von Gehaltswerten wird als bester ausgegeben. Für eine schnelle Konvergenz der Iteration ist die jeweils nächste Näherung der c_i-Werte ausschlaggebend. Hier hat sich das Verfahren von Ziebold und Ogilvie als brauchbar erwiesen. Es geht davon aus, daß die Eichkurven in sehr vielen Fällen hyperbolisch sind:

$$\frac{1 - I}{I} = \gamma \frac{1 - c}{c} \tag{6}$$

(I = normierter Intensitätswert $\leqq 1$; γ = Konstante)

Für die nächste Näherung setzt man den vorherigen c-Wert und den damit berechneten I*-Wert ein und erhält ein γ. Mit diesem γ und dem gemessenen I-Wert erhält man die nächste Näherung c.

Man kann sich mehrerer Rechenprogramme bedienen. Sie unterscheiden sich voneinander dadurch, daß sie die Korrekturfaktoren Z, A und F in verschiedenen Näherungsansätzen berechnen. Sehr bekannt sind das Magic-Programm von Colby und das Frame-Programm von Heinrich.

4.3. Polynom-Verfahren

Die Polynomverfahren sind *rein* empirischer Natur. Sie basieren auf einem Polynom höherer Ordnung, das einen Konzentrationswert als Funktion von mehreren gemessenen Intensitätswerten darstellt; z. B.:

$$c_i = \alpha_i + \sum_j \beta_{ij} I_j + \sum_{k,j} \gamma_{ijk} I_j I_k \tag{7}$$

Die Regressionskoeffizienten werden über Intensitätswerte berechnet, die an Eichproben gemessen werden. Ziel der Regressionsrechnung ist eine bestmögliche Anpassung von berechneten und vorgegebenen Konzentrationswerten der Eichproben. Im Anschluß an die Regression kann die Zusammensetzung von Analysenproben bestimmt werden; das Verfahren arbeitet nur dann zufriedenstellend, wenn Analysenproben und Eichproben weitgehend ähnlich sind.

5. Gütekriterien

5.1. Anwendbarkeit

Analysierbar sind alle Feststoffproben: Metalle und ihre Legierungen, Mineralien und Erze, Gläser, Keramik, Gummi, Kunststoffe, Hölzer, Textilien und auch biologische Präparate. Bei der Lokalanalyse können einzelne Kristallite oder Körnchen, mikroskopische Einschlüsse, kleine Teilchen auf einem Filter oder Bereiche in kleinen Elektronik-Bauteilen untersucht werden; außerdem das Gefüge von Legierungen, Korngrenzen, Diffusionszonen, Aufdampfschichten usw. — Wegen des in der elektronen-optischen Säule erforderlichen Vakuums können Flüssigkeiten mit ihrem hohen Dampfdruck nicht analysiert werden. — Die Methode arbeitet ohne Materialverbrauch und durchweg zerstörungsfrei. Eventuell muß man mit geringen Strahlströmen arbeiten, bes. bei biologischen Proben. Ströme von 10^{-10} bis 10^{-12} A, wie sie am REM üblich sind, verursachen eine nur geringfügige Probenerwärmung; und sie reichen aus, um ein Spektrum zu liefern, da das energiedispersive Spektrometer einen großen Strahlungs-leitwert hat (etwa 100mal größer als bei der Mikrosonde).

Im Gegensatz zu elektrisch leitenden Proben zeigen Nichtleiter störende Aufladungserscheinungen. Diese können vermieden werden, indem man die Proben mit einem ca. 100 nm dünnen Film bedampft oder bestäubt („sput-tering"). Zur Beschichtung eignen sich Kohlenstoff und Metalle, die nicht als Analysenelemente erwartet werden (Au).

Für Durchschnittsanalysen kann eine rechteckige Fläche mit maximal 10×10 mm² abgerastert werden. Die Eindringtiefe der Elektronen beträgt ca. 1 μm für schwere und 30 μm für leichte Matrices. Folglich wird ein Probenvolumen von maximal 3 mm³ erfaßt; die Probenmasse beträgt maximal 3 mg.

5.2. Aufwand

Ein besonders hoch zu schätzender Vorteil der energiedispersiven Methode besteht darin, daß simultan das gesamte Spektrum aufgenommen wird. Das bedeutet: 1. Der Zeitaufwand für eine Multielementanalyse ist gering; die Spektren können in einigen Sekunden aufgezeichnet werden. 2. Es wird kein Element übersehen. 3. Schwankungen während der Analyse wirken etwa gleichmäßig auf das gesamte Spektrum; die relativen Konzentrationswerte werden dadurch nicht verfälscht. — So schnell und einfach wie die Spektrenaufnahme ist auch die Spektrenverarbeitung mittels Kleinrechner.

Da das Spektrometer keine beweglichen Teile besitzt, ist es mechanisch unkompliziert und nahezu wartungsfrei. Störmöglichkeiten liegen aus-schließlich im elektronischen Bereich. Der Detektor verbraucht ca. 8 l N_2/ Woche (automatische Nachfülleinrichtung).

Auch die Probenvorbereitung ist einfach und wenig zeitaufwendig, zumindest für qualitative Analysen. Große Proben müssen eventuell zerkleinert werden ($<$ ca. 30 cm³). Kompakte Proben sollten zur Durchschnittsanalyse abgedreht bzw. geschliffen werden; ebene Proben geben bessere quantitative Ergebnisse. Die Proben werden i. allg. mit Leitsilber auf einem Probenträger befestigt und in ca. 20 s in die Probenkammer „geschleust".

Die Anschaffungskosten für ein Rasterelektronenmikroskop liegen zwischen 80 und 300 · 10³ DM, für ein energiedispersives Spektrometer mit Rechner zwischen 90 und 140 · 10³ DM.

5.3. Nachweisvermögen

Nachweisbar sind die Elemente von Na bis U ($Z = 11$ bis 92). Wenn man fensterlose Detektoren verwendet, kann man noch C ($Z = 6$) nachweisen.

Die Nachweisgrenzen für Konzentrationen liegen bei metallischen Matrices und einer Analysendauer von 1 min bei 0,1%. Für das geringe Nachweisvermögen gibt es zwei Gründe: 1. Die Elektronenstrahlanregung erzeugt neben der charakteristischen Strahlung das Bremskontinuum, das einen intensitätsstarken Untergrund und damit ein kleines Linie/Untergrundverhältnis liefert. 2. Die SiLi-Detektoren haben ein geringes spektrales Auflösungsvermögen, welches das durch Elektronenstrahlanregung vorgegebene Linie/Untergrundverhältnis weiter verschlechtert. (Man gibt die spektrale Auflösung konventionell für die MnK_α-Strahlung bei $E = 5,9$ keV und für eine Impulsrate von 3000 s⁻¹ an. Die Halbwertsbreite für einen guten Detektor beträgt $\Delta E = 145$ eV; folglich ist $R = E/\Delta E$ ca. 40).

Leider kann der große Strahlungsleitwert nicht für das Nachweisvermögen genutzt werden. Die Detektoren können nur Impulsraten bis zu etwa 30000 s⁻¹ verarbeiten, sonst verlieren sie stark an energetischer Auflösung. Diese Impulsrate ist zwar recht hoch, doch verteilen sich die Impulse auf alle Kanäle. Dadurch werden aber relative Standardabweichung und Nachweisgrenze verschlechtert — letztlich eine Folge der sonst vorteilhaften simultanen Spektrenaufzeichnung.

Das kleinstmögliche Probenvolumen in einer kompakten Probe hat eine Ausdehnung von ca. 1 μm³. Demzufolge beträgt die kleinste nachweisbare Absolutmasse bei einer Wichte von 10 g/cm³ ca. 10⁻¹¹ g. Diese Masse ist nachweisbar und auch auf 1 μm genau lokalisierbar.

In einer Matrixmasse von 10⁻¹¹ g kann noch etwa 1% eines Zusatzelementes nachgewiesen werden; das sind 10⁻¹³ g. Diese Masse ist nachweisbar — unabhängig davon, ob sie homogen in der Matrixmasse verteilt ist oder als isoliertes Teilchen von etwa 0,2 μm Durchmesser oder als Film mit der Dicke einer Monolage vorliegt. Sie ist aber nicht mehr weiter lokalisierbar; die geometrische Auflösung setzt hier eine Grenze von ca. 1 μm.

5.4. Zuverlässigkeit

Aufgrund der simultanen Spektrenaufnahme wird sicher kein nachweisbares Element übersehen. Wegen der geringen spektralen Auflösung treten aber Linienüberlappungen auf. So werden zwar die K_α- und die K_β-Linie für fast sämtliche Elemente getrennt; aber im Bereich der technisch wichtigen Elemente Ti bis Zn sind die K_α-Linien von den K_β-Linien der Elemente mit kleinerer Ordnungszahl $(Z - 1)$ überlappt. Zudem treten neben den Nachweislinien detektortypische Linien auf, die zu Fehldeutungen führen können (s. oben).

Für die quantitative Analyse sind Genauigkeit (precision) und Richtigkeit (accuracy) die wichtigsten Leistungskriterien. Die *Genauigkeit* wird durch die relative Standardabweichung s_r der gemessenen Intensität I beschrieben:

$$s_r = \sqrt{s_0^2 + 1/I} \tag{8}$$

s_0 ist der apparative Störpegel; er ist zugleich die untere Grenze für s_r und liegt bei ca. 0,001. Da er meist vernachlässigt werden kann und außerdem in erster Näherung $c \sim I$, so gilt für die relat. Standardabweichung:

$$s_r = K/\sqrt{c} \tag{9}$$

und für die absol. Standardabweichung:

$$s = K \sqrt{c} \tag{10}$$

K beträgt ca. 0,003; folglich beträgt die absolute Standardabweichung für Hauptbestandteile $(c > 10\%)$ ca. 0,1%. Die *Richtigkeit* wird meist durch systematische Fehler bei der Konzentrationsberechnung begrenzt. Mit den Eichverfahren erreicht man Analysenfehler zwischen 0,1 und 1%.

Tabelle 4. Zur Konzentrationsbestimmung mit einem Einflußkoeffizientenverfahren (α) und einem Fundamentalparameterverfahren (ZAF) nach Heinrich. Beide Verfahren wurden an 4 binären Legierungsreihen getestet: Fe−Cr, Fe−Ni, Ni−Cr und Ag−Cu. c ist die Konzentration des jeweils erstgenannten Elementes; sie wurde in dem sehr großen Bereich zwischen 1% und 99% variiert (nur *ein* α-Wert; Meßergebnisse des Autors)

c%	Fe−Cr		Ni−Cr		Fe−Ni		Cu−Ag	
	α	ZAF	α	ZAF	α	ZAF	α	ZAF
1	1,0	1,3			1,1	1,4	1,0	1,2
3			2,8	3,6	3,3	4,2		
10	11,6	13,9			10,9	13,4	9,2	10,4
20	20,3	23,1	20,9	23,9	20,8	23,8	19,1	21,1
30	31,1	33,9	29,3	32,4	30,5	32,7	29,6	30,7
40	41,5	42,5	39,2	41,2	37,8	39,4	39,9	40,4
50	50,9	50,6	50,0	50,2	50,7	50,9	48,8	52,2
60	60,4	59,0	60,3	59,6	61,2	59,7	62,5	65,1
70	69,4	67,9	69,7	68,7	69,7	68,8	69,4	74,8
80	79,0	77,4	80,3	78,2	77,7	78,8	82,2	83,7
90	91,1	87,3	91,1	89,0	90,3	89,3	88,2	92,7
97			96,4	96,7	98,1	97,1	97,0	98,1
99	99,3	98,8	99,5	99,0	100,5	99,3		

Tabelle 5. Kenngrößen und Leistungsdaten eines energiedispersiven
Spektrometers am REM

Strahlungsanregung	durch Elektronen des REM $10\cdots50\,kV$ $10^{-12}\cdots10^{-10}\,A$ (maximal $10^{-7}\,A$) zerstörungsfrei
Probenart	Feststoffproben auch Nichtleiter; auch biologische Objekte; vielfältige Formen
Orientierung	durch das REM-Bild der Probe
Spektrometer	SiLi-Detektor (keine beweglichen Teile); $12\cdots30\,mm^2$ aktive Fläche; ca. 10 l flüssiger Stickstoff/Woche
Strahlungszerlegung	nach Amplitude von Spannungsimpulsen ($\rightarrow$ Kanalnummer $\rightarrow$ Energie)
Spektrenaufnahme	simultan; Bildschirmdarstellung $10\,s\cdots10\,min$
Impulsrate	bis ca. $30\,000\,s^{-1}$
Effektiver optischer Leitwert	bis $10^{-2}\,cm^2\,sr$
Analysenart	Durchschnitts- und Lokalanalyse: Punkt-, Linien-, Flächenanalyse
Nachweisbare Elemente	Na bis U ($Z = 11\cdots92$)
Spektrale Auflösung R	$10\cdots200$
Linienidentifizierung	eindeutig; ev. Überlappungen

Bereich nachweisbarer
  Konzentrationen
  Volumina
  Massen
	
	$0,1\%\cdots100\%$
	$10^{-9}\cdots5\,mm^3$
	$10^{-13}\cdots10^{-3}\,g$

Volumenausdehnung
  lateral
  in der Tiefe
	
	$1\,\mu m\cdots10\,mm$
	$1\,\mu m\cdots50\,\mu m$

Relative Standardabweichung s_r	ca. $0,003/\sqrt{c}$
Analysenfehler Δc	$0,1\%\cdots1\%$ für Neben- und Hauptbestandteile
Finanzieller Aufwand	geringe Betriebskosten hohe Anschaffungskosten

Die eichprobenfreien Fundamentalpai meterverfahren erzielen i. allg. weniger gute Ergebnisse. Ihre systematis en Fehler beruhen darauf, daß die Korrekturfaktoren nur Näherunger darstellen und daß den eingehenden empirischen Werten Fehler a haften. Man erzielt Analysenfehler zwischen 0,1 und 3% für Neben- id Hauptbestandteile. Da man ohne Eichproben auskommt, ist diese Le: :ung beachtlich. Tabelle 4 zeigt die Ergebnisse für 4 binäre Legierungsrei en.

Die aufgezählten Kriterien und Leist..ngsdaten sind in Tabelle 5 zusammengestellt. Tabelle 6 enthält wichtige Größen, Symbole und Einheiten.

Tabelle 6. Wichtige Symbole und Einheiten

α_{ij}	Einflußkoeffizient; Einfluß des Elementes j auf das Element i
λ	Wellenlänge der Strahlung (nm; Å; 1 Å = 0,1 nm)
μ	linearer Absorptionskoeffizient (cm^{-1})
μ/ρ	Massenabsorptionskoeffizient (cm^2 g^{-1})
ρ	Dichte (g cm^{-3})
σ	Standardabweichung (N = ∞)
Φ	Einfalls- (Auftreff-)winkel; zwischen Primärstrahl und Probenoberfläche
ψ	Abnahmewinkel; zwischen Sekundärstrahl und Probenoberfläche
ω	Fluoreszenzausbeute
c	Konzentration
$\underline{c}$	Nachweisgrenze für Konzentrationen
c_i, c_j	Konzentration der Elemente i, j
E	Energie der Röntgenquanten (keV)
ΔE	Halbwertsbreite einer Nachweislinie (eV)
I	Intensität (allgemein)
I_i, I_j	Intensität der Linien für Elemente i, j
i, j	Kennzeichen einzelner Elemente
$\underline{m}$	Nachweisgrenze für Massen (g)
N	Anzahl von Messungen
n	Anzahl von Elementen oder Proben
R	spektrale Auflösung (E/ΔE)
r	Sprungverhältnis an der Absorptionskante
s	Standardabweichung (N $<$ ∞)
t	Schichtdicke
Z	Ordnungszahl

Literatur

1. Russ, J. C.: X-Ray Spectrom. *6*, 37 (1977)

Weiterführende Bücher

Bertin, E. P.: Principles and Practice of X-Ray Spectrometric Analysis, 2nd ed., New York: Plenum Press 1975

Jenkins, R.: Einführung in die Röntgenspektrometrie, London: Heyden 1977 (dt. Übersetzung von M. F. Ebel)

Reimer, L.; Pfefferkorn, G.: Rasterelektronenmikroskopie, Berlin, Heidelberg, New York: Springer 1973

Methoden der Oberflächenanalyse

Dr. Siegfried Hofmann

Max-Planck-Institut für Metallforschung
Institut für Werkstoffwissenschaften
Seestraße 92, 7000 Stuttgart 1

1. Einleitung

Oberflächenanalytische Methoden dienen zur Charakterisierung der
äußersten Atomlagen eines Festkörpers im nm-Dickenbereich sowie zur
Analyse der Tiefenverteilung der Zusammensetzung dünner Schichten
(1 nm bis 1 μm). Dabei gelten folgende Forderungen:

1. Informationstiefe im Monolagenbereich

2. Nachweis möglichst aller Elemente a) quantitativ, b) mit hoher Nachweisstärke, c) unter vernachlässigbarem gegenseitigen Einfluß

3. praktikable experimentelle Bedingungen

Gelegentlich sind auch die Analyse chemischer Verbindungen und der
Nachweis von Isotopen wünschenswert.

Die oberflächenspezifischen Untersuchungsverfahren lassen sich nach der
Art der Probenanregung und der nachfolgenden Emission bzw. Detektion
ordnen (Abb. 1). Im Vordergrund stehen Verfahren, die eine durch den
spezifischen Anregungs- oder Emissionsprozeß vorgegebene inhärente
Informationstiefe im Nanometerbereich aufweisen, die eine oberflächen-
spezifische Analysenaussage gewährleistet.

Kommerzielle Geräte stehen zur Verfügung für die Photoelektronen-
spektroskopie (ESCA), die Auger-Elektronen-Spektroskopie (AES), die
Sekundär-Ionen-Massen-Spektrometrie (SIMS) und die Ionen-Streuungs-
Spektroskopie (ISS). Daneben existieren zum Teil von diesen abgeleitete
Methoden, die z. Z. noch untergeordnete Bedeutung haben.

Die Auswahl der jeweils anzuwendenden Methode hängt u. a. vom
Analysenziel, Probenart und apparativen Randbedingungen ab. (Zusammenfassungen [1—4].) Eine nach Matrices geordnete Literaturzusam-
menstellung der Anwendung oberflächenanalytischer Methoden gibt [5].

Emission und Detektion	Anregung			
	$h\nu$	e^-	$I_i^\pm$	$\vec{E}$
$h\nu$	(XRF)	(EMP)	SCANIIR / GDOS	
e^-	ESCA	AES		
$I^\pm$		EID	SIMS / ISS / GDMS	FIMS

Abb. 1. Klassifizierungsmatrix der Verfahren zur Oberflächenanalyse. ($h\nu$ = Photonen; e^- = Elektronen; $I_i^\pm$ = positive und negative Ionen; $\vec{E}$ = elektrisches Feld)
XRF (X-ray Fluorescence Spectroscopy) = Röntgenfluoreszenzspektroskopie; EMP (Electron Microprobe) = Elektronenstrahl-Mikrosonde; SCANIIR (Surface Composition by Analysis of Neutral and Ion Impact Radiation = IBSCA: Ion Beam Spectro-Chemical Analysis = BLE: Bombardment Induced Light Emission) = Spektroskopie teilchenbeschuß-induzierter Strahlung; GDOS (Glow Discharge Optical Spectroscopy) = Optische Spektroskopie von Glimmentladungen an Oberflächen; ESCA (Electron Spectroscopy for Chemical Analysis = XPS: X-ray induced Photoelectron Spectroscopy) = Photoelektronenspektroskopie; AES (Auger Electron Spectroscopy) = Auger-Elektronenspektroskopie; EID (Electron Induced Desorption = ESD: Electron Stimulated Desorption) = Elektronenstrahl-induzierte Desorption; SIMS (Secondary Ion Mass Spectrometry = IMMA: Ion Microprobe Mass Analysis) = Sekundär-Ionen-Massen-Spektrometrie; ISS (Ion Scattering Spectroscopy = LEIS: Low Energy Ion Scattering Spectroscopy) = Spektroskopie (niederenergetischer) rückgestreuter Ionen, Ionen-Streuungs-Spektroskopie; GDMS (Glow Discharge Mass Spectrometry = SNMS: Sputtered Neutrals Mass Spectrometry) = Massenspektrometrie nachionisierter Neutralteilchen an Oberflächen; FIMS (Field Ion Mass Spectrometry = AP-FIM: Atom Probe Field Ion Microscopy) = Feldionendesorptions-Massenspektrometrie. Weitere Verfahren werden in der Zusammenstellung von Powell [53] angegeben

2. Grundlagen der Methoden

2.1. Photoelektronenspektroskopie (ESCA)

2.1.1. Qualitative Analyse

Unter Photoelektronenspektroskopie, englisch „*E*lectron *S*pectroscopy for *C*hemical *A*nalysis" (ESCA) [6] oder präziser X-ray induced Photoelectron Spectroscopy (XPS) [7, 8] versteht man die Energieanalyse der Photoelektronen (und Auger-Elektronen), die durch Anregung einer Probe mit monoenergetischen Röntgenstrahlen (z. B. Al K_α: $h\nu = 1486{,}6$ eV, Mg K_α: $h\nu = 1253{,}6$ eV) emittiert werden. Nach dem Elektronenniveauschema (Abb. 2) liefert die Energiebilanz für die kinetische Energie E_{kin} der emittierten Photoelektronen:

$$E_{kin} = h\nu - E_b - \Phi_A \tag{1}$$

Da die Photonenenergie durch die Röntgenquelle vorgegeben ist, kann aus Gl. (1) die Bindungsenergie der Elektronen E_b (Ionisierungsenergie) ermittelt werden. (Φ_A ist ein einzueichender Korrekturfaktor, der die Austrittsarbeit des Analysators wiedergibt (Abb. 2).) Ein Photoelektron kann die Probe ohne Energieverlust nur mit einer exponentiell mit der Tiefe abnehmenden Wahrscheinlichkeit verlassen. Diese hierfür charakteristische mittlere freie Weglänge ist (wie bei der AES) abhängig von der

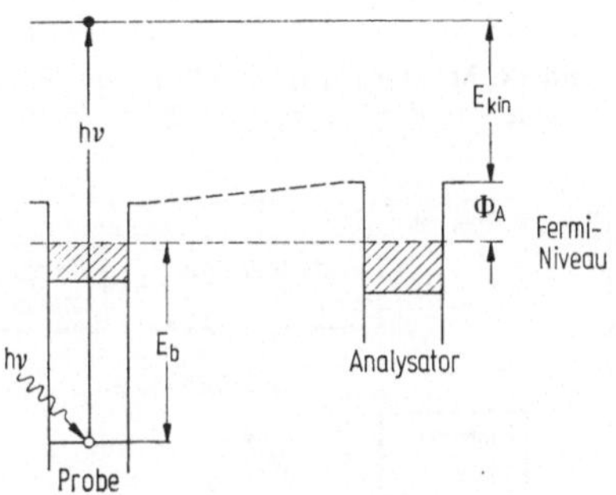

Abb. 2. Prinzip der Photoelektronenspektroskopie (ESCA) im Energietermschema. ($h\nu$ = Photonenenergie; E_b = Bindungsenergie; E_{kin} = kinetische Elektronenenergie; Φ_A = Austrittsarbeit des Analysators)

Energie (und der Matrix) und liegt zwischen 0,4 und 3 nm. Sie ist maßgebend für die Begrenzung der analytischen Aussage auf die Oberfläche. Abbildung 3 zeigt eine Zusammenstellung für verschiedene Systeme. Da die Bindungsenergie durch die chemische Umgebung des Atoms (über die Elektronendichteänderung) beeinflußt wird, kann die Photoelektronenenergie unmittelbar Auskunft über den Bindungszustand des emittierenden Atoms aus der beobachteten chemischen Verschiebung (chemical shift) geben. Für deren Zuordnung zum Oxidationszustand bzw. der Wertigkeit werden verschiedene Modellvorstellungen herangezogen [7, 8, 9, 10]. Beispielsweise erlauben Eichstandards bekannter Oxide die Identifizierung von vorliegenden Suboxiden.

Das Schema der ESCA-Spektrometeranordnung zeigt Abb. 4. Die Zählrate N(E) wird als Funktion der Elektronenenergie im Datenerfassungssystem registriert.

Abbildung 5 zeigt das ESCA-Spektrum einer Nioboxid-Schicht (Nb_2O_5), die durch Beschuß mit Argon-Ionen abgetragen wurde, bis das Spektrum des reinen Niobs erscheint.

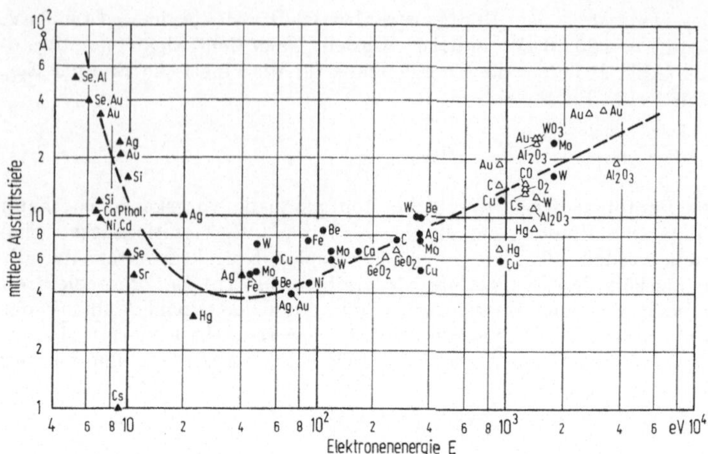

Abb. 3. Mittlere Austrittstiefe für (Photo- und Auger-) Elektronen in Abhängigkeit von der kinetischen Energie für verschiedene Materialien, nach [8]

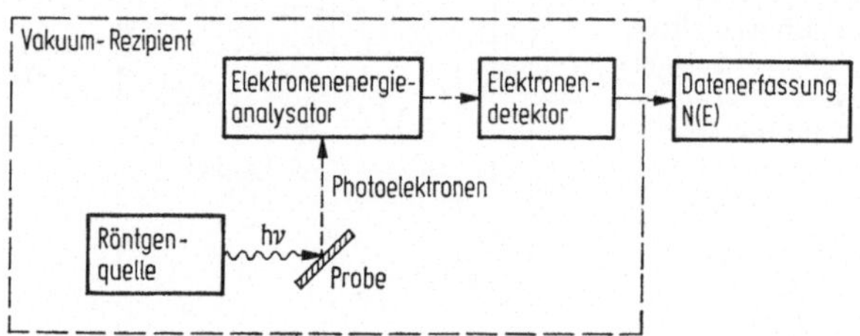

Abb. 4. Schematische Darstellung des Aufbaus eines ESCA-Spektrometers

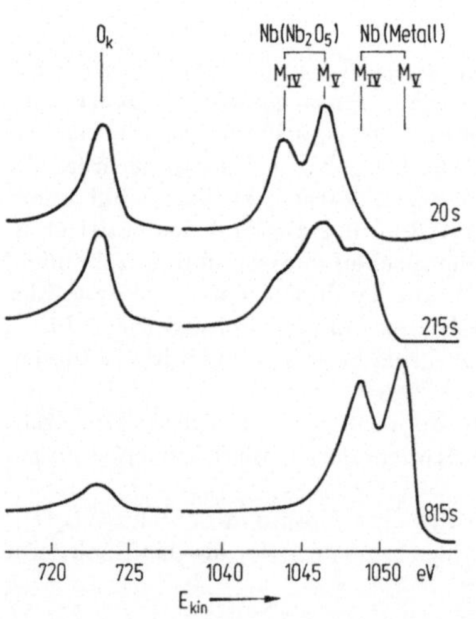

Abb. 5. ESCA-Spektren einer 200 Å dicken Nb_2O_5-Schicht auf Nb nach verschiedenen Beschußzeiten mit Ar^+-Ionen (3,5 keV, 6 µA/cm²), (K. Berresheim und S. Hofmann, unveröffentlicht). Der Übergang von fünfwertigem Niob im Oxid (20 s) über das durch Ioneneinwirkung strukturell zerstörte Oxid (215 s) zum (nahezu) reinen Metall (815 s, Oxidschicht abgetragen) ist deutlich zu erkennen

2.1.2. Quantitative Analyse

Zur quantitativen ESCA wird die Zählrate (N_i) über der gemessenen kinetischen Energie bei einem bestimmten Photonenstrom bestimmt [5, 6, 12, 13]. Dafür läßt sich schreiben:

$$N_i = N_p \cdot \Gamma \cdot \tau_i \int\limits_0^\infty c_i(z) \, \exp\left(-z/\lambda_i \cdot \cos \varphi\right) \, dz \tag{2}$$

N_p ist der wirksame Photonenstrom (Röntgenquanten/s), Γ die gesamte Analysatortransmission (Spektrometerempfindlichkeit bezogen auf isotrope Emission), τ_i der Absorptionsquerschnitt des betrachteten Elektronenniveaus des Elements i für die Röntgenstrahlen der verwendeten Quelle, $c_i(z)$ die Konzentrationsverteilung des Elements i in die Tiefe z, λ_i die mittlere freie Weglänge der emittierten Elektronen und φ der Austrittswinkel relativ zur Normalen auf die Probenoberfläche.

Das Integral in Gl. (2) läßt sich nur lösen, wenn $c_i(z)$ im Bereich bis zu $z \sim 5 \cdot \lambda_i$ bekannt ist. Für zwei Grenzfälle, den der homogenen Zusammensetzung und den einer dünnen homogenen Schicht, läßt es sich explizit angeben:

a) Homogene Zusammensetzung: $\left(c_i(z) = const = c_i\right)$ aus Gl. (2) folgt:

$$N_i = N_p \cdot \Gamma \cdot \tau_i \cdot \cos \varphi \cdot c_i \cdot \lambda_i \tag{3}$$

Für den Fall des Vergleichs mit einer Standardprobe (Index s) unter konstanten Geräteparametern folgt damit:

$$\frac{N_i}{N_{i,s}} = \frac{\lambda_i \cdot c_i}{\lambda_{i,s} \cdot c_{i,s}} \tag{4}$$

wobei für ähnliche Zusammensetzung von Standard und Probe $\lambda_i = \lambda_{i,s}$ gesetzt werden darf.

Eine halbquantitative Analyse ohne Standards ist möglich unter Zuhilfenahme der relativen Elementempfindlichkeiten der intensivsten Linien (analog zur AES vgl. 2.2.2.), die in Abb. 6 nach Wagner [14] dargestellt sind.

b) Dünne (homogene) Schichten der Dicke d:

Aus Gl. (2) folgt:

$$N_i = N_p \cdot \Gamma \cdot \tau_i \cdot \lambda_i \cdot \cos \varphi \cdot c_i \left[1 - \exp\left(-\frac{d}{\lambda_i \cdot \cos \varphi}\right)\right] \tag{5}$$

Nach Gl. (5) läßt sich durch Variation des Emissionswinkels φ die Dicke der Schicht in Einheiten von λ_i ermitteln [15]. Bei einkristallinen Proben kann dabei eine durch die Gitterperiodizität verursachte Winkelabhängigkeit stören. Andererseits kann die Photoelektronenspektroskopie mit hoher Winkelauflösung zur Aufklärung der Symmetrie und Orientierung der untersuchten Orbitale insbesondere an Adsorbatschichten eingesetzt werden [3, 7]. Der Einfluß der Rauhigkeit der Probenoberfläche, die die Photoelektronenausbeute vermindert, läßt sich modellmäßig beschreiben [16].

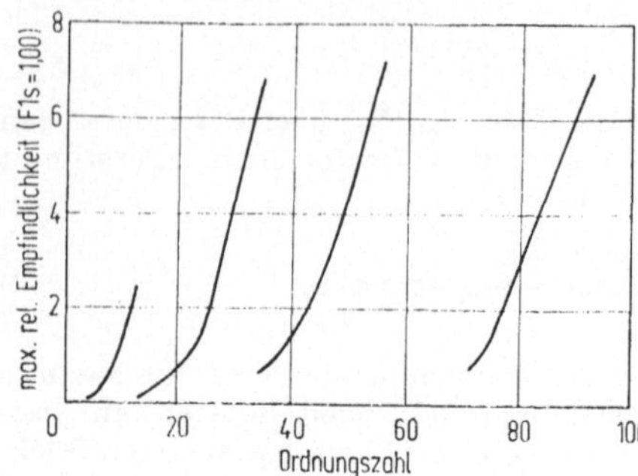

Abb. 6. Relative Empfindlichkeitsfaktoren der intensivsten Linien der Elemente (bezogen auf Fluor 1 s) für ESCA (XPS mit Mg-Quelle), nach Wagner [14]

2.1.3. Weitere Methoden mit Photonenanregung

Photoelektronenspektroskopie durch Anregung mit Ultra-Violett-Strahlung (UPS = Ultraviolet excited Photoelectron-Spectroscopy) [7, 8] mit Gasentladungsröhren als Anregungsquellen, die meist die HeI-(21,2 eV) und die HeII-(40,8 eV) Resonanzlinien ausnützen. UPS-peaks repräsentieren wegen der niedrigen Anregungsenergie die Valenzbandstruktur. Die geringe freie Weglänge der niederenergetischen Elektronen macht UPS oberflächenempfindlicher als XPS. Deshalb wird UPS bevorzugt zur Charakterisierung von Adsorbatschichten eingesetzt.

Photoneninduzierte Desorption von Ionen und Neutralteilchen ist wegen der geringen Wirkungsquerschnitte für analytische Zwecke kaum brauchbar.

Techniken, bei denen gestreute Photonen nachgewiesen werden, wie Ellipsometrie und Raman-Streuung, haben für Oberflächenuntersuchungen im Monolagenbereich (wegen der hohen Austrittstiefe der Photonen) nur einen begrenzten Anwendungsbereich (Adsorption)

2.2. Auger-Elektronen-Spektroskopie

2.2.1. Qualitative Analyse

Der Auger-Elektronen-Spektroskopie (AES) [17, 18, 19] liegt die Ausnutzung des Auger-Effektes zugrunde. Er besteht in der Emission eines Elektrons definierter Energie nach einer durch Wechselwirkung mit Elektronen, Photonen usw. erfolgten Ionisierung einer inneren Schale eines Atoms. Abbildung 7 zeigt das Prinzip.

Nach Ionisation der K-Schale (unter Aussendung eines Photoelektrons) kann ein Elektron aus der L-Schale die Leerstelle auffüllen. Die freiwerdende Energie $E_K - E_{L_1}$ kann zur Emission elektromagnetischer Strahlung (Röntgenfluoreszenz) oder zur Ablösung eines anderen Elektrons aus der L-Schale (z. B. L_2) führen (Auger-Effekt). Bei Energien

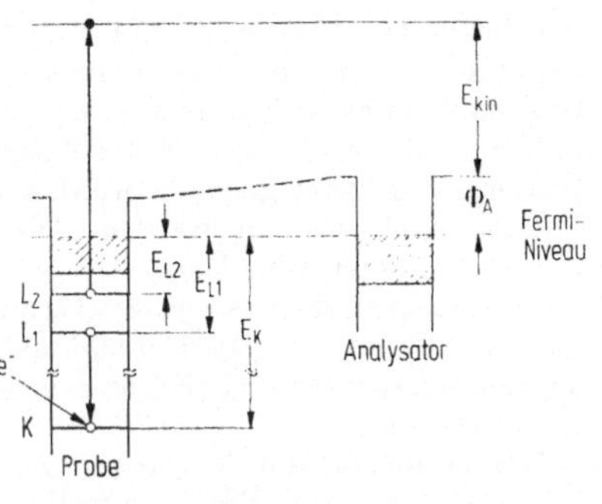

Abb. 7. Prinzip der Auger-Elektronenspektroskopie (AES) im Energietermschema. (e^- = Primärelektron; E_K, E_{L_1}, E_{L_2} = Bindungsenergien der Elektronen; Φ_A = Austrittsarbeit des Analysators)

unterhalb 1500 eV überwiegt gewöhnlich der Auger-Effekt. Die kinetische Energie des emittierten Auger-Elektrons ist [17, 18]:

$$E_{kin}(KL_1L_2) = E_K - E_{L_1} - E_{L_2} - \Delta E - \Phi_A \tag{6}$$

Der betrachtete Übergang wird als KL_1L_2-Auger-Übergang bezeichnet. Eine Modifizierung der kinetischen Energie von der Größenordnung einiger eV ergibt sich aus der Austrittsarbeit des Analysators Φ_A sowie aus der Relaxationskorrektur ΔE für den zweifach ionisierten Zustand des Atoms, der bei der Auger-Elektronenemission auftritt. Aus dem Auger-Mechanismus nach Gl. (6) ist ersichtlich, daß die Auger-Elektronenenergie unabhängig von der Anregungsenergie und damit charakteristisch für die beteiligten Energieniveaus ist. Den KLL-, LMM-, MNN-Auger-Übergängen lassen sich damit für alle Elemente bestimmte Energien zuordnen, für die tabellierte Werte [20] sowie „finger print"-Spektren der Elemente [21] vorliegen. Eine Veränderung der Spektren durch die chemische Bindung wird oft beobachtet. Sie ist jedoch — im Gegensatz zu ESCA — wegen der Beteiligung von drei Energieniveaus am Auger-Übergang schwer zu deuten bzw. vorherzusagen.

Das Schema der Auger-Spektrometeranordnung zeigt Abb. 8. Gewöhnlich wird ein fokussierter Elektronenstrahl (0,5 μm—1 mm) genügend hoher Energie (1—10 keV) zur Anregung benützt. Die Energieanalyse

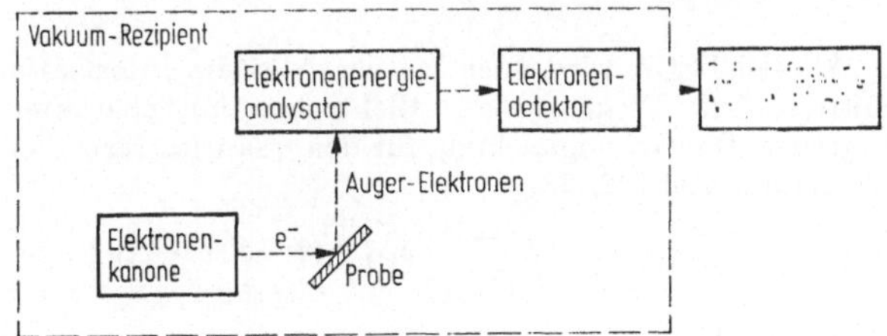

Abb. 8. Schematische Darstellung des Aufbaus eines Auger-Elektronenspektrometers

der Sekundärelektronen erfolgt durch Bremsfeld- oder Zylinderspiegel-
analysatoren und liefert entweder ein Energieverteilungsspektrum N(E)
oder häufiger ein differenziertes Spektrum der Elektronenenergieverteilung
(dN(E)/dE), das auch am Oszilloskop zur Übersicht und zur Proben-
justierung sichtbar gemacht werden kann. Alle Elemente außer H und He
können nachgewiesen werden. Die typische Nachweisstärke liegt bei
etwa 0,1% einer Monolage.

Das Beispiel eines Auger-Spektrums zeigt Abb. 9 für eine mit Kohlenstoff kontaminierte Oxidschicht auf einer Silicium-Probe. Es sind das
Verteilungsspektrum N(E) und das differenzierte Spektrum dN(E)/dE
wiedergegeben.

Ein Vergleich von Abb. 8 mit Abb. 4 macht deutlich, daß sowohl für
AES als auch für ESCA dasselbe Nachweissystem verwendet werden
kann. Bei Verwendung einer zusätzlichen Anregungsquelle (Röntgenquelle oder Elektronenkanone) läßt sich daher bei vergleichsweise geringem
zusätzlichem Aufwand eine Kombination AES/ESCA realisieren.

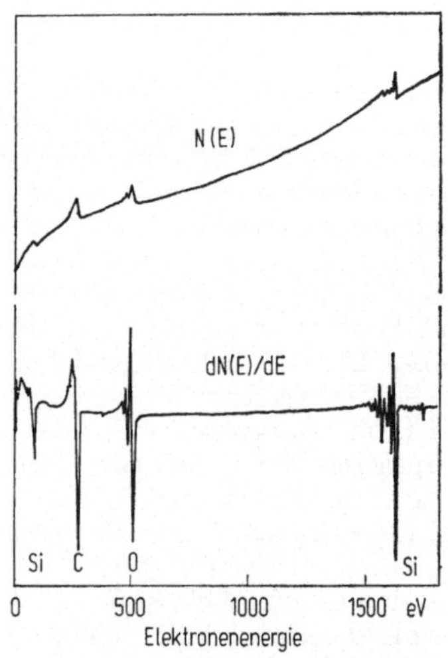

Abb. 9. Auger-Spektrum einer
oxidierten und mit C kontaminierten
Siliziumoberfläche in der Energiever-
teilungsform (N(E), oben) und in der
differenzierten Form (dN(E)/dE, unten)
(Zylinder-Spiegelanalysator)

2.2.2. Quantitative Analyse

Wie bei ESCA wird auch bei der AES die Informationstiefe durch die
mittlere freie Weglänge der Elektronen mit charakteristischer Energie
begrenzt. Die Grundgleichung für den quantitativen Elementnachweis bei
der AES lautet [22, 23]:

$$I_i = \Gamma \cdot I_p \cdot \sigma_i(E_p) \cdot \rho_i \int_0^{z_e \to \infty} r_i(z) \cdot c_i(z) \cdot \exp(-z/\lambda_1 \cdot \cos \varphi) \cdot dz \quad (7)$$

Dabei ist I_i der Auger-Elektronenstrom für einen bestimmten Auger-
Übergang des Elements i, I_p der Anregungsstrom des Primärionenstrahls,
Γ die gesamte Analysatortransmission, $\sigma_i(E_p)$ die Ionisierungswahrschein-

lichkeit für das betrachtete Grundniveau, die von der Primärstrahlenergie E_p abhängt [19, 21, 24], ρ_i die Übergangswahrscheinlichkeit für den betrachteten Auger-Übergang (≤ 1), z die Tiefe senkrecht zur Oberfläche, z_e die Eindringtiefe der Primärelektronen (für z_e darf unendlich gesetzt werden falls $z_e \gg \lambda_i$, was i. allg. gültig ist), $r_i(z)$ der Rückstreukoeffizient für die Primärelektronen ($r_i \geq 1$), $c_i(z)$ die Konzentrationsverteilung in die Tiefe, λ_i die mittlere freie Weglänge (Austrittstiefe) senkrecht zur Oberfläche (vgl. Abb. 3), φ der Austrittswinkel der Auger-Elektronen zur Normalen. (Zum Beispiel ist für eine Probenoberfläche senkrecht zur Achse eines Zylinderspiegelanalysators ($\varphi = 42,3°$ bzw. $\cos \varphi = 0,74$).)

Analog zur Photoelektronenemission muß zur Lösung des Tiefenintegrals in Gl. (7) die Tiefenverteilung $c_i(z)$ bekannt sein. Auch hier lassen sich zwei Grenzfälle explizit angeben [22, 23]:

a) Homogene Zusammensetzung ($c_i(z) = \text{const} = c_i$):

Aus Gl. (7) folgt:

$$I_i = \Gamma \cdot I_p \cdot \sigma_i(E_p) \cdot \rho_i \cdot r_i \cdot c_i \cdot \lambda_i \cdot \cos \varphi$$
$$= \Gamma \cdot I_p \cdot S_i \cdot c_i \tag{8}$$

wobei S_i ein element- und übergangsspezifischer Empfindlichkeitsfaktor ist. Falls (wie üblich) als Maß für die Auger-Intensität der Abstand vom positiven zum negativen Extremwert des Signals herangezogen wird, müssen die Empfindlichkeitsfaktoren hierauf bezogen werden [14, 16]. Damit läßt sich im Fall einer homogenen Probe aus m Elementen eine quantitative Auger-Analyse durchführen aus dem Vergleich der Auger-Intensitäten in einem Gesamtspektrum:

$$X_i = \frac{c_i}{c} = (I_i/S_i) \left/ \sum_{j=1}^{m} (I_j/S_j) \right. \tag{9}$$

Dabei ist X_i der relative Anteil des Elementes i. Hierbei sind nur die relativen Elementempfindlichkeiten S_i/S_j von Bedeutung, für die Abb. 10 eine Zusammenstellung zeigt [21].

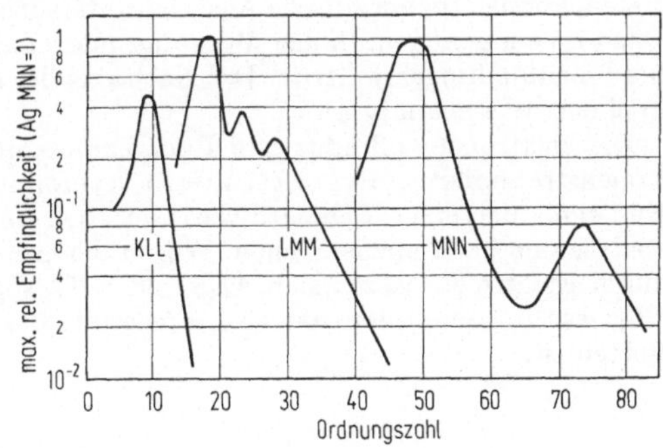

Abb. 10. Relative Empfindlichkeitsfaktoren der intensivsten Auger-Linien der Elemente im differenzierten Spektrum (dN(E)/dE), bezogen auf Ag, für eine Anregungsenergie von 5 keV und Zylinder-Spiegelanalysator. Nach Davis et al. [21]

b) Dünne (homogene) Schicht der Dicke d:

Aus Gl. (7) folgt für diesen Fall:

$$I_i = \Gamma \cdot I_p \cdot \sigma_i(E_p)\, \rho_i \cdot \lambda_i \cdot \cos\varphi \cdot c_i \left[1 - \exp\left(-\frac{d}{\lambda_i \cdot \cos\varphi}\right)\right]$$

$$= \Gamma \cdot I_p \cdot S_i \cdot c_i \left[1 - \exp\left(-\frac{d}{\lambda_i \cdot \cos\varphi}\right)\right] \tag{10}$$

Die Ermittlung der Schichtdicke durch Variation des Emissionswinkels φ ist für einen Zylinderspiegelanalysator wegen des rotationssymmetrischen Akzeptanzwinkels schwieriger. Andererseits ist oft die Möglichkeit gegeben, aus einem hoch- und einem niederenergetischen peak desselben Elements (zwei verschiedene λ_i, vgl. Si(78 eV) und Si(1 617 eV) in Abb. 9) die Schichtdicke d abzuschätzen [23].

2.2.3. Weitere Methoden mit Elektronenanregung

Ionisations-Verlustspektroskopie (ILS = Ionization Loss Spectroscopy) [24] läßt sich direkt mit einer AES-Apparatur durchführen. Dabei wird lediglich bei fester Analysatorenergie die Primärenergie der Elektronen variiert, wobei die Absorptionskanten beim Erreichen der entsprechenden Energieniveaus abgetastet werden. Die Aussage ist komplementär zu AES, ILS kann bevorzugt zur Untersuchung von Oberflächenbindungszuständen eingesetzt werden (ähnlich wie ESCA). AEAPS (= Auger Electron Appearance Potential Spectroscopy) [24] und DAPS (Dissappearance Potential Spectroscopy) [24] sind weitere von der AES abgeleitete Techniken, die z. Z. nur begrenzte Bedeutung haben.

Bei der SXAPS (Soft X-ray Appearance Potential Spectroscopy) [24] wird das Auftreten charakteristischer Röntgenstrahlung bei der Variation der Primärelektronenenergie nachgewiesen. Sie wird vor allem für Adsorptions- und Oxidationsuntersuchungen angewandt, da sie empfindlich auf chemische Verschiebungen anspricht.

EID (Electron Induced Desorption) [25] bzw. ESD (Electron Stimulated Desorption), die bei der AES oft als störende Begleiterscheinung auftreten, können für spezifische Adsorbatuntersuchungen ausgenützt werden. Dazu ist ein genügend hoher Wirkungsquerschnitt nötig, wie er vor allem bei Ionenbindungen auftritt. Der Nachweis der desorbierten Ionen erfolgt in einem Massenanalysator.

Die elektronenstoßinduzierte Röntgenanregung ist in Form der Elektronenstrahlmikroanalyse (EMA) weit verbreitet. Sie ist jedoch wegen der Emission aus einer Schichtdicke von ca. 1 μm nicht als Oberflächenanalysenmethode anzusprechen. Wegen der prinzipiell gleichen Anregung durch Elektronen lassen sich AES und EMA sogar simultan kombinieren [26], was für eine quantitative Absicherung des Analysenergebnisses von Vorteil ist.

2.3. Sekundär-Ionen-Massenspektrometrie (SIMS)

2.3.1. Qualitative Analyse

Die Sekundärionenmassenspektrometrie (SIMS) [27—31] besteht in der massenspektrometrischen Analyse der aus einer Probe beim Beschuß mit einem Primärionenstrahl ausgelösten ionisierten Sekundärteilchen (Abb. 11). Die Energie der Primärionen liegt gewöhnlich zwischen 1 und 20 keV, die der Sekundärionen zwischen 0 und 100 eV. Der Grundvorgang ist in Abb. 11 schematisch wiedergegeben [28, 29]. Die Oberflächenempfindlichkeit resultiert daraus, daß die emittierten Sekundärionen aus den ersten Monolagen eines Festkörpers stammen. Eine qualitative Analyse ist für alle Elemente (einschließlich Wasserstoff) nach der Masse bzw. Ladung (m/e) der Sekundärionen möglich. Bei genügender Massenauflösung ist eine Isotopentrennung durchführbar.

Das Aufbauprinzip einer SIMS-Anlage zeigt Abb. 12. Primärionenquelle, Probe, Massenseparator (z. B. magnetisches Sektorfeld oder Quadrupol-Massenfilter) und Detektor sind in einem Vakuum-Rezipienten untergebracht. Die Aufzeichnung des Analysensignals besteht aus einem Sekundärionenstrom (bzw. Zählrate) über der Teilchenmasse (genauer: m/e).

Abbildung 13 zeigt das Massenspektrum positiver Ionen für eine Aluminiumprobe bei Beschuß mit O_2^+-Primärionen. Neben den einfach und mehrfach geladenen Al-Ionen werden auch Molekülionen nachgewiesen.

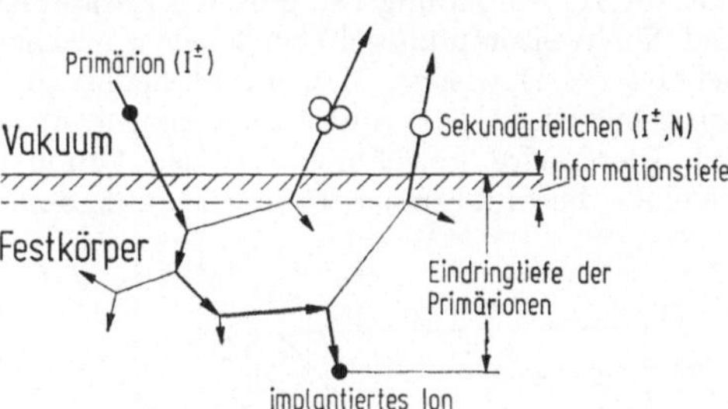

Abb. 11. Prinzip der Sekundärionenerzeugung bei SIMS (I± = positive und negative Ionen, N = Neutralteilchen), nach McHugh [28]

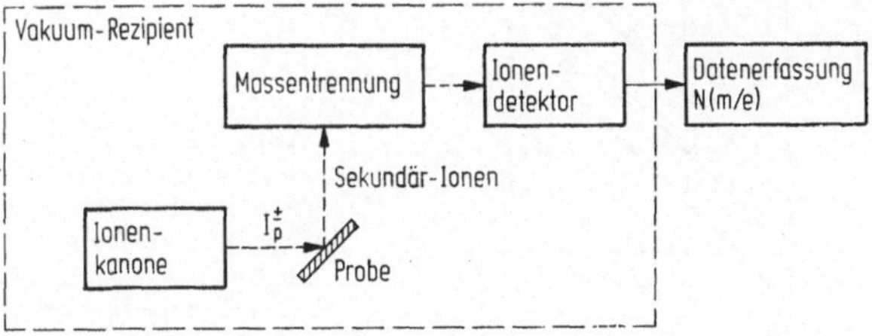

Abb. 12. Schematische Darstellung der Bestandteile eines Sekundärionen-Massenspektrometers

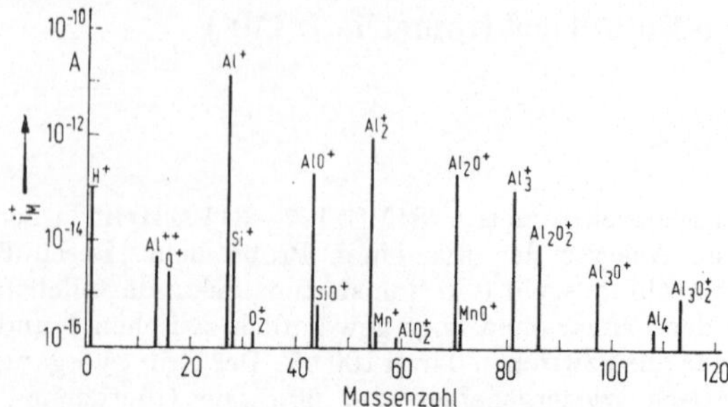

Abb. 13. Massenspektrum positiver Sekundärionen eines Aluminium-Targets (99,99%), erhalten durch Beschuß mit O_2^+-Ionen von 5,5 keV. Es zeigt neben H⁺ und den Molekülionen von Al und AlO auch die als Verunreinigungen vorhandenen Elemente Si und Mn (C. Gourgout und S. Hofmann, unveröffentlicht)

2.3.2. Quantitative Analyse

Der quantitative Nachweis eines Elements ist von der extrem komplizierten Sekundärionenerzeugung durch den Sputtering-Prozeß anhängig und Gegenstand intensiver Grundlagenforschung. Die Nachweisstärke ist neben den element- und matrixspezifischen Sputter- und Ionisationsausbeuten gekoppelt mit dem Primärionenstrom bzw. der Abtragrate [27, 28, 31]. Abbildung 14a gibt den Zusammenhang zwischen Abtragrate und Nachweisempfindlichkeit bei einer maximalen Ionisationswahrscheinlichkeit (= 1) wieder. Man unterscheidet je nach Stromdichte zwischen statischer SIMS [29] (quasi-zerstörungsfrei) und dynamischer SIMS [27, 31]. Diese wird gewöhnlich bei den kommerziellen Ionensonden angewendet, die mit engen Primärionenbündeln ($\varnothing$ ca. 1 μm) oder ionen-

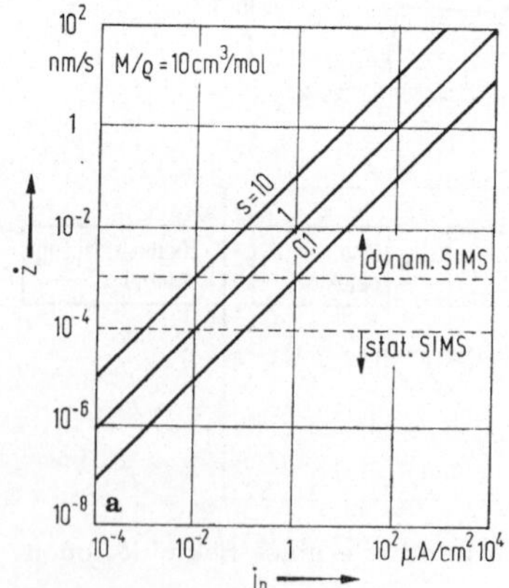

Abb. 14. a Zusammenhang zwischen Abtragrate ż und Primärionenstromdichte j_p für ein mittleres $M/\varrho = 10$ cm³ und drei verschiedenen Sputteringausbeuten S, nach Gl. (14), Unterschied zwischen statischer und dynamischer SIMS

optischen Abbildungsverfahren arbeiten. Bei der dynamischen SIMS
werden Empfindlichkeiten bis in den ppb-Bereich erreicht [27, 30].

Die grundlegende Gleichung für die quantitative SIMS [27, 28] beschreibt den Sekundärionenstrom $i_M^\pm$ (korrigiert mit der relativen Isotopenhäufigkeit) eines Elementes der Masse M als Funktion des Primärionenstroms i_p und der Konzentration c_M:

$$i_M^\pm = \eta \cdot i_p \cdot S_M^\pm \cdot c_M \tag{11}$$

η ist die Gesamttransmission des Analysators (der Faktor, der den analysierten Bruchteil der insgesamt erzeugten Sekundärionen angibt) und $S_M^\pm$ die Sekundärionenausbeute für die Masse M. Sie ist gegeben durch:

$$S_M^\pm = \beta^\pm \cdot S_M, \tag{12}$$

wobei $\beta^\pm$ den Ionisationsgrad, d. h. den Bruchteil der als Sekundärionen von den insgesamt als Ionen und Neutralteilchen emittierten Teilchen bezeichnet, die mit der Sputtering-Ausbeute S_M (= Verhältnis der Anzahl der Sekundärteilchen zur Anzahl der einfallenden Primärionen) erzeugt werden. $\beta^\pm$ und S_M sind stark von der Oberflächenzusammensetzung abhängig und deshalb der größte Unsicherheitsfaktor für eine quantitative SIMS.

Der Zusammenhang zwischen Primärionenstrom i_p und Primärionenstromdichte j_p ist gegeben durch:

$$i_p = \frac{\pi}{4} d^2 \cdot j_p \tag{13}$$

wenn d den Durchmesser des Primärionenstrahls darstellt.

Die Abtragrate $\dot{z}$ wird durch die Primärionenstromdichte und die Sputterausbeute S_M bestimmt und folgt mit der Dichte ϱ zu:

$$\dot{z}\,[\text{nm/s}] = 10^{-4} \cdot \frac{M\,[\text{amu}]}{\varrho\,[\text{g/cm}^3]} \cdot j_p\,[\mu\text{A/cm}^2] \cdot S_M \tag{14}$$

Dieser Zusammenhang ist in Abb. 14a für typische Sputterausbeuten und ein mittleres Verhältnis $M/\varrho = 10\ \text{cm}^3$ dargestellt.

Die Nachweisstärke ergibt sich aus Gl. (11) und Gl. (13). Für die minimal nachzuweisende Konzentration $c_M^{\min}$ folgt:

$$c_m^{\min} = i_M^{\pm\min}/\eta \cdot S_M^\pm \cdot \frac{\pi}{4} d^2 \cdot j_p \tag{15}$$

mit $S_M^\pm = \beta^\pm \cdot S_M$.

Typische Werte der Parameter sind [27, 28]:

$\beta^\pm$ 10^{-5} bis 1 j_p 10^{-3} bis $10^2\ \mu\text{A/cm}^2$

S_M 0,1 bis 10   d 10^{-4} bis 1 cm

η 10^{-1} bis 10^{-5}

Für einen günstigen Wert von $\eta = 10^{-2}$ ist in Abb. 14b $c_M^{\min}$ als Funktion der Primärstromdichte angegeben (mit dem Durchmesser des Primärionenstrahls als Parameter), wenn für den minimal nachzuweisenden

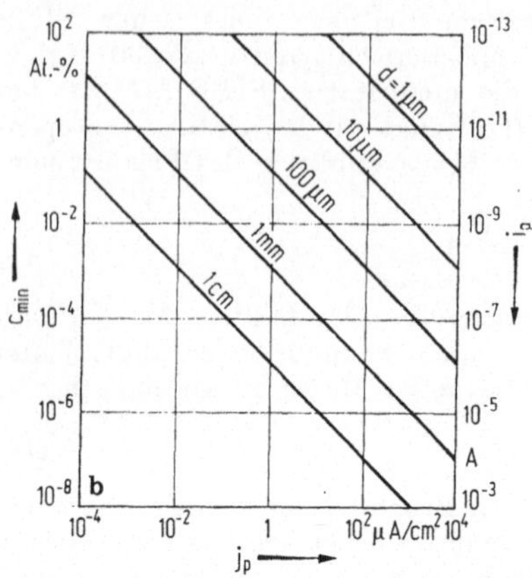

Abb. 14. b Unterschied zwischen Nachweisempfindlichkeit c_{min} und Primärionenstromdichte j_p bei verschiedenen Primärionenstrahldurchmessern d, nach Gl. (15). Dabei wurde angenommen: $i_M^{\pm min}$ $= 2 \cdot 10^{-18}$ A, $\eta = 1 \cdot 10^{-2}$, $S_M^{\pm} = 3 \cdot 10^{-3}$

Strom $i_M^{\pm min} = 2 \cdot 10^{-18}$ A, und $S_M^{\pm} = 3 \cdot 10^{-3}$ angenommen wird (Gl. (15)).

Während $i_M^{\pm min}$, η, d und j_p durch instrumentelle Parameter vorgegeben sind, ist $S_M^{\pm} = \beta^{\pm} \cdot S_M$ sowohl vom Element M als auch von der Matrix abhängig. S_M ist annähernd proportional zum Kehrwert der Sublimationsenthalpie und liegt für die meisten Elemente innerhalb einer Größenordnung. Der Absolutwert wird durch Primärionenart und -Energie bestimmt. Die größte Variationsbreite hat die Ionenausbeute $\beta^{\pm}$, die sowohl von der Ionisierungsenergie als auch von der lokalen Umgebung der Elementatome in der Matrix abhängt. In der Regel zeigen elektropositive Elemente hohe positive, elektronegative höhere negative Ionenausbeute. Deshalb werden z. B. Alkalimetalle im positiven, Halogene dagegen im negativen Sekundärionenmassenspektrum mit der jeweils höchsten Empfindlichkeit nachgewiesen.

Mit der SIMS läßt sich für nahezu alle Elemente eine Nachweisempfindlichkeit im 1-ppm-Bereich erzielen, die sich in günstigen Fällen bis in den ppb-Bereich erstreckt. SIMS ist die einzige Oberflächenanalysenmethode, die direkt zur Spurenanalyse im Volumen eingesetzt werden kann.

2.3.3. Weitere Methoden mit Ionenanregung

Durch zusätzliche Ionisation der durch Primärionenanregung emittierten Neutralteilchen läßt sich erreichen, daß nicht nur die Sekundärionen, sondern nahezu alle durch Sputtering ausgelösten Teilchen zum Nachweis gelangen ($\beta^{\pm} = 1$ in Gl. (12)). Die darauf beruhenden Postionisationstechniken SNMS (= Sputtered Neutrals Mass Spectroscopy) [32] bzw. GDMS (= Glow Discharge Mass Spectroscopy) [33] haben daher gegenüber SIMS den Vorteil der höheren Nachweisempfindlichkeit und einfacheren Quantifizierbarkeit. Als Nachteile sind der Verlust der Lateralauflösung sowie der störende Einfluß durch Rücksputtering von den Probenkammerwänden (Memory-Effekte) zu nennen. Sie sind bisher meist für Tiefenprofilanalysen herangezogen worden. Wird nicht die Masse der Ionen, sondern die optische Emission aus der Glimmentladung zum Nachweis verwendet, spricht man von GDOS (= Glow Discharge Optical Spectroscopy).

Ein direkter Nachweis der bei der Primäranregung mit Ionen entstehenden optischen Emission wird bei SCANIIR (= Surface Composition by Analysis of Neutral and Ion Impact Radiation) [34] bzw. BLE (= Bombardment induced Light Emission) [35] ausgenützt. Dieses Verfahren hat sich vor allem bei Isolatoren (Gläsern) bewährt.

Das analoge Verfahren zur Elektronenstrahlmikroanalyse ist die ioneninduzierte Röntgenemission, PIXE (= Proton Induced X-ray Emission) [36]. Wegen der beträchtlichen Eindringtiefe der meist verwendeten Protonen (und der hohen Austrittstiefe der Röntgenstrahlung) ist dieses Verfahren nur bedingt oberflächenspezifisch.

2.4. Ionen-Streuungs-Spektroskopie

2.4.1. Qualitative Analyse

Bei der Spketroskopie rückgestreuter, niederenergetischer (< 5 keV) Ionen (ISS = Ion Scattering Spectroscopy) [37, 38] bzw. LEIS (= Low Energy Ion Scattering) wird die Tatsache ausgenutzt, daß bei einem quasibinären Stoß eines einfallenden Ions ein bestimmter Bruchteil der Energie erhalten bleibt, der von dessen Masse m und derjenigen der Probenatome an der Oberfläche (M) sowie vom Streuwinkel ϑ abhängt. Das Prinzip dieses Vorgangs ist in Abb. 15 schematisch wiedergegeben. Für einen Streuwinkel $\vartheta = 90°$ folgt [37]:

$$E_1 = E_0 \left[\frac{M - m}{M + m} \right] \tag{16}$$

Dabei ist E_0 die Energie des einfallenden Ions und E_1 die Energie des rückgestreuten Ions. Da ein quasielastischer Stoß i. a. von der Wechselwirkung mit der äußersten Atomlage eines Festkörpers herrühren wird, ist im Energiespektrum der rückgestreuten Ionen eine qualitative und quantitative Analyse nur dieser ersten Monolage enthalten.

Als Ionen werden meist He^+, Ne^+ und Ar^+ verwendet mit E_0 zwischen 0,5 und 2 keV. Die qualitative Analyse wird durch die Massenauflösung nach Gl. (16) begrenzt und wird für höhere Massen schlechter.

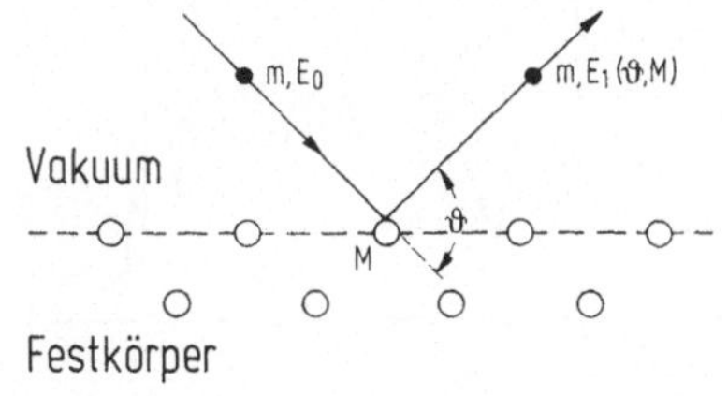

Abb. 15. Prinzip der Streuung niederenergetischer Ionen an Festkörperoberflächen (ISS) (m = Masse der Beschußionen, M = Masse der Oberflächenatome, ϑ = Streuwinkel, E_0 = Energie der einfallenden Ionen, E_1 = Energie der gestreuten Ionen)

Nach Gl. (16) können nur schwerere Elemente als das Beschußion nachgewiesen werden, also z. B. kein Wasserstoff. Besonders bei schweren Beschußionen und höherer Energie nimmt der begleitende Sputtering-Effekt zu. Deshalb können nur niedrige Primärionenstromdichten (typisch 10^5 Ionen/cm^2 s) für eine zerstörungsfreie Oberflächenanalyse verwendet werden.

Das Blockschema der experimentellen Anordnung zur ISS ist in Abb. 16 dargestellt. Ein Vergleich mit SIMS (Abb. 12) zeigt, daß durch Verwendung eines Massenanalysators zur Detektion eine Kombination SIMS/ISS bei relativ geringem zusätzlichem Aufwand möglich ist [37].

Abbildung 17 zeigt ein typisches ISS-Spektrum, das mit einem Zylinderspiegelanalysator erhalten wurde, in der normalen $(I_i^+(E))$ und der differenzierten Form $(dI_i^+(E)/dE)$.

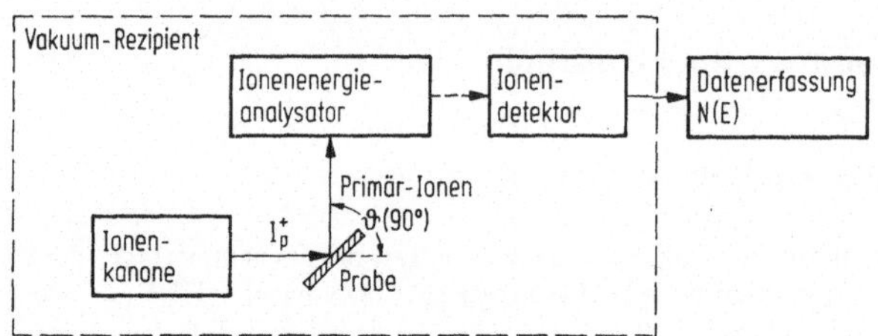

Abb. 16. Schematische Darstellung der Bestandteile einer Anlage zur Ionenstreuungs-Spektroskopie

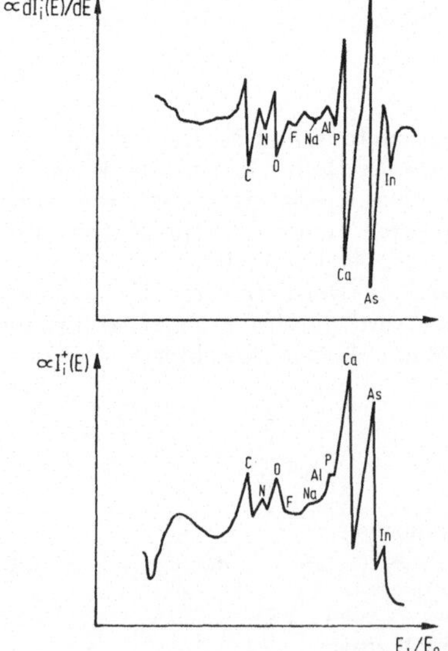

Abb. 17. Typisches ISS-Spektrum einer kontaminierten Halbleiter-Oberfläche. (Energieverteilung $I_i^+(E)$ und differenziertes Spektrum $dI_i^+(E)/dE$; (3M Company, Cambridge Instr., Dortmund))

Bei der ISS besteht die Möglichkeit, eine Information über die Struktur der Oberfläche zu erhalten. Dazu kann die Tatsache ausgenützt werden, daß ein Oberflächenatom einen Abschattierungseffekt bezüglich der darunter- und danebenliegenden Atome ausübt. Außerdem kann das Auftreten von Mehrfachstreuung dazu benützt werden, die Periodizität der Atomanordnung an Kristalloberflächen bzw. Abweichungen hiervon zu untersuchen [37, 38].

2.4.2. Quantitative Analyse

Die Ausbeute der an den Atomen eines Elementes i mit der Flächendichte n_i [cm^{-2}] rückgestreuten Primärionen I_i^+ ist gegeben durch [37]:

$$I_i^+ = T \cdot I_0^+ \cdot \frac{d\varkappa_i}{d\Omega} \cdot n_i \cdot P_i \tag{17}$$

T ist die gesamte Transmission des Nachweissystems [sterad], I_0 der Primärionenstrom, $d\varkappa_i/d\Omega$ der differentielle Wirkungsquerschnitt für die Streuung, P_i die Wahrscheinlichkeit, daß ein Primärion nach dem Stoß wieder als Ion die Oberfläche verläßt (und nicht neutralisiert wird). Die „Entkommwahrscheinlichkeit" nimmt ab mit abnehmender Energie. Nach Gl. (17) ist eine Quantifizierung möglich. Sie zeigt mit der AES vergleichbare Nachweisstärken zwischen 10^{-1} und 10^{-3} einer Monolage [29].

Abbildung 18 zeigt die prinzipiell zu erwartende Abhängigkeit des Streuquerschnitts und der Nachweisempfindlichkeit von der Massenzahl.

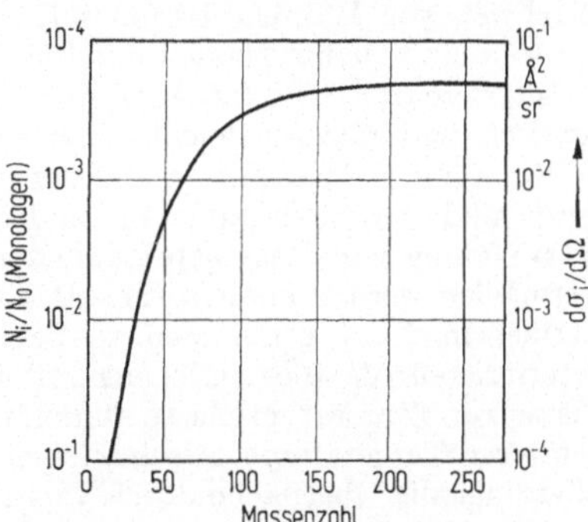

Abb. 18. Abhängigkeit des differentiellen Streuquerschnitts $d\varkappa_i/d\Omega$ und der Empfindlichkeit n_i/n_0 von der Massenzahl des Elements i. (Anzahl der Atome des Elements i (n_i) bezogen auf diejenige der Matrix (n_0) pro Flächeneinheit in der ersten Monolage.) Nach Taglauer und Heiland [37]

2.4.3. Verwandte Methoden mit Primärionenstreuung

Wird bei der ISS (bzw. LEIS) die Ionenenergie stark erhöht (typisch 100 keV bis einige MeV), so durchdringen die Primärionen dicker Schichten, bis sie rückgestreut werden. Diese als RBS (= Rutherford Back-Scattering) [9] oder HEIS (= High Energy Ion Scattering) bezeichnete Technik zeichnet sich dadurch aus, daß eine Tiefenanalyse dünner Schichten (≤ 30 µm) zerstörungsfrei und quantitativ möglich ist (vgl. Abb. 20). Für die Oberflächenanalyse im Monolagenbereich ist sie wegen der begrenzten Tiefenauflösung (typisch: 100 Å) nur bedingt anwendbar.

Bei der INS (= Ion Neutralisation Spectroscopy) [8] wird die bei ISS störende Neutralisierung niederenergetischer Ionen an der Oberfläche zur Anregung einer Elektronenemission aus der Festkörperoberfläche ausgenützt. Die Energie der erzeugten Elektronen wird (analog zur AES) bestimmt und gibt eine Information über die Zustandsdichte der Elektronen in der äußersten Monolage. Hier liegt ihr spezieller Anwendungsbereich.

3. Methodenvergleich

In Tabelle 1 sind die wichtigsten Kenngrößen und Kriterien für die derzeit am häufigsten angewandten Oberflächenuntersuchungsverfahren gegenübergestellt [42].

3.1. Qualitative Analyse

Multielementanalyse ist mit allen vier Techniken möglich ab Li ($Z \geq 3$). SIMS hat den Vorteil, auch H (und He) nachweisen zu können. Ein Nachweis von Isotopen ist nur mit SIMS und in beschränktem Maße für mittlere und leichte Massen mit ISS möglich.

Interferenzen verschiedener Elemente sind für AES und ESCA kaum kritisch und nur für leichte Elemente von Bedeutung (O, N, C). Bei SIMS können Masseninterferenzen der Sekundärionen auftreten (z. B. Fe^{56+} und CaO^+), die aber durch Isotopenanalyse und vor allem durch Verwendung von Massenspektrometern hoher Auflösung ($M/\Delta M > 1\,000$) vermieden werden können [27]. Dabei muß jedoch ein Empfindlichkeitsverlust in Kauf genommen werden. Bei ISS können schwere Massen interferieren, da die Auflösung mit dem Verhältnis von Beschußionenmasse zur Targetatom-Masse abnimmt. Deshalb werden für die Trennung schwerer Targetatome Beschußionen hoher Masse (Ar^+) eingesetzt, die allerdings die Oberfläche durch verstärktes Sputtering verändern [37].

3.2. Quantitative Analyse

Eine quantitative Analyse basiert auf der Zuordnung spektraler Linienintensitäten zu vorliegenden Atomkonzentrationen. Dies kann bei Kenntnis relativer Elementempfindlichkeiten und vernachlässigbaren Matrixeffekten durch Empfindlichkeitsfaktoren für homogene Proben verhältnismäßig zuverlässig durchgeführt werden, wie z. B. bei AES

Tabelle 1. Vergleich der wichtigsten Kenngrößen von ESCA, AES, SIMS und ISS

		ESCA	AES	SIMS	ISS
Prinzip	Anregung	Photonen	Elektronen	Ionen	Ionen
	Emission	Elektronen (E)	Elektronen (E)	Ionen (m/e)	Ionen (E)
Informationstiefe (Monolagen)		$3-10$	$2-10$	$1-3$	1
Nachweisgrenze	[ppm]	1 000	1 000	1	1 000
	[g/cm²]	10^{-10}	10^{-10}	10^{-13}	10^{-10}
Empfindlichkeitsunterschiede für verschiedene Elemente (Faktoren)		10	10	10^5	10^2
NACHWEIS Elemente		$Z > 1$	$Z > 2$	alle	$Z > 1$
Isotope		nein	nein	ja	ja
chem. Bindungen		ja	Spezialfälle	ja	nein
Tiefenprofile		+ Sputtering	+ Sputtering	ja	ja
Vorteile		direkte Information über chem. Bindungszustand, minimale Beeinflussung der Probenzusammensetzung	kleine, matrixunabhängige Element-Empfindlichkeitsunterschiede einfache Quantifizierbarkeit, hohe Lateralauflösung möglich (< 1 µm)	alle Elemente nachweisbar, viele mit hoher Nachweisstärke ($\geqq 1$ ppm) Isotopen-Nachweis hohe Lateralauflösung möglich ($\geqq 1$ µm)	Analyse der äußersten Atomlage Information über deren Struktur möglich
Nachteile		Nachweisstärke auf $\geqq 0,1$ at.-% begrenzt, kein H nachweisbar begrenzte Lateral-Auflösung ($\geqq 1$ mm)	Nachweisstärke auf $\geqq 0,1$ at.-% begrenzt, kein H und He nachweisbar	hohe Elementempfindlichkeitsunterschiede, starke Matrixeffekte schwierig zu quantifizieren	unempfindlich für leichte Elemente, Massenauflösung gering für schwere Elemente

üblich [21]. Bei ESCA liegen die Verhältnisse ähnlich, wenn die einzelnen Intensitäten in den verschiedenen chemischen Bindungen gesondert betrachtet werden. In allen Fällen liefert der Vergleich mit Standards ähnlicher Zusammensetzung genauere Ergebnisse. Für Übersichtsanalysen mit AES und ESCA ist dabei von Vorteil, daß die Variation der elementspezifischen Empfindlichkeiten etwa innerhalb eines Faktors 10 liegt. Die Nachweisgrenze liegt bei etwa 0,1 at.-%, bezogen auf eine monoatomare Schicht.

Weit schwieriger ist die Handhabung elementspezifischer Empfindlichkeitsfaktoren bei SIMS, da die starke Variation der Sekundärionenausbeuten und ihre Matrixabhängigkeit die Ermittlung zuverlässiger Analysendaten erschwert. Einen Ausweg, die Matrixabhängigkeit zu überwinden, bietet die Verwendung reaktiver Primärionen, wie z. B. O_2^+ [27, 28]. Dadurch werden annähernd alle Atome an der Oberfläche in ihren höchsten Oxidationszustand versetzt und es wird somit eine Art „Normierung" des Oberflächenzustandes erreicht. Wegen ihrer hohen Nachweisstärke bis in den ppb-Bereich kann SIMS auch direkt für die Spurenanalyse herangezogen werden.

Für ISS ist zur Zeit eine quantitative Analyse der Oberflächenzusammensetzung ohne Kalibrierung mit anderen Methoden kaum möglich, da die Neutralisationswahrscheinlichkeit noch nicht völlig geklärt ist. Bei konstanter Oberflächenstruktur zeigen Vergleiche mit AES eine lineare Abhängigkeit der Intensität von der Oberflächenkonzentration, wobei i. allg. kein Matrixeffekt beobachtet wird [37]. Die Empfindlichkeit nimmt für leichte Elemente deutlich ab (vgl. Abb. 18). Für schwere Elemente ist sie vergleichbar mit der der AES.

Allen Methoden gemeinsam ist die Problematik ausreichend charakterisierter Standardproben. Da nur die extrem schwer zu reproduzierende und konstant zu haltende Zusammensetzung einer Oberflächenschicht von der Dicke einer oder weniger Atomlagen erfaßt wird, versagt oft der Vergleich mit integralen bulk-Analysen. Nicht zuletzt deshalb wird versucht, durch direkte Ermittlung der physikalischen Parameter, die in die Grundgleichungen der Quantifizierung eingehen, gemessene Intensitäten in Elementkonzentrationen umzurechnen und dabei auf externe Standards zu verzichten. Besonders bei AES [40] und auch bei SIMS [41] wurden dabei Fortschritte erzielt. Meist nimmt die Nachweisstärke (Nachweisempfindlichkeit) zu in der Reihenfolge ESCA — AES — ISS — SIMS.

3.3. Tiefenanalyse

Alle Techniken besitzen eine spezifische Tiefenauflösung, die in Abb. 19 zusammen mit der Lateralauflösung wiedergegeben ist. Sie ist am besten für ISS, die nur die äußerste Atomlage analysiert. SIMS erfaßt einen etwas größeren Bereich, der von der Primärionenenergie abhängig ist. Bei AES znd ESCA liegt der Analysenbereich in der Größenordnung der mittleren freien Weglänge der nachgewiesenen Elektronen (je nach

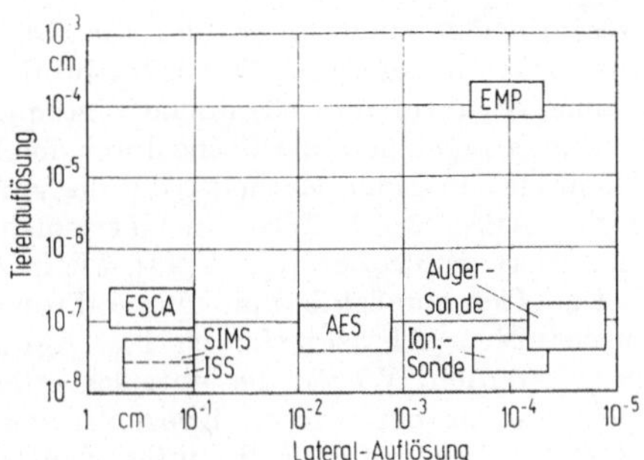

Abb. 19. Lateral- und Tiefenauflösung der verschiedenen Oberflächenuntersuchungsverfahren.
(Abkürzungen vgl. Abb. 1)

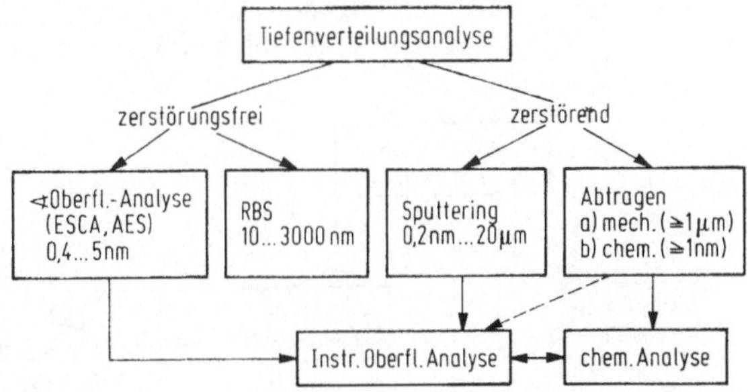

Abb. 20. Schematische Darstellung der verschiedenen Verfahren zur Tiefenverteilungsanalyse. (RBS = Rutherford Backscattering Spectroscopy)

Energie 0,4 nm bis 3 nm). Dieser Bereich kann durch den Winkel zwischen Probenoberfläche und Analysator zu kleineren Werten hin variiert werden.

Aufgrund der winkelabhängigen effektiven Informationstiefe kann mit AES und ESCA eine zumindest halbquantitative Tiefenverteilungsanalyse zerstörungsfrei im Bereich bis zu 10 nm durchgeführt werden [15, 23, 43]. Im allgemeinen nimmt die Dicke der analysierten Oberflächenschicht zu in der Reihenfolge ISS, SIMS, AES, ESCA.

Verfahren zur Gewinnung von Tiefenverteilungen der Elementkonzentrationen zeigt Abb. 20. Tiefenprofile hoher Auflösung können mit dem universell einsetzbaren Abtragverfahren durch Ionenbeschuß (Sputtering) in Kombination mit einem Oberflächenanalyseverfahren erhalten werden [44]. Elektrochemische Abtragverfahren können dabei mit Vorteil zur quantitativen Eineichung herangezogen werden [46].

Bei SIMS ist ein Sputterabtrag während der Analyse inhärent, ebenso bei hoher Stromdichte bzw. schweren Primärionen bei ISS. Bei AES und ESCA muß eine zusätzliche Ionenkanone verwendet werden. Insbesondere bei AES ist eine Tiefenprofilanalyse durch simultanes Sputtering möglich, wobei im Gegensatz zu SIMS Abtragrate und Empfindlichkeit nicht gekoppelt sind. Die erreichbare Tiefenauflösung ist für alle Techniken im wesentlichen eine Frage der Charakteristik des Primärionenstrahls (Ionenart und -Energie, Intensitätsprofil) und der Probe (Art der Matrixatome, Struktur und chemische Bindung) [44, 47, 48]. Dabei lassen sich Veränderungen der Oberfläche durch den Sputtervorgang am besten durch Kombination einer Methode, die die zurückbleibende Oberfläche untersucht (AES, ESCA, ISS) mit einer solchen, die die abgetragene Schicht analysiert (SIMS), ermitteln [48], wie in Abb. 21 dargestellt.

Der Tiefenmaßstab muß durch Proben bekannter Dicke oder durch mechanische Abtastverfahren bzw. optische Interferenzverfahren kalibriert werden. Wegen der unterschiedlichen Sputterausbeuten der Elemente ist er bei starken Konzentrationsänderungen u. U. nicht linear [26]. Bei bekannter, z. B. durch Sputterprofile von scharf begrenzten Doppelschichten ermittelten Tiefenauflösung kann das erhaltene Sputter-Profil durch Entfaltung mit der Auflösungsfunktion in ein Realprofil transformiert werden [23, 49, 50]. Die erreichte Tiefenauflösung ist ein Maß für die Zuverlässigkeit einer solchen Transformation.

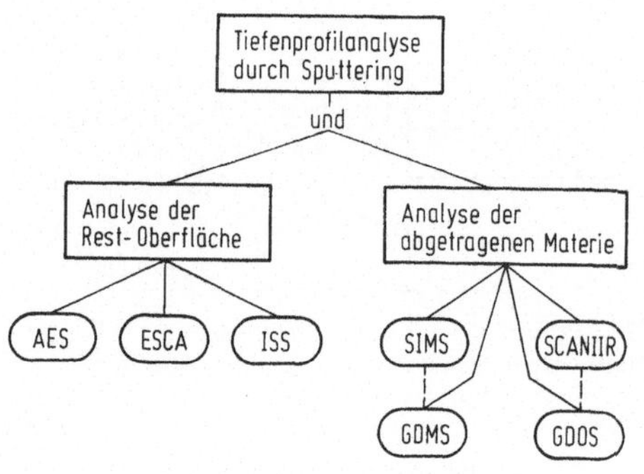

Abb. 21. Schematische Darstellung der unterschiedlichen Informationen oberflächenanalytischer Verfahren beim Einsatz für die Tiefenverteilungsanalyse [42]. (Abkürzungen vgl. Abb. 1)

3.4. Lateral-Verteilungsanalyse

Einen Überblick über die typische Lateralauflösung der Verfahren gibt Abb. 19. Eine hohe Ortsauflösung in der Ebene der Oberfläche (Abbildung der Oberfläche) kann durch einen fein fokussierten Primärstrahl oder durch eine optische Abbildung der geladenen Sekundärteilchen erreicht werden. Beide Methoden werden z. B. bei SIMS-Geräten angewandt [27, 28, 31]. Bei ISS und ESCA ist der typische von der Primäranregung erfaßte Bereichsdurchmesser ≥ 1 mm, so daß hier meist keine Mikroverteilungsanalyse in Betracht kommt. Allerdings sind erfolgverspre-chende Entwicklungen in dieser Richtung im Gang. AES und SIMS werden in Form der Auger-Mikrosonde [18, 51] und der Ionensonde [31] als mikroanalytische Direktverfahren eingesetzt, da sowohl der Elektronen- als auch der Primärionenstrahl fein gebündelt werden können. Durch Abrastern der Oberfläche kann ein Abbild der Element-verteilung erhalten werden. In beiden Fällen beträgt die typische Ortsauflösung etwa 1 μm. Bei der AES sind sogar 30 nm mit Feldemissionskathoden hoher Leuchtdichte erreicht worden [51] (dabei geht die Empfindlichkeit zurück. Hohe Empfindlichkeit und hohe Lateralauflösung schließen sich aus sowohl bei AES als auch bei SIMS. Bei SIMS wird außerdem die Tiefenauflösung schlechter, da das zur Analyse verbrauchte Volumen gleich bleibt.

3.5. Analyse chemischer Verbindungen

Da ESCA die Bindungsenergie der Elektronen analysiert, gibt sie direkt eine chemische Information über die Probenoberfläche. Der Valenzzustand der Atome kann z. B. durch Vergleich mit gemessenen Verbindungsspektren oder mit Reaktionsenthalpien ermittelt werden [7, 11]. Die ISS gibt keine Information über den chemischen Bindungszustand [37]. Mit SIMS und AES können indirekt Hinweise auf Bindungszustände erhalten werden. Bei der AES werden in Spezialfällen (Oxide, Carbide) für die beteiligten Valenzbandübergänge genügend große chemische Verschiebungen (,,chemical shift") erhalten, die eine einwandfreie Zuordnung zum Bindungszustand an Hand von Vergleichsspektren erlauben. Die in neuerer Zeit entwickelte AES hoher Energieauflösung ($\Delta E/E < 0{,}5\%$) wird hier eine feinere Differenzierung ermöglichen [52]. Wegen der Beteiligung von drei Energieniveaus bei der AES ist jedoch eine präzise Zuordnung von gemessenen Auger-Spektren zu definierten Bindungszuständen kompliziert, so daß man auf empirische Vergleiche angewiesen ist. Bei SIMS kann eine Verbindung aus der relativen Häufigkeit von bestimmten, durch den Ionenbeschuß erzeugten Molekülionen identifiziert werden [27, 29]. Obwohl für Oxide Modellvorstellungen existieren, ist man dabei i. allg. auf einen Vergleich mit ,,fingerprint"-Spektren bekannter Verbindungen angewiesen [27].

3.6. Analyse von Nichtleitern (Oxide und organische Matrices)

Da allen Methoden eine Anregung mit (oder eine Emission von) geladenen Teilchen zugrunde liegt, können bei elektrisch nicht leitenden Proben (z. B. Keramik, Glas, Mineralien) elektrostatische Aufladungserscheinungen die qualitative und quantitative Analyse behindern. Bei ESCA an Nichtmetallen können aufladungsbedingte Verschiebungen der Bindungsenergien zu höheren Werten auftreten, die durch Zuordnung zur Linie eines bekannten Elements in der Probe (interne Referenz) korrigiert werden können. Da die Aufladung wegen der Emission von Elektronen positiv ist, kann sie i. allg. durch Versorgen der Probe mit niederenergetischen Elektronen aus einer benachbarten Glühkathode neutralisiert werden [12].

Bei der AES wird eine positive Aufladung durch die Zufuhr von Primärelektronen selbst kompensiert. Eine durch einen Sekundärelektronen-Emissionskoeffizienten $\delta < 1$ bedingte negative Aufladung führt oft zu Instabilitäten im beobachteten Spektrum [17]. Abhilfe kann eine Variation der Primärelektronenenergie und des Einfallswinkels bringen. $\delta \geq 1$ kann am wahrscheinlichsten bei streifendem Einfall sowie bei mittleren Primärenergien (1 keV) und geringen Stromdichten erreicht werden. In schwierigen Fällen kann eine Aufladung durch ein geerdetes feinmaschiges Metallnetz auf der Probenoberfläche oder durch vorsichtiges Bedampfen mit einem Edelmetall vermieden werden, wodurch allerdings die Analyse erschwert wird.

Bei der SIMS kann bei Beschuß mit positiven Ionen eine positive Aufladung der Probe entstehen, die durch gleichzeitigen Beschuß mit niederenergetischen Elektronen oder durch Verwendung negativer Primärionen umgangen werden kann. Für ISS spielen wegen der geringen Ionenstromdichte Aufladungsprobleme i. allg. eine untergeordnete Rolle. Auch hier können niederenergetische Elektronen Abhilfe schaffen.

Alle Methoden erlauben auch die Analyse von Nichtleitern, meist unter Zuhilfenahme von Aufladungskompensationsmethoden. Die ohne diese zu erwartenden Aufladungseffekte sind am stärksten ausgeprägt bei AES und am geringsten bei ISS und ESCA.

Organische Substanzen werden durch Elektronenstrahlen sowohl durch induzierte Desorption als auch durch Aufheizen stark angegriffen, so daß AES in der Regel für deren Analyse ungeeignet ist (vgl. 3.7). Besser eignen sich hier die Ionenbeschuß-Methoden SIMS und ISS. Bei SIMS werden Fragmentionen der Moleküle erhalten, die für diese spezifisch sind und empirische Rückschlüsse erlauben. Für ISS ist die Interpretation durch die hier vergleichsweise starke Störung der Oberfläche erschwert. Am günstigsten für den Einsatz bei der Analyse von Polymeren erscheint ESCA wegen der geringen Störung der Gleichgewichtsstruktur und der direkt zu deutenden Auskunft über die Bindungsverhältnisse [12].

3.7. Einfluß der Primäranregung auf die Probe

Während ESCA, AES und ISS prinzipiell zerstörungsfreie Techniken sind, basiert SIMS auf dem Verbrauch eines Teils der Probe. Allerdings wird bei niedrigen Primärionenstromdichten („statische" SIMS [29], Abb. 14a) die abgetragene Oberfläche nur Bruchteile einer Monolage ausmachen. ISS beruht auf der Primärionenstreuung, d. h. Probenoberfläche wird nicht verbraucht. Da jedoch selbst bei leichten Primärionen (He) und niedrigen Energien (500 eV) eine kleine Sputtering-Wahrscheinlichkeit für die Target-Atome besteht, läßt sich ein gewisser Abtrag der Oberfläche nach längeren Analysezeiten nicht vermeiden. Für schwere Primärionen (Ar^+) und höhere Energien (2 keV) können die Abtragraten vergleichbar mit SIMS werden. ESCA und AES verbrauchen kein Probenmaterial. Die Wechselwirkung der Primäranregung (Photonen und Elektronen) mit der Probenoberfläche kann zu einer Veränderung der Probenoberfläche führen.

Bei der AES kann bereits die relativ hohe Energiedichte ($> 10^3$ W/cm^2) bei schlechten Wärmeleitern zu einer um mehrere 100 K erhöhten Probentemperatur führen, was Diffusions- und Verdampfungsprozesse zur Folge haben kann. Verbindungen mit Ionencharakter (Oxide, Halogenide) werden durch den Elektronenstrahl zerstört, es tritt i. allg. eine elektronenstoßinduzierte Desorption ein. Dies wirkt sich z. B. störend bei Adsorptionsschicht-Untersuchungen aus. Für die Untersuchung von Metallen und Legierungen kann die AES in der Regel als zerstörungsfrei bezeichnet werden.

Bei ESCA hat der Einfluß auf der Probenanregung untergeordnete Bedeutung. Einmal ist die Energiedichte relativ gering, so daß ein Aufheizeffekt vernachlässigt werden kann. Zum anderen ist der Wirkungsquerschnitt für photonen-induzierte Desorption relativ klein. ESCA kann daher vor allem zur Untersuchung von weniger stabilen chemischen Verbindungen (organischen Substanzen) herangezogen werden [12].

Die Veränderungen der Probenoberfläche hängen stark von der Art der Probe ab und von der Flußdichte der Primärteilchen der einzelnen Techniken. Im allgemeinen kann ESCA als das am wenigsten oberflächenverändernd wirkende Verfahren bezeichnet werden.

3.8. Vakuumbedingungen

Probe, Primärstrahlquelle und Analysator befinden sich in jedem Fall in einer Vakuumkammer, die meist mit Hilfe von Turbomolekular-, Ionenzerstäubungs- und Titansublimationspumpen evakuiert wird. Der maximal tolerierbare Restgasdruck ist zunächst nur durch die mittlere freie Weglänge der geladenen Teilchen begrenzt, die unterhalb etwa 10^{-2} Pa (10^{-4} Torr) größer als die Analysatordimensionen ist. Edelgase bei diesen Drucken stören deshalb die Analyse kaum, weshalb z. B. bei AES mit einer Argon-gefluteten Probenkammer ($\sim 10^{-3}$ Pa) Sputtering-Profilanalysen durchgeführt werden können. Kritisch wird die Frage des Restgasdrucks jedoch für reaktive Gase, z. B. H_2O, O_2, CO.

Für qualitative Übersichtsanalysen mit ESCA oder hochenergetischen Peaks bei AES kann unter Umständen unter Hochvakuum (10^{-4} Pa, bzw. 10^{-6} Torr) gearbeitet werden, wobei in jedem Fall eine Adsorptionsschicht aus dem Restgas (im wesentlichen CO) störend wirkt (sofern diese nicht Gegenstand der Untersuchung selbst ist). Wegen der sich über mehrere Atomlagen erstreckenden Austrittstiefe der Elektronen und der meist langen Meßzeiten (insbes. bei ESCA) können noch Schichten unterhalb der Adsorbatschicht erfaßt werden. Für quantitative Oberflächenanalysen ist Ultrahochvakuum ($< 10^{-7}$ Pa bzw. $< 10^{-9}$ Torr) eine Vorbedingung, da sich während der Meßzeit die Oberfläche nicht durch Wiederbedeckung aus der Gasphase verändern soll. Zur Abschätzung der Wiederbedeckungsrate, die proportional zum Restgasdruck ist, gilt 1 Monolage/s bei 10^{-4} Pa (10^{-6} Torr). Am wichtigsten ist ein gutes UHV (10^{-8} Pa; 10^{-10} Torr) für ISS wegen der für die erste Atomlage spezifischen Aussage.

Bei SIMS ist zu unterscheiden zwischen dynamischer und statischer SIMS. Für letztere (geringe Primärionenstromdichte) gelten ähnlich hohe Vakuumanforderungen wie bei der ISS. Bei höheren Primärstromdichten (j_p) wird ein Teil des Adsorbats während des Sputtering-Vorgangs mit

abgebaut. Als Faustregel für den noch tolerierbaren Restgaspartial-
druck p eines reaktiven Gases gilt:

$$j_p \; [\mu A/cm^2] \geqq 10^6 \; p \; [Pa] \tag{18}$$

(133 Pa = 1 Torr). Deshalb kann man bei der dynamischen SIMS (Ionensonde) mit $j_p > 10^2 \, \mu A/cm^2$ meist mit Hochvakuum (10^{-4} Pa) aus-
kommen.

Analoge Überlegungen gelten für Tiefenprofilanalysen, etwa mit AES
und Sputtering. Beim Fluten des Kessels mit $5 \cdot 10^{-3}$ Pa Argon bedeutet
dies, daß bei $j_p = 10 \, \mu A/cm^2$ dessen Reinheit wesentlich besser als 10^{-3}
sein muß, damit nach Gl. (18) eine Oberflächenveränderung durch
reaktive Restgasbestandteile vermieden wird.

4. Schlußbemerkung

Das der vorliegenden Probenart und dem Analysenziel optimal angepaßte
Verfahren läßt sich an Hand der dargestellten methoden- und gerätespezifischen Randbedingungen auswählen. Mehrdeutigkeiten und Artefakte
können bevorzugt durch Kombination verschiedener Methoden in einem
Gerät erkannt und vermieden werden.

Literatur

A. *Zusammenfassungen über Oberflächenanalyse*

1. Kane, P. F.; Larabee, G. B. (eds.): Characterization of Solid Surfaces,
   New York: Plenum Press 1974
2. Czanderna, A. W. (ed.): Methods of Surface Analysis, Amsterdam:
   Elsevier 1975
3. Ibach, H. (ed.): Electron Spectroscopy for Surface Analysis, Springer
   Berlin, Heidelberg, New York: Springer 1977
4. McIntyre, N. S. (ed.): Quantitative Surface Analysis of Materials,
   STP 643, Philadelphia: Am. Soc. Test. Mat. 1978

B. *Review-Artikel und Originalarbeiten*

5. Kane, P. F., Larabee, G. B.: Anal. Chem. 1977, *49*, 221R
6. Siegbahn, K., et al.: ESCA: Atomic, Molecular and Solid State Struc-
   ture Studied by Means of Electron Spectroscopy, Uppsala: Almquist
   und Wiksells 1967
7. Brundle, C. R.; Baker, A. D. (eds.): Electron Spectroscopy: Theory,
   Techniques and Applications, London: Academic Press 1977
8. Hagstrum, H. D.; Rowe, J. E.; Tracy, J. C.: in: Experimental Methods
   in Catalytic Research, Vol. III, New York: Academic Press 1976, p. 42
9. Bünzli, J. C. G.: Z. Anal. Chem. 1975, *273*, 359
10. Carlson, T. A.: Photoelectron and Auger Spectroscopy, New York:
    Plenum Press 1975
11. Holm, R.; Storp, S.: Appl. Phys. 1976, *9*, 217
12. Riggs, W. M.; Parker, M. J.: in Ref. 2, p. 103

13. Tousset, J.: Analysis 1975, *3*, 221
14. Wagner, C. D.: Anal. Chem. 1972, *44*, 1050
15. Holm, R.; Storp, S.: Vakuum-Technik 1976, *25*, 41
16. Ebel, H.; Ebel, M. F.: Mikrochim. Acta 1974, Suppl. *5*, 333
17. Chang, C. C.: in Ref. 1, p. 509
18. Joshi, A.; Davis, L. E.; Palmberg, P. W.: in Ref. 2, p. 159
19. Hofmann, S.: Auger Electron Spectroscopy, in: Wilson and Wilson's Comprehensive Analytical Chemistry, G. Svehla, ed., Vol. IX, 1979 p. 89
20. Coghlan, W. A.; Clausing, R. E.: USEAC Report ORNL-TM-3576, US-Department of Commerce, Springfield 1971
21. Davis, L. E.; MacDonald, N. C.; Palmberg, P. W.; Riach, G. E.; Weber, R. E.: Handbook of Auger Electron Spectroscopy, Physical Electronics Ind., Eden Prairie 1976
22. Palmberg, P. W.: Anal. Chem. 1973, *45*, 549
23. Hofmann, S.: Mikrochim. Acta 1977, Suppl. *7*, 109
24. Kirschner, J.: in Ref. 3, p. 59
25. Madden, H. H.: J. Vac. Sci. Technol. 1976, *13*, 228
26. Kirschner, J.; Etzkorn, H. W.: Proc. 7th Intern. Congr. and 3rd Intern. Conf. Solid Surfaces, Wien 1977, Vol. 3, 2213
27. Werner, H. W.: Surface Sci. 1975, *47*, 301
28. McHugh, J. A.: in Ref. 2, p. 223
29. Benninghoven, A.: Surface Sci. 1975, *53*, 596
30. Werner, H. W.: Proc. 7th Intern. Congr. and 3rd Intern. Conf. Solid Surfaces, Wien 1977, Vol. III, p. 2135
31. Liebl, H.: J. Vac. Sci. Technol. 1975, *12*, 385
32. Oechsner, H.; Gerhard, W.: Surface Sci. 1974, *44*, 480
33. Coburn, J. W.; Eckstein, F. W.; Kay, E.: J. Appl. Phys. 1975, *46*, 2828
34. Tolk, N. H.; Tsong, I. S. T.; White, C. W.: Anal. Chem. 1977, *49*, 49
35. Bach, H.: J. Non-Crystalline Solids 1975, *19*, 65
36. Reuter, W.; Lurio, A.; Cardone, F.; Ziegler, J. F.: J. Appl. Phys. 1975, *46*, 3194
37. Taglauer, E.; Heiland, W.: Appl. Phys. 1976, *9*, 261
38. Buck, T. M.: in Ref. 2, p. 75
39. Behrisch, R.; Scherzer, B. M.; Staib, S.: Thin Solid Films 1973, *19*, 57
40. Staib, P.; Staudenmaier, G.: Proc. 7th Intern. Vac. Congr. and 3rd Intern. Conf. Solid Surfaces, Wien 1977, Vol. III, p. 2355
41. Rüdenauer, F. G.: Mikrochim. Acta 1977, Suppl. *7*, 85
42. Hofmann, S.: Z. Anal. Chem. 1977, *285*, 177
43. Chang, C. C.; Boulin, D. M.: Surface Sci. 1977, *69*, 385
44. Hofmann, S.: Appl. Phys. 1976, *9*, 59
45. Benninghoven, A.: Thin Solid Films 1976, *39*, 3
46. Tölg, G.: Mikrochim. Acta 1977, Suppl. *7*, 1
47. Hofmann, S.; Erlewein, J.; Zalar, A.: Thin Solid Films 1977, *43*, 275
48. Coburn, J. W.; Kay, E.: Crit. Rev. Sol. State Sci. 1974, 4, 561
49. Hofmann, S.: Proc. 7th Intern. Congr. and 3rd Intern. Conf. Solid Surfaces, Wien 1977, Vol. 3, 2613
50. Ho, P. S.; Lewis, J. E.: Surface Sci. 1976, *55*, 335
51. Venables, J. A.; Janssen, A. P.; Harland, C. J.; Joyce, B. A.: Phil. Mag. 1976, *34*, 495
52. Allen, G. C.; Tucker, P. M.; Wild, R. K.: Surface Sci. 1977, *68*, 469
53. Powell, C. J.: Appl. Surf. Sci. 1978, *1*, 143

III. Anwendungen

Anwendungsbereiche der enzymatischen Analyse

Professor Dr. Gerhard Pfleiderer, Dr. Hans Pauly
Inst. für Organ. Chemie, Biochemie und Isotopenforschung
Universität Stuttgart, Pfaffenwaldring 55, 7000 Stuttgart 80

1. Allgemeiner Überblick

Mit wachsender Zahl kommerziell zugänglicher hochgereinigter Enzyme
ist mehr und mehr die Möglichkeit gegeben, Enzyme als analytisches
Hilfsmittel zu verwenden. Sie werden schon lange von Biochemikern
eingesetzt, z. B. zur Bestimmung von Metaboliten im Rahmen von Stoff-
wechseluntersuchungen oder bei der Strukturaufklärung von Naturstoffen,
insbesondere von Makromolekülen wie Proteinen und Nukleinsäuren.
Enzyme können aber auch dem analytisch und chemisch-präparativ
arbeitenden Chemiker zusätzlich zu physikalischen und chemischen
Methoden von Nutzen sein, auch wenn heute davon noch zu wenig
Gebrauch gemacht wird. Daher sollen im folgenden die Möglichkeiten
und Grenzen der enzymatischen Analyse aufgezeigt werden.

Sie besitzt von vornherein den entscheidenden Vorteil, daß im Gegensatz
zu vielen chemischen Bestimmungsmethoden nicht zuvor eine physikalische Stofftrennung vorgenommen oder eine Derivatisierung durchgeführt werden muß, d. h. es ist möglich, eine *Direktbestimmung verschiedenartiger Substanzen mit Hilfe verhältnismäßig spezifischer Enzyme
in Gegenwart eines komplexen Substanzgemisches durchzuführen.* Es muß
allerdings darauf hingewiesen werden, daß es in den wenigsten Fällen
eine absolute Spezifität eines Enzyms gegenüber einem einzigen Substrat
gibt. Auch homologe oder analoge Verbindungen können durch ein-
und dasselbe Enzym umgesetzt werden. So dehydriert z. B. Alkohol-
dehydrogenase nicht nur Äthanol, sondern auch Propanol, Butanol usw.

Diese relative Substratspezifität soll am Beispiel der Glucosedehydro-
genase aus *Bacillus megaterium* gezeigt werden. In Tabelle 1 sind die
relativen Umsatzgeschwindigkeiten von β-D-Glucose und verschiedenen
isomeren und homologen Zuckern aufgeführt. Allerdings ist hierbei zu
berücksichtigen, daß sehr oft das homologe gegenüber dem natürlichen
Substrat sehr viel schlechter gebunden oder langsamer umgesetzt wird,
so daß je nach Art des Substanzgemisches doch im wesentlichen das
natürliche oder im Überschuß vorliegende Substrat zum Zuge kommt.
Wichtig ist, daß die Affinitätskonstante des Substrats oder Coenzyms zu
einem Enzym, meist ausgedrückt durch die Michaeliskonstante K_m, bei

Tabelle 1. Substrat-Spezifität der D-Glucose-Dehydrogenase E.C. 1.1.1.47 aus *Bacillus megaterium*

Substrate	Relative Rate (%)
2-Desoxy-D-glucose	114
D-Glucose	100
D-Xylose	6
D-Mannose	0,8
D-Galactose	0
D-Arabinose	0
D-Ribose	0
D-Fructose	0
L-Rhamnose	0
2-Desoxy-2-amino-D-glucose	14
N-Acetyl-2-desoxy-2-amino-D-glucose	0
myo-Inositol	0
D-Glucose-6-phosphate	0

Anwendung eines Enzyms als analytisches Hilfsmittel möglichst klein ist. Es hat also keinen Sinn, ein Enzym analytisch zu verwenden, das ein Substrat nur in sehr hohen Konzentrationen ausreichend bindet und bei niedriger Konzentration daher nur langsam umsetzt. Die Michaeliskonstanten der meisten Enzyme genügen jedoch diesen Anforderungen; sie liegen etwa in der Größenordnung von 10^{-3} bis 10^{-6} M.

Das Prinzip der Analyse ist rasch geschildert. Man setzt das zu analysierende Substrat mit einem Überschuß an Enzym und, wo notwendig, auch Coenzym um und mißt mit Hilfe physikalischer oder chemischer Methoden die Abnahme des Substrats oder die Bildung eines Produkts. Hierfür gibt es drei verschiedene Bestimmungsmethoden:

1. Die Endwertsbestimmung. Die Reaktion muß quantitativ ablaufen und man ermittelt aus der Differenz der Werte die Menge an ursprünglichem Substrat. Die vollständige Umsetzung ist nicht immer ohne weiteres möglich. Zwar ist die physiologisch gerichtete Reaktion meistens einseitig begünstigt. So wird Pyruvat quantitativ durch Lactatdehydrogenase im neutralen Bereich in Gegenwart von überschüssigem NADH in $L^{(+)}$-Lactat übergeführt. Schwieriger ist dagegen die umgekehrte Reaktion, die aber dadurch vielfach realisierbar ist, daß man selbst bei ungünstiger Gleichgewichtslage das Reaktionsprodukt durch chemische Fängersubstanzen (im obigen Fall der Dehydrierung von Milchsäure zu Brenztraubensäure mit Hydrazin oder Semicarbazid zum Hydrazon bzw. Semicarbazon) umsetzt und damit aus dem Gleichgewicht entfernt. Außerdem ist das Gleichgewicht stark pH-abhängig, so daß oft durch Auswahl eines geeigneten pH-Wertes eine günstige Verschiebung des Gleichgewichts erreicht werden kann. Weiterhin wird vielfach die Verschiebung des Gleichgewichts und auch die Registrierung des Umsatzes überhaupt erst durch Einschalten von Hilfsreaktionen möglich. Ein einfaches Beispiel: L-Asparaginsäure wird durch Glutamat-Oxalacetat-Transaminase in Gegenwart von α-Keto-Glutarat unter Bildung von

Glutaminsäure in Oxalessigsäure umgewandelt. Die Gleichgewichtslage dieser Transaminierungsreaktion liegt bei 1, wird aber dadurch ganz nach rechts verschoben, daß man ein Hilfssystem, die sog. Malatdehydrogenase, hinzufügt, die in Gegenwart von überschüssigem NADH Oxalacetat quantitativ in $L^{(+)}$-Malat überführt und damit eine quantitative Umwandlung von Asparaginsäure letztlich in Malat ermöglicht. Außerdem hat die Hilfsreaktion die Funktion wegen der bekannten Änderung des NADH-NAD-Spektrums eine ursprünglich photometrisch nicht beobachtbare Reaktion der Photometrie zugänglich zu machen. Derartige Kopplungsreaktionen sind fast beliebig unter Einschaltung einer photometrisch beobachtbaren Reaktion möglich.

2. Die kinetische Ermittlung von Substraten oder Enzymen, die vor allem heute bei den automatisierten Analysen-Methoden eine überragende Rolle spielt. Hier ist die eigentliche Meßgröße die Anfangsgeschwindigkeit der Reaktion, die insbesondere bei großen Michaeliskonstanten und niederen Substratkonzentrationen dadurch gegeben ist, daß die Reaktionsgeschwindigkeit direkt proportional zu der ursprünglichen Substratmenge ist. Dasselbe gilt umgekehrt bei überschüssigem Substrat und Coenzym für die Bestimmung der Enzymkonzentration. Dort müssen sehr genau die Reaktionsbedingungen, wie Temperatur, pH und Meßzeit, konstant gehalten werden. Die kinetische Methode wird vor allem bei Umsetzungen erster oder pseudoerster Ordnung, aber auch bei Reaktionen zweiter Ordnung angewandt. Allerdings werden diese Reaktionen sehr oft durch Aktivierungs- und Hemmeffekte gestört, vor allem in Gewebs- und Körperflüssigkeiten, so daß es notwendig ist, im Idealfall zu einem Probenextrakt eine definierte Menge eines Standards zuzugeben, um den Effekt des Extraktes auf diesen Standard zu prüfen. Bei der kinetischen Methode können allgemein Effektoren quantitativ gemessen werden: s. z. B. pharmakologische Substanzen oder toxische Umweltsubstanzen; sie bewirken in der Regel einen hemmenden Einfluß auf die Kinetik einer normalen Enzymreaktion. Aus dem Ausmaß der Hemmung kann im Vergleich zu Standardlösungen auf die Menge des ursprünglichen Hemmstoffes geschlossen werden.

3. Die Cycling-Methode. Sie beruht darauf, daß der Effekt sehr kleiner Substratmengen dadurch wesentlich vergrößert werden kann, daß durch eine Regenerierungsreaktion das ursprüngliche Reagenz ständig rückgebildet und damit seine Konzentration konstant gehalten werden kann. Ein besonders schönes Beispiel ist die Umwandlung von Tetrazoliumsalzen in Formazane in Gegenwart zahlreicher NAD-abhängiger Dehydrogenasen. Sowohl eine kleine Menge Coenzym als auch das Enzym selbst können eine beliebige Menge an Formazan bilden, wenn durch Zugabe künstlicher Redox-Systeme, wie Phenazinmethosulfat, eine ständige Rückoxidation des enzymatisch gebildeten NADH erreicht wird, weil letzten Endes der Wasserstoff irreversibel im stark gefärbten Formazan erscheint.

$$\text{Äthanol} + \text{NAD} \xrightleftharpoons{\text{Alkoholdehydrogenase}} \text{Acetaldehyd} + \text{NADH} + \text{H}^+$$

$$\text{NADH} + \text{Tetrazol} \xrightarrow{\text{Phenazinmethosulfat}} \text{NAD}^+ + \text{Formazan}$$
$$\qquad\text{(farblos)} \qquad\qquad\qquad\qquad\qquad \text{(farbig)}$$

Die Nachweisgrenze wird durch die Wahl einer dieser Bestimmungsmethoden und natürlich durch die Meßtechnik festgelegt. Bei der Endwertsbestimmung lassen sich — da die molaren Extinktionskoeffizienten meist sehr groß sind — ohne weiteres Substratkonzentrationen bis 10^{-6} M mit Hilfe des optischen Tests ermitteln. Durch Fluoreszenz- oder Phosphoreszenzmessungen sind sogar Konzentrationen bis 10^{-8} M erfaßbar.

Ein weiteres wichtiges Kriterium für die erfolgreiche Anwendung der enzymatischen Analyse ist die *Reinheit* des verwendeten Enzymsystems. In einem komplex zusammengesetzten Gemisch, etwa einem Zellextrakt mit Hunderten verschiedener Metaboliten, kann nur dann eine Komponente spezifisch erfaßt werden, wenn das dazu benützte Enzymsystem frei von störenden Nebenaktivitäten ist. Dahingegen genügt in der Regel ein verhältnismäßig grob angereichertes System, wenn man nur einen chemisch-präparativen Ansatz vor sich hat, in dem die strukturelle Bestätigung der gewünschten Hauptkomponente zum Ziel gesetzt wurde.

Ein weiterer Vorteil der enzymatischen Analyse ist die *Stereospezifität*. So können Enzyme zwischen optisch aktiven Isomeren unterscheiden. Es ist daher möglich, durch die Kombination chemischer und enzymatischer Verfahren den Anteil der einzelnen Antipoden zu ermitteln. So kann man die L-Enantiomeren gewisser Aminosäuren enzymatisch bestimmen. Führt man zusätzlich eine Ninhydrinbestimmung durch, so erfaßt man chemisch die Gesamtmenge an D,L-Aminosäure und kann so eine mögliche Racemisierung im Verlauf einer chemischen Reaktion verfolgen. Dies gilt auch für die Zuckerchemie, wo es oft wichtig ist, die α- und β-Form eines Zuckers zu unterscheiden. So kann z. B. die Mutarotation durch Verwendung von Enzymen, die nur die eine oder andere Form umsetzen, meßtechnisch verfolgt werden. Entsprechendes gilt für Polypeptidsynthesen, bei denen die Racemisierung durch Verwendung von Endopeptidasen, die nur L-Aminosäure-α-Peptidbindungen spalten, erkannt werden kann oder für die Nukleotidsynthese, wo eine 3′-5′-Phosphodiesterbindung erwünscht ist, nicht aber eine 2′-5′-Bindung. Nur die erste Form wird durch die üblichen Nukleasen angegriffen.

Schließlich lassen sich auch Ketoenol-Tautomerisierungen mit Hilfe von Enzymen verfolgen, wie z. B. die Ketoenol-Tautomerie der Oxalessigsäure. Da die Malatdehydrogenase nur die Ketoform zum L(+)-Malat hydriert, kann bei Zugabe überschüssigen Enzyms rasch die vorliegende entfernt und damit die Umwandlungsgeschwindigkeit der Enolform in die Ketoform mittels des optischen Testes gemessen werden.

2. Meßtechnik

Voraussetzung für die quantitative enzymatische Bestimmung einer Substanz ist, daß ihre durch das Enzym katalysierte Umsetzung genau und schnell mit Hilfe geeigneter Meßanordnungen verfolgt werden kann. Neben den klassischen Methoden der analytischen Chemie wie der Absorptionsspektrometrie, der Manometrie und der Potentiometrie haben sich jüngst auch fluorimetrische, konduktometrische, calorimetrische und polarographische Verfahren als geeignet erwiesen. Teilweise konnte damit die Nachweisempfindlichkeit um Größenordnungen verbessert werden, zum Teil wurde damit erst die Voraussetzung für die noch im Fluß befindliche Automation des analytischen Laboratoriums geschaffen, die im multifunktionellen Analysator mit elektronischer Datenkontrolle und -auswertung einen ersten Höhepunkt erreicht hat. Diese Analysensysteme enthalten vielfach bereits das Enzym — das teuerste Reagenz dieser Meßverfahren — in wieder verwendbarer Form chemisch oder physikalisch fixiert in Enzymsäulen, an inneren Oberflächen von Schlauchleitungen oder in den Meßzellen.

2.1. Absorptionsspektrometrie

Nach wie vor wird in der enzymatischen Analyse der optische Test am häufigsten verwendet. Grundlage dieser Bestimmungsmethode ist das Lambert-Beersche Gesetz $E = \varepsilon \cdot c \cdot d$, das die Extinktion einer Lösung mit der Schichtdicke d und der Konzentration c einer absorbierenden Substanz durch den molaren Extinktionskoeffizienten ε verknüpft. Wegen der vielfach hohen Werte für ε ist es möglich, Probenkonzentrationen bis herab zu 10^{-6} M zu bestimmen. Die häufigsten Indikatorsubstanzen, die oft erst in Folge- bzw. Hilfsreaktionen eingesetzt werden, sind in Tabelle 2 aufgeführt.

Tabelle 2.

Substanz	Wellenlänge (nm)	ε (M^{-1} cm^{-1})
NADH	340	6 220
	334	6 110
	366	3 330
NADPH	340	6 220
	334	6 130
	366	3 400
p-Nitroanilin	405	9 620
p-Nitrophenolat	405	18 500 (pH 10)
	400	18 800 (pH 10)
	410	16 595 (pH 8,3)
	405	16 240 (pH 8,0)
	405	9 940 (pH 7,0)
	400	9 890 (pH 7,0)
	400	9 600 (pH 6,8)
3-Thio-5-nitrobenzoesäure	412	13 600
	405	13 700

2.2. Fluoreszenzspektroskopie

Die Empfindlichkeit dieser Methode übertrifft die der Absorptionsphotometrie maximal um den Faktor 1000. Ausgearbeitete Verfahren
existieren für die Messung der Coenzyme NAD(H) und NADP(H). Die
oxydierte Form zeigt keine native Fluoreszenz, kann jedoch durch 6 N
NaOH (37 °C, 30 min) in eine stark fluoreszierende Verbindung überführt
werden. Die reduzierten Nicotinamid-adenin-dinucleotide weisen eine
schwache native Fluoreszenz auf, die durch Oxydation mit 0,01% H_2O_2
und Behandeln mit 6 N NaOH verstärkt werden kann. Das Maximum
der Anregung liegt in allen Fällen im Bereich von 340 nm, das der Emission
bei 470 nm. Dennoch gelingt es, NAD(P) und NAD(P)H nebeneinander
zu bestimmen, da die oxydierte Form durch 40 mM NaOH und die
reduzierte Form durch 0,2 M HCl jeweils zu nicht fluoreszierenden
Produkten abgebaut werden kann. Eine weitere Möglichkeit zur Empfind-
lichkeitssteigerung bei der NADH-Bestimmung und damit der Ver-
folgung von Dehydrogenasen-Reaktionen ist durch die Diaphorase-Hilfs-
reaktion gegeben.

$$\text{Resazurin} + 2\,\text{NADH} \xrightarrow{\text{Diaphorase}} \text{Resorufin} + 2\,\text{NAD}$$

Dabei wird aus nicht fluoreszierendem Resazurin fluoreszierendes Reso-
rufin gebildet.

2.3. Potentiometrie und Polarographie

In der enzymatischen Analyse werden in der Regel keine Redox-
potentiale, sondern Membranpotentiale zur Bestimmung von Ionen-
konzentrationen benutzt. Das Meßprinzip beruht darauf, daß eine Lösung
eines bestimmten Ions mit bekannter Konzentration durch eine geeignete
Membran abgetrennt mit der Probenlösung in Kontakt gebracht wird,
die eine unbekannte Konzentration dieses Ions enthält. Die Potentialdifferenz, die aus dem Konzentrations- bzw. Aktivitätsunterschied
zwischen beiden Lösungen resultiert, wird über Ableitelektroden — meist
Kalomel- oder Ag/AgCl-Elektroden — aufgenommen und erlaubt die
Bestimmung der Ionenaktivität der unbekannten Lösung. Bekanntestes
Beispiel einer solchen Meßanordnung ist die pH-Glaselektrode zur Messung
von Protonenkonzentrationen. Abhängig von der verwendeten Membran
wirkt eine solche Elektrode selektiv gegenüber bestimmten Ionen. Unter
diesen ionenspezifischen Elektroden sind besonders die Na^+-, K^+-, Ca^{2+}-
und NH_4^+-sensitiven, in Kombination mit immobilisierten Enzymen für
die enzymatische Analyse von Bedeutung. Ein völlig anderes Arbeits-
prinzip liegt der O_2-sensitiven Elektrode (Clark-Elektrode) zugrunde.
Während bei der Messung der Membranpotentiale kein Verbrauch der
nachzuweisenden Ionen stattfindet, wird bei der Clark-Elektrode Sauerstoff an einer kathodisch polarisierten Platin- oder Goldelektrode zu
H_2O reduziert. Die dazu benötigten Elektronen müssen zur Aufrecht-

erhaltung der ursprünglichen Polarisationsspannung zwischen der Sauerstoff- und einer Referenzelektrode nachgeliefert werden. Meßgröße ist demnach der Strom, mit dem das System der Depolarisation der Sauerstoffelektrode entgegenzuwirken versucht (Prinzip des Polarographen). Bei der Clark-Elektrode sind der Platin- oder Goldstab sowie die Ag/AgCl-Referenzelektrode durch eine sauerstoffdurchlässige Teflonmembran vom Untersuchungsgut getrennt, um die Abscheidung von Lösungsbestandteilen auf den Elektrodenflächen zu verhindern.

2.4. Mikrocalorimetrie

Die Meßgröße dieser Methode ist die Temperaturänderung — in der Regel eine Erhöhung —, die mit jeder enzymatischen Umsetzung verbunden ist. Das universell anwendbare Meßprinzip findet seine Einschränkung für analytische Anwendung durch das Auflösungsvermögen der empfindlichsten Temperatursonden (Thermistoren), das im Bereich von 10^{-5} K liegt. Weiterhin erfordert diese Technik besondere Vorkehrungen zur Thermostatisierung bzw. Wärmeisolierung der verwendeten Calorimeter, damit zufällige Temperaturschwankungen in der Reaktionslösung klein gegenüber dem Meßwert sind; dieser umfaßt für den analytischen Bereich Temperaturänderungen von etwa 10^{-2} bis 10^{-4} K. Gemessen wird entweder die Erwärmung des gegenüber der Umgebung perfekt isolierten Calorimeterinhalts (adiabatische Calorimeter) oder die pro Zeiteinheit von einer Reaktionskammer an eine Wärmefalle konstanter Temperatur und unendlicher Wärmekapazität abgegebene Wärmemenge, die dem Temperaturgefälle zwischen beiden proportional ist (Wärmeflußcalorimeter). Bei Kenntnis der molaren Reaktionsenthalpien einer Umsetzung kann aus diesen Größen der Substanzumsatz berechnet werden.

Folgereaktionen — etwa das Abfangen von Protonen durch Pufferionen, die Hydrolyse von Produkten bzw. die weitere enzymatische Umsetzung von Produkten durch Zugabe eines zweiten Enzyms — tragen additiv zur Gesamtänderung der Reaktionsenthalpie bei. Auf diese Weise kann die Empfindlichkeit beträchtlich gesteigert werden.

2.5. Manometrie

Die manometrische Technik erlaubt die Bestimmung geringster Volumenänderungen, die sich in biologischen Systemen aus dem Verbrauch oder der Freisetzung von Sauerstoff oder Kohlendioxid ergeben. Durch die Verfeinerung dieser von Warburg entwickelten Meßmethode, insbesondere durch die Einführung der Kapillarrespirometer, ist inzwischen die Empfindlichkeitsgrenze auf Volumenänderungen von 10^{-5} µl/h gesteigert worden. Aufgrund des erheblichen Aufwandes bei solchen Messungen wird die Manometrie, zumindest bei der Bestimmung von Änderungen des Sauerstoffpartialdrucks, durch polarographische Verfahren (O_2-sensitive Elektroden) verdrängt.

2.6. Konduktometrie

Die Meßgröße bei der Konduktometrie ist der elektrische Leitwert (früher als elektrische Leitfähigkeit bezeichnet). Der Leitwert ist abhängig von der Zahl, der Ladung und der Beweglichkeit aller in einer Lösung vorhandenen Ionen. Enzymatische Umsetzungen, die zu einer Veränderung dieser Größen führen, können durch Konduktometrie direkt verfolgt werden. Gut untersuchte Beispiele sind der Harnstoffabbau durch Urease:

$$\text{Harnstoff} + H_2O \rightarrow 2\,NH_4^+ + CO_3^{2-}$$

und die Hydrolyse von Acetylcholin durch Cholinesterase:

$$\text{Acetylcholin}^+ + H_2O \rightarrow \text{Acetat}^- + H^+ + \text{Cholin}^+.$$

Probleme, die einer Verbreitung dieser einfachen Meßmethode entgegenstehen, ergeben sich aus den hohen Grundleitwerten der Reaktionslösungen, da diese für die Dauer der enzymatischen Umsetzung ausreichend gepuffert sein müssen. Das Signal-Leerwert-Verhältnis von etwa 5:1 stellt besondere Anforderungen an Rauscharmut und Auflösungsvermögen der Elektronik der benutzten Leitwertmeßgeräte.

Wie angedeutet, wird im Augenblick noch der überwiegende Anteil aller enzymatischen Bestimmungen mittels Absorptionsphotometrie durchgeführt. Durch die Fortschritte der Entwicklung *immobilisierter Enzyme*, die als wiederverwendbare Katalysatoren aufzufassen sind, werden zunehmend Detektoren der Potentiometrie, Polarographie und Mikrocalorimetrie interessant. Der optische Test wird zum einen durch Anwesenheit des natürlichen oder synthetischen Polymeren erschwert, das als Enzymträger dient, zum anderen erfordert er oft teure Hilfs- und Indikatorenenzyme sowie Systeme zur Regenerierung von Coenzymen. Die Kombination immobilisierter Enzyme mit den Detektoren in Form von Enzym-Elektroden und Enzym-Thermistoren ermöglicht eine Verkleinerung der Reaktionsräume und damit höhere Empfindlichkeit. Probleme ergeben sich noch aus der Diffusionshemmung von in porösen Trägern immobilisierten Enzymen und aus der Notwendigkeit, die Fixierung des Enzyms unter Erhaltung und Stabilisierung der Aktivität für eine möglichst lange Benutzungsdauer durchzuführen. Die Vorteile dieser Meßanordnungen hinsichtlich der Reagenzienkosten, des schnellen Probendurchsatzes und geringer Störanfälligkeit zeigen sich jedoch bereits bei O_2-empfindlichen Enzym-Elektroden, die zur Messung von Glucose, Harnsäure, Harnstoff, Lactat, Aminosäuren und Alkohol Anwendung finden. Deshalb kann eine rasante Entwicklung auf diesem Sektor der enzymatischen Analyse erwartet werden.

2.7. Strukturaufklärung von Naturstoffen (einschließlich synthetischer Präparate)

Bei der Aufklärung der Primärstruktur von Makromolekülen, wie Proteinen und Nukleinsäuren, ist die Verwendung von Enzymen unentbehrlich. Insbesondere unter Verwendung von Endopeptidasen bzw. Endonukleasen ist es möglich, mehr oder weniger langkettige Naturstoffe in definierte kürzere Bruchstücke zu spalten, die als solche voneinander getrennt und dann mit Hilfe chemischer oder biochemischer Methoden (Exopeptidasen bzw. Exonukleasen) sequenziert werden.

Insbesondere beim Strukturbeweis synthetischer Peptide oder Nukleotide sind Enzyme hilfreich, um mögliche Racemisierungen oder falsche Kettenverknüpfung zu erkennen. So sind z. B. die Endo- wie auch Exopeptidasen spezifisch ausgerichtet auf α-Peptidbindungen mit Aminosäuren der L-Konfiguration. γ-Glutamylpeptidbindungen werden z. B. nicht gespalten. Gleichermaßen spezifisch sind Endo- und Exonukleasen gegen $3',5'$-Phosphodiesterbindungen gerichtet, wobei teilweise zwischen Desoxy- und Ribonukleotiden unterschieden werden kann.

2.7.1. Strukturaufklärung von Proteinen

Die Aufklärung der Primärstruktur einer Peptidkette, sei sie natürlicher oder synthetischer Art, vollzieht sich in kurzen Zügen folgendermaßen: etwa vorhandene Cystein-Thiolgruppen werden vor der Proteolyse möglichst carboxymethyliert, z. B. durch Verwendung von Jodacetat, um spätere intra- oder intermolekulare Disulfidbrückenbildung bei der Oxidation an der Luft zu vermeiden. Die Endopeptidase der Wahl ist das Trypsin, das hochspezifisch am Carboxylende von Arginyl- und Lysylresten spaltet (mit wenigen Ausnahmen je nach den benachbarten Aminosäuren). Es kann in der Regel vorausgesagt werden, daß die Zahl der Arginin- plus Lysinreste — falls sie nicht am Carboxylende stehen — die Zahl der zu erwartenden tryptischen Spaltpeptide plus 1 angibt.

Man kann zusätzlich den Angriff auf das Arginin spezifizieren, indem man die ε-Aminogruppen des Lysins vorher durch Trifluoressigsäureanhydrid, Maleinsäureanhydrid oder Citraconsäureanhydrid acyliert, wobei je nach Reagenz die Acylgruppe im Alkalischen oder Sauren wieder abgespalten werden kann. Ebenso verhindert die Amidinierung von ε-Aminogruppen durch Imidoester den Angriff des Trypsins. In neuester Zeit wird eine weitere Endopeptidase, das Clostripain, eingesetzt, das unter bestimmten Bedingungen bevorzugt am Carboxylende von Argininpeptidbindungen spaltet.

Umgekehrt kann man Arginin durch α,β-Diketone wie Diacetyl oder Cyclohexandion-1,2 so modifizieren, daß Trypsin an dieser Stelle nicht angreift. Schließlich kann man durch Aminoäthylierung von Cysteinthiolgruppen durch Äthylenimin eine „Pseudolysingruppierung" erzeugen, an der zusätzlich mit Trypsin gespalten wird.

Die richtige Aneinanderknüpfung der sequenzierten tryptischen Peptide gelingt am besten durch eine zweite Proteolyse der Peptidkette mit einer

Endopeptidase anderer Spezifität, z. B. dem Chymotrypsin. Chymotrypsin spaltet vorwiegend am Carboxylende von Peptidbindungen aromatischer Aminosäuren wie Phenylalanin, Tyrosin und Tryptophan; außerdem an Leucylpeptidbindungen. Es sind aber zahlreiche zusätzliche Peptidbindungen durch Chymotrypsin spaltbar, dessen Spezifität von benachbarten Aminosäureresten beeinflußt wird.

Eine dritte Endopeptidase, das Thermolysin, spaltet vorwiegend am Aminoende hydrophober Aminosäuren wie Isoleucin, Leucin und Valin und schließlich gibt es neuerdings eine Endopeptidase, die Peptidbindungen am Carboxylende von Glutamyl- und Aspartylresten spaltet (Staphylococcen-Protease).

Ist bei der Strukturbeweisführung eines chemisch synthetisierten Peptids eine teilweise Racemisierung eingetreten, so kann sie an der unvollständigen Spaltung durch proteolytische Enzyme erkannt werden.

2.8. Sequenzierung mit Hilfe von Exopeptidasen

Hat man durch physikalische Methoden die Spaltpeptide nach obigem Verfahren hergestellt und getrennt, so kann neben chemischen Methoden (Edman-Abbau) die Verwendung von Exopeptidasen von Nutzen sein. Hierzu wird ein Oligopeptid mit einer Exopeptidase inkubiert und zu verschiedenen Zeiten werden Proben einer Aminosäure-Analyse unterworfen. Die Reihenfolge der Sequenzen läßt sich an dem quantitativen Anteil der freigesetzten Aminosäuren erkennen (Kinetik). So kann man eine Hydrolyse vom freien Aminoende her mit Hilfe der sogenannten Aminopeptidase durchführen, wobei sich die Aminopeptidase M besonders bewährt hat, die aus der Membran von Nieren- und Leberpartikeln isoliert werden kann. Außerdem ist auch die sogenannte Leucin-Aminopeptidase von Nutzen. Vom Carboxylende her lassen sich Oligopeptide nach demselben Verfahren mit Hilfe der vier kommerziellen Carboxypeptidasen sequenzieren. Die Carboxypeptidase B greift vorwiegend an endständigen Lysyl- und Arginylresten an. Die Carboxypeptidase A spaltet bevorzugt aliphatische und aromatische endständige Aminosäuren. Die Carboxypeptidasen C und Y sind weitgehend unspezifisch bezüglich des Aminosäurerestes, bleiben aber bei Tri- und Dipeptiden nahezu stehen. In der Praxis verfolgt man vielfach kinetisch die Freisetzung endständiger Aminosäuren während der Inkubation mit A + B.

Eine totale Stockung tritt bei Aminopeptidase M, Carboxypeptidase A und B beim Vorhandensein von Prolinresten ein. Hierzu wird es notwendig sein, die sogenannte Prolinase oder Prolidase zusätzlich beizufügen. Auch für die Exopeptidasen gilt, daß sie wiederum nur α-Peptidbindungen der L-Konfiguration hydrolysieren, so daß die Reaktion z. B. bei der Aminopeptidase M eine Aminosäure vor einer vorhandenen D-Aminosäure oder γ-Peptidbindung stoppt. Die Verwendung von Exopeptidasen hat außerdem den großen Vorteil, daß z. B. bei der Aminosäureanalyse eines Peptids Amidbindungen wie Glutamin und Asparagin erhalten bleiben, ebenso Tryptophan. Diese drei Aminosäuren werden bekanntlich bei der üblichen sauren Hydrolyse zerstört. Auch nach der chemischen Modifizierung einer Aminosäure bleibt die Struktur selbst labiler Produkte nach Verdauung durch Aminopeptidase M erhalten.

Neuerdings wird auch gerne für Sequenzanalysen die Dipeptidylaminopeptidase eingesetzt, die sukzessiv vom Aminoende her Dipeptide abspaltet, die gaschromatographisch mit Massenspektrometrie zugeordnet werden können.

Eine enzymatische Aminosäure-Vollanalyse kann am besten durchgeführt werden mit Hilfe eines Gemischs immobilisierter Endo- und Exopeptidasen wie z. B. gebundener Pronase, Prolidase und Aminopeptidase (Lit.: Methods in Enzymology, Vol. 47, ed. C. W. Hirs, Academic Press, New York, 1977).

2.9. Nukleinsäuren (Oligonukleotide)

Die Strukturaufklärung von Desoxy- und Ribonukleinsäure ist undenkbar ohne Hilfe von Endo- und Exonukleasen, wobei ein ähnliches Prinzip, wie bei der Strukturaufklärung von Proteinen und Peptiden, angewandt wird.

Wir unterscheiden bei den Endonukleasen Desoxy- und Ribonukleasen. Beide Enzymgruppen spalten DNS oder RNS nur, wenn sie aus $3',5'$-Phosphordiesterbindungen bestehen. Im Prinzip kann man mit den beiden DNAsen I oder II hochmolekulare DNS in Oligonukleotide überführen, wobei DNAse I zu Tri- und Tetradesoxynukleotiden mit $5'$-ständiger Phosphatgruppe führt; DNAse II bildet Oligodesoxynukleotide mit $3'$-Phosphatenden.

Bei der Strukturaufklärung, die vielfach mit in vivo ^{32}P-markierten Nukleinsäuren durchgeführt werden, um höhere Empfindlichkeit der Nachweisprodukte in Chromatogrammen zu erzielen, ist die wichtigste Aufgabe die Isolierung homogener DNS unter rascher Entfernung von Nukleasen. Besonders gut untersuchte Objekte sind DNS-Moleküle aus Bakteriophagen und tierischen Viren, da sie verhältnismäßig einfache Modelle darstellen.

Für die eigentliche Sequenzanalyse bewährt sich eine terminale radioaktive Markierung mit hoher spezifischer Radioaktivität. Sie kann nach Abspaltung des $5'$-Phosphatrestes durch unspezifische alkalische Phosphatase mit Hilfe von γ-^{32}PATP und der sogenannten Polynukleotidkinase erfolgen, die am $5'$-Hydroxyl radioaktives Phosphat einbaut. Andererseits kann man einen Strang einer doppelsträngigen DNS am $3'$-OH-Ende radioaktiv markieren durch partielle Reparatur-Synthese mit α-^{32}P-Desoxy-NTP, indem man den $3'$-Strang als Matrize verwendet. Beim Vorhandensein einer vollständig doppelsträngigen DNS kann sowohl die T4-DNS-Polymerase als auch *Escheria coli*-Polymerase I eine Austauschreaktion zwischen dem $3'$-terminalen Nukleotid und der entsprechenden radioaktiv markierten dNTP-Verbindung katalysieren. Eine andere Methode besteht darin, terminale Desoxynukleotidyltransferase einzusetzen, um entweder in einzel- oder doppelsträngige DNS ^{32}P-Ribonukleotide am $3'$-terminalen Ende einzubauen.

Da die Nukleinsäuren für Sequenzanalysen zu lang sind, verdaut man sie zuvor — z. B. bei DNS unter Verwendung sogenannter Restriktionsnukleasen — in Fragmente, die bei Kombination verschiedener Restriktionsnukleasen weniger als 300 Basenpaare enthalten. Die Spaltprodukte können in der Gel-Elektrophorese gut voneinander getrennt werden. Eine zweite Spaltungsmöglichkeit für einzelsträngige DNS besteht in der Anwendung der sog. Endonuklease IV, die eine Nukleotidkette bevorzugt unter Bildung von endständigen 5'-Phosphodesoxycytidylresten hydrolysiert.

Bei Ribonukleinsäuren kennen wir zwei verschiedene wichtige Endonukleasen. Die pankreatische Ribonuklease A spaltet an Pyrimidinphosphodiesterbindungen in der Weise, daß endständiges Pyrimidin-3'-phosphat entsteht. Die Ribonuklease T1, isoliert aus Taka-Diastase, spaltet bevorzugt an Guanylphosphodiesterbindungen unter Freisetzung von endständigem Guanyl-3'-phosphat. Es gibt auch Ribonukleasen, die bevorzugt an Adeninphosphodiesterbindungen angreifen.

Die Sequenzierung der getrennten Oligonukleotide kann auf eine Weise durch Verwendung von Exonukleasen erfolgen, wobei die Schlangengiftphosphodiesterasen Desoxy- und Ribooligonukleotide vom freien 3'-Hydroxylende her sukzessiv unter Freisetzung von 5'-Nukleotiden hydrolysieren, deren Mengen aus analytisch-kinetischen Daten ermittelt werden; oder man verwendet die Milzphosphodiesterase, die umgekehrt vom 5'-Hydroxylende her 3'-Desoxy- oder Ribonukleotide freisetzt (*nearest neighbour frequency*).

Eine einfache und rasche Bestimmungsmethode für die Sequenzanalyse in einzelsträngiger DNS wurde von Sanger und Mitarbeitern entwickelt. Sie besteht zuerst einmal darin, an einer DNS-Matrize und einem komplementären Primer mit Hilfe von DNS-Polymerase und den vier Desoxynukleotidtriphosphaten, von denen eines mit ^{32}P-α-ständig markiert ist, eine Reihe verschieden langer radioaktiv markierter Desoxynukleotidstränge herzustellen und von überschüssigen Desoxynukleotidtriphosphaten abzutrennen.

Bei der Minus-Technik werden nun diese noch an die DNS-Matrize gebundenen Oligo-Desoxynukleotide wiederum mit DNS-Polymerase I inkubiert, nun aber in Abwesenheit jeweils eines der vier üblichen Desoxynukleotidtriphosphate. Die Synthese stoppt, wenn der Punkt erreicht ist, an dem das fehlende Desoxynukleotid inkorporiert werden müßte. Wird z. B. Desoxy-ATP weggelassen (-dA-System), dann wird die Kette am 3'-Ende des Nukleotids enden, auf das ein Desoxy-A-Rest folgt.

Analoge Ansätze werden durchgeführt mit einem anderen fehlenden Desoxynukleotidtriphosphat. Alle Inkubationsansätze werden dann denaturiert und in einer Elektrophorese in Polyacrylamidgel untersucht, wobei die Wanderungsgeschwindigkeit einer Oligonukleotidkette proportional zu ihrer Größe ist. Schließt man nun noch eine Autoradiographie an, so kann aus der Wanderungsgeschwindigkeit und der Radioisotopenzusammensetzung auf die Sequenz geschlossen werden.

Das Minus-System wird ergänzt durch das Plus-System. Dort macht man von der Eigenschaft der T4-DNS-Polymerase Gebrauch, die in Gegenwart eines definierten Desoxynukleotidtriphosphates eine doppelsträngige DNS vom 3'-Ende her so weit abbaut, bis das dem eingesetzten

Triphosphat entsprechende Nukleotid am 3′-Ende auftaucht. In einem +Desoxy-ATP-System wird dann der Abbau enden, wenn AMP am 3′-Ende resultiert, so daß das Plus-System eine Nukleotid-Komponente mehr enthält als das Minus-System. Die Produkte aus den vier Plus-Reaktionen werden parallel zu den vier Minus-Reaktionen auf dem Polyacrylamidgel getrennt; jede Bande in einem Minus-System entspricht einer Bande im Plus-System, wobei jedoch eine Nukleotidposition mehr im Plus-System vorhanden ist.

Eine andere Möglichkeit der DNS-Sequenzbestimmung besteht darin, eine einzelsträngige DNS mit Hilfe der DNS-abhängigen RNS-Polymerase unter Verwendung von radioaktiv markierten Desoxy-Ribonukleotid-triphosphaten in eine komplementäre RNS umzuwandeln.

Die Sequenzanalyse von Messenger-RNS in Eukaryonten wurde revolutioniert durch Verwendung der aus Tumorviren isolierbaren *reverse transcriptase* oder der DNS-Polymerase I aus *E. coli*, die in Gegenwart von Manganionen, ebenso wie die *reverse transcriptase* eine komplementäre DNS (c-DNS) herzustellen erlaubt. Nach Hybridisierung eines Oligo-desoxythymidin-Primers mit dem Poly-A-Ende der Messenger-RNS werden unter Verwendung von α-^{32}P-markierten Nukleotidtriphosphaten DNS-Stränge nach dem Prinzip der limitierten Synthese aufgebaut. Die dabei synthetisierten und abgetrennten Desoxyoligonukleotide können wie üblich mit Exonukleasen oder anderen Methoden sequenziert werden.

2.10. Bestimmung von Metaboliten-Konzentrationen

Der Hauptanwendungsbereich der enzymatischen Analyse umfaßt die quantitative Bestimmung von Metaboliten. Dazu ist es nötig, das Probenmaterial in eine der Messung zugängliche Form zu überführen, ohne die Struktur und das Mengenverhältnis der zu bestimmenden Stoffe zu verändern. Bei einem präparativen Ansatz wird es in der Regel ausreichen, störende organische Lösungsmittel abzutrennen und einen für den Testansatz geeigneten pH-Wert einzustellen. Bei der Untersuchung von biologischem Material kann jedoch die Zerstörung des physiologischen Zustands sehr schnell zu Veränderungen der Metaboliten-Fließgleichgewichte führen. Eine rasche Abkühlung (Frierstopp) bzw. der Zusatz von Stoffwechselgiften ermöglichen die Fixierung des zellulären Zustandes innerhalb von Sekunden oder Millisekunden. Sind die zu bestimmenden Metaboliten weniger labil, können durch die Denaturierung der beteiligten Enzyme mit Säuren, organischen Lösungsmitteln oder durch rasches Erhitzen Abbaureaktionen gestoppt werden. Beispielsweise bleibt die NAD-Konzentration nach dem sofortigen Einbringen eines Leberhomogenats in kochendes Wasser konstant. Abhängig von der verwendeten Aufschlußmethode liefern die analytischen Ergebnisse in bestimmten Fällen jedoch nur ein mehr oder minder stark verzerrtes Bild der Verhältnisse in der lebenden Zelle. So genügen in intakten Ascites-Tumor-Zellen bereits 22 msec für eine 10%ige Änderung der FADH und FAD-Konzentrationen.

Bei der Enzym-Analyse sind diese Probleme weniger gravierend, da proteolytische Abbaureaktionen i. allg. innerhalb des Aufschlußzeitraums zu vernachlässigen sind. In Einzelfällen kann jedoch die Inaktivierung der störenden Proteasen durch Hemmstoff-Zusatz erforderlich sein.

In Tabelle 3 sind die Metaboliten zusammengestellt, für die den Autoren zugängliche Bestimmungsmethoden ausgearbeitet sind. In einigen Fällen, z. B. bei D,L-Aminosäuren, 5′-Nucleotiden, ist sowohl die Bestimmung der Stoffklassen z. B. L-Aminosäure, Adeninnucleotid, als auch der einzelnen Substanzen wie L-Alanin oder ATP möglich, da Enzyme mit breiter Spezifität wie auch monospezifische enzymatische Methoden eingesetzt werden können.

Tabelle 3. [3—6]

Kohlehydrate

Glykogen	D-Glucosamin-6-	D-Ribose-5-phosphat
Cellulose	phosphat	D-Ribose-1-phosphat
Hemicellulosen	D-Mannose	5-Phospho-α-D-ribose-
Heparin	D-Mannose-6-phosphat	1-diphosphat
Hyaluronsäure	D-Mannit	5-Phospho-β-D-
Chondroitin-4-sulfat	D-Mannit-1-phosphat	ribosylamin
Chondritin-6-sulfat	D-Galactose	L-Ribulose
Dermatansulfat	D-Galactose-1-	L-Arabinose
Raffinose	phosphat	D-Ribulose
Saccharose	D-Galactose-6-	D-Ribulose-5-phosphat
Lactose	phosphat	D-Ribulose-1.5-
β-D-Galactoside	D-Galacturonat	diphosphat
Maltose	D-Tagaturonat	L-Xylulose
D-Sedoheptulose-7-	D-Fructose	D-Xylulose
phosphat	D-Fructose-1-phosphat	D-Xylulose-5-phosphat
D-Sedoheptulose-1.7-	D-Fructose-6-phosphat	Xylit
diphosphat	D-Fructose-1.6-	D-Erythrose-4-
D-Glucose	diphosphat	phosphat
D-Glucose-1-phosphat	L-Sorbose-6-phosphat	L-Erythrulose
D-Glucose-6-phosphat	D-Sorbit	L-Tartrat
D-Gluconat	D-Sorbit-6-phosphat	meso-Tartrat
D-Gluconat-6-phosphat	myo-Inosit	D-Fucose
D-Glucosamin	myo-Inosit-1-phosphat	

Glykolyse- und Citratzyklus-Metaboliten

Glycerin	Pyruvat	Acetat
L-Glycerin-3-phosphat	Phosphoenolpyruvat	Acetylphosphat
D-Glycerat	D-Glycerat-2-phosphat	Formiat
D-Glycerat-3-phosphat	Hydroxypyruvat	Formiminoglutamat
D-Glycerat-1.3-	3-Mercaptopyruvat	Citrat
diphosphat	L-Lactat	Isocitrat
D-Glycerat-2.3-	D-Lactat	α-Ketoglutarat
diphosphat	Methylglyoxal	L-Malat
L-Glycerinaldehyd-3-	Äthanol	Fumarat
phosphat	Acetaldehyd	Oxalacetat
Dihydroxyaceton-	Glykolaldehyd	Succinat
phosphat	Glyoxylat	Maleat

Tabelle 3. (Fortsetzung)

Aminosäuren Aminosäuren-Derivate, Lipide

D-Aminosäuren	Creatin	D(—)-3-Hydroxy- butyrat
L-Aminosäuren	Creatinphosphat	
Glycin	Creatinin	Acetacetat
L-Alanin	Harnstoff	Triacetat
γ-Aminobuttersäure	Ammoniak	Fumaryl-acetacetat
L-Aspartat	Glutathion	Prostaglandine
L-Asparagin	3,4-Dihydroxy-L- phenylalanin	Gallensäuren
L-Arginin		Cholesterin
L-Lysin	Δ^1-Pyrrolin-5-carbon- säure	Cholesterinester
L-Glutamat		3α-Hydroxysteroide
L-Glutamin	S-Adenosinhomocystein	(C_{19}, C_{21}, C_{24})
Hydroxyprolin	Carnitin	3-Ketosteroide
DL-Serin	Polyungesättigte Fettsäuren	3β-Hydroxysteroide
DL-Threonin		(C_{19}, C_{21})
3-Hydroxykynurenin	Lecithin	17-β-Hydroxysteroide
3-Hydroxyanthranil- säure	Acetylcholin	(C_{18}, C_{19})
	Phosphoryläthanol- amin	17-Ketosteroide
Spermidin		20β-Hydroxysteroide
Spermin	Cholin	(C_{21})
Carbamylphosphat	Triglyceride	

Nucleinsäurestoffwechsel, Coenzyme und verwandte Substanzen

Adenin	UTP, UDP, UMP, JTP, IMP, CTP, CDP, dCMP, CMP
Guanin	
Cytosin	Acyl-Coenzym-A-Verbindungen:
Adenosin	Acetyl-Coenzym A, Acetacetyl- Coenzym A, Benzoyl-Coenzym A
Cytidin	
Desoxycytidin	Butyryl-Coenzym A und Derivate höherer gesättigter Fettsäuren
Guanosin	
Inosin	Crotonyl-Coenzym A
Desoxythymidin und Desoxyuridin	L-(+)-β-Hydroxybutyryl- Coenzym A
Hypoxanthin und Xanthin	β-Hydroxy-β-methylglutaryl- Coenzym A
Harnsäure	
Orotat	β-Hydroxypropionyl-Coenzym A
Coenzym A	Malonyl-Coenzym A
Nicotinamidadenindinucleotide (NAD, NADH, NADP, NADPH)	Malonylsemialdehyd-Coenzym A
	Acetyl-diphospho-Coenzym A
Nicotinamidmononucleotid (NMN)	Adenosin-3′:5′-monophosphat, cyclisch (A-3:5-MP)
Flavinmononucleotid (FMN)	
Flavinadenindinucleotid (FAD)	Guanosin-3′:5-monophosphat, cyclisch (G-3:5-MP)
Thiaminpyrophosphat (TPP)	
Pyridoxal-5-phosphat (PALP)	Nucleosid-diphosphat-Zucker:
Pyridoxamin-5-phosphat (PAMP)	ADP-Glucose, CDP-Glucose,
Coenzym B_{12}	GDP-Mannose, dTDP-Glucose,
Cobyrin	UDP-Galactose, UDP-Glucose,
5′-Nucleotide: ATP, ADP, AMP, GTP, GDP,	UDP-Glucuronsäure

2.11. Enzym-Analyse

Die quantitative Bestimmung von Enzym-Aktivitäten spielt in der Biochemie bei der Isolierung von Enzymen oder Studien über ihren Wirkungsmechanismus eine wichtige Rolle. Außerdem wird sie routinemäßig in der klinischen Chemie betrieben, um bei erhöhtem Auftreten von Enzymaktivitäten im Serum oder Harn auf pathologische Zustände im Organismus schließen zu können. Wie einleitend ausgedrückt, wird die Enzymkonzentration bei optimalen Testbedingungen (Substrat, Coenzym, Effektoren) unter Standardbedingungen (Temperatur, pH) kinetisch ermittelt, wobei die Enzymkonzentration der begrenzende Faktor der Reaktionsgeschwindigkeit ist. Auch hier wird die Reaktionsgeschwindigkeit vorwiegend als Änderung der Absorption in der Zeiteinheit ermittelt, wobei mittels der bekannten Absorptionskoeffizienten die molaren Umsatzraten an Substrat errechnet werden können.

Während bis zum 1. Januar 1978 *die Enzymeinheit* definiert war als die Menge an Enzym, die ein Mikromol Substrat pro Minute umsetzt (U = unit), ist sie seitdem ausgedrückt in der Einheit 1 katal (1 kat), das bedeutet die Enzymmenge, die unter definierten Bedingungen 1 Mol Substrat pro Sekunde umsetzt. Die entsprechend tausendfach kleineren Einheiten sind: Millikatal, Mikrokatal und Nanokatal. Als Einheit der spezifischen katalytischen Aktivität wird die Definition kat/kg Protein angegeben, als molare katalytische Aktivität die Einheit kat/Mol. Bisher war die spezifische Aktivität ausgedrückt in U/mg Protein. Eine alte Einheit (U) ist 16,67 nkat.

Vielfach werden die Angaben der Enzymaktivität auf 1 Gramm Frischgewicht Gewebe, in dem das Enzym enthalten ist oder auf 1 Liter Serum oder Harn bezogen.

Aus der maximalen Umsatzgeschwindigkeit einer definierten Proteinmenge eines reinen Enzyms, die in der Literatur angegeben ist, kann letzten Endes die absolute Menge an reinem Enzymprotein in einem Gewebeextrakt errechnet werden. Die Zunahme der spezifischen Aktivität bei Isolierungsverfahren drückt den Reinigungsfaktor aus.

Diagnostisch wichtig sind die Angaben über Konzentration in Körperflüssigkeiten, insbes. im Serum. Aus dem Anstieg der Konzentration bestimmter wichtiger Enzyme über die Normalwerte (Tabelle 4) kann auf die Art der Erkrankung oder des erkrankten Organs rückgeschlossen werden. Die Diagnostik wird dadurch eingeengt, daß die meisten Zellen gleichartige Enzyme und diese vielfach in gleichen Relationen enthalten. Daher ist neuerdings die Bestimmung des *Isoenzymmusters* eines Organs von Nutzen, da Isoenzyme in verschiedenen Gewebsarten oft verschiedenartige Verteilungsmuster aufweisen. So tritt beim Herzinfarkt neben im Skelettmuskel dominierenden Isoenzym M der Creatinkinase ein Hybrid MB im Serum auf, das bevorzugt im Herzmuskel lokalisiert ist und bei der Entzündung von Herzmuskelgefäßen in das Serum abgegeben wird. Die Isoenzymmuster lassen sich durch Trennung der Isoenzyme mit physikalischen Verfahren wie Ionenaustauschchromatographie oder Elektrophorese bestimmen.

Neuerdings wird die Fällung oder Hemmung von Isoenzymen durch

Tabelle 4. Normalwerte von Enzymen im Serum [7]

Glutamat-Oxalacetat-Trans-aminase (GOT)	Frauen bis 15 mU/ml (optimierte Methode) Männer bis 17 mU/ml (optimierte Methode)
Glutamat-Pyruvat-Trans-aminase (GPT)	Frauen bis 19 mU/ml (optimierte Methode) Männer bis 23 mU/ml (optimierte Methode)
Lactat-Dehydrogenase (LDH)	bis 200 mU/ml
α-Hydroxybutyrat-Dehydro-genase (α-HBDH)	bis 130 mU/ml
Creatin-Kinase (CK)	bis 50 mU/ml (optimierte Methode)
Glutamat-Dehydrogenase (GLDH)	Frauen bis 3 mU/ml (optimierte Methode) Männer bis 4 mU/ml (optimierte Methode)
γ-Glutamyl-Transferase (γ-GT)	Frauen bis 18 mU/ml Männer bis 28 mU/ml
Leucin-Arylamidase (Leucin-Aminopeptidase, LAP)	bis 33 mU/ml (optimierte Methode)
Alkalische Phosphatasen	
Kinder bis 15 Jahre	bis 400 mU/ml (optimierte Methode)
Jugendliche (15—17 Jahre)	bis 300 mU/ml (optimierte Methode)
Erwachsene	bis 190 mU/ml (optimierte Methode)
Saure Phosphatasen	
Gesamtaktivität	bis 12 mU/ml (37 °C)
Tartrat-labile saure Phos-phatasen (überwiegend Prostata-Phosphatase)	bis 4 mU/ml (37 °C)
Cholinesterase (Substrat: Butyryl-Thiocholin)	3—8 U/ml

homologe spezifische Antiseren benützt, um aus der Differenz der Aktivitäten (im ersten Fall nach Zentrifugation im Überstand) Rückschlüsse auf den quantitativen Anteil der einzelnen Isoenzyme zu ziehen.

2.12. Enzym-Immunoassay

Mit die empfindlichste Methode, um Enzymaktivitäten oder allgemein Antigene, darunter auch Haptene niedermolekularer Art wie Steroide und Peptidhormone quantitativ in Körperflüssigkeit zu bestimmen, ist der sogenannte Radio-Immunoassay. Da der Umgang mit Radioisotopen verhältnismäßig aufwendig ist, geht man neuerdings mehr und mehr dazu über, als Marker für Haptene, Antigene oder auch Antikörper chemisch angekoppelte Enzyme zu benützen. Die Nomenklatur für diese Technik ist ELISA = *enzyme linked immuno sorbent assay*, EIA = *enzyme immuno assay*, EMIT = *enzyme multiplied immuno assay technique*. Der EIA kann klassifiziert werden in homogene und heterogene Methoden.

Bestimmungen, bei denen die Aktivität des Enzym-Labels im markierten Reagenz beeinflußt wird, je nachdem, ob er an einen Partner gebunden ist oder nicht, benötigen keine physikalische Trennung der Reaktanten. Man nennt daher diese Methode: homogene Immuno-Enzym-Bestimmung.

Verhält sich jedoch das gekoppelte Enzym mehr oder weniger identisch, gleichgültig ob es an Antikörper gebunden ist oder nicht, so muß eine Trennung der Reaktanten in zwei Fraktionen vorgenommen werden. Dies kann z. B. durch Abtrennung des unlöslichen Antikörper-Antigen-Komplexes erreicht werden, oder aber bei der Automatisierung meist durch Bindung eines Antigens oder Antikörpers an eine feste Phase.

Als Reporter-Enzyme verwendet man solche mit möglichst hoher Umsatzzahl wie z. B. Peroxidase (E.C.1.11.1.7.), alkalische Phosphatase (E.C.3.1.3.1.) oder β-D-Galactosidase (E.C.3.2.1.23.), deren Umsetzungsprodukte leicht photometrisch gemessen werden können. Die Marker-Enzyme werden mit chemischen Methoden an das Hapten, das Antigen oder den Antikörper gekoppelt. Wie beim Radioimmunoassay werden

Tabelle 5. Immunoassays für Antigene und ihre Nachweisgrenzen [8]

Antigen oder Hapten (Molekulargewicht)	Nachweisgrenze (fmol[a] pro ml Bestimmungsflüssigkeit)
IgG (150000)	20
IgE (190000)	50
α-Foeto-Protein, Mensch (70000)	10
α-Foeto-Protein, Ratte (70000)	15
Carcinoembryonales Antigen (CEA) (200000)	25
Schwangerschaftsspezifisches α-Makroglobulin (PAM) (540000)	400
α_2H-Globulin (600000)	80
Ferritin (460000)	8
Lactogenes Hormon der Placenta (HPL) (22000)	1800
Choriongonadotropin (HCG) (30000)	80
Insulin (5700)	20
Thyreotropes Hormon (TSH) (28000)	110
Hepatitis B-Oberflächenantigen (Subtyp ad: $3,7 \times 10^6$; Subtyp ay: $4,6 \times 10^6$)	$0,9 - 1,6$
Arabis mosaic virus (10×10^6)	0,9
Plum pox virus (180×10^6)	0,06
V. cholerae exotoxin (84000)	1000
Tyroxin (777)	26×10^4
Cortisol (362)	2800
Oestriol (288)	2000
Progesteron (314)	160
Adenosin (267)	5×10^8
DNP-Iysin	10^4
Digoxin (780)	640
Opiate (Morphin: 285)	10000
Barbiturate (Phenobarbital-Na: 254)	$4 - 20 \times 10^6$
Diphenylhydantoin-Na (274)	$3,6 \times 10^6$
Carbamazepin (236)	4×10^6
Gentamycin (543)	$3,7 \times 10^6$
Amphetamin (321) (Sulfat: 368)	3×10^6
Methadon HCl (346)	$1,4 \times 10^6$
Benzodiazepine (287)	$1,7 \times 10^6$

[a] 1 fmol (Femtomol) = 10^{-15} Mol

definierte Mengen von Antikörpern und enzym-markierten Antigenen mit der Probe inkubiert, die das zu messende Antigen enthält. Je nach dem Verhältnis der Konzentration von markiertem und nicht markiertem Antigen wird sich ersteres verteilen zwischen freier Form und antikörpergebundener Form. Beim homogenen System tritt eine Hemmung oder Stimulierung der katalytischen Aktivität des Enzymmarkers ein, sobald er an Antikörper gebunden ist. Das Ausmaß dieser Hemmung und der Stimulierung ist charakteristisch für die Menge an gebundenem Antigen. In heterogenen Systemen muß, wie oben erwähnt, zuerst eine Trennung der Phasen stattfinden, bevor man dann die Menge an komplexiertem enzymmarkiertem Antigen mißt. Geeicht werden alle Werte immer im Vergleich zu einem Antigenstandard.

Tabelle 5 zeigt die wichtigsten mit dem Enzym-Immunoassay bestimmbaren Antigene oder Haptene und ihre untere Nachweisgrenze.

2.13. Anwendung enzymatischer Methoden zur Umweltkontrolle

Enzyme sind aufgrund ihrer spezifischen und hochaffinen Wechselwirkung mit niedermolekularen Liganden hervorragend zum Nachweis von schädlichen Substanzen in Luft, Wasser und Nahrungsmitteln in solch niedrigen Konzentrationen geeignet, die noch keine Symptome bei Tieren und Menschen hervorrufen. Diese nachzuweisenden Substanzen stellen entweder das Substrat für das Indikatorenzym dar oder beeinflussen die durch das Indikatorenzym katalysierte Reaktion in definierter Weise. Das bekannteste Beispiel ist der Hemmtest, der auf der Inaktivierung des Indikatorenzyms durch stöchiometrische Mengen der nachzuweisenden Substanz beruht. Insektizid wirkende organische Phosphorverbindungen (Phosphorsäureester und Thiophosphorsäureester) bzw. einige ihrer Stoffwechselprodukte sowie manche Schädlingsbekämpfungsmittel auf Carbamatbasis hemmen die Hydrolyse von Acetylcholin durch Cholinesterasen (EC 3.1 1.8) aus Insekten und Tieren außerordentlich stark. Bei den heute gebräuchlichsten Thio- und Dithiophosphat-Insektiziden, wie Diazinon, Parathion, EPN, Malathion und Methylparathion, läßt sich die Hemmwirkung durch die Oxydation zum Sulfoxid bzw. Sulfon oder zu den Sauerstoff-Analogen bis zu tausendfach steigern. Dieser Oxydationsschritt, der auch beim Abbau dieser Stoffe in vivo stattfindet, und ihre hohe Toxizität verursacht, ermöglicht eine teilweise Differenzierung zwischen den verschiedenen Insektiziden.

Bei der Durchführung des Hemmtests wird nach Extraktion der Probe mit organischen Lösungsmitteln der nach dem Eindampfen des Lösungsmittels verbleibende Rückstand mit Cholinesterase inkubiert. In Abhängigkeit vom Insektizidgehalt wird dabei das aktive Zentrum des Enzyms blockiert. Aus der verbleibenden Restaktivität des Enzyms läßt sich die Hemmstoffkonzentration mit Hilfe einer Eichkurve entnehmen. Bei potentiometrischer Aktivitätsbestimmung (pH-Meter) lassen sich zwischen 5 und 1000 ng Insektizid nachweisen. Die Empfindlichkeit kann durch die Verwendung fluorogener Substrate noch beträchtlich gesteigert werden.

Mittlerweile ist ein automatisierter, transportabler „Cholinesterase Antagonist Monitor" erhältlich, der unter Verwendung von immobilisierter Cholinesterase bei der Ernte von Zitrusfrüchten und der Insektizidherstellung eingesetzt wird. Ein ähnliches Gerät wurde inzwischen für die Bestimmung von Phenol in Industrieabwässern und Oberflächengewässern entwickelt. Der kontinuierliche Nachweis von Phenol erfolgt unter Verwendung von immobilisierter Tyrosinase und einer potentiometrischen Meßanordnung mit einer Empfindlichkeit von 40 ppb. Diese und weitere für die Umweltkontrolle relevanten Beispiele sind in Tabelle 6 zusammengestellt:

Tabelle 6.

Nachzuweisende Substanz	Analyseprinzip
Insektizide	

— Phosphorsäureester
     Thiophosphorsäureester
     Carbamate
	Hemmtest mit Acetylcholinesterase

— DDT	Hemmtest mit Carbonanhydrase
Fluorid	Hemmtest mit saurer Phosphatase aus Kartoffeln
Phenol	Oxydation mit Tyrosinase
Phosphat	Umsetzung mit Phosphorylase a
Pyrophosphat	Umsetzung mit Pyrophosphatase
Cyanid	Umsetzung mit Rhodanese oder β-Cyanalin-Synthase
Nitrat	Formiat-Nitrat-Reductase
Peroxide	Peroxidase
O_2	Ascorbinsäure Oxidase
CO_2	Carboxylase

Literatur

1. Wu, Ray: DNA Sequence Analysis, Ann. Res. Biochem. *47*, 607—634 (1978)
2. Proudfoot, N. J.; Cheng, C. C.; Brownlee, G. G.: Sequence Analysis of Eukaryotic mRNA, Progress in Nucleic Acid Research and Molecular Biology, Vol. 19, New York: Academic Press 1976
3. Bergmeyer, H. U. (Hrsg.): Methoden der Enzymatischen Analyse. 3. Auflage, Weinheim: Verlag Chemie 1974
4. Schormüller, J. (Gesamtred.): Handbuch der Lebensmittelchemie Bd. II, Teil 2, Berlin, Heidelberg, New York: Springer 1967
5. Glick, D. (ed.): Methods of Biochemical Analysis, New York: John Wiley, fortlaufende Reihe

6. Analytical Biochemistry, New York: Academic Press, fortlaufende Publikation
7. Rick, W.: Klinische Chemie und Mikroskopie, Berlin, Heidelberg, New York: Springer 1977
8. Schuurs, A. H. W. M. and Van Weemen, B. K.: Enzyme-Immunoassay, Clin. Chim. Acta 81, 1—40 (1977)

Mycotoxine, insbesondere Aflatoxine

Dr. Remigius E. Fresenius
Institut-Fresenius, Im Maisel, 6204 Taunusstein

Schimmelpilzarten und -stämme können für Mensch und Tier giftige Stoffwechselprodukte bilden, die als Mycotoxine* bezeichnet werden. Durch Mycotoxine verursachte Krankheiten werden Mycotoxikosen genannt. Es sind mehr als 100 toxische Stoffwechselprodukte von Schimmelpilzen beschrieben worden, die Zahl der als toxisch erkannten Schimmelpilze beläuft sich auf über 240, darunter 57 Penicillium-, 34 Aspergillus- und 18 Fusarium-Arten [1].

Tabelle 1. Höchstmengen an Aflatoxin B_1 in Futtermitteln

	mg/kg
Einzelfuttermittel	0,05
Alleinfuttermittel für Kälber, Schaf- und Ziegenlämmer	0,01
Alleinfuttermittel für laktierende Rinder, laktierende Schafe und laktierende Ziegen	0,01
Andere Alleinfuttermittel für Rinder, Schafe und Ziegen	0,05
Alleinfuttermittel für Ferkel und Küken	0,01
Andere Alleinfuttermittel für Schweine und Geflügel	0,02
Andere Alleinfuttermittel	0,01
Ergänzungsfuttermittel für laktierende Rinder, laktierende Schafe und laktierende Ziegen	0,02

Mycotoxine [2] werden sowohl im Pilzmycel als auch in den Sporen gebildet. Teilweise sind sie im unbeschädigten Mycel fixiert, wie z. B. Sterigmatocystin in *Aspergillus versicolor*, teilweise können sie in das Substrat hineindiffundieren. Mycotoxine sind weitgehend hitzeresistent, und allgemein brauchbare Methoden zur Dekontamination der Lebensmittel und Futtermittel gibt es nicht. Das Krankheitsspektrum der Mycotoxine reicht von Ekzemen der Haut über Hämorrhagien in verschiedenen Organen, Schäden des Nervensystems und des Knochenmarks, Degeneration von Niere und Blase bis zu Leberschädigungen. Einige

---

* Auf Wunsch kann vom Autor eine Übersicht mit Strukturformel, Namen der Schimmelpilze, Vorkommen und LD_{50} von 24 Mycotoxinen zur Verfügung gestellt werden.

Tabelle 2. Höchstmengen an Aflatoxin B_1, B_2, G_1 und G_2 in Lebensmitteln

1. Erdnüsse und die daraus hergestellten Erzeugnisse
2. a) Haselnüsse, Walnüsse, Paranüsse, Pistazien,
   Mandeln, Aprikosen- und Pfirsichkerne   Insgesamt
   b) Kokosraspel   10 µg/kg,
   c) Mohn, Sesam   jedoch nur
   d) Getreide   5 µg/kg B_1
   sowie die ausschließlich daraus hergestellten
   Erzeugnisse

Tabelle 3. Physikalisch-chemische Daten der Aflatoxine
und einiger anderer Mycotoxine

Name	Brutto-Formel	Mol.-Gew.	Fp °C
Aflatoxin B_1	$C_{17}H_{12}O_6$	312	268—269
Aflatoxin B_2	$C_{17}H_{14}O_6$	314	286—289
Aflatoxin G_1	$C_{17}H_{12}O_7$	328	244—246
Aflatoxin G_2	$C_{17}H_{14}O_7$	330	229—231
Aflatoxin M_1	$C_{17}H_{12}O_7$	328	299
Aflatoxin M_2	$C_{17}H_{14}O_7$	330	293
Aflatoxin B_3 (Aspertoxin)	$C_{19}H_{14}O_7$	354	?
Ochratoxin A	$C_{20}H_{18}O_6NCl$	403	94—96
Ochratoxin B	$C_{20}H_{19}O_6N$	369	221
Patulin (Clavacin)	$C_7H_6O_4$	154	109,3—110,5
Rubratoxin B	$C_{26}H_{30}O_{11}$	518	168—170
Sterigmatocystin	$C_{18}H_{12}O_6$	324	246
Zearalenon	$C_{18}H_{22}O_5$	318	163—165

Mycotoxine, insbes. die Aflatoxine, sind krebserregend. Aflatoxine wirken auch teratogen und mutagen.

Hinsichtlich des Nachweises und der Bestimmung von Mycotoxinen liegen bisher relativ wenige erprobte und anerkannte Verfahren vor. Am weitesten gediehen ist die Analytik der Aflatoxine, die es ermöglichte für bestimmte Futtermittel und Lebensmittel Aflatoxin-Höchstgehalte festzulegen.

Tabelle 1 unterrichtet über die gemäß § 21 der Futtermittel-Verordnung vom 16. 6. 1976 (BGBl I 1497), Anlage 5, für Futtermittel angegebene Höchstgehalte für Aflatoxine B_1, Tabelle 2 über die nach der Aflatoxin-Verordnung vom 30. 11. 1976 (BGBl I 3313) für bestimmte Lebensmittel angegebenen Höchstmengen an Aflatoxin B_1, B_2, G_1 und G_2.

Amtliche Methoden:

a) Untersuchung von Futtermitteln:

Gemäß 7. Richtlinie der EG-Kommission vom 1. 3. 1976 (76/372 EWG) übergeführt in nationales Recht der BRD durch VO über Analysenmethoden für die amtliche Untersuchung von Futtermitteln und Vor-

Tabelle 4. [2]

Name	spez. opt. Drehung	UV-Absorption a) in Methanol b) in Äthanol c) in Benzol		IR-Absorption $\nu_{max_3}^{CHCl}$	Fluoreszenz-Anregung bei $\lambda = 365$ nm max. Fluoreszenz			
					in CH_3OH	C_2H_5OH	$CHCl_3$	CH_3CN
		$\lambda_{max}^{(nm)}$	ε	cm^{-1}	nm	nm	nm	nm
Aflatoxin B_1	$-558°$	223	22 100 a	1 760 (stark)	430	430	413	415
		265	12 400 a	1 684 (schwach)				
		360	21 800 a	1 632, 1 598, 1 562				
Aflatoxin B_2	$-492°$	222	18 600 a		430	413	412	427
	$-430°$	265	12 100 a					
		362	24 000 a					
Aflatoxin G_1	$-556°$	216	27 400 a	1 760	450	450	430	440
		242	9 600 a	1 695				
		265	9 600 a	1 630				
		362	17 700 a	1 595				
Aflatoxin G_2	$-473°$	214	25 300 a		450	450	430	437
		244	10 500 a					
		265	9 000 a					
		362	19 300 a					
Aflatoxin M_1	$-280°$	226	23 100 b	3 425				
		265	11 600 b	1 760				
		357	19 000 b	1 690				
Aflatoxin M_2		221	20 000 b	3 350				
		264	10 900 b	1 760				
		357	21 000 b	1 690				

Tabelle 4. (Fortsetzung)

Name	spez. opt. Drehung	UV-Absorption a) in Methanol b) in Äthanol c) in Benzol		IR-Absorption $\nu_{max_3}^{CHCl}$	Fluoreszenz-Anregung bei $\lambda = 365$ nm max. Fluoreszenz			
					in CH$_3$OH	C$_2$H$_5$OH	CHCl$_3$	CH$_3$CN
		$\lambda_{max}^{(nm)}$	ε	cm^{-1}	nm	nm	nm	nm
Sterigmatocystin		206	b					
		247	b					
		325	15 200 b					
Patulin		275	14 600 b					
Ochratoxin A		333	5 550 c					
Ochratoxin B		320	6 000 c					
Ochratoxin-A-äthylester		333	6 200 c					
Ochratoxin-B-äthylester		320	6 500 c					
Penicillinsäure		221	a					

mischungen vom 12. 11. 1975 (BGBl I 2859) in der Fassung der VO zur Änderung der VO über Analysenmethoden vom 12. 11. 1976 (BGBl I 3176). Hier wird die Aflatoxin B_1-Bestimmung festgelegt.

b) Untersuchung von Lebensmitteln:

In der Verordnung über Höchstmengen an Aflatoxinen in Lebensmitteln wird ein bestimmtes Analysenverfahren zwar nicht vorgeschrieben, doch in der Begründung auf die Methode des Bundesgesundheitsamtes (BGA) [3] verwiesen. Die beiden Methoden für Futtermittel und für Lebensmittel sind ähnlich. Die BGA-Methode der Lebensmittel wird in Tabelle 7 dargestellt. Die BGA-Methode für die Bestimmung der Aflatoxine B_1, B_2, G_1 und G_2 wurde von [4] für die zusätzliche Erfassung von Aflatoxin M_1 in Milch und Milchprodukten modifiziert.

Probenahme: Da Mycotoxine in festen Lebensmitteln äußerst ungleichmäßig verteilt sind und in sehr unterschiedlichen Konzentrationen auftreten können, ist die Probenahme bei festen Lebensmitteln und Futtermitteln schwierig [5, 6, 7, 8]. Bei kontaminierten Erdnüssen ist z. B. ein Verhältnis von einem befallenen Kern auf 10000 gesunde Kerne (entsprechend 3,5 kg Ware) durchaus typisch. Die Gehalte an Aflatoxinen in befallenen Erdnüssen schwanken zwischen 7 µg und 1000 µg. Daraus ergibt sich, daß z. B. eine 100 g-Probe zur Kontrolle einer Grundgesamtheit völlig ungeeignet ist. Nach [8] wird eine Mindest-Stichprobengröße

Tabelle 5. Testorganismen zur mikrobiologischen Absicherung des Aflatoxin-Nachweises (nach [11])

Testorganismus	Dosis, auf die der Testorganismus reagiert
Artemia salina	1 µg/ml im Nährboden — 90% Sterblichkeit nach 24 h 0,5 µg/ml im Nährboden — 60% Sterblichkeit nach 24 h
Brachydanio rerio	1 µg/ml im Nährboden — 100% Sterblichkeit nach 72 h
Daphnia	0,015 µg/ml im Nährboden — 100% Sterblichkeit nach 1 — 45 h
Chlorella pyrenoidosa	Hemmung des Wachstums in einer flüssigen Nährlösung mit 4 µg/ml im Milieu oder auf Petri-Schalen bei 12,5 µg Aflatoxin (pro Chromatogramm-Fleck)
Bac brevis und *Bac. megatherium*	10 µg/ml in der Nährlösung 5 — 10 µg/ml in der Nährlösung Hemmung des Wachstums
A. avamori N.R.R.L. 2042	20 ppm Aflatoxin B_1 hemmen das Wachstum um 93%
Hühnerembryo	LD_{50} für Aflatoxin B_1 bei Zugabe von 0,025 µg zur Luftkammer bzw. 0,048 µg zum Eigelb; 60% der Embryos sterben ab nach Zugabe von 1,0 µg Aflatoxin G_1 zum Eigelb (nach 21 Tagen geprüft)

Tabelle 6. Analysenschema. Methode des Bundesgesundheitsamtes. Verkürzte Darstellung des Analysenverfahrens zur Bestimmung der Aflatoxine B_1, B_2, G_1 und G_2 [3]

Die Methode ist geeignet für eiweißreiche Ölsamen (Nüsse, Erdnüsse, Mohn) und daraus hergestellte Massen (wie Marzipan, Persipan), Kokosraspel, Getreide und Getreideerzeugnisse, Brot und Backwaren, Fleisch und Fleischerzeugnisse, Ei und Eiprodukte, Butter, Milchpulver, Margarine, Fruchtsäfte und Wein, Enzympräparate.

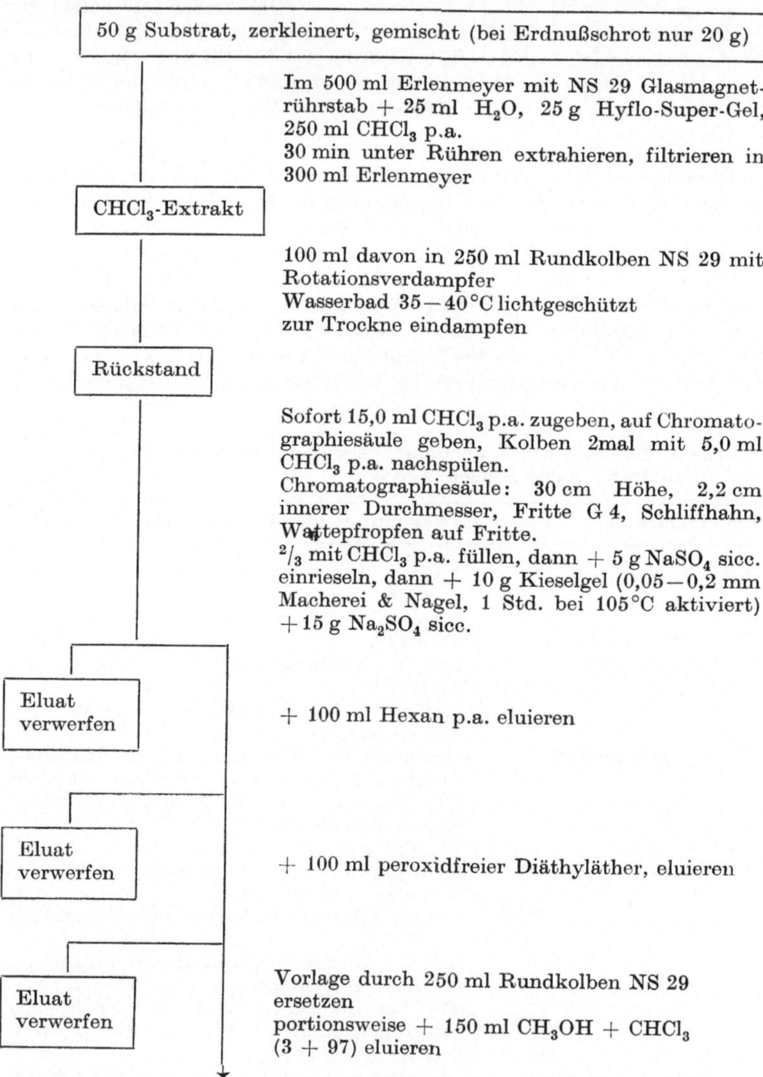

Tabelle 6. (Fortsetzung)

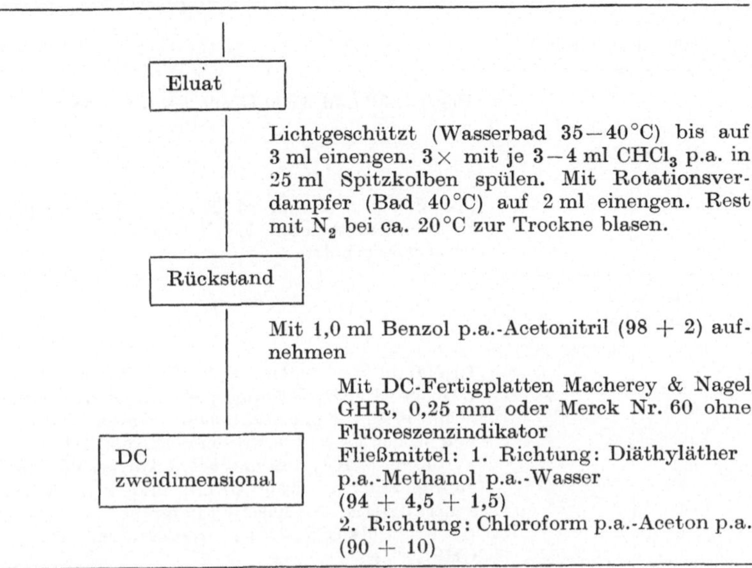

Zur Identifizierung und Beurteilung können weitere Fließmittelsysteme, eine Derivatisierung mit Trifluoressigsäure und Besprühen mit verdünnter Schwefelsäure angewendet werden.

Auswertung: Mittels Chronatogramm-Spektralphotometer oder Fluorodensitometer im Vergleich zu Standardflecken der jeweiligen Aflatoxinart. Betrachtung der Flecke mit UV-Lampe bei 366 nm.

Standards der Aflatoxine B_1, B_2, G_1 und G_2 sind im Handel erhältlich mit ca. 10 µg/ml Aflatoxin (Aufbewahrung in der Tiefkühltruhe). Hieraus werden Arbeitsstandards durch Verdünnen in 100 ml Braunglas-Meßkolben NS 14,5 mit Benzol p.a.-Acetonitril (98 + 2) zu 1,0 µg/ml Aflatoxin bzw. Mischarbeitsstandards mit je 0,25 µg B_1, B_2, G_1, G_2 pro ml hergestellt.

Tabelle 7. Für die Trennung der Aflatoxine mittels Dünnschichtchromatographie empfohlene Fließmittelsysteme

1. Diäthyläther-Methanol-Wasser (96 + 3 + 1) oder (94 + 4,5 + 1,5)
2. CHCl₃-Aceton (90 + 10)
3. CH₂Cl₂-C₂HCl₃-n-Amylalkohol-Ameisensäure (80 + 15 + 4 + 1)
4. CHCl₃-C₂HCl₃-n-Amylalkohol-Ameisensäure (80 + 15 + 4 + 1)
5. CHCl₃-Aceton-H₂O (88 + 12 + 1,5)
6. CHCl₃-Aceton-Isopropanol-H₂O (88 + 12 + 1,5 + 1)
7. CHCl₃-Isopropanol (99 + 1)
8. CHCl₃-Aceton-Hexan (85 + 15 + 20) oder (71 + 12,5 + 16,5)
9. CHCl₃-Aceton-Methanol (90 + 10 + 2)
10. Benzol-Essigsäureäthylester-Ameisensäure (90%) (50 + 40 + 10)
11. Benzol-Methanol-Eisessig (90 + 5 + 5)
12. Essigsäureäthylester-Wasser (Oberphase) (1 + 1)

Tabelle 8. Bestimmung von Aflatoxin M_1 und M_2 in Milch [19]

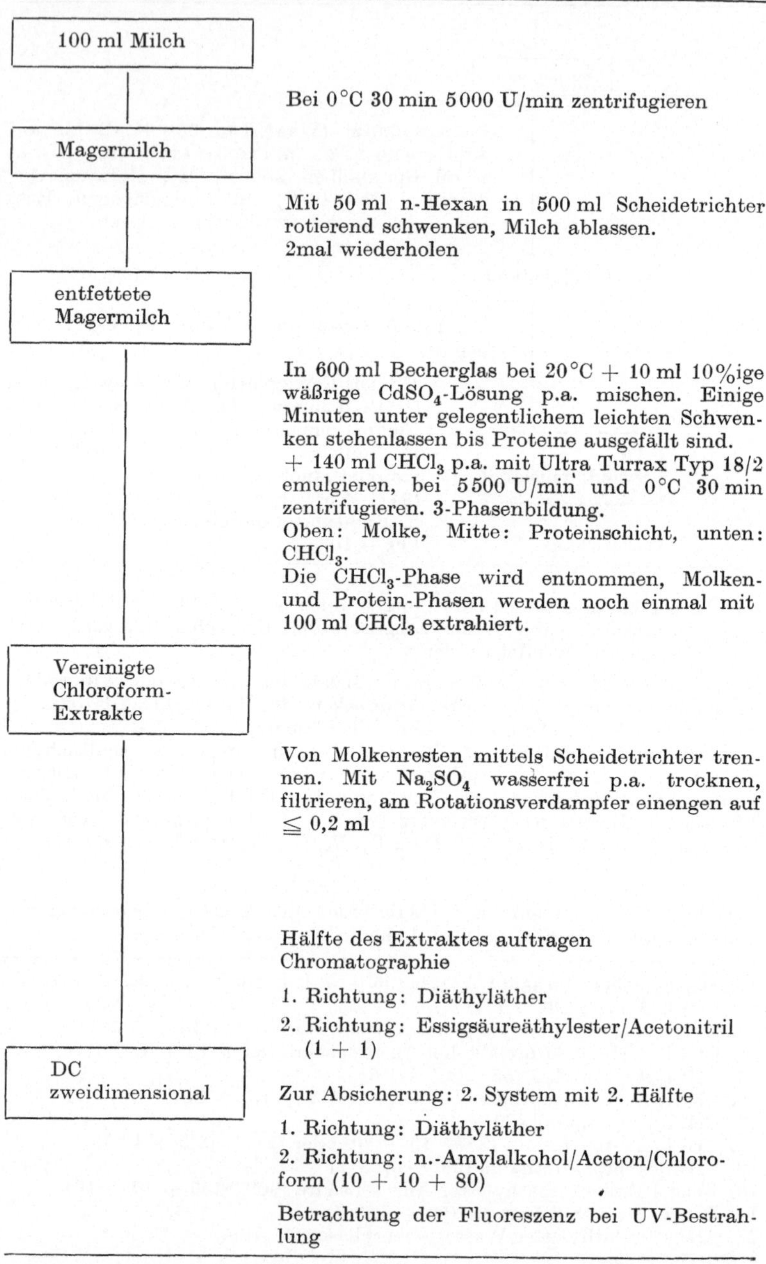

Tabelle 9. Schema zum Nachweis und zur Bestimmung von Sterigmatocystin [17]. Geeignet für Gerste und Weizen

---

50 g Substanz zerkleinert, gemischt	
	Im 500 ml Erlenmeyer + 180 ml CH_3CN + 20 ml 4%ige KCl-Lösung 30 min schütteln, filtrieren durch Whatman 1 Filter oder ähnliches.
filtrierter Extrakt	
	100 ml Filtrat in 250 ml Scheidetrichter, 2mal mit 50 ml Hexan extrahieren. Obere Schichten verwerfen. + 25 ml H_2O + 50 ml $CHCl_3$, schütteln. Untere klare Schicht in 250 ml Erlenmeyer sammeln. + 25 ml $CHCl_3$ zu wäßriger Schicht geben und schütteln. Untere Schicht ebenfalls in Erlenmeyer geben.
$CHCl_3$ Extrakte	
	Eindampfen bis zur beginnenden Trockne auf Dampfbad. Überführen mit $CHCl_3$ durch Filterpapier. Unter N_2 zur Trockne eindampfen. Lösen in 1 ml Benzol.
	Auftragen $1-10$ μl Flecke der Probe gegen Vergleichsstandard. Rest für Säulenchromatographie. Entwicklung mit Benzol-Eisessig-Methanol (90 + 5 + 5)
DC	Trocknen. Besprühen mit $AlCl_3$-Lösung (20 g $AlCl_3 \cdot 6\,H_2O$ in 100 ml Äthanol). Erhitzen 10 min bei 80 °C. Unter kurzwelligem UV-Licht suchen nach hellgelb fluoreszierenden Flecken.

Nachweis- und Bestimmungsgrenze: Falls keine Flecken durch Probe erkennbar, sind weniger als 10 μg Sterigmatocystin vorhanden. Im Falle, daß kein fluoreszierender Fleck zu sehen ist, bei entsprechendem Rf-Wert, oder Störsubstanzen vorliegen, ist eine Reinigung durch Säulenchromatographie und 2. Dünnschichtchromatographie erforderlich.

Säulenchromatographie: Säule 22×300 mm, 5 g Na_2SO_4 sicc. + Cyclohexan bis halbvoll.
+ 10 g Kieselgel 0,063 — 0,2 mm, E. Merck)
Waschen mit 20 ml Cyclohexan.
+ langsam 15 g Na_2SO_4 sicc. dazugeben.
+ Rest des in Benzol gelösten Extraktes.
Eluieren mit 200 ml Cyclohexan-Essigester (4 + 1) in 300 ml Erlenmeyer sammeln, unter N_2 eindampfen. In 1 ml Benzol lösen für DC (Siehe oben!).

Tabelle 10. Schema zum Nachweis und zur Bestimmung von Ochratoxinen A und B. Quantitativ für A, qualitativ für B und für Ester von A und B (17). Geeignet für Gerste

---

50 g Substanz zerkleinert, gemischt

In 500 ml Erlenmeyer + 25 ml 0,1 m H_3PO_4 + 250 ml $CHCl_3$. 30 min schütteln. Filtrieren durch Glasfaserpapier mit Schicht von 10 g Celite 545.

Extrakt

50 ml Extrakt + 40 ml Hexan, auf Chromatographiesäule (700 × 17 mm; 2,0 g Celite 545 + 1 ml 1,25% $NaHCO_3$-Lösung, Aufschlämmung) geben. Schnell eluieren + 75 ml $CHCl_3$. Eluate vereinigen.

$CHCl_3$ Eluate enthält Ester	Chromatographiesäule enthält Ochratoxine A + B

Eluate auf Dampfbad zur Trockne eindampfen + 50 ml Hexan. Chromatographieren mit Säule 350 × 25 mm + 2,5 ml methanolische $NaHCO_3$-Lösung (0,3 g $NaHCO_3$) in 30 ml H_2O + 70 ml CH_3OH + 4 g Celite 545. Eluieren mit 50 ml Benzol-Hexan (1 + 9) (Lösung, die zuvor mit 2,5 ml methanolischer $NaHCO_3$-Lösung gesättigt wurde). Dann eluieren mit 100 ml HCOOH-Benzol-Hexan. (100 ml Benzol-Hexan 20 + 80 mit 10 ml H_2O — CH_3OH 30 + 70 schütteln. Obere Schicht mit 5 ml HCOOH schütteln, untere Schicht verwerfen). Eluate zur Trockne eindampfen, mit $CHCl_3$ in konisches Zentrifugenglas überführen, unter N_2 eindampfen zur Trockne. + 750 µl Eisessig-Benzol (1 + 99)

Eluieren mit 75 ml frischem HCOOH—$CHCl_3$ (1 + 99) in 250 ml Erlenmeyer, fast zur Trockne einengen auf Dampfbad. Überführen in 15 ml konisches Zentrifugenglas mit $CHCl_3$. Unter N_2 zur Trockne eindampfen. + 750 µl Eisessig-Benzol (1 + 99)

DC

Auf Kieselgelplatte auftragen 3 — 10 µl mit Standards.
Entwickeln mit Benzol-Methanol-Eisessig (18 + 1 + 1).
Betrachten unter UV-Lampe.
Ochratoxin Rf-Werte zwischen 0,4 und 0,8.
Densitometrie 3 — 10 ng pro Fleck.
Anregung: 310 — 340 nm
Fluoreszenz: 440 — 475 nm
Ochratoxin-Ester auf gesonderter Platte entwickeln mit Hexan-Aceton-Eisessig (18 + 2 + 1).

Tabelle 11. Schema zum Nachweis und zur Bestimmung von Patulin nach [20] in Tomaten, Birnen, Äpfeln, Gurken und Pflaumen

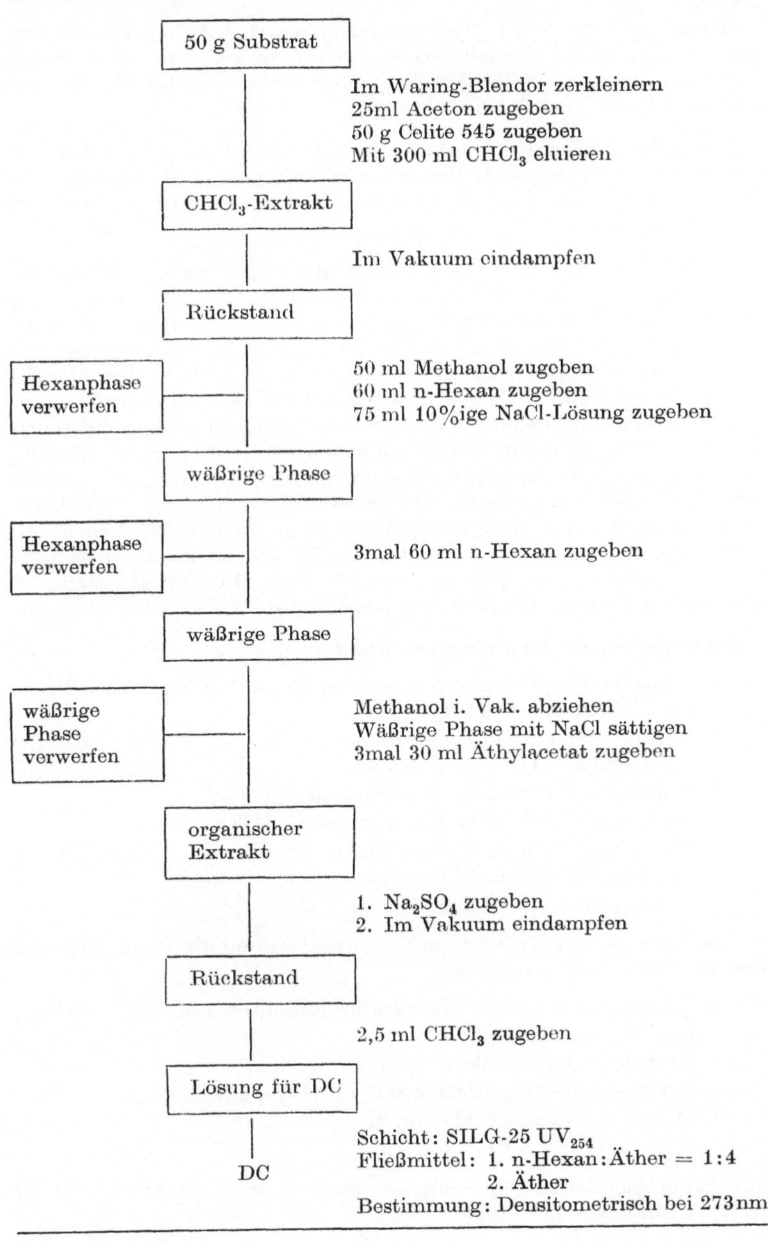

von 5 kg bei Erdnußkernen zur Warenendkontrolle vorgeschlagen, für die amtliche Kontrolle von Erdnußkernen eine Stichprobengröße von mindestens 400 g [8].

Die erste Richtlinie der EG-Kommission vom 1. 3. 1976 zur Festlegung gemeinschaftlicher Probenahmeverfahren für die amtliche Untersuchung von Futtermitteln (76/371 EWG) ist noch nicht in nationales bundesdeutsches Recht übertragen [24].

Verfahren: Größere Stichprobenmengen fester Substanzen werden grob vorgemahlen und gemischt. Hiervon wird ein aliquoter Teil entnommen und einer Feinmahlung unterworfen, wovon man schließlich die Analysenprobe entnimmt.

Analysengang: Der am meisten angewandte Analysengang für Nachweis und Bestimmung von Aflatoxin in Futtermitteln und Lebensmitteln besteht aus einer Extraktion der zermahlenen Analysenprobe mit organischen Lösungsmitteln, einer säulenchromatographischen Reinigung und ein- oder zweidimensionaler Dünnschichtchromatographie. Die Identifizierung erfolgt durch Vergleich der Rf-Werte mit Standards, durch Derivatbildung, Anwendung verschiedener Fließmittelsysteme und andere Verfahren. Die quantitative Bestimmung wird meistens durch Messung der Fluoreszenzintensität auf der Platte oder nach Eluierung im Vergleich mit Standards durchgeführt. Der meist vorgeschriebene Schritt des Clean-up mittels Säulenchromatographie kann in manchen Fällen entfallen, wenn die sog. Antidiagonaltechnik [9] bei der zweidimensionalen Dünnschichtchromatographie angewendet wird. Mit Vorteil lassen sich Hochleistungsdünnschichtplatten anwenden [10].

Möglichkeiten zur Identifizierung und Bestimmung:

1. Visueller Vergleich der Fluoreszenzintensitäten der Probenflecken mit Standardflecken [11].
2. Verdünnung der Untersuchungsproben bis zum Verschwinden der Fluoreszenz [11].
3. Fluorodensitometrische Fleckenmessung [11].
4. Spektrophotometrische Fleckenmessung [11].
5. Fluoreszenzmessung methanolischer Extrakte nach Eluierung aus den Dünnschichtchromatogrammen [11].
6. Derivatisierungsverfahren [3, 17].

Die Methoden 4 und 5 dienen auch zur Bestimmung des Reinheitsgrades von Aflatoxin-Standardlösungen.

7. Bestimmung mittels Hochdruckflüssigchromatographie (HPLC) [12, 13, 14].
8. Aufnahme des IR-Spektrums [11].
9. Mikrobiologische Methoden zur Absicherung [11].
10. Massenspektrometrie [11, 15, 21].
11. Aufnahme von NMR-Spektren [11].

Ein dünnschichtchromatographisches System zum Nachweis von 37 Mycotoxinen beschreiben [23].

Eine Übersicht über Probenahmepläne und Analysenmethoden für Aflatoxine und andere Mycotoxine findet man bei [11, 16].

Es wird unterschieden zwischen

1. Orientierenden Schnellmethoden (Screening Methods), die schnell und zuverlässig negative Proben eliminieren.
2. Schnellmethoden, die qualitative und quantitative Aussagen gestatten (Presumptive Methods).
3. Methoden, die positive Identifizierung oder Verifizierung der Identität der Toxine gestatten (Confirmatory Methods).

Sicherheitsvorkehrungen: Beim Arbeiten mit Mycotoxinen ist besondere Vorsicht geboten [18]. So wird bei der Aflatoxin-Untersuchung die Dekontamination der für die Analyse benutzten Geräte am zweckmäßigsten mit 4%iger Natriumhypochloritlösung durchgeführt.

Literatur

1. Meyer, H.; Leistner, L.: Arch. Lebensmittelhyg. *21*, 178 (1970)
2. Moreau, C.: Moissisures Toxiques dans l'Alimentation, Paris: Masson & Cie. (1974)
3. Bundesgesundheitsamt, Bundesgesundheitsblatt *18*, 230 (1975)
4. Kiermeier, F.; Weiss, G.: Z. Lebensm. Unters.-Forsch., *160*, 337 (1976)
5. Whitacker, T. B.; Dickens, J. W.: J. Amer. Oil Chem. Soc., *51*, 214 (1974)
6. Hanssen, E.; Jung, M.: Z. Lebensm. Unters.-Forsch., *150*, 141 (1972)
7. Hanssen, E.: Mitt. Bl. Lebensmittelchemie u. gerichtl. Chemie, *31*, 5 (1977)
8. Waibel, J.: DLR *73*, 353 (1977)
9. Beljaars, P. R.: Verhülsdonk, C. A. H.; Paulsch, W. E.; Liem, D. H.: J.A.O.A.C. *56*, 1444 (1973)
10. Kaiser, R. E.; Hezel, U.; Blume, J.; Halpaap, H.; Jaenchen, D.; Ripphahn, J.: Einführung in die Hochleistungs-Dünnschicht-Chromatographie (HPDC) Institut für Chromatographie, Bad Dürkheim 1976
11. Janicki, J.; Szebiotko, K.; Chelkowski, J.; Kokorniak, M.; Wiewiorowska, M.: Die Nahrung, *16*, 85 (1972)
12. Stubblefield, R. D.; Shotwell, O. L.; J.A.O.A.C. *60*, 784 (1977)
13. Zimmerli, B.: Mitt. Gebiete Lebensm. Hyg. *68*, 36 (1977)
14. Seitz, L. M.: J. Chromat. *104*, 81 (1975)
15. Bencze, K.; Kiermeier, F.; Miller, M.: Z. Lebensm. Unters.-Forsch. *159*, 7 (1975)
16. Schuller, P. L.; Horwitz, W.; Stoloff, L.: J.A.O.A.C. *59*, 1315 (1976)
17. Official Methods of Analysis A.O.A.C., 12th Ed. 1975
18. Tauchmann, F.; Mintzlaff, H.-J.; Leistner, L.: Alimenta *11*, 85 (1972)
19. Kiermeier, F.; Mücke, W.: Z. Lebensm. Unters.-Forsch. *152*, 18 (1973)
20. Polzhofer, K.: Z. Lebensm. Unters.-Forsch. *163*, 272 (1977)
21. Sphon, J. A.; Dreifuß, P. A.; Schulten, H. R.: J.A.O.A.C. *60*, 73 (1977)
22. Pons, W. A.; Franz, A. O.: J.A.O.A.C. *60*, 89 (1977)
23. Duracková, Z.; Betina, V.; Nemec, P.: J. Chromat. *116*, 141 (1976)
24. Amtsblatt der Europäischen Gemeinschaften Nr. L 102/1 v. 15. 4. 1976

Qualitative Untersuchungen von Farbstoffen

Dr. Helmut Schweppe

BASF Aktiengesellschaft, 6700 Ludwigshafen

Zur Untersuchung können Substanzen oder Färbungen auf Textilmaterial bzw. einem anderen Substrat vorliegen. Wenn Farbstoffe mit einem Handelsnamen bezeichnet sind, besteht die Möglichkeit, Angaben im Colour Index [1] über die Zugehörigkeit zu einer bestimmten färberischen oder chemischen Klasse oder sogar über die Konstitution zu finden. Wenn Färbungen zu untersuchen sind, kann man von der Faserart auf die färberische Klasse der Farbstoffe schließen. Manchmal läßt sich auch ein bestimmtes Färbe- oder Druckverfahren mikroskopisch ermitteln. Liegt z. B. bei synthetischen Fasern eine Spinnfärbung vor, so sind diese im Innern fein pigmentiert. Pigmentdrucke dagegen sind an dem auf den Fasern haftenden Pigment erkennbar. Im Colour Index 1971 sind 7895 Farbstoffe zu finden.

In einzelnen Fällen können Farbstoffe gleicher Konstitution im Colour Index verschiedene ‚Generic names' besitzen, je nachdem, für welchen Zweck sie verwendet werden. So kann ein Azofarbstoff mit Sulfogruppen als ‚Acid dye' bezeichnet werden, wenn er für färberische Zwecke verwendet wird. Der Farbstoff mit der gleichen Konstitution trägt die Bezeichnung ‚Food dye', wenn er aufgrund seiner Reinheit und eines für die Lebensmittelfärbung zugelassenen Abschwächungsmittels (z. B. Natriumchlorid) als Lebensmittelfarbstoff Verwendung finden kann. Außer den in Tabelle 1 angegebenen Klassen sind im Colour Index noch ‚Generic names' angeführt für: Lebensmittelfarbstoffe, Lederfarbstoffe, auf der Faser entwickelte Farbstoffe (‚Azoic colorants') und Oxidationsfarbstoffe zum Färben von Pelzen.

1. Untersuchung von Farbstoffen in Substanz

1.1. Prüfung auf Einheitlichkeit

Die Aufblasprobe [2] ist die einfachste und schnellste Prüfung eines Farbstoffes auf Einheitlichkeit: Man bläst eine kleine Probe des Farbstoffpulvers von einem Spatel gegen ein mit Wasser befeuchtetes Filterpapier.

Tabelle 1. Im Coulour Index (1971) und den zugehörigen Ergänzungen 1 — 25 bis Oktober 1977 angegebene Farbstoffe

Farbstoff-typ	Gelb	Orange	Rot	Violett	Blau	Grün	Braun	Schwarz
Saure	174[a]	130	278	88	229	80	275	296
Farbstoffe	151	112	260	74	209	74	220	126
	50	46	104	31	71	22	33	31
Basische	71	44	86	43	112	13	10	7
Farbstoffe	71	44	84	41	106	12	10	6
	11	11	14	15	21	3	5	3
Substantive	114	72	159	49	178	64	130	101
Farbstoffe	93	54	142	41	161	59	98	92
(= Direkt-farbstoffe)	39	40	80	24	75	20	45	33
Dis-persions-farbstoffe	161	119	254	67	257	4	19	19
	129	114	249	67	254	4	18	18
	19	8	17	8	15	0	1	5
Beizen-farbstoffe	34	21	40	26	34	19	48	52
	26	15	33	24	30	16	40	40
	18	10	22	17	20	10	24	18
Pigmente	97	40	158	32	31	16	13	7
	96	40	158	32	30	16	13	5
	37	23	95	19	22	14	8	1
Reaktiv-farbstoffe	121	83	159	31	158	17	26	33
	120	82	157	31	155	17	26	32
	3	2	12	3	7	0	1	2
Öl- und	114	68	156	28	101	18	38	35
spritlösliche	95	61	128	26	92	17	32	25
Farbstoffe	28	17	41	10	28	5	7	5
Schwefel-farbstoffe	12	4	10	4	15	29	57	13
Küpen-farbstoffe	29	19	38	16	41	29	46	36
	24	9	36	14	40	28	41	33
	15	2	22	13	31	12	14	12

[a] Zeile 1: Farbstoffe mit ‚Generic name'; Zeile 2: Farbstoffe mit Angabe der chemischen Klasse; Zeile 3: Farbstoffe mit Angabe der Konstitution.

Von einer auf trockenem Wege hergestellten Mischung wasserlöslicher Farbstoffe lösen sich die einzelnen auf dem Papier auftreffenden Farbstoffteilchen mit der ihnen eigenen Farbe, und man erkennt die Farbstoffe nebeneinander. Dabei kann man schon entscheiden, ob es sich um eine wirkliche Mischung aus mehreren Farbstoffen handelt oder nur um einen Farbstoff, dem man eine geringe Menge eines Nuancierfarbstoffes zur Typeinstellung zugegeben hat. — Je nach Farbstoff kann das Papier statt mit Wasser auch mit organischen Lösungsmitteln oder mit verd. Säuren oder Laugen befeuchtet werden. Bei Verwendung von Säuren und Laugen treten häufig typische Farbtonumschläge ein.

Farbstoffe, die auch in organischen Lösungsmitteln schwer löslich sind (z. B. Küpenfarbstoffe), bläst man auf die Oberfläche von konz. Schwefelsäure in einer weißen Porzellanschale, da viele Farbstoffe charakteristische Lösungsfarben in konz. Schwefelsäure zeigen. Die Aufblasmethoden versagen, wenn Teig- oder Flüssigmarken von Farbstoffen vorliegen oder wenn Farbstoffmischungen aus Lösung durch Ausfällen, Aussalzen oder Eindampfen der Lösung hergestellt worden sind.

1.2. Trennung von Gemischen

Farbstoffmischungen lassen sich oft durch *fraktioniertes Lösen* auftrennen. So können Dispersionsfarbstoffe aus Mischungen mit Küpenfarbstoffen, wie sie zum Färben von Polyester-Baumwolle-Mischfasern verwendet werden, mit Essigester oder Aceton herausgelöst werden. Saure Farbstoffe lassen sich oft durch ihre Löslichkeit in Äthanol, Aceton, Aceton/Salzsäure, Eisessig oder anderen Lösungsmitteln von substantiven trennen. Basische Farbstoffe können entsprechend ihrer Basizität bei steigenden pH-Werten fraktioniert mit Äther aus ihren wäßrigen Lösungen ausgeschüttelt und voneinander getrennt werden, z. B. Rhodamin B (C.I. 45170) aus neutraler Lösung, Fuchsin (C.I. 42510) nach Zugabe von verd. Ammoniak und Safranin (C.I. 50200) nach Zusatz von Natronlauge.

Nach Mathewson [3] lassen sich wasserlösliche Farbstoffe häufig durch *Verteilungsverfahren* auf Basis nicht miteinander mischbarer Lösungsmittel trennen. Dabei ist die eine Phase Wasser (neutral, sauer oder alkalisch), die andere Amylalkohol, evtl. in Mischung mit einem zweiten organischen Lösungsmittel. Nach ihrem Verhalten lassen sich die wasserlöslichen Farbstoffe so in elf Gruppen aufteilen.

Reduktions- und Oxidationsreaktionen stehen als weitere Methoden zur Trennung von Farbstoffmischungen zur Verfügung. So lassen sich Azofarbstoffe in Mischung mit einem wasserlöslichen Chinolingelb durch Behandlung mit Ammoniak + Zinkstaub reduktiv zerstören, während das Chinolingelb unverändert bleibt. Bei einer Mischung aus Kupferphthalocyanin-blau und -grün kann man durch Kochen mit Salpetersäure das Blau oxidativ zerstören, während das Grün unverändert bleibt.

Wenn Farbstoffmischungen vorliegen, die zum Färben von Fasermischungen wie Wolle/Cellulosefasern, Wolle/Polyester oder Baumwolle/Polyester Verwendung finden, können *Auffärbeversuche* auf Proben der einzelnen Fasertypen zur Trennung der Farbstoffe führen. *Chromatographische Methoden*, wie Säulenchromatographie (SC), Papierchromatographie (PC) und Dünnschicht-Chromatographie (DC), haben sich bei der Prüfung auf Einheitlichkeit von Farbstoffproben und bei der Trennung von Farbstoffgemischen hervorragend bewährt (s. S. 376—379).

Tabelle 2. Prüfung von Farbstoffen in Substanz auf Zugehörigkeit zu einer färberischen Klasse. Man benetzt etwa 200 bis 300 mg Farbstoff (Fa.) mit wenig Wasser, rührt gut an und kocht nach Auffüllen auf 100 cm³ kurz auf [2, S. 148]

wasserlöslich		wasserunlöslich				
sofort ohne Farbtonumschlag in Lösung	geht erst allmählich, oft unter Farbtonumschlag in Lösung	geht mit etwa 5%iger Natronlauge wenigstens teilweise in Lösung, evtl. nach Erwärmen	geht mit 5 n Salzsäure oder mit 50%iger Essigsäure z. T. in Lösung	geht mit Natronlauge und Dithionit in Lösung, oft Farbtonänderung		unlöslich und unverküpbar, beständig gegen Alkali u. Dithionit
A 1. Basische Farbstoffe 2. Saure Farbstoffe 3. Beizenfarbstoffe 4. Metallkomplexfarbstoffe 5. Leukoküpenfarbstoff-Ester 6. Substantive Farbstoffe 7. Reaktivfarbstoffe 8. Dispersionsfarbstoffe (dispergiert)	**B** Schwefelfarbstoffe u. Woll-Küpenfarbstoffe, die mit Reduktionsmittel u. Alkali eingestellt sind	**C** 1. Alkalilösl. Beizenfarbstoffe 2. Farblacke von wasserlösl. anionischen Farbstoffen (vorzugsweise mit Erdalkalien, Mangan) 3. Spritlösl. Farbstoffe aus sauren wasserlösl. Farbstoffen u. organ. Basen	**D** Manche Farblacke aus bas. Farbstoffen u. Tannin. ®Katanol FD usw. oder Heteropolysäuren	wird zerstört, Lösung gibt bei der Rückoxidation den Farbstoff nicht zurück **E** 1. Organ. Pigmente 2. Fett- u. öllösliche Farbstoffe 3. Sprit- und esterlösl. Farbstoffe (hauptsächl. Azo-Reihe)	bildet eine oft anders-farbige Küpe, Baumwolle und/oder Wolle werden gefärbt; Farbstoff kann durch Oxidation zurückerhalten werden **F** 1. Schwefelfarbstoffe 2. Küpenfarbstoffe	**G** Anorgan. u. mit Dithionit nicht reduzierbare oder nicht spaltbare organ. Pigmente (z. B. Bisazopigmente mit Acetessigaryliden u. Pyrazolon-Deriv. als Kupplungskomponenten, Phthalocyanine, Dioxazin- u. Chinacridon-Deriv.)

1.3. Bestimmung der färberischen Klasse eines Farbstoffes

Durch die Untersuchung ihres Verhaltens gegen Wasser, verd. Natronlauge sowie Natriumdithionit in alkalischer Lösung erreicht man eine erste Aufteilung der Farbstoffe in färberische Gruppen, vgl. Tabelle 2.

Gruppe A: Die *wasserlöslichen Farbstoffe der Spalte A* in Tabelle 2 können durch Färbeversuche (vgl. Tabelle 3), in denen man das Verhalten gegen Wolle, Baumwolle, tannierte Baumwolle und Celluloseacetat-Fasern untersucht, weiter in Klassen aufgeteilt werden. Dazu wird die nach Tabelle 2 erhaltene Farbstofflösung auf das zehnfache Volumen verdünnt, und davon werden je 5 cm³ (1—1,5 mg Farbstoff) für Färbeversuche benutzt (Bedarf an Textilmaterial etwa 50—100 mg). Je nach Farbstoff erhält man folgende Ergebnisse:

Basische Farbstoffe

> Färbung 1) Wolle nicht angefärbt, tannierte Baumwolle gefärbt.
> Färbung 2) Baumwolle nicht gefärbt.
> Färbung 3) Celluloseacetat meist schwach gefärbt.

Die Lösung des Farbstoffes ändert bei Zugabe von Natronlauge meist ihren Farbton, oft wird sie entfärbt. Der Farbstoff läßt sich aus dieser Lösung ausäthern und aus der Äther-Lösung mit verd. Essigsäure wieder ausschütteln, wobei meist der ursprüngliche Farbton des basischen Farbstoffes wiederkehrt.

Tabelle 3. Färbeversuche [2, S. 148]

Färbung	Flotte	Material	Färbung
1.	5 cm³ Farbstofflösung + 1 cm³ 15%ige Essigsäure	Wolle und tannierte Baumwolle	einige min kochen
2.	5 cm³ Farbstofflösung + 1 cm³ 5%ige Na$_2$SO$_4$-Lösung	Baumwolle	einige min kochen, kurz mit warmem Wasser spülen
3.	5 cm³ Farbstofflösung + 1 cm³ 2,5%ige Seifenlösung	Celluloseacetat	Färben bei 70°C

Saure Farbstoffe und Metallkomplexfarbstoffe, Beizenfarbstoffe

> Färbung 1) Wolle gefärbt, tannierte Baumwolle nicht oder schwach gefärbt.
> Färbung 2) Baumwolle nicht gefärbt.
> Färbung 3) Celluloseacetat meist nicht gefärbt.

Saure Metallkomplexfarbstoffe enthalten in der Asche Cr, Co, Fe, Ni oder Cu. Wenn der Farbton der Wollfärbung beim Nachchromieren im

Farbton stark umschlägt und die Waschechtheit einer Waschprobe dann besser ist als vor der Chromierung, so liegt ein Beizenfarbstoff vor.

Substantive Farbstoffe, Reaktivfarbstoffe

Färbung 1) Wolle kann angefärbt sein, tannierte Baumwolle schwach angefärbt bis nur angeschmutzt.
Färbung 2) Baumwolle ist gefärbt.
Färbung 3) Celluloseacetat ist höchstens angeschmutzt.

Ist die Baumwolle durch Reaktivfarbstoffe angefäbt, so blutet die vorher gründlich mit Ammoniak ausgewaschene Färbung beim Kochen mit Dimethylformamid nicht aus.

Dispersionsfarbstoffe

Färbung 1) Wolle und tannierte Baumwolle ungefärbt.
Färbung 2) Baumwolle ungefärbt.
Färbung 3) Celluloseacetat gefärbt.

Wird außer Celluloseacetat auch Wolle oder Baumwolle angefärbt, so können Farbstoffmischungen zum Färben von Wolle/bzw. Baumwolle/ Polyester-Mischungen vorliegen.

Gruppe B: Die *wasserlöslichen Farbstoffe der Spalte B* (Tabelle 2) enthalten Reduktionsmittel, sie liegen in Form der sog. Küpe vor. Zur weiteren Untersuchung färbt man in der mit heißem Wasser hergestellten Küpenlösung bei 60 °C je ein Strängchen Wolle und Baumwolle in derselben Flotte. Sind Wolle und Baumwolle gefärbt, so liegt ein Küpenfarbstoff (evtl. + Schwefelfarbstoff) vor. Ist nur die Wolle gefärbt, so handelt es sich um einen Küpenfarbstoff. Schwefelfarbstoffe färben nur die Baumwolle.

Gruppe C: Die *alkalilöslichen Beizenfarbstoffe der Spalte C* (Tabelle 2) bilden in wäßriger Dispersion mit Schwermetallsalz-Lösungen beim Erwärmen auf etwa 70 °C schwerlösliche Farblacke, wobei sich der Farbton vertieft.

Liegen *Farblacke von sauren Farbstoffen* vor, so kann man in der Asche entspr. Kationen wie Ca, Sr, Ba, Mn u. a. nachweisen. Der mit Natronlauge — evtl. unter Zusatz von EDTA — in Lösung gebrachte Farbstoff wird wie die Farbstoffe in Gruppe A weiter untersucht.

Spritlösliche Farbstoffe sind meistens anionisch. Sie enthalten häufig Cyclohexylamin, Dicyclohexylamin, 2-Äthyl-hexoxy-propylamin oder Di-o-tolylguanidin als Kation.

Gruppe D: *Farblacke aus basischen Farbstoffen und Heteropolysäuren* (Spalte D der Tabelle 2) kocht man mit 10%iger Natronlauge und äthert die frei gesetzten Farbbasen aus. Zur abgetrennten Äther-Lösung gibt man verdünnte Essigsäure, wobei die basischen Farbstoffe als intensiv farbige Salze in die Essigsäure-Phase gehen.

Gruppe E: In dieser Gruppe kann eine Aufteilung auf Grund der Löslichkeit in organischen Lösungsmitteln erfolgen: *Organische Pigmente* (Azo- oder Nitrofarbstoffe) sind in Äthanol, Ölen und Wachsen schwer-

bis unlöslich; hierdurch unterscheiden sie sich von den *öl- und fettlöslichen Farbstoffen*, welche in Äthanol und in Benzol leichter löslich sind. Die *sprit- und esterlöslichen Farbstoffe* dieser Gruppe sind meistens Metallkomplexe und enthalten dann in der Asche Cr, Co, Fe, Ni, Mn oder Al.

Gruppe F: *Schwefelfarbstoffe* und *Schwefelküpenfarbstoffe* (Hydronblau) lassen sich mit Natriumsulfid verküpen, die Farbe der Küpe ist meistens gelblich, bräunlich oder oliv. Erwärmt man eine Färbung mit Schwefelfarbstoffen auf Baumwolle mit salzsazrer Zinn(II)-chlorid-Lösung, so läßt sich mit Bleiacetat-Papier Schwefelwasserstoff nachweisen.

Küpenfarbstoffe der Anthrachinonreihe liefern meistens intensiv farbige Küpen, die im Farbton vor dem des Farbstoffs häufig stark abweichen.

Indigoide Küpenfarbstoffe haben ähnlich schwach farbige Küpen wie die Schwefelfarbstoffe, sie lassen sich jedoch nicht mit Natriumsulfid verküpen, sondern verlangen zur Küpenbildung Natriumdithionit und Natronlauge.

1.4. Bestimmung der chemischen Klasse eines Farbstoffes

Das Verhalten eines Farbstoffes gegen *Reduktionsmittel* und bei der Rückoxidation gibt einen gewissen Aufschluß über seine Zugehörigkeit zu einer bestimmten chemischen Gruppe (Azo-, Anthrachinon-, Triphenylmethan-Farbstoff usw.). In den Tabellen 4 und 5 sind Angaben

Tabelle 4. Verhalten wasserlöslicher Farbstoffe gegen Reduktionsmittel. Farbstoff wird in wäßriger Lösung mit Natronlauge und etwas Dithionit erwärmt. Nach [2, S. 152]

a) *Farbton nicht verändert*	b) *Farbton ändert sich*	Farbstoff wird entfärbt	
	Je nach Bedingungen u. Konstitution des Farbstoffs wird er bei der Oxidation zurückgebildet, oder man erhält ein anderes, aber gefärbtes Produkt.	c) Ursprünglicher Farbton kommt mit Oxidartonsmittel (Luft, Persulfat) zurück.	d) Farbton kommt durch Rückoxidation nicht zurück.
Chinophthalone	Anthrachinon-	Azinfarbstoffe	Mehrzahl der
Acridinfarbstoffe	farbstoffe	Oxazinfarbstoffe	Azofarbstoffe
Thiazolfarbstoffe	Phthalocyanin-	Dioxazinfarbstoffe	Nitro-
Auramin	farbstoffe	Thiazinfarbstoffe	farbstoffe
manche Azo-	manche Azofarbstoffe	Triphenylmethan-	Nitroso-
farbstoffe	(z. B. Kondensations-	farbstoffe	farbstoffe
	farbstoffe aus Di-	einige Azofarbstoffe	
	nitrostilbendisulfon-	der Stilbenreihe	
	säure u. Aminomono-	(z. B. Chryso-	
	azofarbstoffen)	phenin G)	

Tabelle 5. Verhalten wasserunlöslicher Farbstoffe gegen Reduktionsmittel. Farbstoff wird in wäßriger Suspension mit Natronlauge und etwas Dithionit evtl. unter Zusatz von Pyridin erwärmt. Nach [2, S. 152]

Farbton nicht verändert	*Farbton ändert sich; durch Rückoxidation wird Farbstoff zurückgebildet.*	*Farbstoff wird zerstört* u. durch Rückoxidation nicht mehr zurückgebildet.
Chinophthalone	Anthrachinonfarbstoffe	Azofarbstoffe
Dioxazinpigmente	Indigoide Farbstoffe	Nitrofarbstoffe
Azofarbstoffe z. T.	Benzo- und Naphtho-	Nitrosofarbstoffe
Phthalocyanine z. T.	chinonfarbstoffe	
	Schwefelfarbstoffe	
	Phthalocyanine z. T.	

Tabelle 6. Schwefelsäure-Reaktion einiger Farbstoffgruppen. Nach [2, S. 153]

Farbstoffgruppe	Lösungsfarbe in 98%iger H_2SO_4
Nitrofarbstoffe	gelb bis orange
Xanthenfarbstoffe	gelb bis rot
Triphenylmethanfarbstoffe	
basische, saure	gelb, orange, rotbraun
Beizen-	rot
Oxazinfarbstoffe	orangebraun, bordeaux, olivgrün
Azinfarbstoffe	grün
Thiazinfarbstoffe	grün
Dioxazinfarbstoffe	blau, grün, fast schwarz
Azofarbstoffe	gelb bis grün
Anthrachinonfarbstoffe	gelb bis grün

über das Verhalten wasser-löslicher und -unlöslicher Farbstoffe zusammengestellt. Je nach Löslichkeit kann man den zu untersuchenden Farbstoff vor der Reduktion in Wasser, Alkohol oder Dimethylformamid lösen und Zusatz von Natronlauge die Löslichkeit notfalls erhöhen [4].

Pyrazolonazofarbstoffe können mit einer spezifischen Reduktionsmethode nachgewiesen werden. Bei der Reduktion mit Ammoniak + Zinkstaub unter Zusatz von α-Naphthol und Ausguß der Reduktionslösung auf Filterpapier zeigen nur Farbstoffe aus dieser Klasse bei Reoxidation an der Luft violette bis violettblaue Farbtöne [4].

Die *Lösungsfarbe in konz. Schwefelsäure* kann manchmal einen Hinweis auf die chemische Natur eines Farbstoffes geben. Über Azofarbstoffe und Anthrachinonfarbstoffe läßt sich hierbei am wenigsten aussagen, da ihre Lösungsfarben von gelb bis grün variieren können. Bei den Azofarbstoffen verschiebt sich der Farbton der Lösungsfarbe in konz. Schwefelsäure um so mehr nach grün, je mehr Azogruppen der Farbstoff enthält. Umgekehrt

Tabelle 7. Grundreaktionen zur Identifizierung von Farbstoffen [2, S. 150]

A) Wasserlösliche Farbstoffe

1. Lösungsfarbe in Wasser, Ausgießen der Lösung auf Filterpapier für die Tüpfelreaktionen.

2. Farbumschläge, Fällungen, Tüpfelreaktionen mit der Farbstofflösung im Reagensglas bzw. mit dem Ausguß des Farbstoffs auf Filterpapier unter Verwendung folgender Reagentien:

   a) 10%ige Schwefelsäure
   b) 4%ige Natronlauge
   c) Salpetersäure (d 1,4)
   d) Zinn(II)-chlorid-Lösung (100 g $SnCl_2 \cdot 2 H_2O$ in 100 ml konz. Salzsäure lösen und mit 100 ml Wasser verdünnen)
   e) 10%ige Essigsäure
   f) 10%ige Soda-Lösung
   g) 25%iges Ammoniak
   h) Nur mit der Lösung: Natriumhypochlorit-Lösung

3. Lösungsfarbe des Farbstoffs in 98%iger Schwefelsäure

4. Verhalten gegen Natriumdithionit und Natronlauge und bei Rückoxidation der auf Filterpapier ausgegossenen Lösung

5. ebenso wie 4., nur ohne Zusatz von Natronlauge

6. Verhalten gegen Zinkstaub und Salzsäure und bei der Rückoxidation auf Papier

7. Verhalten gegen Zinkstaub und Essigsäure und bei der Rückoxidation auf Papier

8. Verhalten gegen Zinkstaub und Ammoniak und bei der Rückoxidation auf Papier

9. Zugabe von α-Naphthol zur Reduktionslösung von 8. (ohne Zugabe keine typische Reduktionsfärbung, mit α-Naphthol violett bis violettblau: Pyrazolonazofarbstoffe)

B) Wasserunlösliche Farbstoffe

(Reaktionen teilweise besser mit dem Farbstoff in Substanz, teilweise vorteilhafter mit der Färbung durchführbar)

1. Lösungsfarbe in 98%iger Schwefelsäure

2. Lösungsfarbe in 98%iger Schwefelsäure + Salpetersäure (d 1,4) (100 + 5 cm³)

3. Lösungsfarbe in 98%iger Schwefelsäure + Kaliumjodat (100 cm³ + 1 g)

4. Lösungsfarbe in 98%iger Schwefelsäure + Borsäure (100 cm³ + 10 g)

5. Verhalten und Lösungsfarbe in Salpetersäure (d 1,4)

6. Verhalten gegen Natriumdithionit und Natronlauge und anschließende Rückoxidation

7. Wie 6., jedoch ohne Zusatz von Natronlauge

8. Verhalten gegen salzsaures Zinn(II)-chlorid (Zusammensetzung siehe A, 2 d)

9. Farbstofflösung in Äthanol + wenige Tropfen 4%ige Natronlauge auf Filterpapier ausgießen: Zackenrand mit farblosem Außenrand zeigt Naphtol AS-Pigmente und Bisazopigmente aus Benzidin-Derivaten und Pyrazolon-Derivaten an

lösen sich bereits Monoazofarbstoffe mit entsprechenden Substituenden blau oder sogar grün in Schwefelsäure. Als zusätzliches Kriterium kann die „Schwefelsäure-Reaktion" jedoch einen wertvollen Hinweis geben (Tabelle 6).

1.5. Identifizierung der Farbstoffe

Zur Identifizierung unbekannter Farbstoffe sind umfassende Tabellen nötig, in denen möglichst für alle auf dem Markt befindlichen Farbstoffe oder für ihre Färbungen und Drucke die wichtigsten Grundreaktionen, nach färberischen Klassen und Farbnuancen geordnet, aufgezeichnet sind. Daneben aber muß für die entscheidenden Vergleiche der entsprechende authentische Handelsfarbstoff mit herangezogen werden. In Tabelle 7 sind die Grundreaktionen zusammengestellt, die zur qualitativen Analyse wasserlöslicher und -unlöslicher Farbstoffe herangezogen werden können.

Weitere Möglichkeiten für die Identifizierung von Farbstoffen sind Vergleiche mit authentischen Farbstoffmustern durch Papier- und Dünnschicht-Chromatographie (s. S. 377) sowie Vergleiche der Absorptionsspektren im sichtbaren und vor allem im IR-Bereich. Für die Bestimmung eines Farbstoffes durch IR-Spektren-Vergleich ist eine umfangreiche Spektrensammlung notwendig und ein Suchsystem unter Zuhilfenahme von Lochkarten oder EDV wünschenswert*.

2. Untersuchung von Farbstoffen auf der Faser**

2.1. Allgemeine Prüfungen

Der Farbstoffuntersuchung sollte nach Möglichkeit eine *Faseranalyse* vorangehen. Einfache Teste sind dabei zu bevorzugen. Baumwolle und andere Cellulosefasern erkennt man leicht an ihrer gleichmäßigen Verbrennung, verbunden mit einem typischen Geruch nach verbranntem Papier, wobei eine weiche Asche (kein hartes Kügelchen) zurückbleibt. Wolle und Seide riechen bei der Verbrennung nach verbranntem Horn und können außerdem von anderen Fasern durch ihre Löslichkeit in kochender 5%iger Natronlauge unterschieden werden. Kunstfasern lassen sich durch ihre Löslichkeit in verschiedenen Lösungsmitteln unterscheiden, wie es in Tabelle 8 dargestellt ist.

---

* Ausführliche Darstellungen der chromatographischen und spektroskopischen Methoden in [5].
** Ausführliche Darstellung in [6].

Wichtige Hinweise auf bestimmte Farbstoffklassen erhält man durch eine *Ascheuntersuchung* der zu prüfenden Färbung auf verschiedene Metalle, wie aus der Tabelle 9 hervorgeht.

Die *Behandlung* von Färbungen *mit Lösungsmitteln* kann Aufschlüsse über die färberische Klasse der auf der Faser fixierten Farbstoffe geben. Dabei wird der Farbstoff je nach Natur der Faser, des Lösungsmittels und des Farbstoffes ganz, teilweise oder gar nicht von der Faser abgelöst. Diese Methode ist vor allem für die Untersuchung von Färbungen auf Naturfasern geeignet.

Tabelle 8. Löslichkeit von Kunstfasern in verschiedenen Lösungsmitteln

Fasern	löslich	unlöslich
Sekundäres Celluloseacetat	Aceton kalt	
Cellulosetriacetat	Methylenchlorid kalt	Aceton kalt
Polyamid	85%ige Ameisensäure kochend	Dimethylformamid kochend Aceton kalt Methylenchlorid kalt
Polyacrylnitril	N-Methylpyrrolidon kochend Dimethylformamid kochend	Aceton kalt Methylenchlorid kalt
Polyester	N-Methylpyrrolidon kochend	Aceton kalt Methylenchlorid kalt Dimethylformamid kochend

Als Lösungsmittel benutzt man nacheinander: 1. Wasser, 2. Alkohol, 3. Eisessig, 4. 20%iger Ammoniak, 5. bei Cellulose außerdem eine Mischung aus gleichen Teilen Alkohol und 20%igem Ammoniak. Die erhaltenen Extrakte (= Abzüge) können nach Eindampfen und Aufnehmen mit Wasser wie Farbstoffe in Substanz (S. 353) weiter untersucht werden.

In den Tabellen 10 und 11 ist das Verhalten von Färbungen bei Behandlung mit Lösungsmitteln dargestellt.

Bei der Behandlung mit *reduzierenden oder oxidierenden Reagentien* liefern viele Färbungen charakteristische Ergebnisse. So werden viele Farbstoffe beim Behandeln mit Alkali und Natriumdithionit (= blinde Küpe) glatt von der Faser abgezogen oder zerstört, während andere auf der Faser verbleiben. Ein weiteres für Färbungen häufig verwendetes Reduktionsmittel ist das Zinn(II)-chlorid. Als Oxidationsmittel sind Natriumhypochlorit, Kaliumpermanganat und Salpetersäure geeignet*.

---

* Ausführliche Darstellungen siehe: [5, S. 400—402; 7].

Tabelle 9. Beziehungen zwischen Metallen in Färbungen und Drucken und der Klasse der verwendeten Farbstoffe

Metall	Faser	Farbstoffklasse
Cr	Wolle und Polyamid	Azofarbstoff-Komplexe (saure Farbstoffe und einige Reaktivfarbstoffe). Beizenfarbstoffe aus der Azo- und Triphenylmethanreihe u. a. auf Chrombeizen (meistens Nachchromierfarbst.)
Cr	Baumwolle	Braune reaktive Azofarbstoff-Komplexe
Co	Wolle	Azofarbstoff-Komplexe
Co	Baumwolle	Co-Phthalocyanin-Derivate (Entwicklungs- und Küpenfarbstoffe); nachbehandelte Entwicklungsfarbstoffe (von Variogenbasen).
Cr und Co	Baumwolle	Schwarze reaktive Azofarbstoff-Komplexe.
Cu	Wolle	Kupferphthalocyanin-Derivate.
Cu	Baumwolle	Azofarbstoff-Komplexe (Substantive und nachbehandelte substantive Farbstoffe, Reaktivfarbstoffe). Nachbehandelte Entwicklungsfarbstoffe (von Variogenbasen). Kupfer-Phthalocyaninderivate (Substantive, reaktive und Entwicklungsfarbstoffe, Pigmente).
Ni	Baumwolle	Nickel-Phthalocyanin-Derivate (Entwicklungsfarbstoffe); Azopigmente von Pigment-Druck.
Ni, Al	Polypropylen	Beizenfarbstoffe auf Metall-modifizierter Faser.
Al	Wolle, Baumwolle	Alizarin und Alizarinderivate.
Fe	Wolle, Baumwolle	Nitrosonaphthole
Sb	Baumwolle	Basische Farbstoffe auf Tanninbeize.
Ca, Ba, Sr, Mn	Alle Fasern	Lacke von sauren Farbstoffen für Pigment-Druckmethoden.

Tabelle 10. Verhalten von Farbstoffen auf Cellulosefasern [2]

Farbstoffklasse	Auskochen mit					Bemerkungen
	Wasser	Alkohol	Eisessig	20%igem Ammoniak	Ammoniak/ Alkohol wäßrig	
Substantive Farbstoffe ohne Nachbehandlung	+	−	−	+	(+)	Die Abzüge färben Baumwolle, oft auch Wolle. Man prüft in diesem Falle, ob die Lösungsfarbe beider Fasern in konz. H_2SO_4 dieselbe ist. Wenn nicht, kann Gemisch mit sauren Farbstoffen vorliegen.
Diazofarbstoffe	−	−	(+)	−	−	
Nachbehandelte (Cu, Cr, CH_2O) substantive Farbstoffe	(+)	−	−	(+)	+	Asche auf Cu und Cr, bzw. Färbung auf CH_2O prüfen.
Auf der Faser erzeugte unlösliche Azofarbstoffe	−	(+)	+	−	−	Werden alle durch Natriumhypochlorit und Pyridin zerstört. Die gelben sind etwas beständiger. Gegen Natriumhypochlorit und Salzsäure sind besonders die roten ziemlich beständig.
Küpenfarbstoffe	−	(+)	(+)	−	−	Viele Küpenfarbstoffe in allen 5 Lösungsmitteln unlöslich. Überführen in die Küpe und Rückoxidieren auf der Faser.
Schwefelfarbstoffe	−	−	−	−	−	
Spinnfarbstoffe	−	−	(+)	−	−	Unter dem Mikroskop als solche erkennbar durch Pigmentierung der Faser.

+ Farbstoff (Fa.) wird extrahiert; (+) Fa. wird in manchen Fällen oder teilweise extrahiert; − Fa. wird nicht extrahiert

Tabelle 10. (Fortsetzung)

Farbstoffklasse	Auskochen mit					Bemerkungen
	Wasser	Alkohol	Eisessig	20%igem Ammoniak	Ammoniak/ Alkohol wäßrig	
Oxidationsfarbstoffe (Anilinschwarz)	—	—	—	—	—	
Beizenfarbstoffe	—	+	+	—	—	Geben typische Farbumschläge mit Natronlauge, manche fluoreszieren. Basische gehen nicht in Äther.
Basische Farbstoffe	—	+	+	—	—	
Saure Farbstoffe	+	—	—	(+)	(+)	Nur als Druckfarbstoffe auf Viscosereyon. Abzüge färben nach Färbung 1 auf Wolle.

+ Farbstoff (Fa.) wird extrahiert; (+) Fa. wird in manchen Fällen oder teilweise extrahiert; — Fa. wird nicht extrahiert.

Tabelle 11. Verhalten von Farbstoffen auf Wolle [2]

Farbstoffklasse	Auskochen mit				Bemerkungen
	Wasser	Alkohol	Eisessig	20%igem Ammoniak	
Saure Farbstoffe[a]	(+)	—	—	+	
Chromentwicklungs- und Beizenfarbstoffe	—	—	(+)	(+)	Asche der Färbungen enthält entsprechendes Metall.
Saure Komplexfarbstoffe	—	—	—	(+)	Asche der Färbung enthält Metall. Nach dem Wiederauffärben des abgezogenen Farbstoffs enthalten die Färbungen Metall.
Substantive Farbstoffe	(+)	—	—	(+)	
Basische Farbstoffe	(+)	+	+	(+)	
Wollküpenfarbstoffe	—	—	(+)	—	Mit Ammoniak- oder Piperidin/Wasser und Dithionit abziehen.

[a] manche in allen Lösungsmitteln löslich

2.2. Systematische Untersuchungsmethoden zur Bestimmung der Farbstoffklassen von Färbungen

Eine der frühesten systematischen Prüfmethoden zur Erkennung von Farbstoffklassen stammt von A. G. Green [8], in dessen Tabellen ein systematischer Analysengang zur Bestimmung der chemischen und färberischen Klasse von Farbstoffen auf Wolle und Cellulosefasern dargestellt ist. Die Greenschen Tabellen sind von E. Clayton [9] verbessert und auf einen neuen Stand gebracht. Eine Zusammenfassung der amerikanischen Methoden ist als Bericht des AATCC-Forschungsausschusses RA 72 [10] herausgegeben worden. Ein systematisches Bestimmungsschema, das gut reproduzierbar ist und auf Erfahrungen der Farbstoffanalytiker in Deutschland basiert, ist von Dierkes und Brocher [11] veröffentlicht worden. Dieses Schema wird in den folgenden Tabellen 12 (Farbstoffnachweis auf Cellulosefasern), 13 (Farbstoffnachweis auf tierischen Fasern) und 14 (Farbstoffnachweis auf Synthesefasern) zusammengestellt.

Man kocht zunächst für alle Nachweismethoden die ganze für die Untersuchung benötigte Färbung mit destilliertem Wasser ab, um nicht fixierten Farbstoff und Präparationen zu entfernen. Löst sich dabei ein großer Teil des Farbstoffes ab, so kann man die Lösung eindampfen und den Farbstoff direkt untersuchen.

Man führt die aufeinander folgenden Prüfungen stets mit frischen Proben des gefärbten oder bedruckten Materials durch, wenn nichts Gegenteiliges gesagt ist. Ein Abziehen des Farbstoffes mit Lösungsmitteln ist zweckmäßig mehrmals zu wiederholen. Man schüttet die Auszüge zusammen und verarbeitet sie gemeinsam weiter. Um alle Schritte sicherer beurteilen zu können, sollte man immer vergleichend, d. h. mit Blindproben, arbeiten.

Erläuterungen zu den Farbstoff-Nachweistabellen 12, 13 und 14

Die Zahlen in den Tabellen weisen auf besondere Arbeitsbedingungen und typische Nachweisreaktionen hin und bedeuten:

Nachweise auf Cellulosefasern (Tabelle 12)

(1) Pigmente können mikroskopisch erkannt werden.

    a) Bei *Pigmentdrucken* und *Pigmentfärbungen* werden Pigmente mit Kunstharzbindern auf der Faser fixiert. Sie sitzen unregelmäßig verteilt außen auf der Faser.

    b) *Spinnfärbungen* und *Mattierungen* erkennt man gewöhnlich an Einlagerungen, die ziemlich gleichmäßig in der Faser verteilt sind.

(2) Das trockene Untersuchungsmaterial wird im Reagensglas unter ständigem Schütteln 1 min lang mit kaltem Pyridin behandelt.

(3) Einen Teil des Untersuchungsmaterials versetzt man mit einer Reduktionslösung (55 cm³ Wasser, 10 g Zinn(II)-chlorid und 10 cm³

Tabelle 12. Farbstoff-Nachweis auf Cellulosefasern [2]. (Die Zahlenhinweise in runden Klammern beziehen sich auf die Erläuterungen zu dieser Tabelle, s. S. 368)

Nach der mikroskopischen Prüfung auf Pigmentfarbstoffe, Spinnfärbungen und Mattierungen (1) folgt die Behandlung mit kaltem Pyridin (2). Je nach der Färbung oder Nichtfärbung des Pyridins folgen die Arbeitsgänge *A*) oder *B*).

A) *Pyridin gefärbt:* Schwefel-, Oxidations-, Beizen-, Säure-, Direkt- und basische Farbstoffe. Anschließend: Nachweis von Schwefel (3), (4)

<table>
<tr>
<td rowspan="5">Schwefelnachweis positiv: Schwefelfarbstoffe (Bestätigung: Blindküpe und Reoxidation (5), (6), (4); Blaufärbungen werden durch Betupfen mit kalter konz. Salpetersäure violett)</td>
<td colspan="7">Schwefelnachweis negativ: Oxidations-, Säure, Beizen-, Direkt- und basische Farbstoffe. Anschließend: Schwarze Färbungen prüfen mit Blindküpe, (5), (4)</td>
</tr>
<tr>
<td colspan="2">Schwarze Färbungen werden braun und bei der Luftoxidation schwarz: Oxidationsfarbstoffe. Anschließend: Behandeln mit kalter konz. Schwefelsäure und Verdünnen mit Wasser.</td>
<td colspan="5">Falls keine Schwarzfärbungen oder negative Reaktion: Säure-, Beizen-, Direkt- und basische Farbstoffe. Anschließend: Abziehen mit Eisessig und Dralon färben (9).</td>
</tr>
<tr>
<td rowspan="3">Lösung grün: Anilinschwarz, Cr-Nachweis positiv (7); bei Ferrocyandampfschwarz: Fe-Nachweis positiv (8).</td>
<td rowspan="3">Lösung unverändert: Diphenyl-schwarz</td>
<td rowspan="3">Dralon gefärbt: Basische Farbstoffe (Bestätigung (10): a) Tannin/Brechweinsteinbeize (11) b) Katanol-Beize (12))</td>
<td colspan="4">Dralon nicht gefärbt: Säure-, Beizen-, Direktfarbstoffe. Anschließend: Abziehen mit konz. Ammoniak oder Eisessig und Anfärbereaktionen (13)</td>
</tr>
<tr>
<td colspan="2">Wolle dunkler gefärbt: Säure-, Beizenfarbstoffe. Anschließend: Prüfen auf Cr (7), Fe (8), Al (14).</td>
<td colspan="2">Baumwolle dunkler gefärbt: Direktfarbstoffe. Anschließend: Prüfen auf Cu (15), Cr (7), Formaldehyd (16), kationische Produkte (17).</td>
</tr>
<tr>
<td>positiv: Beizenfarbstoff</td>
<td>negativ: Säurefarbstoff</td>
<td>positiv: Direktfarbstoffe, nachbehandelt mit Cu- oder Cr-Salzen, HCOH oder kationischen Textilhilfsmitteln</td>
<td>negativ: Direkt-, Diazotierungs- und Kupplungsfarbstoffe. Eine Unterscheidung ist durch vergleichende Echtheitsprüfungen zu versuchen (18).</td>
</tr>
</table>

Tabelle 12. (Fortsetzung)

B) *Pyridin nicht gefärbt:* Schwefel-, Reaktiv-, Phthalocyanin-, Küpen-, Naphthol-Farbstoffe. Anschließend: Nachweis von Schwefel (3), (4)

<table>
<tr>
<td rowspan="4">Schwefelnachweis positiv:
Schwefelfarbstoffe (Bestätigung: Blindküpe und Reoxidation (5), (6), (4))</td>
<td colspan="4">Schwefelnachweis negativ: Reaktiv-, Phthalocyanin-, Küpen-, Naphthol-Farbstoffe. Anschließend: Dimethylformamid (kochend)</td>
</tr>
<tr>
<td rowspan="3">Testlösung nicht gefärbt: Reaktivfarbstoffe (Bestätigung: (19))</td>
<td colspan="3">Testlösung gefärbt: Phthalocyanin-, Küpen-, Naphthol-Farbstoffe. Anschließend: Eisessig (kochend 1 min)</td>
</tr>
<tr>
<td rowspan="2">Testlösung nicht gefärbt: Phthalocyaninfarbstoffe (Bestätigung: mit kalter konz. HNO_3 violett; Cu- oder Ni-Nachweis (15), (20), (21))</td>
<td colspan="2">Testlösung gefärbt: Küpen-, Naphthol-Farbstoffe. Anschließend: Blindküpe und Reoxidation (5), (6), (4)</td>
</tr>
<tr>
<td>positiv: Küpenfarbstoffe, Unterscheidung zwischen Indigo u. a. blauen Küpenfarbstoffen mit HNO_3 und Zinn(II)-chlorid (23)</td>
<td>negativ: Naphtholfarbstoffe (Bestätigung: Fluoreszenzprobe (23); Hinweis für Grünnaphthole beachten (24))</td>
</tr>
</table>

Tabelle 13. Farbstoff-Nachweis auf tierischen Fasern [2]. (Die Zahlenhinweise in runden Klammern beziehen sich auf die Erläuterungen zu dieser Tabelle, s. S. 375)

<table>
<tr><td colspan="8">Paraffin-Probe (25)</td></tr>
<tr>
<td colspan="2">Paraffin gefärbt: Küpen- und Naphtholfarbstoffe; Blindküpe und Reoxidation (5), (6), (4):</td>
<td colspan="6">Paraffin nicht gefärbt: Basische, 1:1-Metallkomplex-, 1:2-Metallkomplex-, Chromier-, Säure-, Direkt- und Reaktivfarbstoffe; Metall-Nachweise (7), (26):</td>
</tr>
<tr>
<td rowspan="4">Farbton schlägt um und bildet sich zurück; Küpenfarbstoff</td>
<td rowspan="4">Testlösung wird gelb; das Farbmuster ändert sich nicht; wenn doch, dann kommt bei der Reoxidation der ursprüngliche Farbton nicht zurück: Naphthol-Farbstoff</td>
<td colspan="2">Chrom oder Kobalt anwesend: 1:2-Metallkomplex-, 1:1-Metallkomplex- und Chromierfarbstoffe; Farbstoff mit Ammoniak ablösen; Lösung mit Salzsäure ansäuern und mit Äther ausschütteln (27):</td>
<td colspan="4">Chrom und Kobalt nicht anwesend: basische, Säure-, Direkt- und Reaktivfarbstoffe. Eisessig (kalt) (9):</td>
</tr>
<tr>
<td>Äther stark gefärbt: 1:2-Metallkomplex-Farbstoff ohne Sulfo-Gruppen</td>
<td>Äther nicht oder schwach gefärbt: 1:1-Metallkomplex-, 1:2-Metallkomplex-Farbstoffe mit Sulfo-Gruppen, Chromierfarbstoffe</td>
<td rowspan="3">Eisessig gefärbt: Basischer Farbstoff; Bestätigung: (10)</td>
<td colspan="3">Eisessig nicht gefärbt: Säure-, Direkt- und Reaktivfarbstoffe. Pyridin (kalt) (28):</td>
</tr>
<tr>
<td rowspan="2">Pyridin nicht gefärbt: Reaktivfarbstoffe</td>
<td colspan="2">Pyridin gefärbt: Säure- und Direktfarbstoff. Anfärbereaktion (13):</td>
</tr>
<tr>
<td>Wolle stärker gefärbt: Säurefarbstoff</td>
<td>Baumwolle stärker gefärbt: Direktfarbstoff</td>
</tr>
</table>

Tabelle 14. Farbstoff-Nachweis auf Synthesefasern [2]. (Die Zahlenhinweise in runden Klammern beziehen sich auf die Erläuterungen zu dieser Tabelle, s. S. 375)

Polyester (PE)- und Polyamid (PA)-Fasern: Caprolactam-Schmelze = A (29)
Polyacrylnitril (PAN)-Fasern: Abziehen mit Eisessig = B (30)

A bzw. B mit Äther versetzen:

<table>
<tr>
<td colspan="7">Äther gefärbt:</td>
<td colspan="3">Äther nicht gefärbt:</td>
</tr>
<tr>
<td colspan="4">Dispersions-, entwickelte Dispersions-, ®Procinyl-, Naphthol-, Küpenfarbstoffe. Mit Ätherlösung Fluoreszenzprobe durchführen (23):</td>
<td colspan="3">Dispersions-, Metallkomplex- und Chromierfarbstoffe. Metallnachweise (7), (26):</td>
<td colspan="3">Metallkomplex-, Chromier-, basische, Säure- und Küpenfarbstoffe. Metallnachweis (7), (26):</td>
</tr>
<tr>
<td colspan="2">positiv: Naphthol- und entwickelte Dispersionsfarbstoffe. Pyridin/Wasser 1:1 kochend (31):</td>
<td colspan="2">negativ: PA: Dispersions-, ®Procinyl-farbstoffe. PE: Dispersionsfarbstoffe. Eisessig kochend + Äther + Wasser (32):</td>
<td rowspan="3">negativ: Dispersionsfarbstoffe</td>
<td colspan="2">positiv: Metallkomplex- und Chromierfarbstoffe. Pyridin + Äther (27):</td>
<td colspan="3">negativ: basische, Säurefarbstoffe</td>
</tr>
<tr>
<td rowspan="2">Farbstoff fällt aus und Lösung ist stark gefärbt: entwickelter Dispersionsfarbstoff</td>
<td rowspan="2">Farbstoff fällt nicht aus oder Lösung wenig gefärbt: Naphtholfarbstoff</td>
<td colspan="2">Niederschlag</td>
<td rowspan="2">Äther gefärbt: 1:2-Metallkomplexfarbstoffe ohne Sulfogruppen</td>
<td rowspan="2">Äther nicht gefärbt: Metallkomplexfarbstoffe mit Sulfo-Gruppen und Chromierfarbstoffe</td>
<td>bei PA:</td>
<td colspan="2">bei PAN: Eisessig kochend, ®Dralon anfärben (9):</td>
</tr>
<tr>
<td>weiß: Dispersionsfarbstoff</td>
<td>farbig: ®Procinylfarbstoff</td>
<td>Säurefarbstoff</td>
<td>®Dralon gefärbt: basischer Farbstoff</td>
<td>®Dralon nicht gefärbt: Säurefarbstoff</td>
</tr>
</table>

Nachweis von Küpenfarbstoffen:
Rückstand des Äther-Auszuges der Caprolactam-Schmelze (29) mit blinder Küpe versetzen, dann reoxidieren (5), (6), (4). Farbtonumschläge zeigen Küpenfarbstoff an.

konz. Salzsäure) und erwärmt im Wasserbad. Mit angefeuchtetem Bleiacetat-Papier prüft man auf Schwefelwasserstoff.

(4) Bei einigen Nachweismethoden (3), (5) und (6) sind Blindproben zur besseren Beurteilung sinnvoll.

(5) Die Blindküpe enthält 15 g/l Natriumhydroxid und 20 g/l Natriumdithionit. Man erwärmt die Farbprobe im Wasserbad mit einigen cm^3 der Blindküpe auf 60 °C. Wenn Küpenfarbstoffe vorliegen, ändert sich meistens der Farbton des Untersuchungsmaterials (4).
Naphthol-Färbungen tönen bei etwa 80 °C die Blindküpe mehr oder weniger stark gelb, der Farbton des Untersuchungsmaterials kann sich dabei ändern.

(6) Zur Reoxidation wird das Muster mit Wasser gespült und mit verdünntem Wasserstoffperoxid behandelt. Kommt der ursprüngliche Farbton zurück, so handelt es sich um einen Küpenfarbstoff, andernfalls um eine Naphthol-Färbung (4); oft kehrt der ursprüngliche Farbton bereits beim Spülen zurück. Bei Blautönen ist der Farbtonumschlag oft schlecht erkennbar. Hier beobachtet man den Farbumschlag bei Zugabe einer äquivalenten Menge Essigsäure (Küpensäure-Verfahren). Gibt man dann erneut Blindküpe zu, so kommt der Blauton zurück.
Färbungen auf synthetischen Fasern behandelt man zur Reoxidation mit einer Lösung von 5 cm^3 30%igem Wasserstoffperoxid, 1 cm^3 Eisessig und 0,5 g Levapon TH o. ä. in 1000 cm^3 Wasser bei 80 °C. Verläuft der Farbtonumschlag über Zwischentöne, so deutet dies auf andere Farbstoffklassen hin.

(7) Probe veraschen und mit Soda-Salpeter-Gemisch (1:2) schmelzen. Gelbe Schmelze zeigt Chrom an.

(8) Ascherückstand der Probe in reiner Salzsäure lösen, nach Verdünnen Kaliumferrocyanid zugeben. Blaufärbung oder blauer Niederschlag zeigen Eisen an (4).

(9) Faserprobe mit Eisessig abziehen. Lösung eindampfen und mit Wasser aufnehmen. Werden basisch anfärbbare Polyacrylnitrilfasern beim kochenden Auffärben angefärbt, so liegt ein basischer Farbstoff vor.

(10) Zur Bestätigung von (9) macht man einen Teil der Lösung vor der Auffärbeprobe alkalisch und schüttelt die entstandene Farbbase mit Äther aus. Die abgetrennte Ätherlösung wird mit verd. Essigsäure unterschichtet. Färbt sich diese im ursprünglichen Farbton an, so liegt ein basischer Farbstoff vor.

(11) Beizen auf Tanninbasis können auf helleren Färbungen durch Tüpfeln mit Eisen(III)-chlorid an der Bildung eines dunklen Flecks erkannt werden. Bei dunkleren Färbungen kocht man die Farbprobe mit 5%iger Natronlauge und kühlt die Lösung schnell ab. Bei Tannin-Beizen tritt sofort eine Färbung auf, bei Katanol-Beizen nicht.

(12) Die unter (11) erhaltene Abkochung mit Natronlauge enthält bei Vorliegen von Beizen des Katanol-Typs Natrium-Katanolat. Mit Salpetersäure und Silbernitrat fällt braunes Silber-Katanolat aus, das sich beim Kochen in schwarzes Ag_2S umwandelt.

(13) Ammoniak- und evtl. Eisessig-Abzüge der Färbung werden zur Trockne eingedampft und mit Wasser aufgenommen. Von der erhaltenen Farblösung wird die eine Hälfte zur essigsauren (I) und die andere zur neutralen Auffärbung unter Zusatz von Glaubersalz (II) verwendet. Man kocht in beiden Lösungen 1 min lang gleichzeitig je einen Woll- und einen Baumwoll-Faden. Säurefarbstoffe färben bei (I) die Wolle tiefer an als die Baumwolle. Bei Vorliegen von Direktfarbstoffen zeigt bei (II) der Baumwollfaden die tiefere Färbung.

(14) Zum Nachweis von Aluminium gibt man zur Asche der Farbprobe einige Tropfen einer sehr verdünnten Lösung von Kobaltnitrat (100 mg/l). Bildet sich dann beim Glühen eine blaue Asche, so liegt Aluminium vor.

(15) Man nimmt den Ascherückstand der Probe in wenig konzentrierter Salpetersäure auf und versetzt nach Verdünnen mit einem Überschuß von Ammoniak. Bei Anwesenheit von Kupfer ist die filtrierte Lösung blau.

(16) Man übergießt die Probe in einer Porzellanschale mit 72%iger Schwefelsäure, gibt einige Kristalle Chromotropsäure auf die Oberfläche und erwärmt auf dem Dampfbad. Violettfärbung zeigt Formaldehyd an (4).

(17) Farbprobe 5 min mit 10%iger Phosphorsäure auskochen, Probe aus der Lösung nehmen, einige Tropfen einer Lösung von Siriuslichtscharlach BN (C.I.Direct Red 95) (1:500) zugeben und nochmals aufkochen. Wenn die Färbung kationisch nachbehandelt war, fällt der Farbstoff nach einiger Zeit aus.

(18) Probe 1 min mit Wasser kochen. Nachträglich diazotierte und entwickelt Färbungen bluten nur wenig aus; nicht nachbehandelte Färbungen tönen die Abkochung stark.

(19) Farbprobe 5 min lang bei 60–80 °C mit einer Blindküpe (5), (4) behandeln. Wenn ein Reaktivfarbstoff vorliegt, schlägt der Farbton um oder verschwindet ganz. Man spült die Probe und diazotiert 20 min lang mit einer kalten 0,1%igen Lösung von Natriumnitrit, die 3 cm³/l konzentrierte Salzsäure enthält. Anschließend spült man die Probe und legt sie in eine Lösung von 2-Hydroxy-3-naphthoesäure (Na-Salz) (= Entwickler ONL). Entsteht eine neue Färbung, die von der ursprünglichen abweichen kann, so hat eine Reaktivfärbung vorgelegen. Der Nachweis gelingt nur, wenn das nach der Reduktivspaltung an die Faser gebundene Amin diazotierbar ist.

(20) Zum Nachweis von Nickel übergießt man den Ascherückstand mit wenigen Tropfen konzentrierter Salzsäure, macht ammoniakalisch und gibt Dimethylglyoxim zu. Ein roter Niederschlag zeigt Nickel an.

(21) Einige gelbe Naphthol-Färbungen tönen den heißen Eisessig kaum merklich an. Aufgrund des Farbtons ist aber eine Verwechslung mit Phthalocyaninfarbstoffen nicht möglich.

(22) Zur Unterscheidung von Indanthrenblau- und Indigo-Färbungen betupft man diese mit Salpetersäure (d 1,4) und drückt zwischen Filterpapier ab. Beide schlagen nach gelb, grün, farblos um. Tüpfelt man den abgedrückten Fleck auf dem Filterpapier mit Zinn(II)-

chlorid (3), so kehrt bei Indanthrenblau-Marken der Blauton zurück, bei Indigofärbungen nicht.

(23) Eine Farbprobe wird 5 min lang mit 2n Natronlauge + Alkohol (1:2) gekocht. Dann setzt man etwas Hydrosulfit zu und kocht nochmals auf. Bei Naphtol-AS-Farbstoffen fluoresziert die Lösung gelblich grün im UV-Licht.
Bei Synthesefasern benutzt man nicht die Farbprobe selbst, sondern den Ätherauszug der Caprolactam-Schmelze (30). Man dampft den Äther ab, nimmt den Farbstoff mit Natronlauge + Alkohol auf und arbeitet wie oben weiter.

(24) Färbungen, die mit Naphtol-AS-FGGR hergestellt sind, kann man mit Küpenfarbstoffen verwechseln, weil der Farbton in der Blindküpe umschlägt und bei Reoxidation in der gleichen Nuance zurückkommt. Solche Färbungen fluoreszieren aber (23); die Fluoreszenz ist allerdings schwächer als bei anderen Naphthol-Färbungen.

Nachweise auf tierischen Fasern (Tabelle 13)

(25) In einem Tiegel erwärmt man wenig Paraffinwachs, bis schwache Dämpfe auftreten. Einige Fäden der Probe hält man ungefähr 1 min lang in das geschmolzene Paraffin und zieht sie dann wieder heraus. Von der Faser abgelöster Farbstoff ist auf dem weißen Porzellangrund an der Anfärbung des Paraffins deutlich zu erkennen.

(26) Zum Nachweis von Kobalt prüft man die Asche der Probe durch Schmelzen in einer Phosphorsalzperle am Magnesia-Stäbchen. Eine blaue Perle zeigt Kobalt an.

(27) Einen Ammoniak-Abzug der Färbung dampft man zur Trockne ein und nimmt den Eindampfrückstand mit Wasser auf. Nach Zugabe von Salzsäure schüttelt man mit Äther aus. Ist die Hauptmenge des Farbstoffes in der wäßrigen Phase, so liegt ein Metallkomplexfarbstoff mit Sulfo-Gruppen oder ein Chromierfarbstoff vor. Ist der größte Teil des Farbstoffes in der Ätherschicht, dann handelt es sich um einen 1:2-Metallkomplexfarbstoff ohne Sulfo-Gruppen.

(28) Man behandelt einige Fäden der Farbprobe 5 min lang mit kaltem Pyridin, wobei man mehrfach umschüttelt. Ist danach das Pyridin angefärbt, so handelt es sich um einen Säure- oder Direktfarbstoff, ist es farblos, dann liegt ein Reaktivfarbstoff vor.

Nachweise auf Synthesefasern (Tabelle 14)

(29) In einem Porzellantiegel erhitzt man die Färbung mit ca. 3 g Caprolactam unter Umrühren mit einem Glasstab solange, bis auch die Faser geschmolzen ist. Die Schmelze läßt man unter ständigem Umrühren erkalten und gibt kurz vor dem Erstarren der Schmelze etwas Äther zu, wobei sich eine krümelige Masse bildet. Man gibt nochmals etwas Äther zu, rührt einige Male und filtriert. — Der Filterrückstand wird noch zur Prüfung auf Küpenfarbstoffe benötigt.

(30) Von Polyacrylnitrilfasern läßt sich der Farbstoff durch Caprolactam-Schmelze nur schlecht ablösen. Deswegen zieht man sie allgemein mit Eisessig ab, nimmt nach 5 min langem Kochen die Faser-

probe heraus, versetzt die abgekühlte Lösung mit Wasser und Äther und schüttelt kräftig. Nach kurzem Stehenlassen bilden sich zwei Schichten.

(31) Zur Unterscheidung von Naphtholfarbstoffen und auf der Faser diazotierten und entwickelten Dispersionsfarbstoffen behandelt man eine Faserprobe mit Pyridin/Wasser (1:1). Nach leichtem Erwärmen trübt sich die Lösung. Man erhitzt, bis die Lösung klar wird. Entwickelte Dispersionsfarbstoffe färben die Lösung an, Naphtholfarbstoffe dagegen nicht.

(32) Zur Unterscheidung von Dispersionsfarbstoffen und Reaktivfarbstoffen (Procinyl-Typ) auf Polyamidfasern löst man eine Probe der Färbung durch Kochen in Eisessig. Nach dem Abkühlen versetzt man die Lösung mit Äther und dann mit Wasser im Verhältnis 1:1:1. Anschließend wird gut geschüttelt und gegebenenfalls etwas Äther nachgesetzt. Bei Anwesenheit von Dispersionsfarbstoffen entsteht ein weißer Niederschlag und der Äther ist gefärbt. Bei Anwesenheit von Reaktivfarbstoffen kann die Ätherschicht ebenfalls gefärbt sein, der Niederschlag aber ist farbig, weil der Farbstoff chemisch mit der ausgefällten Fasersubstanz gebunden ist.

3. Farbstoffuntersuchung durch Chromatographie*

Chromatographische Methoden sind bei der Untersuchung von Farbstoffen geeignet zur Prüfung der Reinheit und Einheitlichkeit, zur Trennung von Farbstoffgemischen und zur Identifizierung von Farbstoffen durch chromatographischen Vergleich.

Die *Papierchromatographie* (PC) und die *Dünnschicht-Chromatographie* (DC) haben gegenüber *säulenchromatographischen Methoden* (SC) den Vorteil, daß man viele Serienanalysen nebeneinander ausführen und mehrere Proben auf einmal vergleichen kann. Mit den durch PC oder DC getrennten Farbstoffen und ihren Vergleichen lassen sich Tüpfelreaktionen zur Identifizierung durchführen. Schließlich können Dünnschicht- und Papierchromatogramme als Belegstücke für Analysenergebnisse aufbewahrt werden.

3.1. Säulenchromatographie

Die *Säulenchromatographie* ist für die Trennung relativ großer Farbstoffmengen im präparativen Maßstab besonders geeignet und wird vor allem dann verwendet, wenn die Einzelkomponente eines Farbstoffgemisches nach der Auftrennung noch durch qualitative Vergleichsanalyse oder durch IR-Spektrenvergleich identifiziert werden sollen.

Für die säulenchromatographische Trennung von fettlöslichen Farbstoffen (Fließmittel: Petroläther), Dispersionsfarbstoffen (Fließmittel: Äther, Methylenchlorid, Essigester, Aceton), substituierten Aminoanthrachinonen (Fließmittel: Benzol) ist Aluminiumoxid geeignet. Wasser-

---

* Ausführliche Darstellung der Chromatographie von Farbstoffen in [5].

lösliche saure, basische und substantive Farbstoffe lassen sich an Poly-amidpulver (= Polycaprolactam) mit dem Fließmittel: Methanol-Wasser-Ammoniak (25%ig) (80:16:4) trennen. Lebensmittelfarbstoffe und Beizenfarbstoffe können durch Gelpermeationschromatographie an Dex-tran-Gel getrennt werden [2].

Eine ausführliche Darstellung der Methoden zur Trennung von Farb-stoffen durch Hochdruck-Flüssig-Chromatographie ist durch L. J. Papa gemacht worden [5, S. 93—135].

3.2. Papierchromatographie

Die Papierchromatographie an Cellulosepapier ist vor allem zur Tren-nung anionischer, wasserlöslicher Farbstoffe geeignet. An Acetylpapier kann man Dispersionsfarbstoffe und basische Farbstoffe trennen. Ebenso lassen sich basische Farbstoffe an Cellulosepapier chromatographieren, das mit Laurylalkohol imprägniert ist. Küpenfarbstoffe können in Stick-stoff-Atmosphäre unter reduzierenden Bedingungen an Cellulosepapier getrennt werden.

In der Tabelle 15 sind die Fließmittel zusammengestellt, die zur Tren-nung von Farbstoffen verschiedener Klassen geeignet sind.

Tabelle 15. Fließmittel für die Papierchromatographie von Farbstoffen. [2, S. 163—164]

Farbstoffklasse	Fließmittel
Saure Farbstoffe	Essigester/Pyridin/Wasser (70 + 25 + 20), (35 + 25 + 20) Tert. Natriumcitrat/Ammoniak (25%ig)/Wasser (2 g + 20 + 80) n-Butanol/Essigsäure/Wasser (50 + 10 + 20) Essigester/Essigsäure/Wasser (80 + 20 + 20) n-Butanol/Äthanol/Wasser/Ammoniak (100 + 20 + 44 + 1) od. (20 + 10 + 10 + 10) n-Butanol/Ameisensäure/Wasser (100 + 24 + 36)
Direktfarbstoffe	Isoamylalkohol/Pyridin/Ammoniak (25%ig) (10 + 13 + 10) n-Butanol/Pyridin/Wasser (20 + 30 + 30) Benzylalkohol/Dimethylformamid/Wasser (30 + 20 + 20)
Reaktivfarbstoffe	n-Butanol/Essigsäure/Wasser (80 + 10 + 10) od. (20 + 10 + 50) Sec. Natriumphosphat/Ammoniak/Wasser (2 g + 20 + 80)
Basische Farbstoffe	Äthanol/Ammoniak/Wasser (20 + 20 + 10); Chromatographiepapier mit Laurylalkohol impräg-niert Tetrahydrofuran/Ammoniak/Wasser (10 + 4 + 7); Trennung auf Acetylpapier

Tabelle 15. (Fortsetzung)

Farbstoffklasse	Fließmittel
Dispersionsfarbstoffe	Essigester/Tetrahydrofuran/Wasser (1 + 8 + 8), Trennung auf Acetylpapier Tetrahydrofuran/Ammoniak/Wasser (10 + 4 + 7), Trennung auf Acetylpapier Chloroform/Essigsäure/Wasser (10 + 10 + 10); Trennung auf siliconimprägniertem Papier
Küpenfarbstoffe	Tetraäthylenpentamin/Wasser/Hydrosulfit (10 + 100 + 10)

3.3. Dünnschicht-Chromatographie

Bei der Dünnschicht-Chromatographie von Farbstoffen trennt man hauptsächlich an Adsorbentien wie Kieselgel, Polyamid, Aluminiumoxid, Cellulose oder Acetylcellulose, die im Falle von käuflichen Fertigplatten in dünner Schicht von etwa 100—250 μm auf Trägermaterial wie Glasplatten, sowie vor allem Aluminium- oder Polyesterfolien aufgebracht sind.

In der Tabelle 16 sind die wichtigsten Fließmittel zusammengestellt, die bei der Dünnschicht-Chromatographie von synthetischen Farbstoffen verwendet werden.

Tabelle 16. Fließmittel für die Dünnschicht-Chromatographie von Farbstoffen [2, S. 169]

Farbstoffklasse	Fließmittel	Adsorbens
Saure Farbstoffe (mit Sulfongruppen)	n-Butanol/Äthanol/Wasser/ Essigsäure (60 + 10 + 20 + 0,5)	Kieselgel G
	Butylacetat/Pyridin/Wasser (30 + 45 + 25)	Kieselgel G
	n-Butanol/Essigsäure/Wasser (20 + 10 + 50) (obere Phase)	Kieselgel G
Saure Farbstoffe (mit Carboxylgruppen)	n-Butanol/Äthanol/ Ammoniak/Pyridin (40 + 10 + 30 + 20)	Kieselgel G
	Toluol/Essigsäure (65 + 35)	Kieselgel G
	Äthylacetat/Pyridin/Wasser (60 + 30 + 10)	Kieselgel G
Direktfarbstoffe	n-Propanol/Ammoniak (60 + 30)	Kieselgel G
	n-Amylalkohol/Pyridin/ Ammoniak (10 + 10 + 10)	Kieselgel G
	Butanol/Aceton/Wasser (50 + 50 + 30)	Kieselgel G
Reaktivfarbstoffe	n-Propanol/Äthylacetat/ Wasser (60 + 10 + 30)	Kieselgel G
	Butylacetat/Pyridin/Wasser (20 + 20 + 10)	Kieselgel G

Tabelle 16. (Fortsetzung)

Farbstoffklasse	Fließmittel	Adsorbens
Metallkomplexe (1:2, ohne Sulfongruppen)	Methanol/Ammoniak (95 + 5)	Mikropolyamid F 1700 (Schleicher & Schüll)
	Methanol/Monoäthanolamin (95 + 5)	Mikropolyamid F 1700
	Toluol/Essigsäure (70 + 30)	Kieselgel G
Basische Farbstoffe	Chloroform/Methyläthylketon/Ameisensäure (6 + 8 + 1)	Kieselgel G
	n-Butanol/Essigsäure/Wasser (50 + 10 + 20)	Kieselgel G
	n-Propanol/Ameisensäure (80 + 20)	Kieselgel G
	Tetrachlorkohlenstoff/Methanol (4 + 1)	Polyamid
Dispersionsfarbstoffe	Toluol/Aceton (20 + 1)	Kieselgel
	Toluol/Essigsäure (90 + 10)	Kieselgel G
	Chloroform/Methanol (95 + 5)	Kieselgel G
	Toluol/Äthanol/Ammoniak, 25%ig (850 + 150 + 15)	Kieselgel G
Lösungsmittelfarbstoffe	Benzol	Kieselgel G
	Toluol/Essigsäure (90 + 10)	Kieselgel G
Organische Pigmente (ohne Sulfongruppen)	Chloroform/Xylol (30 + 10)	Kieselgel G
	Dichloräthan	Kieselgel G
	Benzol	Kieselgel G
	Hexan/Benzol/Pyridin (5 + 20 + 15)	Kieselgel G

Literatur

1. Colour Index, 3. Auflage, Vol. 1—5, Society of Dyers & Colourists, Bradford/England 1971
2. Schweppe, H.: Farbstoffuntersuchungen, in: Ullmanns Encyklopädie der technischen Chemie, 4. Aufl., Bd. 11, S. 146—172, Weinheim: Verlag Chemie 1976
3. Mathewson, W. E.: Amer. Dyest. Rep. *22*, 721—726, 745—746 (1933)
4. Schweppe, H.: Paint Technology *27*, No. 8, p. 12—19 (1963)
5. Venkataraman, K. (ed.): Analytical Chemistry of Synthetic Dyes. New York: J. Wiley 1977
6. Schweppe, H.: Identification of Dyes on Textile Fibers in: Venkataraman, K. (ed.), Analytical Chemistry of Synthetic Dyes. New York: J. Wiley 1977
7. Schaeffer, A.: Handbuch der Färberei, Bd. IV, S. 76—134. Stuttgart: Kohlhammer 1950
8. Green, A. G.: The Analysis of Dyestuffs. London: Griffin 1920
9. Clayton, E.: Identification of Dyes on Textile Fibres. 2nd Ed. 1963. Society of Dyers and Colourists, Bradford 1946
10. American Dyestuff Reporter *57*, P 817—825 (1968); deutsche Übersetzung: L. Ostermeier, Melliand Textilber. *50*, S. 961—69 (1969)
11. Dierkes, G.; Brocher, H.: Melliand Textilber. *38*, S. 387—91 (1963)

Nachweis von Rauschgiften und Dopingmitteln im Urin

Dr. Walter Vycudilik
Institut für Gerichtliche Medizin, Universität Wien
Sensengasse 2, A - 1090 Wien

Ein Nachweis verbotener Arzneimittel (Dopingmittel, Rauschgifte) soll möglichst schnell, eindeutig und empfindlich sein. Eine quantitative Auswertung kann bei positivem Ausfall zusätzlich verlangt werden, obwohl jedes Individuum abweichende Resorptions- und Ausscheidungsgeschwindigkeiten aufweisen kann und die aufgefundenen Mengen daher nicht verbindlich sind.

Chromatographische Verfahren (Dünnschicht- und Gaschromatographie) in Verbindung mit spektroskopischen Methoden, insbes. der Massenspektroskopie, werden den geforderten Ansprüchen in hohem Ausmaß gerecht. Allerdings verlangen sie auch eine entspr. Aufarbeitung der Urinproben.

Immunologische Verfahren (RIA, EMIT) können wegen ihrer hohen Empfindlichkeit direkt als Screening angewendet werden, doch gewährleistet die Vielzahl und Vielfalt der Doping- und Rauschmittel deren Spezifität nicht immer [1, 2]. Als Rauschgifte werden Cannabis, Lysergsäurediäthylamid, Opiate, Cocain, Weckamine und narkotische Analgetika benutzt. Mit Ausnahme der Anabolika (Steroide) gelten stickstoffhaltige basische Arzneimittel, die pharmakologisch zu den Sympaticomimetika, Analeptika und den Analgetika gehören, als leistungssteigernd.

Aufarbeitung der Harnproben

Für die Interpretation des Ergebnisses ist vor jeder Untersuchung der pH-Wert der Harnprobe und auch deren Menge festzustellen.

Basische Arzneimittel werden entweder mittels a) Lösungsmittelextraktion (Extrelut-Methode) oder b) Amberlite-XAD-Harzen (Polystyrol) angereichert. Der Verlust flüchtiger Amine (z. B. Amphetamin) soll im Zuge der Aufarbeitung verhindert werden. Konzentrieren ohne Verdunsten des Lösungsmittels wird durch entsprechende Rückextraktion in ein genügend kleines Volumen erreicht [3]. Auch die Extrelut-Methode beruht auf dem Verfahren der flüssig-flüssig Extraktion. Aufgrund der reproduzierbar gebildeten, großen Oberfläche sind auch die Extraktionsausbeuten sehr zufriedenstellend [4]. Amberlite-XAD-Harze absorbieren die lipophilen Arzneimittel direkt aus dem Harn. Die Absorptionsausbeuten werden von der Polarität, der wirksamen Oberfläche und dem Porendurchmesser bestimmt [5]. Auf die Reinheit der verwendeten Lösungsmittel, des Amberlite-XAD-Harzes und des Extreluts (weitporiges Kieselgur) muß streng geachtet werden. Empfehlenswert ist eine Blindprobe, eventuell mit destilliertem Wasser.

Sollen Arzneimittelglucuronide (z. B. Morphinglucuronid) miterfaßt werden, so ist ein Teil der Harnprobe vor ihrer Aufarbeitung zu hydrolysieren.

Man kann wählen zwischen: a) enzymatischer Hydrolyse mit Glucuronidase (pH-Optimum 4,5—5,0; 25—38 °C; 24 h) und b) protonenkatalysierter Hydrolyse im geschlossenen Röhrchen (120 °C, 30 min) mit 1 ml konzentrierter Salzsäure auf 10 ml Harn.

Maßgeblich für die Wahl der Methode wird einerseits die hohe Selektivität sein, die den Nachteil des längeren Zeitbedarfs, sowie die Möglichkeit des Einwirkens von Inhibitoren mit sich bringt (enzymatische Hydrolyse), andererseits das einfache Verfahren, das allerdings die Gefahr der Artefaktbildung beinhaltet (Säurehydrolyse). Die weitere Aufarbeitung folgt den angegebenen Richtlinien (Schema I).

Soll die Harnprobe im Hinblick auf Steroidhormone untersucht werden, muß nach entspr. Hydrolyse die Neutralfraktion weiter analysiert werden. Die Prüfung hinsichtlich Anabolika folgt dabei den Vorschriften für die gaschromatographische Steroidanalyse mit entspr. Derivatisierung und massenspezifischem Nachweis [6, 7].

Phenolalkylamine (z. B. Etilefrin) lassen sich nur zu einem geringen Anteil mit organischen Lösungsmitteln aus der wäßrigen Phase extrahieren und können sich deshalb dem Nachweis entziehen. Donike [8] hat ihre Bestimmung aus Plasma und Gewebe beschrieben. Man kann erwarten, daß nach dem Isolieren der catecholamin-ähnlichen Arzneimittel über Ionenaustauscher oder Aluminiumoxid [9] ihr Nachweis möglich wird. Durch Gefriertrocknen der wäßrigen Lösung und anschließendem Derivatisieren mit N-Methyl-N-trimethylsilyl-trifluoracetamid (MSTFA) und N-Methyl-bis(trifluoracetamid) (MBTFA) werden diese Verbindungen gaschromatographierbar.

Nachweis mittels chromatographischer und massenspektroskopischer Methoden

Die in wenig (0,1—0,2 ml) organischem Lösungsmittel angereicherten Substanzen werden chromatographisch weiter untersucht.

a) Dünnschichtchromatographie

Für Screeningzwecke auf basische Substanzen hat sich das Laufmittel Methanol:Ammoniak (100:1,5) auf Kieselgel [Merck: Kieselgel 60 F_{254}, 0,25 mm und Ammoniaklösung, min. 25% (0,91)] bewährt. Aufgrund der gegenüber Gaschromatographie oder gekoppelter Gaschromatographie/Massenspektroskopie vergleichsweise unempfindlichen Sprühreagenzien soll etwa die Hälfte des Extraktes (50—100 µl) verwendet

Schema I

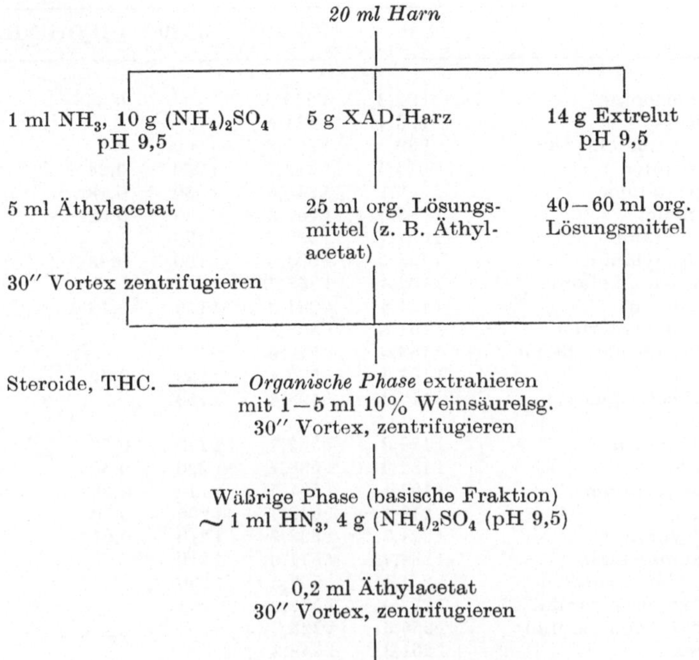

werden. Die zu erwartende Erfassungsgrenze liegt zwischen 0,1—1 µg
basischen Arzneimittels pro 20 ml Harn.

Nach sorgfältiger Entfernung der Lösungsmittelreste wird die entwickelte Platte unter dem UV-Licht (254 nm und 360 nm) in Hinblick auf absorbierende und fluoreszierende Verbindungen und danach durch Sprühen mit Kaliumpermanganat hinsichtlich oxidierbarer Verbindungen geprüft. Basische Substanzen werden im Anschluß daran durch Besprühen mit Jodoplatinat sichtbar gemacht.

Eine Fülle von Retentionswerten ist bekannt [10, 11] und in Tabelle 1, Spalte CH_3OH/NH_3 angegeben. Diese Werte können nur einen Anhaltspunkt für die zu identifizierende Substanz bieten. Für ihre Auswahl ist ein größerer Bereich ($\pm 0,05$) zu wählen, weil die aus Harn mitextrahierten Begleitstoffe diese Retentionswerte merklich verändern können.

Aus praktischen Gründen soll eine Referenzsubstanz (z. B. Chinin oder Nikotin) auf jeder Platte mitlaufen.

Kaliumpermanganat-Reagens: 1 g $KMnO_4$ auf 100 g Wasser
Jodoplatinat-Reagens: 0,15 g Platin(IV)-chlorid und
                3 g Kaliumjodid auf 100 g Wasser

Chromatographische Daten

	APL	CW 20 M	SE-30	CH_3OH/NH_3
Tuaminoheptan	862,8	1 079,3		0,33
Octodrin	923,4	1 131,5		
2-Methylaminoheptan	989,9	1 129,8	1 000	
Isomethepten	1 016,3	1 212,7	1 050	0,24
Cyclopentamin	1 076,1	1 243,5	1 080	0,18
Heptaminol	1 083,0	1 659,0		0,52
Norfenfluramin	1 091,7	1 559,6	1 130	
Phenyläthylamin	1 103,1	1 604,6	1 120	0,33
Perhydroamphetamin	1 102,4	1 365,7		
Amphetamin	1 131,8	1 581,2	1 110	0,48
Perhydrophentermin	1 151,8	1 358,8		
N-Methylphenäthylamin	1 153,9	1 570,9		
Phentermin	1 167,7	1 572,7	1 130	0,56
N,N-Dimethylphenyl- äthylamin	1 170,3	1 498,4	1 150	
Propylhexedrin	1 179,2	1 353,7	1 170	0,26
Fenfluramin	1 182,9	1 530,7	1 220	0,50
Methamphetamin	1 187,4	1 561,5	1 170	0,28
Pargylin	1 216,1	1 648,3	1 200	0,70
Tranylcypramin	1 224,7	1 833,7	1 210	0,61
Äthylamphetamin	1 232,7	1 571,0	1 210	
Dimethylamphetamin	1 251,4	1 567,5	1 230	
Isopropylamphetamin	1 252,9	1 552,0		
4-Phenyl-2-aminobutan	1 256,6	1 723,7		
Pentorex	1 261,3	1 648,3		
N-Methylphentermin	1 274,6	1 610,8		
Octamylamin	1 281,4	1 372,9		0,62
Aletamin	1 310,9	1 813,6	1 280	0,63
N-Methyl-N-äthyl- amphetamin	1 320,5	1 608,6		
N-n,Propylamphetamin	1 326,3	1 633,7	1 330	
Norpseudoephedrin	1 341,9	2 175,5	1 310	0,48
Norephedrin	1 347,3	2 194,8		0,52
Nicotin	1 354,6	1 848,0	1 340	0,57
2-Butylamphetamin	1 355,7	1 634,9		
Methoxyphenamin	1 365,4	1 880,4	1 360	0,24
N-N-Diäthylamphetamin	1 370,4	1 608,9		
Ephedrin	1 380,8	2 089,1	1 350	0,28
Chlorphentermin	1 394,1	1 871,4	1 320	0,54
N-Methyl-N-propyl- amphetamin	1 404,6	1 673,2		
N-Methylephedrin	1 426,0	2 041,7	1 400	0,32
N-n,Butylamphetamin	1 428,0	1 732,3		
N-Äthylnorephedrin	1 429,2	2 089,3		
N-Äthyl-p-chloramphetamin	1 456,1	1 860,1		
Phenmetrazin	1 467,6	2 064,9	1 430	0,50
Etafedrin	1 476,0	2 093,2	1 460	0,38
3,4-Methylendioxy- amphetamin	1 483,5	2 204,1	1 470	0,56
Phendimetrazin	1 485,3	1 963,4	1 440	0,50
Nikethamid	1 486,5	2 319,2	1 500	0,67

Chromatographische Daten (Fortsetzung)

	APL	CW 20M	SE-30	CH_3OH/NH_3
N-Methyl-N-butyl-amphetamin	1487,8	1742,8		
Amfepramon				
1. Peak	1490,3	1965,1		0,71
2. Peak	1518,4			
N,N-Dipropylamphetamin	1533,9	1744,8		
N,N-Dibutylamphetamin	1564,9	1901,6		
Pentetrazol	1649,3	2683,1	1535	0,64
Prolintan	1650,9	1945,6	1640	0,48
3,4-Dioxymethylen-phentermin	1680,8	2378,7		
Fencamfamin	1747,0	2124,9	1686	0,60
Pethidin	1755,0	2309,7	1740	0,48
N-Benzylamphetamin	1866,3	2390,0		
Coffein	1876,8	3001,6	1810	0,63
Benzphetamin	1902,3	2391,5	1850	0,73
Pipradol	2210,2	2375,5	2150	0,61
Campher			1130	
Cypenamin			1345	
Methoxyphenamin			1360	0,24
Phenelzin			1340	0,48
4-Methyl-2,5-dimethoxy-amphetamin (STP)			1620	0,51
Crotethamid			1684	0,73
Mescalin			1690	0,22
Cropropamid			1736	0,72
Dimethyltryptamin			1750	0,34
Methylphenidat			1780	0,60
Lobelin			1780	0,55
Properidine			1740	0,53
Alphameprodine			1840	0,50
Phencyclidine			1870	0,59
Ethamivan			1894	
Diäthyltryptamin			1900	
Ethylmethylthiambuten			1925	0,58
Bufotenin			2000	0,32
Ketobemidon			2010	0,42
Hydroxypethidin			2025	0,47
Methadon			2170	0,37
Cocain			2180	0,60
Levorphanol			2225	0,24
Metopon			2375	0,25
Codein			2385	0,35
Äthylmorphin			2415	0,36
Oxycodon			2425	0,53
Morphin			2435	0,34
Dihydromorphin			2440	0,23
Tetrahydrocannabinol			2455	
Dipipanon			2470	0,60
Pipethanat			2470	0,68
Hydromorphon			2490	0,24

Chromatographische Daten (Fortsetzung)

	APL	CW 20M	SE-30	CH$_3$OH/NH$_3$
Thebacon			2500	0,42
Morpheridine			2500	0,56
Phenadoxon			2510	0,77
Oxymorphon			2520	0,50
Heroin			2615	0,45
Phenazocine			2670	0,66
Benzethidine			2680	0,73
Fentayl			2700	0,71
Chinin			2755	0,52
Anileridine			2845	0,73
Lysergsäurediäthylamid			3445	0,66
Pholedrin			1734[a]	0,24
Phenylephrin			1750[a]	0,28
Octopamin			1784[a]	
Etilefrin			1851[a]	0,45
Oxyfedrin			1858[a]	
Bamethan			2023[a]	0,58
Psilocybin				0,05
Hydroxyephedrin				0,35
Benzylmorphin				0,37
Proheptazin				0,40
Diampromide				0,42
Fenethylline				0,56
Dimenoxadol				0,60
Furethidine				0,66
Piminodine				0,67
Buphenin				0,68
Dextromoramid				0,70
Clonitazene				0,70
Etonitazene				0,70
Amiphenazol				0,71
Etorphine				0,72
Phenomorphan				0,72
Diphenoxylate				0,79

[a] Die Retentionswerte gelten für die N-Trifluoracetyl-O-trimethylsilyl-Derivate.

b) Gaschromatographie

Die gaschromatographische Methode ermöglicht gleichzeitig Trennung, Identifizierung und quantitative Auswertung. Durch Bestimmung der Kováts-Indices auf verschieden polaren stationären Phasen und Verwendung von element-spezifischen Detektoren (Stickstoff-Phosphor-Detektor) lassen sich die basischen Arzneimittel empfindlich nachweisen.

Gaschromatographische Retentionsdaten von Arzneimitteln der Phenyläthylamin-Struktur wurden auf den stationären Phasen Apiezon L und Polyäthylenglykol 20M bestimmt [12]. Darüber hinaus hat Moffat [13]

Massenspektroskopische Daten

Phenyläthylamin	30	51	*91*	92	121								
Tranylcypramin	39	56	65	77	91	115	130	*132*					
Amphetamin	42	44	65	*91*	120								
Phenelzin	51	65	77	91	*105*	131	133						
Pentetrazol	39	41	55	67	*82*	95	109	138					
Heptaminol	43	56	70	85	95	*110*	128						
Phentermin	42	*58*	65	77	91	117	118	134					
N,N-Dimethyl-phenyläthylamin	42	*58*	65	77	91	105	118	132	146				
Methamphetamin	43	56	*58*	59	91								
Norpseudoephedrin	44	51	63	*77*	91	105	118	132					
Campher	69	81	*95*	108	152								
Propylhexedrin	44	*58*	67	81	91	105	140	155					
Pargylin	42	51	68	*82*	91	115	118	132	158	160			
Aletamin	43	51	*70*	77	91	104	120	144	160				
Nicotin	42	*84*	133	161	162								
Äthylamphetamin	44	56	*72*	77	91	115	118	148	162				
Dimethylamphetamin	44	56	*72*	77	91	115	118	133	148	162			
N-Methylphentermin	56	65	*72*	73	91								
Ephedrin	30	56	*58*	77	105								
N-n,Propyl-amphetamin	44	56	65	*86*	91	117	119	134	148				
Phenmetrazin	42	56	*71*	77	91	105	118	144	146	161	177		
Nikethamid	42	51	72	78	93	*106*	122	135	149	163	177		
Methoxyphenamin	42	*58*	65	77	91	115	121	132	146	164			
N-Methylephedrin	44	58	*72*	77	91	105	118	134	146	161	177		
Methylendioxy-amphetamin	44	51	63	77	103	105	121	*136*	148	164	179		
Chlorphentermin	42	*58*	65	89	91	115	125	133	151	168			
Phendimetrazin	42	*57*	70	85	91	105	118	144	146	160	176	191	
Etafedrin	42	58	70	*86*	91	117	118	132	146				
Coffein	55	67	82	109	*194*								
Dimethyltryptamin	44	*58*	77	102	115	130	143	188					
Psilocybin	*58*	130	146	158	159	204							
Bufotenin	*58*	77	91	107	141	159	190	204					
4-Methyl-2,5-di-methoxyamphetamin	*44*	57	91	135	151	166	209						
Mescalin	44	52	151	167	181	*182*	183	211					
Diäthyltryptamin	58	77	*86*	115	130	144	186	216					
Crothetamid	69	*86*	155	182									
Methylphenidat	55	56	82	*84*	85	91	144	173					
Benzphetamin	42	56	65	77	*91*	105	118	132	148	167	179	194	
	222	237											
Cropropamid	69	*100*	169	196									
Phencyclidin	84	91	166	186	*200*	201	242	243					
Pethidin	42	57	70	*71*	72	91	140	172	218	247			
Ketobemidod	57	*70*	96	107	119	190	247						
Amphetaminil	39	51	65	77	91	105	130	*132*					
Levorphanol	59	76	150	157	189	200	256	*257*					
Hydroxypethidin	57	70	*71*	91	105	119	120	263					
Alphameprodin	91	96	98	*172*	200	201	202	275					
Proheptazin	*57*	58	84	91	186	201	202	218					
Ethylmethyl-thiambuten	86	97	111	219	220	*262*	263	277					

Massenspektroskopische Daten (Fortsetzung)

Hydromorphon	70	96	115	200	214	228	229	*285*
Morphin	42	44	124	162	174	215	268	*285*
Allylprodine	57	58	77	91	110	170	*172*	214
Dihydromorphin	214	215	230	285	286	*287*	288	
Codein	42	124	162	188	214	229	*299*	
Metopon	96	185	214	228	242	243	*299*	
Oxymorphon	*69*	70	71	81	112	203	216	301
Properdine	57	70	*71*	172	174	218	219	261
Cocain	77	*82*	83	105	182	198	272	303
Methadon	*72*	91	178	179	180	223	294	309
Thebain	255	268	280	281	296	297	310	*311*
Äthylmorphin	59	70	81	124	162	243	284	*313*
Tetrahydro-cannabinol	41	43	231	243	258	271	299	*314*
Oxycodon	70	140	201	230	258	259	*315*	316
Phenazocine	44	58	91	105	158	159	*230*	320
Lysergsäure-diäthylamid	181	186	196	207	221	222	*323*	324
Diampromide	105	106	134	*162*	163	175	190	233
Chinin	81	95	107	*136*	137	324		
Dimenoxadol	*57*	71	77	105	165	183	211	283 327
Fentanyl	96	105	132	146	147	189	202	*245*
Thebacon	240	241	242	282	284	298	336	*341*
Morpheridine	91	100	114	172	218	232	*246*	247
Phenomorphan	58	91	105	157	182	199	*256*	257
Dipipanon	55	57	69	71	*112*	113	185	334
Phenadoxon	56	91	105	*114*	115	165	223	336
Anileridine	91	103	106	120	172	218	*246*	247
Furethidine	71	91	103	174	218	232	*246*	247
Piminodine	97	106	133	234	*246*	260	366	
Benzethidine	91	103	172	218	232	*246*	247	261
Heroin	204	215	268	310	324	*327*	341	369
Benzylmorphin	81	91	162	175	*284*	285	375	376
Clonitazene	56	58	*86*	87	125	127	356	358
Etonitazene	*86*	107	135	366	381	395	396	397
Etorphine	121	162	164	215	216	324	*411*	412
Diphenoxylate	28	42	47	91	115	*246*	247	377
Octopamin[a]	69	*73*	267	378	393			
Pholedrin[a]	69	*73*	179	318	333			
Phenylephrin[a]	69	*73*	267	392	407			
Oxyfedrin[a]	69	73	*267*	406	421			
Etilefrin[a]	69	*73*	267	406	421			
Bamethan[a]	69	73	*267*	434	449			

[a] Die Massenbruchstücke gelten für die N-Trifluoracetyl-O-trimethylsilyl-derivate [8].

die Retentionsindices von 480 Substanzen — hauptsächlich Arzneimittel — auf der unpolaren stationären Phase SE-30 (Methylsilikon) angegeben. Tabelle 1, Spalten APL, CW 20M und SE-30, gibt aus dieser Literatur entnommenen Daten wieder.

Für die gaschromatographische Analyse werden jeweils 1—5 µl benötigt. Die damit erfaßbaren Konzentrationen liegen im Bereich von 0,01—1 µg pro 20 ml Harn. Die Reproduzierbarkeit der Kováts-Indices beträgt etwa ±20 Einheiten bei gepackten Säulen, doch soll auch in dieser Hinsicht bei der Identifizierung ein größerer Bereich geprüft werden.

c) *Massenspektroskopie*

Zwei Möglichkeiten der Probenzuführung stehen zur Verfügung: 1. „off-line" mit einer Schubstange, 2. „on-line" mit einem Gaschromatographen. Die Schubstange wird vor allem dann verwendet, wenn die zu untersuchende Substanz unzersetzt oder underivatisiert nicht gaschromatographierbar ist. Die Isolierung ist in diesem Fall durch Dünnschicht- oder Säulenchromatographie möglich.

Meist wird der Kopplung Gaschromatographie/Massenspektroskopie der Vorzug gegeben, weil dadurch die Reinheit der zu identifizierenden Substanz am besten gewährleistet wird (Trennung von Weichmachern und Lösungsmittelverunreinigungen).

Die Substanzmenge, die für die Identifizierung mittels massenspektroskopischer Untersuchung benötigt wird, liegt unter 1 µg.

Eine Variante der Methode besteht in der Anwendung massenspezifischer Detektion (SID, MID), bei welcher eine oder mehrere Massen während der gaschromatographischen Trennung selektiv detektiert werden.

Durch Auswahl charakteristischer und häufiger Massen wird bei geringem Probenbedarf (Nanogramm) ein massenspezifisches Screening möglich.

Abbildung 1 zeigt die Häufigkeitsverteilung der Bruchstücke bis zur Masse m/e 180 aus den angeführten Spektren der Drogen und Dopingmittel. Häufig vorkommende Bruchstücke haben für die Identifizierung nur geringe Bedeutung, können aber für das Screening wertvoll sein.

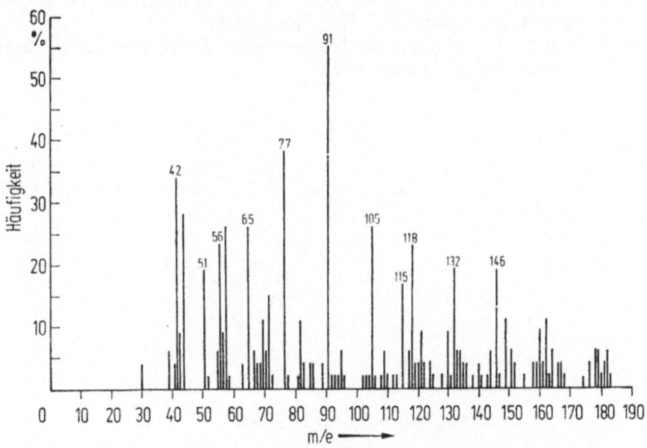

Abb. 1. Durchschnittsmassenspektrum der Drogen und Dopingmittel

Tabelle 2 gibt massenspektroskopische Daten einiger Doping- und Rauschmittel [14, 15].

Die endgültige Identifizierung soll daher durch Auswerten der Massenspektren hinsichtlich charakteristischer Schlüsselionen, durch Vergleich mit der vermuteten Substanz, oder durch massenspektroskopische Untersuchung ihrer Derivate erfolgen [16].

Literatur

1. Mulé, S. J.; Sunshine, I.; Braude, M.; Willette, R. E.: Immunoassays for Drugs subject to Abuse CRC-Press 1974
2. Dugal, R.; Dupuis, C.; Bertrand, M. J.: Brit. J. Sports. Med. *11*, 162 (1977)
3. Machata, G.: Beitr. ger. Med. *35*, 29 (1977)
4. Breiter, J.: Kontakte (Merck) *3*, 9 (1977).
5. Stolman, A.; Pranitis, P. A. F.: in Toxicology Ann., *2*, p. 49 ed. by Winek, Ch. L.; Dekker, M. (1977)
6. Völlmin, J. A.; Curtius, H. C.: Z. Klin. Chem. Klin. Biochem. *9*, 43 (1971)
7. Ward, R. J. et al.: Brit. J. Sports. Med. *9*, 93 (1975)
8. Donike, M.: J. Chromat. *103*, 91 (1975)
9. Dalmaz, Y.; Peyrin, L.: J. Chromat. Biomed. Appl. *145*, 11 (1978)
10. Clarke, E. G. C.: Isolation and Identification of Drugs, Vol. 1, 2; Pharmaceutical Press, London 1969 und 1975
11. Müller, R. K.: Die toxikologisch-chemische Analyse, Theodor Steinkopff, Dresden (1976)
12. Donike, M.; Stratmann, D.: Z. Analyt. Chem. *279*, 130 (1976)
13. Moffat, A. C.: J. Chromat. *113*, 69 (1975)
14. Finkle, B. et al.: J. Chrom. Sci. *12*, 304 (1974)
15. Hermann, Gary J.: Mass Spectra of some illicit Drugs, US Customs Service Lab. Baltimore, Maryland 21202
16. Spiteller, G.: Massenspektrometrische Strukturanalyse organ. Verbindungen, Verlag Chemie 1966

Quecksilber- und Organoquecksilber-Verbindungen im Wasser

Dr. Fritz Hartmann Frimmel
Institut für Wasserchemie und Chemische Balneologie
Technische Universität München, Marchioninistr. 17
8000 München 70

Die Giftigkeit von Quecksilber und seinen Verbindungen ist durch klassische Beispiele belegt [1, 2]. Unsere Kenntnisse deuten darauf hin, daß kleine und kleinste Mengen über längere Zeit für den menschlichen Organismus schädlich sind. Als mögliche Quecksilberträger kommen neben der Luft Lebensmittel, und hier besonders das Trinkwasser in Frage. Die Notwendigkeit einer möglichst exakten analytischen Erfassung des Quecksilbers und seiner Verbindungen im hydrologischen Kreislauf steht außer Zweifel [3].

1. Natürliche und künstliche Quecksilber-Vorkommen

In der Natur findet man Quecksilber relativ selten in höheren Konzentrationen; in Spurenmengen (0,1 ppm — 0,01 ppb) ist es jedoch weit verbreitet. Etwa 40 000 t Hg werden jährlich durch Verwitterung und Vulkanismus weltweit verteilt. Diese von der Atmosphäre, Böden und Gewässern aufgenommene Menge bildet die natürliche oder Background-Belastung. Die Kenntnis der natürlichen Hg-Konzentrationen ist nicht nur wegen häufig unzureichender Analysen unsicher, sondern wegen der Überlagerung durch antropogene Kontaminationen (global geschätzt ca. 13 000 t [4]) auch weitgehend unbestimmbar.

Der Hauptanteil des industriell verarbeiteten Quecksilbers wird bei der Chloralkali-Elektrolyse gebraucht (Bundesrepublik Deutschland 1971: 351 t = 53,2%). Es schließen sich die Produktion von Chemikalien und Pharmaka (8%), Schädlingsbekämpfungsmittel (7,1%), Katalysatoren (6,6%) und Elektroinstrumente (5,2%) an. Die Verluste bei der Verarbeitung wurden vor Jahren auf ein Drittel geschätzt und sinken zur Zeit deutlich, vor allem bei der Chloralkali-Elektrolyse, durch die Verwendung „umweltfreundlicher Technologien".

Quecksilber kommt in der Natur in den unterschiedlichsten Bindungsformen vor. Chemische Reaktionen sowie der biochemische Ab- und Umbau führen vor allem in aquatischen Systemen zu einer weiteren Vielfalt von Verbindungen (Tabelle 1).

Tabelle 1. Bindungsformen des Quecksilbers in der Umwelt

Verbindungs-klasse	Beispiel	Eigenschaften	mögl. Herkunft
anorg.	Hg^0	Fp $-38,87\,^\circ$C	Lagerstätte, ind.
		Kp $356,6\,^\circ$C	Produktion
	Hg_2Cl_2	subl. $400\,^\circ$C,	Reaktionsprodukt
		disprop.	
	Hg^{2+}	in wäßr. Lsg.	
		bei pH $\leq$ 3 vor-	
		herrschend	
	HgO	$L_{H_2O}^{25^\circ}$ 53 mg/l	Hydrolyse
	HgS	L $1,6 \cdot 10^{-54}$	Lagerstätten, anaerobe
			Reakt.
metallorgan.	$(H_3C)HgCl$	Fp $170\,^\circ$C	biochem. Methylierg.
	$(H_3C)_2Hg$	Kp $96\,^\circ$C	Holzkonservierg.,
	(Alkyl)HgX		Saatbeizmittel,
	$(C_6H_5)HgCl$	Fp $251\,^\circ$C	Medikamente,
	(Aryl)HgX		Algizide
	$(C_6H_5)_2Hg$	subl. $121,8\,^\circ$C	
komplex gebunden	Hg-Cystein Hg-Thiolverb.	β_2 20,5	Reaktion in Oberflächenwasser

Fp = Schmelzpunkt; Kp = Siedepunkt; $L_{H_2O}^{25^\circ}$ = Löslichkeit in H_2O bei $25\,^\circ$C; L = Löslichkeitsprodukt; β_2 = Stabilitätskonstante der Reaktion: $Hg^{2+} + 2\,CySH = Hg(CyS)_2 + 2\,H^+$

Die metallorganischen Hg-Verbindungen, Verbindungen also, die eine echte Hg-C-Bindung besitzen, sind für die menschliche Gesundheit besonders gefährlich [5]. Es reicht daher nicht aus, lediglich das Gesamtquecksilber zuverlässig zu bestimmen, sondern die verschiedenen Quecksilberverbindungen müssen differenziert erfaßt werden.

2. Probenahme und Probenbehandlung

Wichtig für jede Spurenanalyse sind eine sorgfältige Probenahme und Probenbehandlung. Das gilt ganz besonders für die Wasseruntersuchung auf Quecksilber. Eine Probenahme und Aufbewahrung in Polyäthylenflaschen z. B. führt zu Quecksilberverlusten, die nach 5 Tagen bis 85% betragen können [6]. Die Mechanismen, die den Quecksilberverlusten zugrunde liegen, sind noch weitgehend ungeklärt. Diffusions- und Redoxvorgänge werden eine große Rolle spielen. Sind partikuläre Wasserinhaltsstoffe vorhanden, so werden die Verhältnisse zusätzlich kompliziert. Eine Auftrennung des Systems ist dann für klare Aussagen meist unumgänglich. Die Trennung der Phasen erfolgt vorteilhaft durch 0,45 μm

Membranfilter unter Verwendung einer metallfreien Druckapparatur aus Hartplastik.

Zur quantitativen Erfassung des anorganischen und des Gesamtquecksilbers in der gelösten Phase haben sich die Stabilisierung mit HNO_3 (Ansäuern auf pH-Werte $\leqq 2$) und ein eventueller Oxidationsmittelzusatz ($K_2Cr_2O_7$/$KMnO_4$) am besten bewährt. Die Untersuchung auf Organoquecksilber-Verbindungen wird vorteilhaft mit einer sofortigen Extraktion mit Benzol begonnen. Die Bestimmung von Gesamtquecksilber — die zur Zeit wohl am häufigsten ausgeführte Analyse — setzt im Wasser und bei vorhandener partikulärer Substanz einen Aufschluß der metallorganischen und der schwerlöslichen Verbindungen voraus. Die gebräuchlichsten Methoden sind in Tabelle 2 zusammengestellt.

Tabelle 2. Aufschlußmethoden zur Bestimmung von Hg-Gesamt; $\times$ = gut geeignet, ($\times$) = bedingt geeignet

Methode	Anwendungsbereich			Lit.
	Wasser	Sediment	Gewebe	
1. Naßchem. Oxidation				

1.1. Rückfluß
    Medium: sauer (HNO_3, H_2SO_4)
    Oxidationsmittel: $K_2Cr_2O_7$,
      $Na_2S_2O_8$, $KMnO_4$, H_2O_2,
      $HClO_4$
	$\times$	($\times$)		[7]

1.2. Alkal. Reaktion:
    NaOH, Na_2O_2
    (hoher Blindwert!)
		($\times$)	$\times$	

1.3. Aufschluß in Druckgefäßen (HNO_3 conc./HCl conc. H_2SO_4)		$\times$	$\times$	
2. Naßchem. Reduktion: NaOH/$SnCl_2$ (hoher Blinwert!)	$\times$			[8]
3. Photochem. Oxidation	$\times$			[9]

4. Verbrennung mit Sauerstoff
    nach Schöniger
    nach Tölg
    nach Wickbold
		$\times$	$\times$	[10]
				[11]
				[12]

Für den Aufschluß von Trinkwasserproben, die frei von suspendierten Teilchen sind und wenig organische Belastung (gelöster organischer Kohlenstoff < 2 mg C_{org}/l) aufweisen, hat sich der photochemische Aufschluß mit einem Hg-Niederdruckbrenner bewährt (Abb. 1). Das geschlossene System vermeidet Verluste und der geringe Chemikalienzusatz ermöglicht einen niedrigen Blindwert [8].

Da die Hg-Konzentrationen in Gewässern meist im Bereich unter 1 µg/l liegen, wird das Hg vor der eigentlichen Hg-Bestimmung häufig ange-

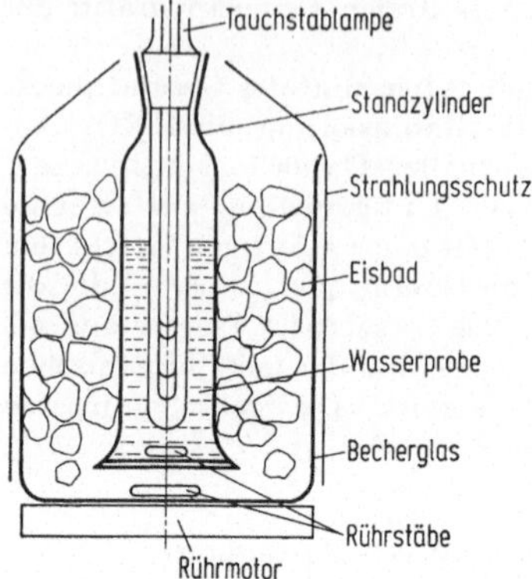

Abb. 1. Versuchsanordnung für die photochemische Aufschlußreaktion

reichert. Eine elektrolytische Abscheidung oder die Amalgambildung an einer Absorptionssäule (z. B. aus Goldgaze [4]) mit nachfolgender thermischer Verdampfung erschließen für die meisten Bestimmungsmethoden einen brauchbaren Konzentrationsbereich. Ionenaustauscher-Anreicherung sowie die Sorption an Aktivkohlesäulen bei gasförmiger oder nasser Beladung [13] werden mitunter bei Neutronenaktivierungsanalysen vorgeschaltet.

3. Photometrische Bestimmung mit Dithizon

Das Komplexbildungsvermögen von Dithizon (Diphenylthiocarbazon) mit zweiwertigen Metallen kann zur photometrischen Erfassung von Quecksilber-Ionen verwendet werden. Die an sich stark störenden Palladium-, Platin-, Silber- und Gold-Ionen spielen in natürlichen Wässern keine Rolle. Kupfer-Ionen sind erst in einem ca. 10^3fachen Überschuß zu berücksichtigen. Sonst sind unter den verwendeten stark sauren Reaktionsbedingungen keine wesentlichen Störungen zu befürchten. Das orangegelbe Hg-Dithizonat besitzt in Chloroform oder Tetrachlorkohlenstoff bei 490 nm ein Absorptionsmaximum.

4. Bestimmung durch Atomabsorptionsspektralphotometrie

Hg-Atome im Grundzustand können die Strahlung einer Hg-Dampfentladungslampe absorbieren. Dieser Effekt wird normalerweise unter Beobachtung der 253,65-nm-Linie zur atomabsorptions-spektralphotometrischen Bestimmung von Hg in Wasserproben verwendet. Die weitgehend störungsfreie Methode erlaubt beim direkten Einspritzen der Probe in eine Flamme Bestimmungen bis in den µg/l-Bereich. Die Extraktion des Hg^{2+} mit chelatbildenden Liganden und Einspritzen der Extrakte macht das Verfahren nicht nur spezifischer, sondern auch empfindlicher.

Die heute wohl verbreitetste Hg-Bestimmung für Wasserproben ist die „Kaltdampfmethode" [7, 14, 15]. Das in der Originalwasserprobe (bis zu 1 l) vorhandene anorganische Quecksilber wird durch Reduktion mit $SnCl_2$ in saurem Medium in elementares Quecksilber überführt. Das flüchtige Metall wird nun in einem geschlossenen Kreislauf aus der wäßrigen Phase ausgeblasen. Rasch stellt sich im System ein Gleichgewicht

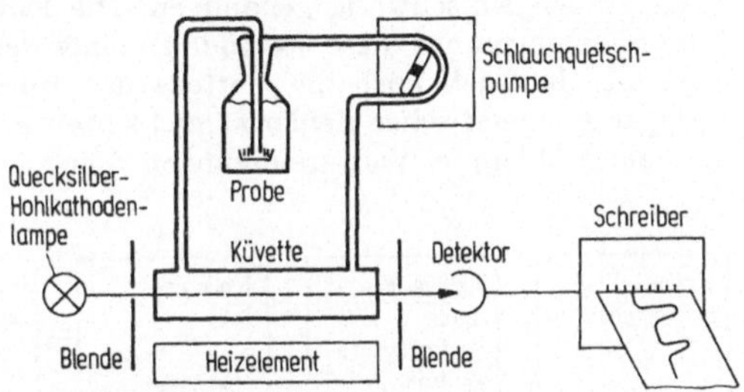

Abb. 2. Meßanordnung zur Quecksilberbestimmung mit flammenloser Atomabsorptionsspektralphotometrie

ein, und jetzt kann von der Absorption der Hg-Atome in der Quarzküvette auf die ursprüngliche Konzentration in der Probe geschlossen werden. Die recht spezifische Bestimmung wird lediglich durch leichtflüchtige, bei 254 nm absorbierende Substanzen (z. B. organische Lösungsmittel, Benzol) sowie durch einen hohen Wasserdampfgehalt gestört. Eine Messung des Blindwertes (vor der Reduktion) bzw. ein Heizen der Küvette beseitigt diese Fehlerquellen oder läßt zumindest ihr Ausmaß erkennen. Eine kritische Beachtung von konzentrationsabhängigen Sorptions- oder Desorptionsvorgängen an den Schlauch-, Küvetten- und Gefäßwandungen ist unerläßlich, um auch im Nanogrammbereich zuverlässige Ergebnisse zu bekommen. Angenehm sind der große Probendurchsatz, die Nachweisempfindlichkeit und die unkomplizierte Arbeitsweise.

5. Bestimmung mit Emissionsspektralphotometrie

Diese Methode stand wegen ihrer geringeren Nachweisempfindlichkeit lange im Schatten der AAS-Methoden. Durch die Verwendung von Plasmen und die Weiterentwicklung dieser Techniken wurde die Emissionsspektralphotometrie in Verbindung mit thermisch reversibler Amalgambildung als Anreicherungsschritt zu einer wichtigen Säule der Quecksilberanalytik in aquatischen Systemen. Nachweisstärke und geringe systematische Fehlermöglichkeiten sind ihre wesentlichen Vorteile [4, 15].

6. Bestimmung durch Neutronen-Aktivierungsanalyse

Die Neutronen-Aktivierungsanalyse (NAA) hat seit zwei Jahrzehnten einen großen Aufschwung genommen. Die Entwicklung der technischen Voraussetzungen hat diese Methode zu einer der nachweisempfindlichsten gemacht, die auch noch die Vorteile der Multielementbestimmung und geringer systematischer Fehlermöglichkeiten aufweist [13]. Matrixeffekte und eingeschleppte Verunreinigungen spielen kaum eine Rolle. Nach-

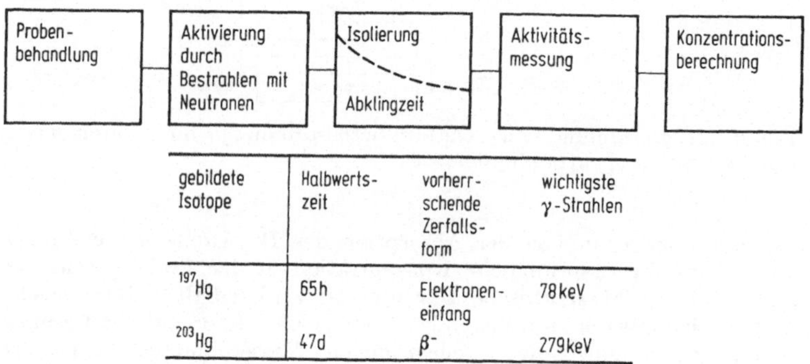

gebildete Isotope	Halbwerts-zeit	vorherr-schende Zerfalls-form	wichtigste γ-Strahlen
^{197}Hg	65 h	Elektronen-einfang	78 keV
^{203}Hg	47 d	β^-	279 keV

Abb. 3. Schema der Quecksilberbestimmung durch Neutronen-Aktivierungsanalyse

teilig sind die apparativ recht aufwendigen Voraussetzungen, die von einer Bestrahlungsquelle (Reaktor oder tragbare ^{252}Cf-Neutronenquelle) bis hin zum kostspieligen Detektor (z. B. Ge(Li) für γ-Strahlen) reichen. Der Zeitbedarf für Vorbereitung und Ausführung der Bestimmung sind beachtlich. Ein Schema der Quecksilberanalyse in Wasserproben mit einigen charakteristischen radiophysikalischen Parametern zeigt Abb. 3. Die Analyse beginnt mit der Probenbehandlung. Interessiert die Hg-Verteilung in verschiedenen Phasen, so ist eine Auftrennung erforderlich.

Die Benutzung von geeigneten Gefäßen für die Bestrahlung ist besonders wichtig, um Hg-Verluste zu vermeiden. Mit Erfolg wurden Wasserproben in gefrorenem Zustand untersucht, die Proben in Quarzampullen eingeschmolzen, oder es wurde eine Anreicherung, z. B. in Form von Adsorption und Amalgambildung, durchgeführt. Nach der Bestrahlung und einer gewissen Abklingzeit schließt sich meist eine weitere Probenbehandlung an. So ist vor allem bei Meerwasserproben eine Ab-

trennung von ^{24}Na, ^{38}Cl und ^{82}Br, die im Überschuß vorhanden sind und durch ihre starke Aktivität stören, kaum zu umgehen. Ein weiteres Problem gibt vorhandenes Selen auf. Es hat als ^{75}Se eine starke 279,3-keV-γ-Strahlung, was mit der ^{203}Hg-Strahlung (selbst unter Verwendung des hoch auflösenden Ge(Li)-Detektors) zu überlappenden Peaks führt. Der Vergleich mit anderen elementspezifischen Peaks ist hier nötig. An die Aktivitätsmessung von unbekannter Probe und Standardprobe schließen sich computergesteuerte Auswerteschritte an. Sie führen von der Peak-Identifizierung über die Untergrundsubtraktion und Peakflächenbestimmung mit den Zerfall berücksichtigenden Korrekturen schließlich zur Elementkonzentration in der Ausgangsprobe.

Über die Bindungsart des Quecksilbers liefert die Methode keine direkte Information. Durch eine geeignete Probenbehandlung sind indirekte Schlüsse möglich. Die durch die Neutronenstrahlung evtl. auftretenden Änderungen in den Phasen von Suspensionen sind als Fehlermöglichkeiten zu beachten.

7. Bestimmung mit Gaschromatographie/Massenspektrometrie

Die Gaschromatographie erlaubt eine Auftrennung der verschiedenen metallorganischen Quecksilberverbindungen. Die Fraktionen können massenspektrometrisch identifiziert werden [16—18].

Die Methode setzt eine Extraktion der wäßrigen Probe mit Benzol voraus. (Zugabe von NaCl und HCl$_{conc}$ zur Originalprobe erhöhen die Extraktionswirkung.) Um die ebenfalls angereicherten quecksilberfreien lipophilen Substanzen abzutrennen, erfolgt eine spezifische Rückextraktion der quecksilberorganischen Verbindungen mit wäßriger und mit Natriumacetat gepufferter Cysteinlösung. Ansäuern dieser Lösung mit HCl$_{conc}$ ermöglicht eine erneute Extraktion des organisch gebundenen Quecksilbers mit Benzol. Die Substanzen in der getrockneten benzolischen Phase werden in einem temperaturprogrammierten Gaschromatographen auf einer gepackten Säule (z. B. DEGS oder SE 30 auf Chromosorb) getrennt und mit einem Elektroneneinfangdetektor nachgewiesen oder mit Hilfe eines gekoppelten Massenspektrometers identifiziert. Die quecksilberhaltigen Verbindungen besitzen bei dieser Anordnung eine um so längere Retentionszeit, je größer der organische Ligand ist.

Die Interpretation der Massenspektren wird durch das charakteristische Isotopenmuster des natürlichen Quecksilbers (Tabelle 3) sehr erleichtert.

Tabelle 3. Relative Häufigkeit der natürlichen Hg-Isotope

Hg-Isotop	196	198	199	200	201	202	203	204
rel. Häufigkeit (%)	0,146	10,02	16,84	23,13	13,22	29,80	—	6,85

Sucht man sich eine Hg-haltige Massenfraktion aus, so kann mit dem Massenspektrometer als Peakgruppen-spezifischer Detektor gearbeitet werden (Abb. 4).

Die Bedeutung der Methode liegt in der Identifizierungsmöglichkeit der einzelnen quecksilberorganischen Verbindungen. Quantitative Aussagen erfordern größere Sorgfalt bei den verschiedenen Extraktionsschritten und werden am besten in Parallelbestimmungen mit dem Elektroneneinfangdetektor ausgeführt. Die Bestimmung von Dialkyl-

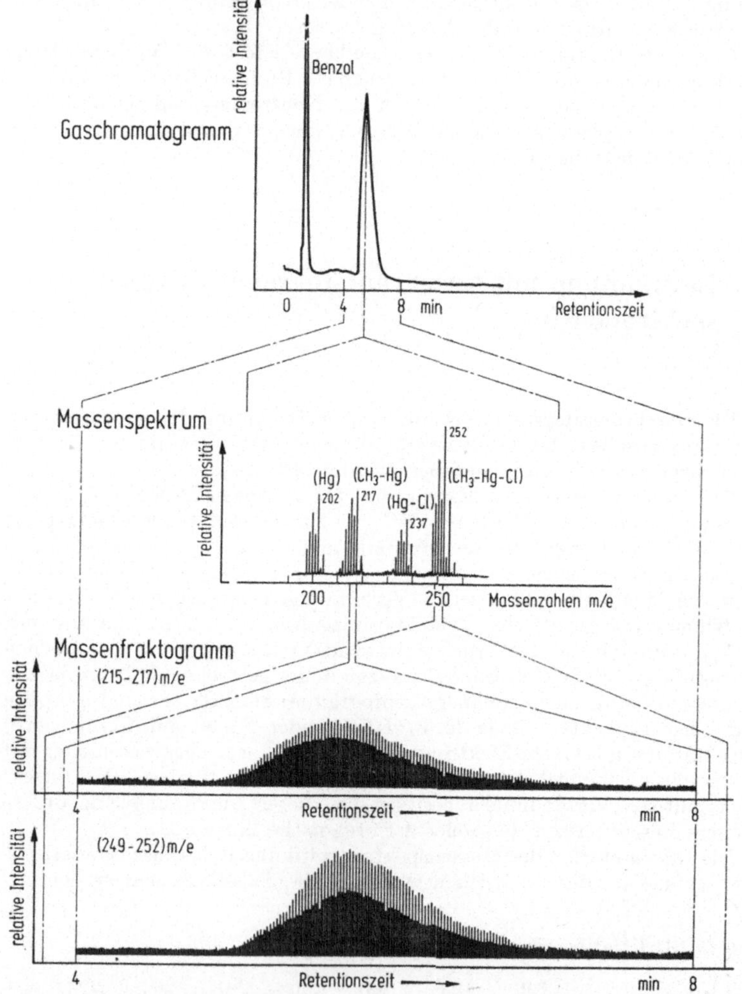

Abb. 4. Identifizierung von $H_3C-Hg-Cl$ mit gekoppelter Gaschromatographie/Massenspektrometrie

und Diarylquecksilberverbindungen (z. B. Dimethyl- und Diphenyl-
quecksilber) kann nur nach chemischer Umsetzung zu Monoalkyl- bzw.
Monoarylquecksilberhalogeniden (z. B. Reaktion mit HCl_{conc}) mit der
nötigen Nachweisempfindlichkeit erfolgen.

8. Gegenüberstellung der Methoden

Die Auswahl der Methode wird meist von der Problemstellung und der
geforderten Nachweisempfindlichkeit abhängen. Der rasch wachsende
Bedarf an zuverlässigen Quecksilberwerten für Wasserproben (Trink-
wasser-Verordnung vom 31. Januar 1975; Abwasserabgabengesetz vom
13. September 1976) erfordert Analysenmethoden, die bei höchstmöglicher
Genauigkeit gut praktikabel sind und somit einen hohen Probendurchsatz
ermöglichen. Tabelle 4 zeigt die z. Z. üblichsten Methoden.

Tabelle 4. Gebräuchliche Methoden zur Hg-Bestimmung

Methode	Aussage	Nachweisgrenzbereich für Wasserproben
Gravimetrie (als HgS)	Hg anorganisch	mg/l
Photometrie (Dithizon)	Hg anorganisch	µg/l
Emissionsspektroskopie	Hg gesamt	ng/l
AAS (Flamme)	Hg gesamt	µg/l
AAS (Kaltdampf)	Hg gesamt, Hg organisch, Summe	ng/l
NAA	Hg gesamt	ng/l
GC/MS	Hg organisch, speziell	ng/l

Die Nachweisgrenzen gelten für die bei den Methoden üblichen Proben-
aufbereitungen und sollen die Bereiche angeben, die noch Messungen mit
in der Spurenanalytik üblichen Fehlern (relative Standardabweichung
ca. $\pm 20\%$) erlauben. Hierbei ist zu beachten, daß in der Praxis die
relative Standardabweichung von Werten aus *verschiedenen* Laboratorien
um den Faktor Zehn größer sein kann, als die Abweichung aus Meßreihen
der *einzelnen* Laboratorien. Das wird z. B. in dem Entwurf (April 1978)
zur Bestimmung des Quecksilbers (E 12) für die Deutschen Normen [19]
berücksichtigt, in dem die Konzentration von 0,05 µg/l als Nachweisgrenze der Methode genannt wird, obwohl dieser Wert in der Regel
durchaus zu unterbieten ist.

Auch kann der Einsatz weniger verbreiteter Systeme zu brauchbaren
Ergebnissen führen. So können mit Atomfluoreszenz, Röntgenfluoreszenz,
inverser Voltammetrie mit Graphitelektroden durchaus Konzentrationsbereiche unter 1 µg/l erreicht werden [20]. Auch Ansätze zur automatisierten Gesamtquecksilberbestimmung in Süß- und Meerwasser nach dem
AAS-Prinzip sind erfolgversprechend [21].

Der große Probenanfall in der Praxis darf nicht zu unkritischer und unsachgemäßer Analytik führen. Gerade der Spurenbereich, der durch die Konzentrationen des Quecksilbers in Gewässern (Tabelle 5) vorgegeben ist, erfordert eine laufende Überprüfung der möglichen Fehlerquellen bei Probenahme und Probenaufbereitung sowie im Analysensystem. Parallelbestimmungen mit unabhängigen Methoden sind dazu sehr geeignet. Leider ist die Verbreitung aufwendiger Apparaturen und somit ihre

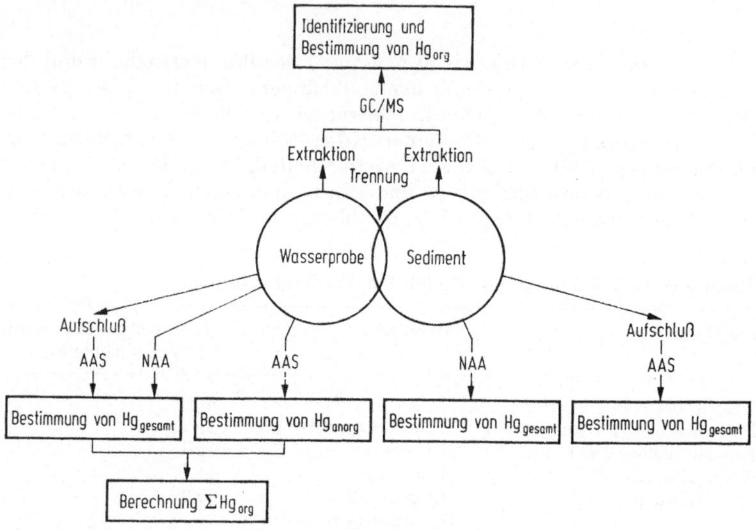

Abb. 5. Analysenschema zur Quecksilberbestimmung in Wasser und Sediment

gleichzeitige Verfügbarkeit auf wenige Laboratorien beschränkt. Ringanalysen, an der sich alle untersuchenden Stellen beteiligen, sollten daher ersatzweise dazu dienen, die Qualität der routinemäßig ausgeführten Bestimmungen zu prüfen.

Ein heute in der Praxis der Wasseranalytik bewährtes Analysenschema zur Quecksilberbestimmung ist in Abb. 5 dargestellt.

9. Quecksilbergehalte einiger Gewässer

Um die nötigen analytischen Voraussetzungen für die Hg-Bestimmung abschätzen zu können, sind in Tabelle 5 die Konzentrationsbereiche für einige Gewässer angegeben. Ein Aspekt, der beim derzeitigen Stand der Analysentechnik noch weitgehend unbeachtet bleibt, sind die verschiedenen Bindungsformen, in denen das Quecksilber vorliegt.

Tabelle 5. Konzentrationsbereiche einiger Gewässer

Probe	Hg-Gehalt	Bestimmungsart
Minamata, 1960 (Meerwasser)	4 − 0,1 mg/l	Hg gesamt
Nordsee (Meerwasser)	60 − 10 ng/l	Hg gesamt
Rhein (Flußwasser)	1 − 0,1 µg/l	Hg gesamt
Donau (Flußwasser)	60 − 20 ng/l	Hg gesamt
Bodensee (Seewasser)	0,3 − 0,1 µg/l	Hg gesamt
Regenwasser (München)	2 − 0,07 µg/l	Hg gesamt
Minamata 1960 (Sediment)	100 − 10 ppm	Hg gesamt
Rhein (Sediment)	20 − 1 ppm	Hg gesamt
Donau (Sediment)	3 − 0,5 ppm	Hg gesamt
Main (Sediment)	15 − 1 ppm	Hg gesamt
	20 − 0,1 ppb	$H_3C-Hg-Cl$

Außer mit Hilfe der GC/MS-Methode lassen sich nur durch variierte Probenbehandlung und aus Differenzberechnungen (s. Abb. 5, AAS) indirekte Information über die Verbindungen erhalten. Auch das Problem der Komplexbildung von Hg mit organischen thiolgruppen-haltigen Wasserinhaltsstoffen, das in der Natur von Bedeutung ist, kann analytisch noch nicht quantifiziert werden und wird bei der gebräuchlichen sauren Probenstabilisierung schon empfindlich gestört.

Literatur

1. Stock, A.: Ber. dtsch. chem. Ges. *75* (1942), 1530 − 1535
2. D'Itri, P. A.; D'Itri, F. M.: Mercury contamination: a human tragedy. New York: John Wiley 1977
3. Frei, R. W.; Hutzinger, O. (eds.): Analytical aspects of mercury and other heavy metals in the environment. London: Gordon and Breach 1975
4. Tölg, G.; Lorenz, I.: Chemie in unserer Zeit *11* (1977), 150 − 156
5. Hartung, R.; Dinman, B. D.: Environmental mercury contamination; Part IV, Biological effects of mercury compounds. Ann Arbor: Ann Arbor Science Publ., 1972
6. Benes, P.; Rajman, I.: Coll. Czech. Chem. Comm. *34* (1969), 1375 − 1386
7. Frimmel, F.; Winkler, H. A.: Vom Wasser *40* (1973), 55 − 68
8. Jörissen, U.: Diss. Univers. Münster 1974
9. Frimmel, F.; Winkler, H. A.: Z. Wasser- u. Abwasser-Forsch. *9* (1976), 126 − 127
10. Boek, K.: Z. Lebensm. Unters.-Forsch. *155* (1974), 209 − 215
11. Morsches, B.; Tölg, G.: Z. Analyt. Chem. *219* (1966), 61 − 68
12. Kunkel, E.: Z. Analyt. Chem. *258* (1972), 337 − 341
13. Van der Sloot, H. A.; Das, H. A.: Anal. Chim. Acta *73* (1974), 235 − 244
14. Hatch, W. R.; Ott, W. L.: Anal. Chem. *40* (1968), 2085 − 2087
15. Watling, R. J.; Watling, H. R.: Water SA *1* (1975) 113 − 117
16. Westöö, G.: In: Chemical Fallout; Miller, M. W.; Berg, G. G. (eds.). Springfiedl: Charles C. Thomas Publishers 1969

17. Frimmel, F.; Winkler, H. A.: Vom Wasser *45* (1975), 285—298
18. Stevens, A. A.; Robertson, E. A.: Arch. Environm. Contamination, Toxicology. *2*, No 3, S. 266—274
19. Entwurf April 1978 zu DIN 38406 Teil 12, Deutsche Einheitsverfahren zur Wasser-, Abwasser- und Schlammuntersuchung; Kationen (Gruppe E); Bestimmung des Quecksilbers (E 12)
20. Reimers, R. S., et al.: J. WPCF *45* (1973), 814—828
21. Agemian, H.; Chau, A. S. Y.: Anal. Chem. *50* (1978), 13—16

Analyse von Plutonium

Dr. Horst Kutter
Kommission der Europäischen Gemeinschaften
Gemeinsame Forschungsstelle, Forschungsanstalt Karlsruhe
Europäisches Institut für Transurane, Postfach 2266
7500 Karlsruhe 1

1. Einleitung

Seit Mitte der 50er Jahre spielt Plutonium im Tonnenmaßstab eine wichtige Rolle bei der Energiegewinnung. Dadurch ist seine Analytik für den Reaktorbetrieb, Lieferabkommen, den Umweltschutz und dgl. sowohl für die Charakterisierung des reinen Elementes als auch die Bestimmung seines Spurengehaltes in anderen Matrices rasch wichtig geworden.

Der Umfang des Gebietes bedingt es, bereits bei der Beschreibung der Verfahren eine bestimmte Auswahl zu treffen. Um die Möglichkeit zu bieten, sich in einzelne Themen einzuarbeiten, sind Literaturstellen für Plutoniumbestimmungen für folgende Bereiche angegeben: Umwelt [19, 20], Personenüberwachung [21, 22, 23], Luftüberwachung [24, 25] und Abfallkontrolle [26, 27, 28].

2. Strahlenbedingte Effekte und Maßnahmen

Alle in wägbaren Mengen zugängigen Plutoniumisotope (Ausnahme ^{241}Pu) emittieren α-Strahlen. Deshalb müssen Arbeiten mit Plutonium grundsätzlich in Handschuhkästen in Speziallaboratorien (Unterdruck, Abluftfiltration) durchgeführt werden [7].

In einigen Fällen sind zusätzliche Maßnahmen zu ergreifen: In länger gelagertem Plutonium kann sich aus ^{241}Plutonium eine größere Menge γ-Strahlen emittierendes ^{241}Americium nachgebildet haben, was Bleiglasabschirmungen erforderlich macht. In engem Kontakt (Lösungen, Verbindungen) mit leichten Elementen (Bor, Beryllium, Fluor, ^{18}Sauerstoff usw.) kommt es zu einer (α, n)-Reaktion mit u. U. merklichen Neutronendosen (bes. bei ^{238}Pu). Die Neutronenstrahlung ist durch Paraffinwände und „Fenster", die mit Bor-Lösung gefüllt sind, abzuschirmen.

Die analytischen Probenmengen sind in der Regel so gering, daß sich daraus keine Kritikalitätsprobleme ergeben. Da aber die flüssigen Abfälle gesammelt werden, sind Begrenzung der Mengen pro Laboratorium oder Gruppe von Handschuhkästen zu beachten bzw. geometrische Sicherheitsbedingungen zu erfüllen [2, 29, 30].

α-Strahlung führt zur Radiolyse des Wassers. Neben Knallgas können u. a. auch kurzlebige H*- und OH*-Radikale entstehen. Deshalb dürfen Plutoniumlösungen nicht in gasdicht verschraubten Flaschen oder dgl. aufbewahrt werden; die Radikalbildung kann Ursache für die Entstehung von Wasserstoffperoxid und von anderen unerwünschten Produkten sein.

Apparate, die einmal mit Plutonium in Kontakt gekommen sind, können in der Regel nicht mehr dekontaminiert werden.

3. Vorbereitung der Proben

3.1. Probenahme

Reines Plutoniummetall, ferner Carbide und Hydride sind in fein verteilter Form in Luft pyrophor (Inertgasatmosphäre; Stickstoff oder Argon). Der Gehalt an Wasser scheint dabei eine Rolle zu spielen, so daß der Wassergehalt in der Handschuhkastenatmosphäre $\leq$ 10 vpm betragen soll. Inhomogenitäten infolge von Diffusions- und Segregationserscheinungen, wie sie z. B. in schnellen Brutreaktoren aufgrund der Temperaturgradienten (bis 2000 K) zwischen Zentrum und Randzone auftreten, müssen bei der Probenahme in Betracht gezogen werden.

3.2. Lösen der Proben

Grundsätzliche Schwierigkeiten sind beim Lösen nicht zu erwarten, ausgenommen Carbide und Plutoniumdioxid. Beim Auflösen von Carbiden mit Säuren bilden sich neben gasförmigen Kohlenwasserstoffen teils wachsartige, teils klebrige Kohlenwasserstoffe, die sich durch Oxidation nur schwer entfernen lassen. Plutoniumhydroxid ist nur frisch gefällt ohne weiteres in Säuren löslich. Gealtertes Hydroxid und insbesondere $\geq$ 1000 °C-gesintertes Plutoniumdioxid lassen sich nur außerordentlich schwer lösen. Bestrahltes Material bietet zusätzlich Schwierigkeiten wegen der darin vorhandenen schwerlöslichen Spaltprodukte.

Vier Lösungsverfahren haben sich bewährt:

1. Auflösung in einem Gemisch von Salpeter- und Flußsäure;
2. Auflösung in einem Gemisch von Schwefelsäure, Salpetersäure und Ammoniumsulfat;
3. Auflösung unter Druck bei erhöhter Temperatur und
4. Schmelzaufschlüsse [2, 13, 16].

Bei der ersten Methode wird das Material in konzentrierter Salpetersäure, die etwa 0,1 molar an Fluorid ist, am Rückfluß gekocht. Versuche mit $^{238}PuO_2$ haben ergeben, daß ein Gehalt von 0,1 M Schwefelsäure die Auflösung beschleunigt. Mit Schwefelsäure + Salpetersäure + Ammoniumsulfat können außer Oxiden auch Carbide, Nitride und Carbonitride aufgeschlossen werden. Mit einem Spezialkollektor (Abb. 1) läßt sich die Lösung einengen und die Salpetersäure entfernen.

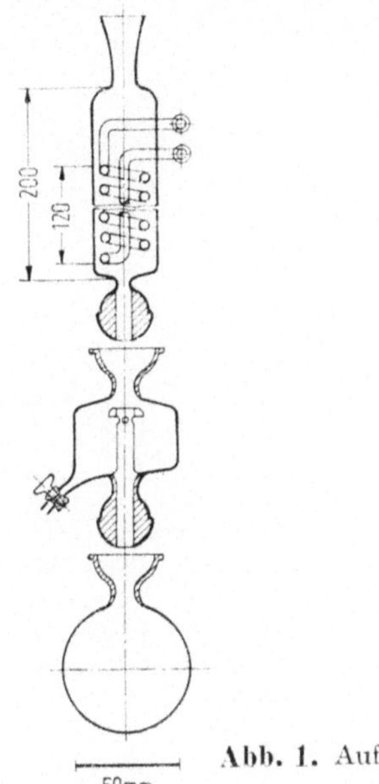

Abb. 1. Auflöser

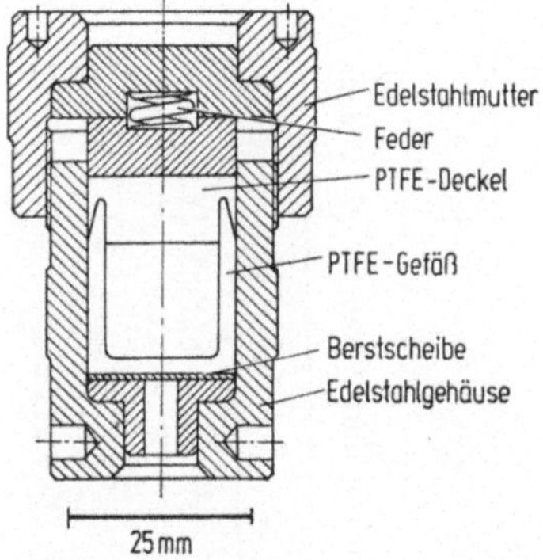

Abb. 2. Druckbombe mit PTFE-Einsatz

Die Verwendung abgeschmolzener Bombenrohre in Handschuhkästen erfordert erhebliche Sicherheitsmaßnahmen. Mit der Einführung von Druckbomben mit PTFE-Einsätzen (Abb. 2) sind die sicherheitstechnischen Aspekte verbessert worden, aber bei der Auswahl des PTFE scheinen sich Probleme hinsichtlich der Qualität zu ergeben. Materialien, die Kohlenstoff oder organische Substanzen enthalten, dürfen nicht in Druckgefäßen aufgeschlossen werden.

Schmelzaufschlüsse verlaufen rasch, insbes. mit Natriumperoxid, dessen Handhabung im Handschuhkasten jedoch nicht risikofrei ist.

3.3. Plutonium in Lösung; Redoxpotentiale

In wäßriger Lösung zeigt Plutonium ein außerordentlich komplexes Verhalten:

— Die Neigung zur Hydrolyse und Ausbildung von polymeren Ionen erschwert die Herstellung und Aufbewahrung von Lösungen und beeinträchtigt bzw. verhindert Reaktionen wie Komplexbildungs- und Ionenaustauschprozesse.

Analyse von Plutonium

Tabelle 1. Normalpotentiale von Plutonium in 1 molaren Säuren und Basen bei 25° C nach [5, 14] in Volt

Milieu	Oxidationsstufen							
	0/III	III/IV	IV/V	V/VI	VI/VII	III/V	III/VI	IV/VI
$HClO_4$	—2,03	+0,9819 +0,9818a	+1,1702 +1,1721a	+0,9164 +1,013a		+1,0760 +1,09a	+1,0228	+1,0433
HCl	—2,03	+0,97019	+1,1895	+0,9122		+1,080	+1,0238	+1,0508
HNO_3	—	+0,914					+1,006	+1,054
H_2SO_4	—	+0,75						+1,3
NaOH od. KOH	—2,42	—0,95	+0,76	+0,26	+0,94 +1,4a	—0,10	+0,06	+0,51

a Zahlenwerte nach [5]

Vorzeichen nach Markov [14]

— Es bildet sowohl kationische als auch anionische und neutrale Komplexe.

— Aufgrund der Fähigkeit der Plutonium(IV)- und Plutonium(V)-Ionen zur Disproportionierung werden in wäßriger Lösung auch die Oxidationsstufen III und VI gebildet. Diese vier Spezies befinden sich im thermodynamisch stabilen Gleichgewicht (Tabelle 1). Da es sich beim Übergang der Oxidationsstufen, sowohl um reine Elektronenübergänge (z. B. $Pu^{4+} \rightarrow Pu^{3+}$) als auch um Lösung oder Bildung von Metall-Sauerstoff-Bindungen (z. B. $Pu^{4+} \rightarrow PuO_2^+$) handelt, verlaufen die Redoxreaktionen mit unterschiedlichen Reaktionsgeschwindigkeiten.

3.4. Redox-Reaktionen

Die „klassischen" Pu-Bestimmungsmethoden setzen eine einzige Oxidationsstufe voraus, doch sind mehrere Wertigkeitsstufen nebeneinander der Normalfall (vgl. 3.3.). Man muß deshalb eine definierte Oxidationsstufe des Plutoniums einstellen. Konzentration, Temperatur usw. müssen genau eingehalten und in die Arbeitsvorschriften einbezogen werden (Tabelle 2).

3.5. Trennungen

Es bieten sich vor allem Fällungsreaktionen, Flüssig-Flüssig-Verteilungs- und Ionenaustauschverfahren, chromatographische, elektrochemische Methoden und Verflüchtigungsreaktionen an. Mit emissionsspektrographischen Übersichtsanalysen kann entschieden werden, welche Trennungsoperationen nötig sind.

3.5.1. Trennungen mit Ionenaustauschern [9,16]

Es werden Kationen- und Anionenaustauscherharze sowie anorganische Austauscher, u. a. auf Basis von Zirkoniumphosphat, Mangandioxid und Kieselgel verwendet. Bei hohen Strahlendosen sind nur anorganische Austauscher fast völlig strahlenresistent. Sie werden daher auch als Säulen vorgeschaltet, um den Hauptteil der Spaltprodukte abzutrennen. Plutonium(IV) wird sowohl von Anionen- als auch von Kationenaustauschern fixiert. Entsprechend der Neigung, mit zunehmender Säurestärke stabilere Chlorid- und Nitratkomplexe zu bilden, erfolgt die Adsorption auf den Anionenaustauschern aus 7—10 M HNO_3 bzw. HCl, die Elution des Plutoniums mit etwa 0,5 M HNO_3 bzw. 0,36 M HCl/ 0,01 M HF teilweise mit einem Zusatz von Hydroxylamin oder Eisensulfamat. Bei Kationenaustauschern liegen die Verhältnisse umgekehrt, d. h. das Plutonium wird aus Lösungen geringer Säurestärke absorbiert

Tabelle 2. Redox-Reagenzien (nach [4, 5, 14])

Reaktion	Reagenz	Milieu	Temp. °C	Reaktions-geschwindigk.
$Pu(III) \rightarrow Pu(IV)$	BrO_3^-	Verd. Säure	Rt	Schnell
	Cl_2	0,5 M HCl	Rt	Langsam
	Ce^{4+}	0,5 M $HClO_4$	Rt	50% in 5 s
	Ce^{4+}	1,5 M HCl	Rt	Schnell
	$Cr_2O_7^{2-}$	Verd. Säure	Rt	Sehr schnell
	JO_3^-	Verd. Säure	Rt	Sehr schnell
	MnO_4^-	Verd. Säure	Rt	Sehr schnell
	NO_3^-	Verd. Säure	Rt	Sehr langsam
	NO_3^-	0,5 M HCl	100	50% < 1 min
	O_2	0,5 M HCl	Rt	Keine Reaktion
	O_2	0,5 M HCl	97	2,5% in 4 h
$Pu(IV) \rightarrow Pu(III)$	Hydrochinon	Verd. HNO_3	Rt	Schnell
	Ascorbin-säure	4,7 M HNO_3 + H_2SO_4	Rt	Sehr schnell; H_2SO_4-Zusatz zur Vermeidg. d. Reakt. m. Ascorb.-säure
	H_2/platin. Pt	0,5—4 M HCl	Rt	99% in 40 min
	H_2/platin. Pt	0,25 M H_2SO_4	Rt	96% in 45 min
	H_2/platin. Pt	6 M H_2SO_4	Rt	80% in 45 min
	Semicarbazid	Verd. Säure	Rt	Sehr schnell
	NH_3OH^+	0,2 M Cl^-	Rt	5 min
	$NH_2NH_3^+$	0,02 M SO_4^{2-}	Rt	34% in 5 min
	J^-	0,1 M HJ, 0,4 M HCl	Rt	Schnell
	Zn-Metall	0,5 M HCl	Rt	Schnell
	SO_2-Gas	1 M HNO_3	Rt	50% < 1 min
	H_2S	Verd. Säure	Rt	Schnell
	Fe^{2+}	Verd. Säure	Rt	Schnell
$Pu(IV) \rightarrow Pu(VI)$	Ag^{2+}	4 M HNO_3		50% in 1 min
	Ag^{2+}	1,1 M HNO_3, 0,01 M Ag^+ + $S_2O_8^{2-}$	Rt	1 min
	$NaBiO_3$	5 M HNO_3	Rt	5 min
	0,1 M BrO_3^-	1—2 M HNO_3	85	99% in 4 h
	Br_2	1,5 M HNO_3	50	50% in 4 h
	Ce^{4+}	1 M H_2SO_4	Rt	5 h
	Ce^{4+}	0,5 M HNO_3, 0,1 M Ce^{4+}	Rt	15 min
	Ce^{4+}	1 M HNO_3, 0,002 M Ce^{4+}	Rt	50% in 60 min
	Ce^{4+}	1 M HNO_3, 0,1 M Ce^{4+}	Rt	15 min
	Ce^{4+}	0,5 M $HClO_4$, 0,003 M Ce^{4+}	Rt	50% in 5 s
	Cl_2	0,1 M $HClO_4$	Rt	50% in 2 h

Tabelle 2 (Fortsetzung)

Reaktion	Reagenz	Milieu	Temp. °C	Reaktions-geschwindigk.
$Pu(IV) \rightarrow Pu(VI)$	Cl_2	$1\,M\ HClO_4$	Rt	50% in 170 h
	$HClO_4$	Konz. $HClO_4$	300	Schnell
	$Cr_2O_7^{2-}$	$0{,}5\,M\ HClO_4$	Rt	50% in 15 min
	MnO_4^-	$1\,M\ HNO_3$, $0{,}001\,M\ MnO_4^-$	Rt	50% in 50 min
	MnO_2	$2\,M\ HNO_3$	Rt	100% bei Verwendung von Säure
	NO_3^-	$0{,}5\,M\ HNO_3$	95	50% in 45 min
	NO_3^-	$2\,M\ HNO_3$	95	50% in 250 min
	O_3	$0{,}03\,M\ H_2SO_4$, Ce^{3+} od. Ag^+ Katalys.	0	30 min
	$Pb(C_2H_3O_2)_4$	$5\,M\ HNO_3$	50	1 h
$Pu(VI) \rightarrow Pu(IV)$	$HCOOH$	HNO_3	25—100	Langsam
	$C_2O_4^{2-}$	$0{,}85\,M\ HCl$, $0{,}14\,M\ C_2O_4^{2-}$	Rt	50% in 20 min
	H_2/platin. Pt	Verd. Säure	Rt	Gemisch von Pu, Pu(IV), Pu(III)
	Fe^{2+}	HCl	Rt	Schnell; über Pu(V)
	J^-	$3{,}1\,M\ HNO_3$, $2{,}3\,M\ HJ$		Schnell
$Pu(VI) \rightarrow Pu(V)$	Fe^{2+}	HCl	Rt	Schnell
	J^-	$pH = 2$	Rt	Sehr schnell
	HNO_2	$0{,}1\,M\ HNO_3$, $0{,}1\,M\ NaNO_2$	Rt	50% < 25 s
	$NH_2NH_3^+$	$0{,}5\,M\ HCl$	Rt	50% in 3 h
	NH_3OH^+	$0{,}5\,M\ HCl$ oder HNO_3	Rt	Schnell
	Ag-Metall	$0{,}5\,M\ HCl$	Rt	Relativ schnell
	SO_2	$pH = 1{,}9$	Rt	5 min
	$Pu(III)$	$0{,}2\,M\ HNO_3$		15 min
$Pu(V) \rightarrow Pu(IV)$	Fe^{2+}	Verd. Säure	Rt	Schnell
	J^-	$pH = 2$	Rt	Langsam
	HNO_2	$0{,}1\,M\ HNO_3$	Rt	Langsam
	$NH_2NH_3^+$	$0{,}5\,M\ HCl$	Rt	Langsam
	NH_3OH^+	$0{,}5\,M\ HCl$	Rt	Langsam
	SO_2	$pH = 1{,}9$	Rt	Langsam
	Ti^{3+}	$HClO_4$	Rt	Schnell
	$U(IV)$	$1\,M\ HClO_4$	Rt	Schnell
	V^{3+}	$HClO_4$	Rt	Langsam

Rt = Raumtemperatur

und mit stärkeren Säuren eluiert. Die Reinigung mittels Anionenaustauschern ist wirkungsvoller als mit Kationenaustauschern, da die Elemente, die normalerweise als Verunreinigungen auftreten, eine geringere Neigung zur Ausbildung von Anionenkomplexen haben als das Plutonium. Je nach Problemstellung wird das Plutonium vorher in die vier- oder sechswertige Oxidationsstufe überführt.

Für die Abtrennung von Spaltprodukten, Uran und Americium von Plutonium, die besonders bei der massenspektrometrischen Isotopenanalyse kritisch ist, wird bei Vorhandensein geringer Mengen die Adsorption/Desorption von Pu(IV) in salpetersauren Lösungen an DOWEX 1×4 oder AG 1×4 vorgenommen.

Bei einem U/Pu-Verhältnis von mehr als 30 wird die Reinigung von Pu(VI) in 12 M Salzsäure mit dem Harz AG 1-X10 oder dem makroporösen Harz AGMP-1 bzw. gleichwertigen Produkten durchgeführt.

3.5.2. Trennungen durch Verteilungschromatographie [8]

Die organische „stationäre" Phase wird auf einem Trägermaterial (Kieselgel, Polytrifluorchloräthylen, Polytetrafluoräthylen, Polyäthylen, Cellulose-, Glaspulver, Polyvinylchlorid u. dgl.) fixiert, während die wäßrige „mobile" Phase die zu extrahierende(n) Spezies enthält.

3.5.3. Trennungen durch Flüssig-Flüssig-Verteilung

Die Ausschüttelbarkeit verläuft etwa parallel mit der Tendenz zur Bildung von Komplexen: Pu(IV) > Pu(VI) $\gg$ Pu(III). Die organischen Komplexbildner werden im allgem. durch Lösungsmittel verdünnt, da u. a. einige Eigenschaften wie Viskosität, Dichte, Entflammbarkeit, Emulsionsbildung, Strahlenresistenz, oftmals auch der Preis der Benutzung in unverdünnter Form entgegenstehen. Neutrale Lösungsmittel (Äther, Ester, Ketone) bilden neutrale Plutoniumkomplexe, „Ionenassoziationskomplexe", z. B. $[Pu(NO_3)_4 \cdot 2TBP]_{(org.)}$. Zum Verdünnen dienen unpolare Lösungsmittel wie Kerosin oder CCl_4. Die Verteilungskoeffizienten D (das Verhältnis der Pu-Konzentration in der organ. Phase zur Pu-Konzentration in der wäßrigen Phase) lassen sich durch die Erhöhung der Konzentration bestimmter Ionen (z. B. $NaNO_3$ oder $Al(NO_3)_3$ im System TBP-HNO_3) stark erhöhen. Sind andere Spezies in größeren Mengen in der Lösung, die ebenfalls Komplexe wie das Plutonium bilden (z. B. U(VI)), kommt es zu einem Verdrängungseffekt, der zu einer Erniedrigung des Verteilungskoeffizienten führt. Die bekanntesten Extraktionsmittel dieser Gruppe sind Tributylphosphat (TBP), Trioctylphosphinoxid (TOPO) und Methylisobutylketon (MIBK).

Substanzen wie Thenoyltrifluoraceton (TTA), 8-Hydroxychinolin und Kupferron bilden mit Plutonium Chelatkomplexe, die mit Benzol, Tetrachlorkohlenstoff, Chloroform u. a. ausschüttelbar sind, wobei vorwiegend das TTA analytische Anwendung findet. Die Verteilungskoeffizienten hängen sowohl von der Art als auch der Konzentration der Säure, der Konzentration des Extraktionsmittels und der Art des Verdünnungsmittels ab.

Bei Plutonium-Amin-Komplexen nimmt deren Extrahierbarkeit aus 3 M Salpetersäure von den quart. zu den prim. Aminen ab. In schwefelsaurer Lösung wird Plutonium besser von prim. als von sek. und tert. Aminen extrahiert. Das Verdünnungsmittel (Xylol, Benzol, Chloroform, Kerosin) ist für den Verteilungsgrad von großer Bedeutung. Die am meisten verwendeten Extraktionsmittel sind Tetrabutylammoniumnitrat (TBAN), „Aliquat 336" (Gemisch aus Trioctyl- und Tridecyl-Methylammoniumnitrat), Trioctylamin (TOA) und Trilaurylamin (TLA).

3.5.4. Andere Trennverfahren

Fällungen von Plutoniumverbindungen sind nicht spezifisch und haben deshalb analytisch keine Bedeutung. Mitfällungsreaktionen z. B. an Eisen(III)-hydroxid, Lanthanfluorid, Ytterbiummandelat, Wismutphosphat und Zirkoniumphenylarsenat werden verwendet, wenn eine Abreicherung der Fremdstoffe oder eine Anreicherung des Plutoniums beabsichtigt ist.

Trennungen durch Verflüchtigungsreaktionen (z. B. Chlorierung von Plutoniumdioxid mit CCl_4) können wegen ungenügender Ausbeuten nicht genutzt werden. Elektrochemisch hat die elektrolytische Abscheidung von Plutonium auf Platin- und Edelstahlplättchen für die α-Spektrometrie Bedeutung erlangt.

4. Massenbestimmung des Plutoniums

4.1. Gravimetrie [2,3]

Gravimetrische Methoden zur Pu-Bestimmung kommen wegen ihrer relativ geringen Selektivität nur für reine Lösungen in Frage, wobei die Fällung als Hydroxid mit dem kleinsten Fehler behaftet ist (Tabelle 3).

4.2. Photometrische Bestimmungsverfahren

Die Vielzahl photometrischer Verfahren ermöglicht die Bestimmung von Plutonium im Bereich von 0,01 mg/l bis 10 g/l. Während die Variationskoeffizient für Analysen im Spurenbereich 30% und mehr beträgt, lassen sich im Makrobereich mit Hilfe differentialphotometrischer Verfahren außerordentlich genaue Ergebnisse erhalten (Variationskoeffizient $\leq$ 0,025%).

Gegenüber der Eigenabsorption der Plutoniumionen läßt sich mit Farbstoffen (z. B. Arsenazo-Verbindungen) eine etwa um den Faktor 10 höhere Empfindlichkeit für die Plutoniumbestimmung erreichen. Arsenazo III

Tabelle 3. Gravimetrische Bestimmungsmethoden nach [3]

Fällung	Trocken-, Glühtemperatur, °C; Zeit, h	Wägeform	Fehler, % rel.	Störungen	Bemerkungen
Pu(IV)-hydroxid; 20% NH_4OH	1000; 2—3	PuO_2	0,01—0,1	Komplexbildende Anionen und Kationen, die Hydroxide bilden	
Pu(IV)-peroxid; großer Überschuß an H_2O_2 (9% in der Endlösung)	wie vorher	PuO_2	$\leq 0,5$	Cr, Mn, Ni, La, U, Hf, Zr	Bei Gegenwart von Complexon III ist Bestimmung neben Zr, Hf, V in NH_4-karbonathaltiger Lösg. ($p_H > 10$) möglich.
Pu$(JO_3)_4$ aus 1 M HNO_3, 5 mg Pu/ml enthaltend, mit gleichem Volumen 0,25 M KJO_3 in 1 M HNO_3	1000—1050	PuO_2	0,2—0,3	U stört erst in mehr als 10facher Menge	
Pu(III)-oxalat aus 0,5 M HNO_3 mit $Na_2C_2O_4$ (0,2 M Oxalat in der Endlösung)	800—1000; 2—3	PuO_2	0,3—0,5	Sulfat, Phosphat, Fluorid, 3- und 4wertige Kationen	Löslichkeit von Pu$(C_2O_4)_3 \cdot 9H_2O$ ist 5—20 mg Pu/l in 0,2 bis 0,8 M HNO_3 oder HCl.

Pu(IV)-Oxalat aus 3—4M HNO_3 oder HCl				Seltene Erden, Zr, Th, Fluorid, Sulfat	Löslichkeit von $Pu(C_2O_4)_4 \cdot 6\,H_2O$ ist ca. 70 mg/l.
Pu(IV)-cupferronat aus 1,5—3M H_2SO_4 mit 6fachem Überschuß	1000—1050	PuO_2	0,5	Äquimolare Mengen von U(VI), Cr(III), Mn(II), Al, Ag, Ni, La, Am stören nicht	Pu(III) u. Pu(VI) werden durch das Reagenz oxidiert resp. reduziert.
Pu(IV)-8-hydroxychinolat aus $NaHCO_3$-haltiger Lösung	120—130	$Pu(C_9H_6NO)_4$		U(VI) und Alkalimetalle, kleine Mengen Phosphat, Fluorid, Oxalat, Hydroxylamin stören nicht	Pu(III) wird durch das Reagenz oxidiert. Pu(VI) fällt nicht mit konstanter Zusammensetzung.
Pu(IV)-benzolsulfinat aus 0,2M HNO_3 mit Benzolsulfinsäure (2,5—3% in der Endlösung)	1000—1100	PuO_2	0,2	U(IV), Th, Zr, Fe(III), Weinsäure (> 10%), Zitronensäure (> 10%), stören. Ni, Co, Cr, La, Fe(II), Mn, Cu stören nicht	Pu(VI) wird durch das Reagenz zu Pu(IV) reduziert. Pu(III) wird nicht gefällt.
Pu(IV)-phenylarsonat aus 0,5—0,7M HNO_3 mit Phenylarsensäure (0,04—0,06M in der Endlösung)	1050—1100	PuO_2	0,5	$\leqq$ 10 mg Fe, $\leqq$ 100 mg Cr, Pb, Mn, $\leqq$ 50 mg U, La, Zn, Cu, Ni, Ca und größere Mengen $NaNO_3$ stören nicht	Pu(III) fällt nicht.

wird wegen seines großen Absorptionskoeffizienten $(1,36 \cdot 10^5)$ und seiner besseren Selektivität für Plutonium vor Arsenazo I, Arsenazo II, Thorin und Chlorophosphonazo III bevorzugt.

Da β- und γ-Aktivität die Stabilität der meisten Farbstoffe beeinträchtigen kann, müssen häufig die strahlenden Verunreinigungen abgetrennt werden.

Es folgt eine Auswahl von Vorschriften:

Bestimmung der Oxidationsstufen III + IV + VI

nach W. Ochsenfeld und H. Schmieder, KFK-610 (1967)

In einer 0,5 bis 2,7 molaren HNO_3-sauren Lösung mißt man die durch die verschiedenen Oxidationsstufen verursachten Extinktionen bei 831 nm (Pu(VI)), 476 nm (Pu(IV)) und 602 nm (Pu(III)) mit einem Spektralphotometer guter Auflösung (Bandbreite 0,28 nm) gegen den Untergrund bei 870 nm, 493 nm und 650 nm und wertet die relativen Extinktionen mit Hilfe von Eichlösungen durch ein 3-Gleichungssystem aus. Nachweisgrenzen: 0,2 mg Pu(III)/ml, 0,1 mg Pu(IV)/ml und 0,01 mg Pu(VI)/ml. Temperaturkonstanz ± 1 K.

Bestimmung der Oxidationsstufe III

nach PG-Report 290(W) (Revised) (1968)

Etwa 250 mg Pu-Metall werden in einem 100-ml-Meßkolben mit 5 ml 11 M HCl, die 1,25 ml 40%ige HF/l enthält, gelöst. Mit weiteren 5 ml dieser Säure werden Hals und Gefäßwände abgespült, im Wasserbad $2-3$ min auf $50-80\,°C$ gehalten und danach abgekühlt. Nach Zusatz von 10 ml 0,125 M $AlCl_3$- und 10 ml 50%iger Hydroxylaminhydrochlorid-Lösung mit 0,1 M HCl auf ca. 80 ml auffüllen. Nach dem Umschwenken annähernd zur Marke auffüllen, über Nacht stehen lassen, bis zur Marke auffüllen, gut mischen und nochmals 2 h stehen lassen. Die photometrische Messung erfolgt bei 561 nm nach der Differenzmethode gegen Referenz-Standardlösungen von Cs_2PuCl_6 (2,5; 2,6 und 2,7 mg Pu/ml). Für 2,5 mg Pu/ml beträgt der Variationskoeffizient (3 s) 0,20%. Temperaturkonstanz: ± 1 K für Eichung und Messung. Mit einem Zweistrahlspektralphotometer (Cary Model 16) wurde ein VK $< 0,025\%$ erhalten.

Bestimmung der Oxidationsstufe IV

nach D. Nebel, A. Hermann RfK-280 (1974) 5

Die Bestimmung erfolgt nach Trennung der Kernbrennstoffe durch Extraktionschromatographie (TBP/HNO_3 auf PTFE). Ein Aliquot des schwach HNO_3-sauren Eluats mit 0,5 bis 30 µg Pu in isolierter Form wird in einem 10-ml-Meßkolben mit 6 Tropfen einer 0,5%igen $NaNO_2$-Lösung versetzt. Nach 5 min fügt man soviel 12 M HNO_3 (gesättigt mit Harnstoff) zu, daß die Endlösung 5 bis 7 molar ist. (Das gebildete Nitrit oxidiert Pu(III) zu

Pu(IV) und beseitigt schweflige Säure und Amidosulfonsäure aus dem Elutionsgemisch.) Nach Zusatz von 1 ml 0,0012 M Arsenazo-III-Lösung füllt man den Kolben bis zur Marke auf. Die Lösung wird in 10-mm-Küvetten gegen die gleiche Reagenzmenge in HNO_3 derselben Konzentration im Bereich von 665 bis 760 nm photometriert. $\varepsilon = 1{,}23 \cdot 10^4 \, 1 \cdot mol^{-1} \cdot cm^{-1}$.

Bestimmung der Oxidationsstufe VI

nach K. Buijs, B. Chavane de Dalmassy und M. J. Maurice, Anal. Chim. Acta *43* (1968) 409

Probe mit 0,01 bis 7 mg Pu in 4 M HNO_3 (< 40 ml) mit AgO versetzen, bis schwarze Farbe 5 min bestehen bleibt. Nach 5 min langsam bis fast zum Sieden erhitzen (AgO wird zerstört). Nach Abkühlen in einen 50 ml-Meßkolben überführen und mit 4 M HNO_3 auffüllen. In 100 mm-Küvetten im registrierenden Spektralphotometer das Spektrum von 750 bis 900 nm gegen 4 M HNO_3 aufnehmen. Spaltbreite vorprogrammieren bzw. ablesen, wenn der Peak bei 831 nm geschrieben wird. $\varepsilon = 3{,}64 \cdot 10^2 \, 1 \cdot mol^{-1} \cdot cm^{-1}$. VK: 70 bis 2% (Bereich $0{,}01-0{,}35$ mg Pu/l) bzw. 1,7% (Bereich $0{,}35-7$ mg Pu/l).

Bemerkungen:

Keine Störung durch ≤ 5 mmol Sulfat u. Phosphat und ≤ 25 mmol Fluorid (äquivalente Menge Aluminiumnitrat zusetzen). Oxalat wird oxydativ zerstört; Cl^- wird furch Ag^+ gefällt u. kann abzentrifugiert werden. Eine Mischung, bestehend aus U u. Th (je 72 mg/50 ml) und Al, Ce, Co, Cr, Cu, Fe, Mo, Ni, V u. Zr (je 15 mg/50 ml), stört nicht. Mn stört erst oberhalb 550 mg/50 ml merklich.

4.3. Röntgenfluoreszenz- und Absorptionsmessungen von Röntgen- und γ-Strahlen

Die Bestimmung von Plutonium durch RFA dient vorwiegend zur Kontrolle von Produkt- und „Dissolver"-Lösungen in Wiederaufarbeitungsanlagen. Anodenmaterialien für die Röntgenröhren sind Platin, Wolfram, Silber, Molybdän und Chrom. Meist wird mit „unendlicher" Schichtdicke gearbeitet und die $PuL\alpha_1$-Linie gemessen. Mit unendlich dünnen Proben (z. B. Niederschläge auf Membranfiltern unter Verwendung der $M\alpha$-Strahlung von U, Np, Pu und Am) wurden etwa 14fach verbesserte Nachweisgrenzen erhalten. Der zu analysierenden Lösung wird Th, Y, Sr oder Sc als interner Standard zugesetzt und gemessen, um Matrixeffekte zu kompensieren. Spaltprodukte stören nicht; ein U/Pu-Verhältnis bis zu 300 ist tolerierbar. Lösungen mit sehr hohen Strahlendosen werden entweder als μl-Proben auf Filterpapier untersucht, oder die Röntgenfluoreszenzapparatur wird abgeschirmt, so daß Spaltproduktaktivitäten im Curiebereich untersucht werden können (bis 1 000 Ci/l). Bei unbestrahlten Proben liegt der Arbeitsbereich zwischen 0,003 mg Pu/ml und 10 mg Pu/ml. Die relative Standardabweichung beträgt etwa 1%. „Heiße" Proben werden im Bereich von 1 bis 200 mg

Pu/ml mit der Filterpapiertechnik bzw. von 0,6 bis 1,2 mg Pu/g Lösung mit Hilfe einer abgeschirmten Apparatur mit einer relativen Standardabweichung von 1 bis 3% bestimmt.

Tabelle 4 zeigt die Lα-Linien vom Curium bis zum Uran, die Lβ- bzw. Lγ-Linien einiger benachbarter Elemente mit den dazugehörigen Absorptionskanten und die Mα- und Mβ-Linien vom Americium bis zum Uran. Die 2Θ-Winkel der verwendeten Analysatorkristalle (LiF, 2d = 4,028; LiF, 2d = 2,848; Pentaerythrit, 2d = 8,742) lassen sich für die n-te Ordnung nach der Braggschen Gleichung $n \cdot \lambda = 2d \cdot \sin \Theta$ berechnen, wobei n = Ordnung,

$$\lambda = \text{Wellenlänge [Å]}$$
$$d = \text{der Netzebenenabstand des Analysatorkristalls ist.}$$

Plutonium läßt sich auch dadurch bestimmen, daß die Abschwächung der γ- oder Röntgenstrahlung einer Strahlenquelle (z. B. ^{241}Am), ver-

Tabelle 4. Lα-, Mα- und Mβ-Energien für Cm bis U und Kα-, Kβ-, Lβ- und Lγ-Energien für einige Störelemente

Linie	Energie	Wellenlänge	Absorptionskante	
	keV	Å	keV	Å
$CmL\alpha_1$	14,97	0,8281	18,974	0,6533
$RaL\beta_2$	14,839	0,8354	15,441	0,8028
$PbL\gamma_1$	14,762	0,8397	15,206	0,8152
$CmL\alpha_2$	14,75	0,8404	18,974	0,6533
$AmL\alpha_1$	14,617	0,8482	18,504	0,6699
$AmL\alpha_2$	14,412	0,8603	18,504	0,6699
$TlL\gamma_1$	14,288	0,8676	14,696	0,8435
$PuL\alpha_1$	14,279	0,8683	18,057	0,6865
$SrK\alpha_1$	14,164	0,8752	16,105	0,7697
$SrK\alpha_2$	14,096	0,8794	16,105	0,7697
$PuL\alpha_2$	14,085	0,8803	18,057	0,6865
$NpL\alpha_1$	13,944	0,8891	17,610	0,7039
$HgL\gamma_1$	13,828	0,8965	14,211	0,8723
$NpL\alpha_2$	13,760	0,9011	17,610	0,7039
$UL\alpha_1$	13,613	0,9106	17,163	0,7223
$BrK\beta_2$	13,465	0,9206	13,475	0,9200
$PoL\beta_1$	13,441	0,9223	16,244	0,7631
$UL\alpha_2$	13,438	0,9225	17,163	0,7223
$RbK\alpha_1$	13,394	0,9255	15,201	0,8155
$AmM\beta$	3,633	3,412	4,092	3,029
$PuM\beta$	3,533	3,509	3,969	3,123
$AmM\alpha$	3,442	3,601	3,887	3,189
$NpM\beta$	3,434	3,610	3,847	3,223
$PuM\alpha$	3,350	3,700	3,775	3,284
$UM\beta$	3,336	3,716	3,728	3,326
$NpM\alpha$	3,260	3,802	3,662	3,385
$UM\alpha$	3,170	3,910	3,552	3,490

ursacht durch eine sich im Strahlengang befindliche Küvette aus Plexiglas oder Titan mit der zu analysierenden Plutoniumlösung, gemessen wird. Um bei Lösungen mit Spaltprodukten deren Beitrag auszuschalten, befindet sich zwischen Probe und Am-Quelle eine rotierende Schlitzblende, die durch elektrische Kopplung mit dem Empfängersystem die Störung durch Eigenstrahlung der Fremdatome unterdrückt.

4.4. Redox-Titrationen

4.4.1. Oxydation von Pu(III) zu Pu(IV)

Die maßanalytischen Vefrahren beruhen auf dem Wertigkeitswechsel von III nach IV und von VI nach IV. Die Reduktion des Plutoniums (30—40 mg Pu in ca. 12 ml 1 M HCl) erfolgt mit 20%iger Ti(III)-chlorid-Lösung, bis sich ein Potential von etwa 1100 mV einstellt. Mit standardisierter Ce(IV)-sulfat-Lösung wird bis zum ersten Potentialsprung der Ti(III)-Überschuß, dann weiter das Pu(III) zum Pu(IV) bis zum zweiten Sprung titriert. Nitrat-, Nitrit- und Fluoridionen werden durch Abrauchen mit Schwefelsäure entfernt; Eisen, Wolfram und Uran stören die Bestimmung. Eine Abwandlung dieser Methode [15] gestattet es, die folgenden Substanzen, wenn diese jeweils allein zugegen sind, in einem Aliquot von 5 ml neben 30 mg Plutonium zu tolerieren:

Kation	mg	Anion	mg
Ag	20	Acetat	1 000
Al	300	Bromid	2
Cu(II)	40	Chlorid	500
Fe(III)	20	Fluorid	100
Hg(I)	0,05	Jodid	0,01
Hg(II)	350	Nitrat[a]	1 500
Mo(VI)[a]	100	Nitrit	140
Pd	7	Oxalat	0,5
Rh(III)	6	Phosphat	20
Ru(III)	5	Sulfamat	750
Se(IV)	3	Sulfat	100
Tc(VII)	0,01		
Te(IV)	3	H_2O_2	15
U(VI)	200		
V(V)	6		

[a] Bei Gegenwart von 100 mg Mo(VI) sind nur 20 mg Nitrat tolerierbar.

Die Reduktion von Pu(IV) und Pu(VI) erfolgt durch eine Cu(I)-chlorid-Lösung, die nicht standardisiert werden muß. Nach Erreichen des ersten Endpunkts wird durch einen Zusatz von H_2SO_4/H_3PO_4 das Redox-Potential des Pu(III)/Pu(IV)-Paars stärker reduzierend gemacht, so daß der Endpunkt der Plutoniumoxydation besser lokalisierbar ist. Der Variationskoeffizient beträgt für reine Plutoniumlösungen 0,2%.

Das Verfahren kann auch bei Lösungen von bestrahltem Plutonium, das Technetium und Jodid enthält, angewendet werden. Mit einer kleinen Säule (20 mm × 10 mm äußerer ⌀; unten mit Spitze und Glaswollepfropfen; oben mit Erweiterung von 20 mm × 25 mm äußerem ⌀), gefüllt mit De-Acidite FF-IP-Anionenaustauscher, 100 bis 200 mesh, werden diese Elemente in 1,2 M HCl abgetrennt. Oxalationen können in kalter salpetersäurehaltiger Lösung durch einen Überschuß an Kaliumpermanganat zerstört und dieses selbst durch Zugabe von Natriumnitrit beseitigt werden. Fluoridionen werden durch das zugesetzte Aluminiumchlorid maskiert; die Zugabe von Amidosulfonsäure beseitigt Nitrit und macht das Verfahren für salpetersaures Milieu anwendbar. Die Methode läßt sich auch auf TBP-Extrakte in Kerosin übertragen [15].

4.4.2. Reduktion von Pu(VI) zu Pu(IV)

Unter Verwendung von Silber(II)-oxid lassen sich alle niedrigen Plutonium-Oxydationsstufen zu Pu(VI) oxydieren. Durch Eisen(II)-sulfat-Lösung erfolgt die Reduktion zu Pu(IV) [16]. Man benötigt 10—30 mg Plutonium. Die Endpunktsbestimmung erfolgt entweder potentiometrisch oder amperometrisch. Bei automatischen Titriergeräten wird die Äquivalenzpunktbestimmung amperometrisch mit 2 Pt-Elektroden vorgenommen, wobei das Potential mit einer Konstant-Spannungsquelle vorgegeben wird.

Die Variationskoeffizienten der Methode liegen zwischen 0,03—0,3%. Die Bestimmung wird durch V, Cr, Mn, Ce, Ru, Rh, Au und Pt gestört

4.5. Coulometrie bei konstantem Potential [16]

Es wird vorwiegend der Wertigkeitswechsel III ↔ IV ausgenutzt. Wird z. B. in einer Lösung mit Uran und Plutonium nur das Plutonium bestimmt, wird i. allg. mit einer Pt-Elektrode gearbeitet, sollen beide Elemente quantitativ erfaßt werden, findet eine Hg-Bodenelektrode Verwendung.

Ein Aliquot mit 5—15 mg Plutonium wird in die Elektrolysezelle gegeben, die Elektroden werden eingesetzt, 6 Tropfen 0,5M NH_2SO_3H-Lösung zugefügt. Mit 0,5M H_2SO_4 wird bis zu einem Volumen von ca. 22 ml aufgefüllt; die Lösung wird gerührt und ein Inertgasstrom darübergeleitet. Die Reduktion wird nach 10 min Wartezeit mit einem Potential von +0,31 V (gegen die gesättigte Kalomelelektrode) bis zu einem Strom von 25 μA durchgeführt. Bei einem Potential von +0,67 V wird nunmehr bei eingeschaltetem Integrator oxidiert, bis wiederum ein Strom von 25 μA erreicht ist.

Die Berechnung des Plutoniumgehalts erfolgt entweder auf Grund einer elektrischen Eichung oder einer Eichung mit bekannten Plutoniummengen. Von Uran wird die Bestimmung nicht gestört, dagegen von Eisen (235 ppm Eisen in Plutonium ergeben eine Abweichung von

+0,1%). Fluoridionen stören (Abrauchen mit Schwefelsäure). Der Variationskoeffizient beträgt 0,04% für reine Plutoniumlösungen. Uran und Plutonium können in der gleichen Lösung bestimmt werden [17]:

Plutonium wird mit Hydroxylammoniumsulfat in die dreiwertige und darauf mit $NaNO_2$ in die vierwertige Stufe überführt. In der Elektrolysezelle werden 5 ml Quecksilber, 5 ml 0,5 M H_2SO_4 und 200 mg NH_2SO_3H in Inertgasatmosphäre einer Vorelektrolyse bei +0,1 V (gegen die AgCl-Elektrode) unterworfen, bis der Strom auf 20 µA gefallen ist. In diese Lösung wird ein Aliquot der Probe (0,2 bis 25 mg Pu mit 0,7 bis 45 mg U in max. 10 ml) gegeben und die Strommenge integriert. Nach Erreichen des Reststroms von 20 µA wird das Potential auf −0,35 V eingestellt und die Reduktion des Urans wiederum bis zum gleichen Reststrom vorgenommen. Beide Strommengen werden durch die Reststrommengen korrigiert und dienen nach Abzug der Reagenzienblindwerte der Berechnung der Plutonium- und der Uranmenge.

Bei der Plutoniumbestimmung stören die Elemente Fe(III), Mo(VI und V(V), beim Uran die Elemente Ti(IV), W(VI), Mo(VI), V(V), Bi(III) und Cu(II). Die Variationskoeffizienten betragen 0,03 bis 4% und 0,06 bis 3,9% für Plutonium resp. Uran.

4.6. Weitere Methoden

Komplexometrische, polarographische und kalorimetrische Methoden sind den vorstehend beschriebenen nicht überlegen.

5. Radiometrische und massenspektrometrische Bestimmungsverfahren

In Tabelle 5 sind Zerfallseigenschaften der wichtigsten Plutonium-isotope zusammengestellt [18].

5.1. α-Zählung, α- und γ-Spektrometrie

Werden die emittierten α-Teile mit Zählern gemessen, so lassen sich z. B. beim ^{239}Pu (Urinanalyse) noch etwa 0,1 pCi ($\sim 10^{-12}$ g) bestimmen. Voraussetzung dafür sind die Kenntnis der Isotopenzusammensetzung und der spezifischen Aktivität der Einzelisotope. Die Methode findet vor allem Anwendung in der Biologie, Medizin, der Umweltforschung und der Abfallanalyse bei Wiederaufarbeitungsanlagen.

Zur α-Zählung werden die Proben (vorwiegend durch Elektrolyse) auf dünne polierte Plättchen aus Edelstahl aufgebracht, um eine außerordentlich dünne und gleichmäßige Schicht zu erzeugen, die keine Zähl-

Tabelle 5. Zerfallseigenschaften der Isotope

Isotop	Atommasse	Zerfall		Energien der wichtigsten Strahlung		Spezifische Aktivität	Tochterelemente
		Art $\%$ Halbwertzeit		α-Strahlung, MeV in Klammern Ausbeute, $\%$	γ-Strahlung, keV in Klammern Emissionswahrscheinlichkeit	Zerfälle $\times\mathrm{min}^{-1} \cdot \mathrm{g}^{-1}$	
a		b		b	b		
236	236,04605	α 2,851 a	100	5,614 (0,18) 5,72190 (31,8) 5,77001 (68,1)	[47,6 (0,069)] 109,0 (0,012) 165 (6,6 · 10⁻⁴)	$1,18 \cdot 10^{15}$	72 a ^{232}U
		SF 8,1 · 10⁻⁸ 3,5 · 10⁹ a					
238	238,04958	α 87,74 a	100	5,35777 (0,10) 5,45655 (28,3) 5,49992 (71,6)	43,48 (0,039) 99,86 (7,24 · 10⁻³) 152,70 (1,01 · 10⁻³) 200,98 (4,1 · 10⁻⁶)	$3,80 \cdot 10^{13}$	2,5 · 10⁵ a ^{234}U
		SF 1,84 · 10⁻⁷ 4,63 · 10¹⁰ a					
239	239,05218	α 24110 a	100	5,006 (0,013) 5,054 (0,025) 5,076 (0,036) 5,10046 (11,5) 5,14290 (15,1) 5,15554 (73,3)	38,69 (5,86 · 10⁻³) 51,62 (2,08 · 10⁻²) 98,81 (1,3 · 10⁻³) 129,28 (6,2 · 10⁻³) 375,02 (1,58 · 10⁻³) 413,69 (1,51 · 10⁻³)	$1,378 \cdot 10^{11}$	7,0 · 10⁸ a ^{235}U
		SF 4,4 · 10⁻¹⁰ 5,5 · 10¹⁵ a					

240	240,05383	α 100 6537 a SF 4,95 · 10⁻⁶ 1,32 · 10¹¹ a	5,014 (0,091) 5,1234 (26,5) 5,1683 (73,4)	45,242 (0,045) 104,233 (0,007) 160,31 (4,2 · 10⁻⁴)	5,06 · 10¹¹	2,342 · 10⁷ a	²³⁶U
241	241,05687	α 2,45 · 10⁻³ 6,2 · 10⁵ a β⁻ 99,998 14,4 a	4,799 (1,2) 4,8535 (12,1) 4,8965 (83,2) 4,972 (1,3) 5,042 (1,02)	44,2 (4,17 · 10⁻⁶) 56,32 (2,50 · 10⁻⁶) 71,6 (2,84 · 10⁻⁶) 77,1 (2,21 · 10⁻⁵) 103,680 (1,01 · 10⁻⁴) 114,0 (6,13 · 10⁻⁶) 148,567 (1,86 · 10⁻⁴) 159,955 (6,71 · 10⁻⁶)	5,31 · 10⁹ (α) 2,288 · 10¹⁴ (β⁻)	432,2 a 6,75 d	²⁴¹Am ²³⁷U
242	242,05877	α 100 3,763 · 10⁵ a SF 5,5 · 10⁻⁴ 6,84 · 10¹⁰ a	4,5985 (0,0013) 4,7546 (0,098) 4,8563 (22,4) 4,9006 (77,5)	44,915 (3,6) 103,50 (0,78) 158,80 (0,045)	8,72 · 10⁹	4,468 · 10⁹ a	²³⁸U
244	244,06423	α 100 8,26 · 10⁷ a SF 0,125 6,6 · 10¹⁰ a	4,546 (19,4) 4,589 (80,6)		3,9 · 10⁷	14,1 h	²⁴⁰U

SF = Spontanspaltung   [a] Nach [14]   [b] Nach [18]

verluste durch Selbstabsorption bewirkt. Durch Eichung mit Proben bekannter Zusammensetzung werden Einflüsse wie Rückstreueffekte und Ansprechwahrscheinlichkeiten der Zähler kompensiert. Ist die Isotopenzusammensetzung der Probe unbekannt oder sind andere α-Strahler zugegen, bzw. soll die Konzentration einzelner Isotope bestimmt werden, wird eine α-Spektrometrie durchgeführt. Zum Messen werden Oberflächensperrschicht-(,,Surface-barrier''-)Detektoren oder lithium-gedriftete Detektoren verwendet, deren Auflösung zwischen 20 und 50 keV liegt (im Energiebereich um 5,5 MeV). Störungen sind durch Elemente zu erwarten, deren α-Energien zu dicht bei den zu messenden Energien liegen. So wird

$${}^{236}\text{Pu} - 5{,}770 \text{ MeV durch } {}^{249}\text{Cf} - 5{,}761 \text{ MeV}$$

$${}^{238}\text{Pu} - 5{,}499 \text{ MeV durch } {}^{241}\text{Am} - 5{,}486 \text{ MeV}$$
$$5{,}457 \text{ MeV} \qquad\qquad\qquad 5{,}443 \text{ MeV}$$

$${}^{239}\text{Pu} - 5{,}155 \text{ MeV durch } {}^{240}\text{Pu} - 5{,}168 \text{ MeV}$$
$$5{,}143 \qquad\qquad\qquad 5{,}123$$
$$5{,}105 \qquad\qquad\qquad 5{,}014$$

gestört. Durch chemische Trennungen sind die Störungen von ^{236}Pu und ^{238}Pu durch ^{249}Cf resp. ^{241}Am zu umgehen.

Die γ-Spektren der Pu-Isotope 238 bis 241 sind sehr komplex ($>$ 100 Linien bei ^{239}Pu), so daß mit Peak-Überlappungen zu rechnen ist. Hinzu kommt, daß in Lösungen α,n-Reaktionen unter Aussendung von γ-Strahlen stattfinden. Bestrahltes Plutonium enthält in der Regel Spaltprodukte, die sehr stark γ-Strahlen emittieren. Liegt ^{236}Pu als Verunreinigung vor, entstehen daraus Folgeprodukte der Thoriumreihe, die erheblich stören, selbst wenn ^{236}Pu nur in kleinen Mengen anwesend ist. Zur γ-Spektrometrie werden vorzugsweise die folgenden Linien verwendet:

$${}^{238}\text{Pu} - 152{,}70 \text{ keV,}$$

$${}^{239}\text{Pu} - 129{,}28 \text{ keV,} \quad 375{,}02 \text{ keV,} \quad 413{,}69 \text{ keV,}$$

$${}^{240}\text{Pu} - 104{,}23 \text{ keV und}$$

$${}^{241}\text{Pu} - 148{,}57 \text{ keV} \quad \text{oder} \quad 207{,}98 \text{ keV}$$

Für den niedrigen Energiebereich (100 bis 150 keV) sind wegen der besseren Zählausbeute Detektoren für Röntgenstrahlen zu bevorzugen. Ferner sind u. U. Korrekturen für die Abschwächung der Linien durch Selbstabsorption vorzunehmen.

5.2. Radiometrische Isotopenanalyse

Radiometrische Verfahren werden verwendet, wenn die massenspektrometrische Analyse zu ungenau oder unmöglich ist (z. B. bei ^{238}U neben ^{238}Pu). Zwar besteht die Möglichkeit, effektive U/Pu-Trennungen durchzuführen, aber der Weg über die α-Spektrometrie des ^{238}Pu ist oft der mit größerer Sicherheit verbundene.

In Verbindung mit massenspektrometrischen Analysen werden Trennungsschemata befolgt, die das ^{241}Am und das ^{249}Cf vom Pu abtrennen und somit die ungestörte α-Spektrometrie zur Bestimmung der Verhältnisse ^{236}Pu/(^{239}Pu + ^{240}Pu) und ^{238}Pu/(^{239}Pu + ^{240}Pu) erlauben (rechnerische Verwendung siehe Isotopenverdünnungsanalyse).

Prinzipiell lassen sich auch Isotopenkonzentrationen bzw. die Mengenverhältnisse der Plutoniumisotope über die γ-Spektrometrie ermitteln. Jedoch spielen außer der erwähnten Komplexität der Spektren und der Störungen durch γ-Emission von Spaltprodukten bei bestrahltem Material auch die relativ kleinen Emissionswahrscheinlichkeiten für die γ-Strahlung eine Rolle, so daß die Genauigkeit der Bestimmungen i. allg. nicht sehr groß ist.

5.3. Massenspektrometrische Isotopenanalyse

Die am häufigsten verwendete und genaueste Methode zur Bestimmung der Isotopenzusammensetzung des Plutoniums ist die Massenspektrometrie. Im allgemeinen sind im Plutonium mit abnehmender Häufigkeit vertreten: ^{239}Pu, ^{240}Pu, ^{241}Pu, ^{242}Pu und ^{238}Pu. Massenspektrometrisch werden bestimmt: ^{240}Pu/^{239}Pu, ^{241}Pu/^{239}Pu, ^{242}Pu/^{239}Pu, gelegentlich auch ^{244}Pu/^{239}Pu, ferner ^{238}Pu/^{239}Pu, wenn eine genügend effektive chemische Trennung stattgefunden hat und der Gehalt an ^{238}Pu größer als 0,7% ist. Da die Bestimmung einiger der Isotope wegen iosbarer Elemente (wie ^{238}U, ^{241}Am und ^{242}Cm) verfälscht wird, muß eine Trennung vorangehen. Das geschieht am wirkungsvollsten durch Ionenaustauscher.

Zwischen 0,001 und 1 µg Pu wird in Lösung auf Probenträgerbändchen aus Re, W oder Ta aufgebracht und eingetrocknet. Nach einem Glüh- und Ausgasungsprozeß wird von diesem Träger das Plutonium thermisch ionisiert und durch magnetische oder elektrische Ablenkung nach Masse/Ladung durch Einfachfokussierung getrennt. Zur Registrierung verwendet man Elektronenmultiplier, oder den Faraday-Käfig, wobei der erstere schneller und empfindlicher als der zweite ist. Dieser Tatsache wird die Probenmenge angepaßt. Durch verbesserte Transmission (verbesserte Geometrie und erhöhte Beschleunigungsspannung, weiter entwickelte Gleichstromverstärker, die sich mit im Vorvakuum befinden) ist man in der Lage, auch beim Faraday-Käfig mit extrem kleinen Probenmengen auszukommen.

Die relativen Fehler schwanken zwischen etwa 0,2% bei einem Isotopenverhältnis von 1:1 und etwa 6% bei einem Verhältnis von 1:10^4.

5.4. Radiometrische und massenspektrometrische Isotopenverdünnungsanalyse

Die Isotopenverdünnungsanalyse beruht auf dem Prinzip, daß man die Lösung des gesuchten Elements mit einer genau definierten Menge dieses Elements, jedoch mit einer gänzlich anderen, bekannten Isotopenzusammensetzung vermischt, wobei die Bestimmung der Isotopenverhältnisse in der Probe jeweils vor und nach der Zugabe des sog. Indikators (Spike) durchgeführt wird. Auf Grund dessen läßt sich die Konzentration des gesuchten Elements in der Probe nach der unten angegebenen Formel berechnen. Dem Mischungsvorgang ist bei der Plutoniumanalyse besondere Aufmerksamkeit zu widmen, da der Spike in der gleichen chemischen Form vorliegen muß wie das in der Probe vorhandene Plutonium. Dies läßt sich durch Redox-Zyklen vor der Trennung erreichen.

Die Konzentration des Plutoniums in der Probe ergibt sich wie folgt:

$$A = I \; \frac{W_i}{W_p} \; \frac{R_m - R_i}{1 - R_m/R_p}$$

A = Konzentration des Hauptplutoniumisotops der Probe in Atome/g Lösung

I = Konzentration des Indikatorisotops in Atome/g Lösung

W_i = Gewicht der eingesetzten Indikatorlösung in Gramm

W_p = Gewicht der eingesetzten Probelösung in Gramm

R_m = Isotopenverhältnis $A\!:\!I$ in der Mischung

R_i = Isotopenverhältnis $A\!:\!I$ im Indikator

R_p = Isotopenverhältnis $A\!:\!I$ in der Probe

Die Isotopenverhältnisse R_m und R_p können sowohl durch radiometrische Methoden (α-, γ-Spektrometrie) als auch durch Massenspektrometrie bestimmt werden.

Um über Änderungen der Isotopenzusammensetzung (Bestrahlungsversuche, Abbrandberechnung, Spaltstoffflußkontrolle) zu ermitteln, wird i. allg. eine Kombination der α-Spektrometrie und der Massenspektrometrie angewandt. Nach der folgenden Formel lassen sich Gewichtsprozente einzelner Isotope berechnen:

$$W_6 = A_{6/9+0} \; T_6 \; \left(\frac{W_9}{T_9} + \frac{W_0}{T_0} \right)$$

$$W_8 = A_{8/9+0} \; T_8 \; \left(\frac{W_9}{T_9} + \frac{W_0}{T_0} \right).$$

W_6, W_8 — Gewichtsprozent von ^{236}Pu resp. ^{238}Pu

W_9, W_0 — Gewichtsprozent von ^{239}Pu resp. ^{240}Pu, massenspektrometrisch gemessen

$A_{6/9+0}$, $A_{8/9+0}$ — Aktivitätsverhältnis von ^{236}Pu/(^{239}Pu $+$ ^{240}Pu) resp. ^{238}Pu/(^{239}Pu $+$ ^{240}Pu), α-spektrometrisch gemessen

T_6, T_8, T_9, T_0 — Halbwertszeiten von ^{236}Pu, ^{238}Pu, ^{239}Pu und ^{240}Pu.

Die Verwendung sog. Zweifach- oder Dreifach-Spikes gestattet die gleichzeitige Bestimmung von zwei bzw. drei Elementen in einem Analysengang.

Literatur

1. Pascal, P. (Ed.): Nouveau Traité de Chimie Minérale, Tome XV, Fascicule V, Transuraniens, Plutonium, Paris: Masson et Cie. 1970

2. Gmelins Handbuch der anorganischen Chemie, 8. Aufl. Erg. Werk, Bd. 8: System-Nr. 71, Transurane, Teil A 2. Die Elemente. Weinheim: Verlag Chemie 1973

3. Milyukova, M. S.; Gusev, N. I.; Sentyurin, I. G.; Sklyarenko, I. S.: Analytical Chemistry of Plutonium (Russ.), Moscow: Nauka 1965. Engl. Transl.: Ann Arbor: Humphrey Science Publishers 1969

4. Cleveland, J. M.: The Chemistry of Plutonium, New York: Gordon and Breach 1970

5. Taube, M.: Plutonium A General Survey, (Kernchemie in Einzeldarstellungen. Vol. 4), Weinheim: Verlag Chemie 1974.

6. Sorantin, H.: Determination of Uranium and Plutonium in Nuclear Fuels, (Kernchemie in Einzeldarstellungen. Vol. 5), Weinheim: Verlag Chemie 1975,

7. Safety Series No. 39: Safe Handling of Plutonium, STI/PUB/358, IAEA, Vienna, 1974

8. Cerrai, E.; Ghersini, G.: Reversed-Phase Extraction Chromatography in Inorganic Chemistry, in: Giddings, J. C., and R. A. Keller (Eds.), Advances in Chromatography, Vol. 9, New York: Marcel Dekker 1970

9. Marcus, Y.; Kertes, A. S.: Ion Exchange and Solvent Extraction of Metal Complexes, London, New York, Sydney, Toronto: Wiley-Interscience 1969

10. Rodden, C. J.: Selected Measurement Methods for Plutonium and Uranium in the Nuclear Fuel Cycle, TID-7029 (2nd Ed.) (1972)

11. Kaufmann, B. (Ed.): Analytical Chemistry of Nuclear Fuels, STI/PUB/337, IAEA, Wien 1972

12. Lewis, M. (Ed.): Analytical Methods in the Nuclear Fuel Cycle, STI/PUB/291, IAEA, Wien 1972

13. Ramaniah, M. V.; Natarajan, P. R.; Venkataramana, P.: Chemical Methods for the Determination of Uranium and Plutonium, Radiochim. Acta 22 (1975) 199

14. Markov, V. K.; Myasoedov, B. F.: Analytical Chemistry of Neptunium and Plutonium (Survey), Radiokhimiya (Engl. Transl.) 17 (1975) 678

15. Davies, W.; Townsend, W.: TRG Report 2463(D) (1974)

16. Gutmacher, R. G.; Stephens, F.; Ernst, K.; Turel, S. P.; Shea, T. E.: WASH-1335 (1974)

17. Angeletti, L. M.; Bartscher, W. J.; Maurice, M. J.: Z. Anal. Chem. 246 (1969) 297

18. Nuclear Data Sheets 20 (1977) 215 (^{236}Pu); 21 (1977) 599 (^{238}Pu); 21 (1977) 153 (^{239}Pu); 20 (1977) 233 (^{240}Pu); 23 (1978) 134 (^{241}Pu); 21 (1977) 621 (^{242}Pu); 17 (1976) 405 (^{244}Pu)

19. Vesselsky, J. C.: Grundlagen und Probleme der Plutoniumbestimmung in Umgebungsproben, Österr. Chem.-Z. (1976) 2

20. Procedures Handbook for Environmental Transuranics, Vol. 1 and 2, NVO-166 (1976)

21. Rundo, J.; Strauss, M. G.; Sherman, I. S.; Brenner, R.: Methods for the assay of plutonium in vivo: what are the alternatives, in: Swinth, K. L. (Ed.), Proceedings of the workshop on measurement of heavy elements in vivo, BNWL-2088 (1976)

22. Schieferdecker, H.: Ergebnisse der bisherigen Tätigkeit des Arbeitskreises „Inkorporationsüberwachung" im Fachverband für Strahlenschutz, in: Jacobi, W. (Hrsg.), Die Überwachung der Strahlenexposition der Arbeitskräfte. Zielsetzung, Durchführung, Ergebnisse und Bewertung, FS-75-12-T, AED-Conf-75-779-000 (1976)

23. Irlweck, K.; Streit, S.: Inkorporationsüberwachung auf Tritium, Strontium-90, Uran und Plutonium mit Hilfe der Ausscheidungsanalyse, SGAE-2711. ST-66/77 (1977)

24. Nero, A. V.: Measurement and Instrumentation Techniques for Monitoring Plutonium and Uranium Particulates Released from Nuclear Facilities, LBL-5218 (1976)

25. Probenahme bei der Radioaktivitätsüberwachung der Luft, DIN 25423, Teil 1 (Dez. 1977): Allgemeine Anforderungen, Teil 3 (Dez. 1977): Probenahmeverfahren

26. Anno, J.; Escarieux, E.: Analyse qualitative et quantitative du plutonium dans les futs de dechets solides, in: Proc. 4. Int. Congress of the Int. Rad. Protection Assoc., 1977, Vol. 1, p. 159—162

27. Birkhoff, G.; Bondar, L.; Notea, A.; Segal, Y.: Monitoring of plutonium contaminated solid waste streams, Chapter II: Principles and theory of radiometric assay, Report EUR 5636e (1977)

28. Kindle, C. H.: In situ measurement of residual plutonium, ARH-SA-248 (1976)

29. Keller, N. A.: Criticality Data for (U, Pu)O$_2$ Fuel, AECL-5807 (1977)

30. Kritikalitätssicherheit bei der Herstellung und Handhabung von Kernbrennstoffen, DIN 25403 (Jan. 1977), Teil 4: Kritikalitätsdaten für Uran 235-Dioxid-Leichtwasser-Mischungen, Teil 5: Kritikalitätsdaten für Plutonium 239-Dioxid-Leichtwasser-Mischungen, Teil 6: Kritikalitätsdaten für Plutonium 239-Nitrat-Leichtwasser-Mischungen, Berlin: Beuth-Vertrieb 1977

Sachverzeichnis

721/5/79

Chemisch-Technisches Lexikon

Herausgeber: D. Osteroth

Mit Beiträgen von G. Beckmann, H. J. Delavier,
P. Ettmayer, H. P. Dörner, P. Feuerlein, H. Groll,
M. Härtel, D. Hody, E. Höcke, F. Kaiser, H. Kaiser,
H. Kellerwessel, K. Kirschmann, E. Kuhnle,
U. Ladisch, G. M. Leuteritz, H. G. Mende,
W. Möller, M. Nitsche, A. Peters, H. Quack, K. Re-
deker, H. Rieschel, H. Samans, E. A. Scheuermann,
D. Stahlmann, I. Stojanovic, G. Subat, K. Sztatecsny,
H. Vogt, K. Wacks, K. Weber, J. Werther, F. Widmer,
F.-F. Wiese, H. Wilke, W. Wittenberger

1979. 420 Abbildungen. XI, 305 Seiten
Gebunden DM 148,–
ISBN 3-540-08891-1
Preisänderungen vorbehalten

Dieses Werk bietet lexikalisch geordnet Informationen über Verfahren Geräte, Stoffe, Produkte und
Hilfsmittel der chemischen Technik und der chemischen Industrie. Als ein Auskunftsbuch ergänzt es
damit die Vielzahl spezieller Lehrbücher, Monographien und vielbändigen Nachschlagewerke dieser Gebiete.
Herausgeber und Autoren haben etwa 1 200 präzise
Stichworte formuliert und die erläuternden Texte
knapp, doch verständlich gehalten. Damit wird
nicht nur dem Fachmann, sondern auch Chemie-
kaufleuten, Studenten und Behörden ein Werk in
die Hand gegeben, das ihnen bei ihrer Alltagsar-
beit zuverlässige Auskunft gibt. Im Interesse weit-
gehender und anschaulicher Informationsvermitt-
lung wurden 420 Abbildungen in den Text einge-
schlossen. Zahlreiche Querverweise erschließen
größere Zusammenhänge, insbesondere Substanzen und Verfahren.
Ein nach Anlage, Darstellung und Umfang ver-
gleichbares Werk hat es im deutschen Sprachraum
bisher nicht gegeben. Es entstand unter Mitarbeit
38 führender Fachleute von Industrie und Hoch-
schulen aus der Bundesrepublik, Österreich und der
Schweiz.

Springer-Verlag
Berlin
Heidelberg
New York

Anleitungen für die chemische Laboratoriumspraxis

Herausgegeben von F. L. Boschke

1. Band: Seith, Ruthardt
Chemische Spektralanalyse
Eine Anleitung zur Erlernung und Ausführung von Emissions-Spektralanalysen
6., ergänzte Auflage von W. Rollwagen
1970. 84 Abbildungen, 1 Tafel.
XII, 185 Seiten
Gebunden DM 64,–
ISBN 3-540-04770-0

2. Band: G. Kortüm
Kolorimetrie, Photometrie und Spektrometrie
Eine Anleitung zur Ausführung von Absorptions-, Emissions-, Fluoreszenz-, Streuungs-, Trübungs- und Reflexionsmessungen
4., neubearbeitete und erweiterte Auflage
1962. 224 Abbildungen. VIII, 464 Seiten
Gebunden DM 76,–
ISBN 3-540-02782-3

4. Band: J. Heyrovský
Polargraphisches Praktikum
2., neubearbeitete Auflage 1960.
105 Abbildungen. VIII, 116 Seiten
Gebunden DM 39,–
ISBN 3-540-02497-2

9. Band: K. Sagel
Tabellen zur Röntgen-, Emmisions- und Absorptions-Analyse
1959. 23 Abbildungen und 6 Tafeln.
VIII, 135 Seiten
Gebunden DM 38,–
ISBN 3-540-02364-X

10. Band: E. Bayer
Gas-Chromatographie
2., völlig neubearbeitete, erweiterte Auflage
1962. 81 Abbildungen. XII, 324 Seiten
Gebunden DM 74,–
ISBN 3-540-02783-1

11. Band: S. Gál
Die Methodik der Wasserdampf-Sorptionsmessungen
1967. 48 Abbildungen. XII, 139 Seiten
Gebunden DM 52,–
ISBN 3-540-03721-7

12. Band: G. Habermehl, S. Göttlicher, E. Klingbeil
Röntgenstrukturanalyse organischer Verbindungen
Eine Einführung
1973. 136 Abbildungen. XII, 268 Seiten
Gebunden DM 98,–
ISBN 3-540-06091-X

13. Band: K. Cammann
Das Arbeiten mit ionenselektiven Elektroden
Eine Einführung
2., überarbeitete und erweiterte Auflage
1977. 65 Abbildungen, 15 Tabellen.
XII, 227 Seiten
Gebunden DM 79,80
ISBN 3-540-07947-5

14. Band: H. Engelhardt
Hochdruck-Flüssigkeits-Chromatographie
2., überarbeitete und erweiterte Auflage
1977. 62 Abbildungen, 18 Tabellen.
XII, 257 Seiten
Gebunden DM 68,–
ISBN 3-540-08263-8

15. Band:
Tabellen zur Strukturaufklärung organischer Verbindungen mit spektroskopischen Methoden
Von E. Pretsch, T. Clerc, J. Seibl, W. Simon
1976. IX, 312 Seiten
Gebunden DM 30,80
ISBN 3-540-07823-1

Preisänderungen vorbehalten

**Springer-Verlag
Berlin Heidelberg New York**